教科書ガイド

中学校 数学 2年

学校図書 版『中学校数学』完全準拠

学校図書

目　次

教科書ガイドの使い方

この教科書ガイドは，学校図書版「中学校数学」教科書にぴったり合わせて編集してあります。教科書に取りあげられている問題を，１つ１つわかりやすく解説してありますので，教科書でわからないところがあったときや，授業の予習・復習に役立てください。

・**教科書のまとめ** テスト前にチェック☑

節ごとに重要事項をまとめてあります。振り返りやテスト前に活用してください。右欄の注は注意が必要なことがら，覚は覚えておく必要のあることがらです。

・**ガイド**と**答え**

ガイドでは，答えを導くための基本的な考え方や道筋について解説し，**答え**では，解き方と答えを示しています。

そのほか，適宜，**別解** **コメント！** を示してあります。

教科書ガイドで予習・復習を！

数学という教科は積み重ねが大切で，学習した内容がしっかり理解できていないと，次に進めないことが多くあります。それをクリアするためには，日々の予習・復習が欠かせません。教科書の問題は，まず自分の力で考え，教科書ガイドを使って答え合わせをし，わからないところは**ガイド**や**答え**をよく読んで，もう一度自分で解いてみましょう。

それを続けていけば，教科書の内容が確実に身につき，数学の実力を高めることができます。

1章 式の計算

教科書 P.12

次の式の○，□，△にそれぞれ同じ数字を入れて6桁(けた)の数をつくり，計算をしてみましょう。また，どんなことがわかるか考えてみましょう。

○□△○□△ ÷ 7

答え (例) 123123 ÷ 7 = 17589　　482482 ÷ 7 = 68926　　516516 ÷ 7=73788
すべて7でわり切れる。

教科書 P.13

前ページの1について，気づいたことを話し合ってみましょう。また，それがいつでも成り立つか考えてみましょう。

答え **つくった6桁の数○□△○□△は7でわり切れる。**
ぜんぶの数について計算してみることはできないので，いつでも成り立つかどうかはわからない。

教科書 P.13

1でつくった6桁の数は，文字を使うとどのように表せるでしょうか。また，それを使って，どんなときでも7でわり切れるかどうか調べられるでしょうか。

ガイド 記号○，□，△を文字 a，b，c で置きかえると6桁の数○□△○□△は $abcabc$ と書けますが，このままでは6つの文字の積の意味になってしまいます。それぞれの文字が各位の数を表していると考えて，6桁の数を3つの文字を使って表すことがポイントになります。

答え 6桁の数○□△○□△を文字 a，b，c を使って表すと，

$100000 \times a + 10000 \times b + 1000 \times c + 100 \times a + 10 \times b + 1 \times c$

$= \mathbf{100000\,a + 10000\,b + 1000\,c + 100\,a + 10\,b + c}$

これを使って，どんなときでも7でわり切れるかどうかを調べられる。(理由はP.25 問5(1)参照)

1 式の計算

教科書のまとめ テスト前にチェック

☑ ◎ 単項式と多項式

数や文字をかけ合わせた形の式を**単項式**(たんこうしき)という。

単項式の和の形で表された式を**多項式**(たこうしき)という。

注 単項式の例

$4x,\ xy,\ y,\ 6,\ r$

多項式の例

$2x+5,\ 3x-4y$

☑ ◎ 定数項

多項式で，数だけの項を**定数項**(ていすうこう)という。

覚 文字をふくむ項で，数の部分を，その項の係数という。

☑ ◎ 式の次数

単項式で，かけ合わされている文字の個数を，その単項式の**次数**(じすう)という。

多項式では，各項の次数のうちでもっとも大きいものを，その多項式の次数という。

覚 次数が1の式を1次式，次数が2の式を2次式という。

1次式 $\begin{cases} 2x,\ 5a+1, \\ x-4y \end{cases}$

2次式 $\begin{cases} -3x^2,\ 7ab, \\ x^2-4x+3 \end{cases}$

☑ ◎ 同類項

文字の部分がまったく同じ項を**同類項**(どうるいこう)という。

同類項は，分配法則を使って1つの項にまとめられる。

$ma+na=(m+n)a$

注 x と x^2 は同類項ではない。

☑ ◎ 式の加法・減法

多項式の加法は，式の各項をすべて加え，同類項をまとめる。

多項式の減法は，ひく式の各項の符号(ふごう)を変えて加える。

注 加法・減法は，同類項を縦にそろえて計算することができる。そのとき，欠けている項があるときは，その部分をあけて書く。

$$\begin{array}{r} x-2y \\ +)\ -3x+5y \\ \hline -2x+3y \end{array} \qquad \begin{array}{r} 5x-4y+6 \\ -)\ 3x\qquad-2 \\ \hline \end{array}$$

↓

$$\begin{array}{r} 5x-4y+6 \\ +)\ -3x\qquad+2 \\ \hline 2x-4y+8 \end{array}$$

☑ ◎ 式の乗法・除法

① 多項式と数の乗法

分配法則を使ってかっこをはずす。

② 多項式と数の除法

わる数を逆数にして乗法の形に直して計算する。

③ 単項式と単項式の乗法

係数の積，文字の積をそれぞれ求め，それらをかけ合わせる。

④ 単項式と単項式の除法

わる式を分母にした分数の形に直すか，乗法の形に直して計算する。

注 同じ文字は約分できる。

$$\frac{\overset{6}{\cancel{18}}\times\overset{1}{\cancel{a}}\times b}{\underset{1}{\cancel{3}}\times\underset{1}{\cancel{a}}}=6b$$

1 文字式のしくみ

単項式と多項式

教科書 P.14

次の㋐～㋕の式は，右の正四角柱のある数量を表しています。これらの式は，どんな数量を表していますか。また，式の特徴で分類してみましょう。

㋐ $4x$　　㋑ x^2
㋒ $2x+2y$　　㋓ xy
㋔ $2x^2+4xy$　　㋕ x^2y

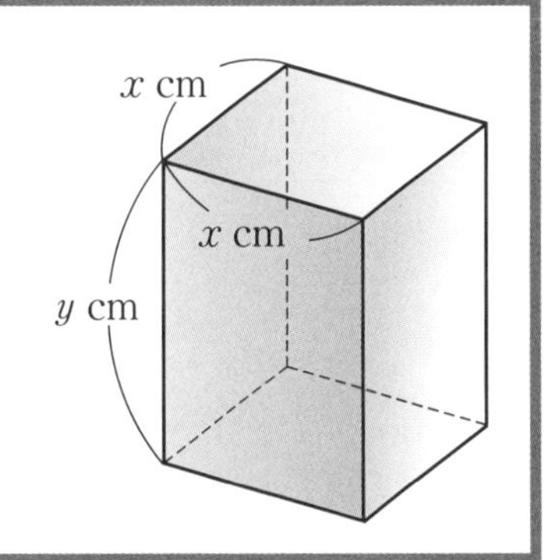

ガイド

(長さ)×(長さ)は面積を，
(長さ)×(長さ)×(長さ)は体積を表します。
それぞれの式を，長さ，面積，体積から考えましょう。
底面，1つの側面は右のようになります。

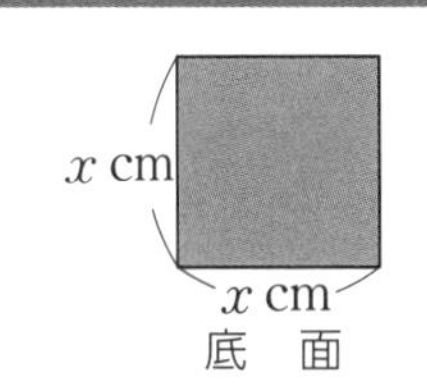

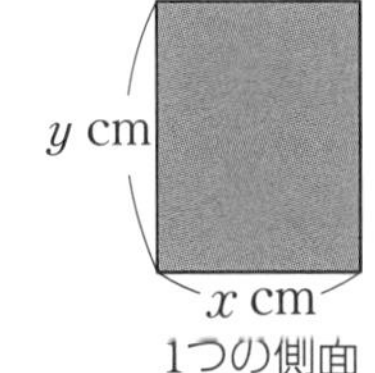

答え

㋐ **底面の周の長さ**
㋑ **底面積**
㋒ **1つの側面の周の長さ**　　㋓ **1つの側面の面積**
㋔ **表面積**　　㋕ **体積**

(例)・文字が1種類の式…㋐,㋑　文字が2種類の式…㋒,㋓,㋔,㋕
・数や文字をかけ合わせただけの形の式…㋐,㋑,㋓,㋕　和の形の式…㋒，㋔
・文字の累乗をふくむ式…㋑,㋔,㋕　ふくまない式…㋐,㋒,㋓

教科書 P.15

問 1 次の多項式の項をすべていいなさい。

(1) $5a+1$　　(2) $7x-8y$　　(3) $4x^2+7x-9$

ガイド

(2) $7x-8y=7x+(-8y)$
(3) $4x^2+7x-9=4x^2+7x+(-9)$

答え

(1) $5a,\ 1$　(2) $7x,\ -8y$　(3) $4x^2,\ 7x,\ -9$

式の次数

教科書 P.15

問 2 次の単項式の次数をいいなさい。

(1) $-6a$　　(2) a^2　　(3) $\frac{1}{2}ab$　　(4) $-xy^2$

ガイド

かけ合わされている文字の個数を調べましょう。

答え

(1) $-6a=-6\times a$　文字が1個だから，次数は1
(2) $a^2=a\times a$　文字が2個だから，次数は2
(3) $\frac{1}{2}ab=\frac{1}{2}\times a\times b$　文字が2個だから，次数は2
(4) $-xy^2=-x\times y\times y$　文字が3個だから，次数は3

教科書 P.15

問3 前ページ(教科書 P.14)の Q の㋒〜㋔の式は，それぞれ何次式ですか。

ガイド

多項式では，各項の次数のうちでもっとも大きいものが，その式の次数になります。　x^2+x+1　→2次式
（x^2 が2次，x が1次）

答え

㋒ $2x+2y$　**1次式**（$2x$ が1次，$2y$ が1次）
㋓ xy　**2次式**
㋔ $2x^2+4xy$　**2次式**（$2x^2$ が2次，$4xy$ が2次）

2 多項式の計算

同類項の計算

教科書 P.16

1個 a 円のりんごを3個と，1個 b 円のみかんを4個買おうとしましたが，お金がたりなかったので，りんごを2個減らし，みかんを2個増やしました。代金の合計がいくらになったか式で表してみましょう。

答え

りんご3個とみかん4個の代金から，りんご2個の代金を減らし，みかん2個の代金を増やすと，$(3a+4b-2a+2b)$円
これは，りんご1個とみかん6個の代金に等しいから，$(a+6b)$円

答　$(a+6b)$円

教科書 P.17

問1 次の多項式の同類項をいいなさい。また，同類項をまとめなさい。
(1) $3x-4y-7x+2y$　(2) $a-6b-9b+3a$

ガイド

文字の部分がまったく同じ項を同類項といいます。項をいうとき，−の符号を忘れないように注意しましょう。＋の符号は省略できます。

答え

(1) **$3x$ と $-7x$，$-4y$ と $2y$**

$3x-4y-7x+2y$
$=3x-7x-4y+2y$
$=(3-7)x+(-4+2)y$
$=\mathbf{-4x-2y}$

(2) **a と $3a$，$-6b$ と $-9b$**

$a-6b-9b+3a$
$=a+3a-6b-9b$
$=(1+3)a+(-6-9)b$
$=\mathbf{4a-15b}$

教科書 P.17

問 2 拓真(たくま)さんは，多項式 $4a^2-7a+6a+3a^2$ の計算を右のように行いました。この計算は正しいですか。また，その理由を説明しなさい。

正しいかな？

$4a^2-7a+6a+3a^2$
$=4a^2+3a^2-7a+6a$
$=7a^2-a$
$=7a$

答え

この計算は正しくない。

理由：$7a^2$ と $-a$ は次数が異なり，同類項ではないからまとめられない。正しい計算結果は，$7a^2-a$

教科書 P.17

問 3 次の式の同類項をまとめなさい。

(1) $5x+2y-3x+y$　(2) $-7a+2b+6b-2a$
(3) $a-4b+7-3a+8b$　(4) $4x^2+3x^2$
(5) $x^2+9x-8x^2-x$　(6) $-3x^2-7x+3x^2+2x$
(7) $2x^2-6x-2-3x$　(8) $x^2-8x+4-3x^2+8x$

ガイド

同類項を見つけ，同類項が並ぶように項を入れかえましょう。そのあと，分配法則を使って同類項をまとめましょう。
(1)の y の係数は1，(5)の $-x$ の係数は -1 です。

答え

(1) $5x+2y-3x+y$
$=5x-3x+2y+y$
$=(5-3)x+(2+1)y$
$=\mathbf{2x+3y}$

(2) $-7a+2b+6b-2a$
$=-7a-2a+2b+6b$
$=(-7-2)a+(2+6)b$
$=\mathbf{-9a+8b}$

(3) $a-4b+7-3a+8b$
$=a-3a-4b+8b+7$
$=(1-3)a+(-4+8)b+7$
$=\mathbf{-2a+4b+7}$

(4) $4x^2+3x^2$
$=(4+3)x^2$
$=\mathbf{7x^2}$

(5) $x^2+9x-8x^2-x$
$=x^2-8x^2+9x-x$
$=(1-8)x^2+(9-1)x$
$=\mathbf{-7x^2+8x}$

(6) $-3x^2-7x+3x^2+2x$
$=-3x^2+3x^2-7x+2x$
$=(-3+3)x^2+(-7+2)x$
$=\mathbf{-5x}$

(7) $2x^2-6x-2-3x$
$=2x^2-6x-3x-2$
$=2x^2+(-6-3)x-2$
$=\mathbf{2x^2-9x-2}$

(8) $x^2-8x+4-3x^2+8x$
$=x^2-3x^2-8x+8x+4$
$=(1-3)x^2+(-8+8)x+4$
$=\mathbf{-2x^2+4}$

多項式の加法

教科書 P.17

問 4 次の2つの式で，左の式に右の式を加えた和を求めなさい。

(1) $6a+4b$，$3a+b$　(2) $2x^2+6x$，x^2-9x

ガイド 多項式の加法は，式の各項をすべて加え，同類項をまとめます。
縦書きで計算するときは，同類項を上下にそろえて書きましょう。

答え

(1) $(6a+4b)+(3a+b)$
$=6a+4b+3a+b$
$=6a+3a+4b+b$
$=\mathbf{9a+5b}$

$$\begin{array}{r} 6a+4b \\ +)\ 3a+\ \ b \\ \hline 9a+5b \end{array}$$

(2) $(2x^2+6x)+(x^2-9x)$
$=2x^2+6x+x^2-9x$
$=2x^2+x^2+6x-9x$
$=\mathbf{3x^2-3x}$

$$\begin{array}{r} 2x^2+6x \\ +)\ x^2-9x \\ \hline 3x^2-3x \end{array}$$

教科書 P.18

問 5 次の計算をしなさい。

(1) $(a+7b)+(4a-3b)$

(2) $(-6x^2+5x-7)+(3x^2-5x)$

(3)
$$\begin{array}{r} 4x-\ \ y \\ +)\ 2x+3y \\ \hline \end{array}$$

(4)
$$\begin{array}{r} 3x-\ \ y-5 \\ +)\ -2x-4y+3 \\ \hline \end{array}$$

ガイド 同類項をまとめましょう。

答え

(1) $(a+7b)+(4a-3b)$
$=a+7b+4a-3b$
$=a+4a+7b-3b$
$=\mathbf{5a+4b}$

(2) $(-6x^2+5x-7)+(3x^2-5x)$
$=-6x^2+5x-7+3x^2-5x$
$=-6x^2+3x^2+5x-5x-7$
$=\mathbf{-3x^2-7}$

(3)
$$\begin{array}{r} 4x-\ \ y \\ +)\ 2x+3y \\ \hline \mathbf{6x+2y} \end{array}$$

(4)
$$\begin{array}{r} 3x-\ \ y-5 \\ +)\ -2x-4y+3 \\ \hline \mathbf{x-5y-2} \end{array}$$

多項式の減法

教科書 P.18

問 6 次の2つの式で，左の式から右の式をひいた差を求めなさい。

(1) $6a+4b$, $3a+b$

(2) $2x^2+6x$, x^2-9x

ガイド (左の式)－(右の式)となります。このとき，それぞれの式にかっこをつけます。

答え

(1) $(6a+4b)-(3a+b)$
$=(6a+4b)+(-3a-b)$
$=6a+4b-3a-b$
$=\mathbf{3a+3b}$

$$\begin{array}{r} 6a+4b \\ -)\ 3a+\ \ b \\ \hline \end{array} \Rightarrow \begin{array}{r} 6a+4b \\ +)\ -3a-\ \ b \\ \hline 3a+3b \end{array}$$

(2) $(2x^2+6x)-(x^2-9x)$
$=(2x^2+6x)+(-x^2+9x)$
$=2x^2+6x-x^2+9x$
$=\mathbf{x^2+15x}$

$$\begin{array}{r} 2x^2+6x \\ -)\ x^2-9x \\ \hline \end{array} \Rightarrow \begin{array}{r} 2x^2+\ \ 6x \\ +)\ -x^2+\ \ 9x \\ \hline x^2+15x \end{array}$$

教科書 P.18

問 7 次の計算をしなさい。

(1) $(4a-2b)-(a+5b)$　　(2) $(x^2+3x+7)-(-6x^2-2x+5)$

(3)
$$\begin{array}{r} 8x+7y \\ \underline{-)\ \ x-2y} \end{array}$$

(4)
$$\begin{array}{r} x+4y-1 \\ \underline{-)\ 2x\quad\ \ +6} \end{array}$$

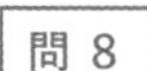

(1) $(4a-2b)-(a+5b)$
$=(4a-2b)+(-a-5b)$
$=4a-2b-a-5b$
$=\mathbf{3a-7b}$

(2) $(x^2+3x+7)-(-6x^2-2x+5)$
$=(x^2+3x+7)+(6x^2+2x-5)$
$=x^2+3x+7+6x^2+2x-5$
$=\mathbf{7x^2+5x+2}$

(3)
$$\begin{array}{r} 8x+7y \\ \underline{-)\ \ x-2y} \end{array}$$
⬇
$$\begin{array}{r} 8x+7y \\ \underline{+)-x+2y} \\ \mathbf{7x+9y} \end{array}$$

(4)
$$\begin{array}{r} x+4y-1 \\ \underline{-)\ 2x\quad\ \ +6} \end{array}$$
⬇
$$\begin{array}{r} x+4y-1 \\ \underline{+)-2x\quad\ \ -6} \\ \mathbf{-x+4y-7} \end{array}$$

教科書 P.18

問 8 美月(みつき)さんは，$(2x+y)-(3x-y)$の計算を右のように行いました。$x=2$，$y=1$のときの最初の式の値と結果の式の値を求め，正しいかどうか確かめなさい。

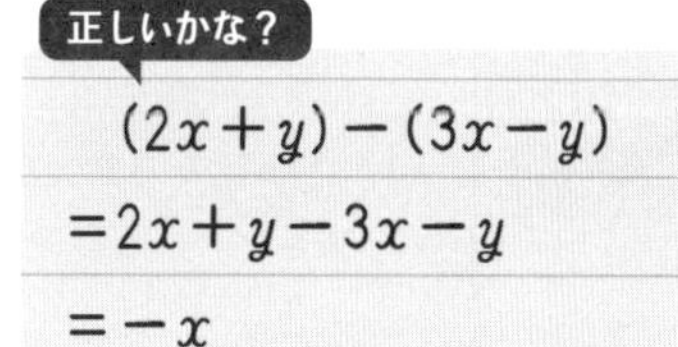

ガイド 多項式をひくとき，(　)をはずすと符号が変わることに注意します。

答え

最初の式の値：$(2x+y)-(3x-y)=(2\times2+1)-(3\times2-1)$
$=(4+1)-(6-1)=5-5=\mathbf{0}$

結果の式の値：$-x=\mathbf{-2}$

正しくない。

多項式と数の乗法・除法

教科書 P.19

$5(3x+2y)$の計算を，右のように考えました。次の問いに答えましょう。

(1) どのようなきまりを使って計算しているでしょうか。

(2) 計算が正しいかどうか，次の2つの方法で調べてみましょう。

① 右のような長方形の面積を考える。

② $x=1$，$y=2$のときの，最初の式の値と結果の式の値を比べる。

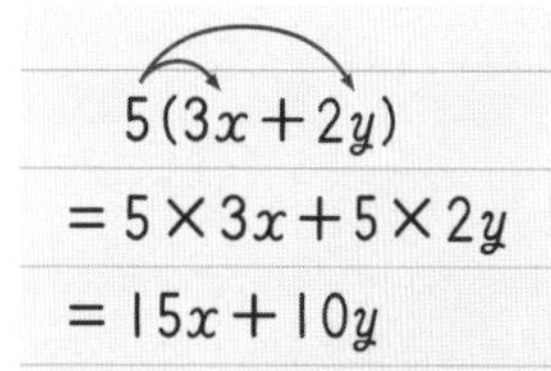

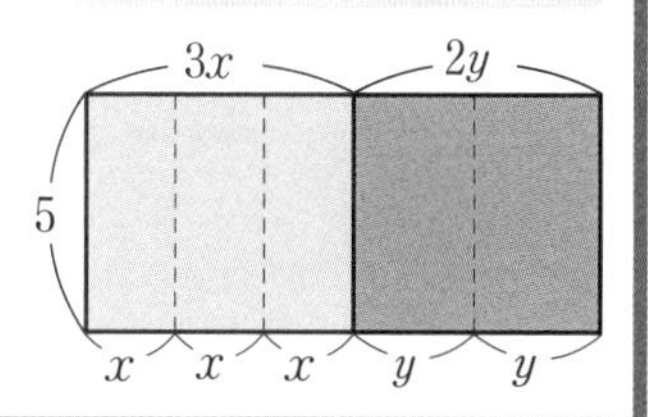

ガイド

(2) ① 全体の長方形の面積を求める式と，分けた長方形の面積を合わせた結果は等しいことを使います。

答え

(1) 分配法則を使っている。

(2) ① 全体の面積は，(長方形の面積)＝(縦)×(横)より，$5(3x+2y)$

また，□部分の面積は，$5\times3x=15x$，■部分の面積は，$5\times2y=10y$

と表せるから， 全体で $15x+10y$

2つの面積は等しいことから，$5(3x+2y)=15x+10y$ は**正しい**ことがわかる。

② **最初の式の値**：$5\times(3\times1+2\times2)=5\times(3+4)=5\times7=35$

結果の式の値：$15\times1+10\times2=15+20=35$

で，$5(3x+2y)=15x+10y$ は**正しい**ことがわかる。

教科書 P.19

問 9 次の計算をしなさい。

(1) $3(x+5y)$　(2) $-4(-2a+b)$　(3) $(7a-4b)\times5$

(4) $6(5x-2y+1)$　(5) $(3a+4b-5)\times(-2)$　(6) $\frac{1}{4}(-8x-2y)$

ガイド

多項式と数の乗法は，分配法則を使ってかっこをはずします。

答え

(1) $3(x+5y)$
$=3\times x+3\times5y$
$=\mathbf{3x+15y}$

(2) $-4(-2a+b)$
$=-4\times(-2a)+(-4)\times b$
$=\mathbf{8a-4b}$

(3) $(7a-4b)\times5$
$=7a\times5+(-4b)\times5$
$=\mathbf{35a-20b}$

(4) $6(5x-2y+1)$
$=6\times5x+6\times(-2y)+6\times1$
$=\mathbf{30x-12y+6}$

(5) $(3a+4b-5)\times(-2)$
$=3a\times(-2)+4b\times(-2)+(-5)\times(-2)$
$=\mathbf{-6a-8b+10}$

(6) $\frac{1}{4}(-8x-2y)$
$=\frac{1}{4}\times(-8x)+\frac{1}{4}\times(-2y)$
$=\mathbf{-2x-\frac{1}{2}y}$

教科書 P.19

問 10 次の計算をしなさい。

(1) $(10x-25y)\div5$　(2) $(-12a+6b)\div(-3)$

ガイド

多項式÷数は，わる数の逆数をかける乗法の形に直して計算します。

答え

(1) $(10x-25y)\div5$
$=(10x-25y)\times\frac{1}{5}$
$=10x\times\frac{1}{5}-25y\times\frac{1}{5}$
$=\mathbf{2x-5y}$

(2) $(-12a+6b)\div(-3)$
$=(-12a+6b)\times\left(-\frac{1}{3}\right)$
$=-12a\times\left(-\frac{1}{3}\right)+6b\times\left(-\frac{1}{3}\right)$
$=\mathbf{4a-2b}$

コメント！

わる数が整数のときは，分数の形にして計算することもできます。

(1) $\frac{10x}{5}-\frac{25y}{5}=2x-5y$　(2) $\frac{-12a}{-3}+\frac{6b}{-3}=4a-2b$

いろいろな計算

教科書 P.20

問 11 次の計算をしなさい。

(1) $2(a+2b)+3(2a-b)$　(2) $-3(4x-5y)+6(2x-3y)$

(3) $3(a-2b)-2(a+5b)$　(4) $7(x-2y+1)-4(-3y+2)$

ガイド 分配法則を使って，かっこをはずしてから計算します。

答え

(1) $2(a+2b)+3(2a-b)$
$=2a+4b+6a-3b$
$=\boldsymbol{8a+b}$

(2) $-3(4x-5y)+6(2x-3y)$
$=-12x+15y+12x-18y$
$=\boldsymbol{-3y}$

(3) $3(a-2b)-2(a+5b)$
$=3a-6b-2a-10b$
$=\boldsymbol{a-16b}$

(4) $7(x-2y+1)-4(-3y+2)$
$=7x-14y+7+12y-8$
$=\boldsymbol{7x-2y-1}$

教科書 P.20

問 12 次の計算をしなさい。

(1) $\dfrac{x+3y}{4}+\dfrac{3x-y}{6}$　(2) $\dfrac{x-y}{4}-\dfrac{2x+y}{8}$

(3) $\dfrac{1}{9}(5x+3y)-\dfrac{1}{3}(x-y)$　(4) $x+y-\dfrac{4x-2y}{5}$

ガイド 先に通分をする方法と，項を分けてから通分する方法(別解)の2通りの方法があります。

答え

(1) $\dfrac{x+3y}{4}+\dfrac{3x-y}{6}$
$=\dfrac{3(x+3y)}{12}+\dfrac{2(3x-y)}{12}$ ← 分子の式にかっこをつける
$=\dfrac{3(x+3y)+2(3x-y)}{12}$
$=\dfrac{3x+9y+6x-2y}{12}$
$=\boldsymbol{\dfrac{9x+7y}{12}}$

(別解) $\dfrac{x+3y}{4}+\dfrac{3x-y}{6}$
$=\dfrac{1}{4}(x+3y)+\dfrac{1}{6}(3x-y)$
$=\dfrac{1}{4}x+\dfrac{3}{4}y+\dfrac{1}{2}x-\dfrac{1}{6}y$
$=\dfrac{1}{4}x+\dfrac{2}{4}x+\dfrac{9}{12}y-\dfrac{2}{12}y$
$=\boldsymbol{\dfrac{3}{4}x+\dfrac{7}{12}y}$

(2) $\dfrac{x-y}{4}-\dfrac{2x+y}{8}$
$=\dfrac{2(x-y)}{8}-\dfrac{2x+y}{8}$
$=\dfrac{2(x-y)-(2x+y)}{8}$ ← かっこを忘れないように
$=\dfrac{2x-2y-2x-y}{8}$
$=\boldsymbol{-\dfrac{3}{8}y}$

(別解) $\dfrac{x-y}{4}-\dfrac{2x+y}{8}$
$=\dfrac{1}{4}(x-y)-\dfrac{1}{8}(2x+y)$
$=\dfrac{1}{4}x-\dfrac{1}{4}y-\dfrac{1}{4}x-\dfrac{1}{8}y$
$=\dfrac{1}{4}x-\dfrac{1}{4}x-\dfrac{2}{8}y-\dfrac{1}{8}y$
$=\boldsymbol{-\dfrac{3}{8}y}$

(3) $\frac{1}{9}(5x+3y)-\frac{1}{3}(x-y)$

$=\frac{5x+3y}{9}-\frac{x-y}{3}$

$=\frac{5x+3y}{9}-\frac{3(x-y)}{9}$

$=\frac{5x+3y-3(x-y)}{9}$

$=\frac{5x+3y-3x+3y}{9}$

$=\boldsymbol{\frac{2x+6y}{9}}$

(別解) $\frac{1}{9}(5x+3y)-\frac{1}{3}(x-y)$

$=\frac{5}{9}x+\frac{1}{3}y-\frac{1}{3}x+\frac{1}{3}y$

$=\frac{5}{9}x-\frac{3}{9}x+\frac{1}{3}y+\frac{1}{3}y$

$=\boldsymbol{\frac{2}{9}x+\frac{2}{3}y}$

(4) $x+y-\frac{4x-2y}{5}$

$=\frac{5(x+y)}{5}-\frac{4x-2y}{5}$

$=\frac{5(x+y)-(4x-2y)}{5}$ ← かっこを忘れないように

$=\frac{5x+5y-4x+2y}{5}$

$=\boldsymbol{\frac{x+7y}{5}}$

(別解) $x+y-\frac{4x-2y}{5}$

$=x+y-\frac{1}{5}(4x-2y)$

$=x+y-\frac{4}{5}x+\frac{2}{5}y$

$=\frac{5}{5}x-\frac{4}{5}x+\frac{5}{5}y+\frac{2}{5}y$

$=\boldsymbol{\frac{1}{5}x+\frac{7}{5}y}$

3 単項式の乗法・除法

単項式と単項式の乗法

教科書 P.21

真央(まお)さんは，$3a \times 4b$ のような単項式どうしの乗法を，計算のきまりが使えると考えて，右のように計算しました。この計算は正しいといえるでしょうか。

$3a \times 4b$
$=(3\times a)\times(4\times b)$
$=3\times4\times a\times b$
$=12ab$

ガイド
・数と文字のかけ算では，×の記号ははぶくことができる。
・かけ算だけの式では，項の順序を入れかえても結果は同じになる。

答え 正しい。

教科書 P.21

問 1 Q の問題について，次の2通りの方法で確かめなさい。

① 縦 $3a$ cm、横 $4b$ cm の長方形の上に，縦 a cm，横 b cm の長方形がいくつ並べられるか考える。

② $a=1$，$b=2$ を代入して，式の値を比べる。

ガイド

① 縦 $3a$ cm, 横 $4b$ cm の長方形に, 縦 a cm, 横 b cm の長方形は縦方向に 3 枚, 横方向に 4 枚並ぶので, 全部で $3 \times 4 = 12$(枚)並べられます。

答え

① 縦 $3a$ cm, 横 $4b$ cm の長方形の面積は, $3a \times 4b$(cm^2)
また, この長方形に, 縦 a cm, 横 b cm の長方形は縦方向に 3 枚, 横方向に 4 枚並ぶので, 全体の面積は, $12ab$ cm^2 となる。
したがって, $3a \times 4b = 12ab$ **は正しい。**

② $3a \times 4b$ に $a = 1$, $b = 2$ を代入すると,

$$\begin{aligned} 3a \times 4b &= (3 \times a) \times (4 \times b) \\ &= (3 \times 1) \times (4 \times 2) \\ &= 3 \times 8 = 24 \end{aligned}$$

$12ab$ に $a = 1$, $b = 2$ を代入すると,

$$12ab = 12 \times a \times b = 12 \times 1 \times 2 = 24$$

したがって, $3a \times 4b = 12ab$ **は正しい。**

教科書 P.21

問 2 次の計算をしなさい。

(1) $5a \times 2b$ **(2)** $(-6x) \times 3y$ **(3)** $(-x) \times (-7y)$

(4) $0.4x \times (-5y)$ **(5)** $8a \times \frac{1}{4}b$ **(6)** $\left(-\frac{2}{3}x\right) \times (-9y)$

ガイド

係数の積, 文字の積をそれぞれ求め, それらをかけ合わせます。

答え

(1) $5a \times 2b$
$= (5 \times a) \times (2 \times b)$
$= (5 \times 2) \times (a \times b)$
$= \mathbf{10ab}$

(2) $(-6x) \times 3y$
$= (-6 \times x) \times (3 \times y)$
$= (-6 \times 3) \times (x \times y)$
$= \mathbf{-18xy}$

(3) $(-x) \times (-7y)$
$= (-1 \times x) \times (-7 \times y)$
$= \{(-1) \times (-7)\} \times (x \times y)$
$= \mathbf{7xy}$

(4) $0.4x \times (-5y)$
$= (0.4 \times x) \times (-5 \times y)$
$= \{0.4 \times (-5)\} \times (x \times y)$
$= \mathbf{-2xy}$

(5) $8a \times \frac{1}{4}b$
$= (8 \times a) \times \left(\frac{1}{4} \times b\right)$
$= \left(8 \times \frac{1}{4}\right) \times (a \times b)$
$= \mathbf{2ab}$

(6) $\left(-\frac{2}{3}x\right) \times (-9y)$
$= \left(-\frac{2}{3} \times x\right) \times (-9 \times y)$
$= \left\{\left(-\frac{2}{3}\right) \times (-9)\right\} \times (x \times y)$
$= \mathbf{6xy}$

教科書 P.22

問 3 次の計算をしなさい。

(1) $a^3 \times a^2$ **(2)** $2a^2 \times 4a$ **(3)** $(3x)^2$

(4) $(-4a)^2$ **(5)** $(-6xy) \times 2y$ **(6)** $8x \times (-x)^2$

(7) $5 \times (-2x)^2$ **(8)** $5 \times (-2x^2)$ **(9)** $\left(-\frac{1}{2}x\right)^2 \times 4y$

ガイド 累乗の計算です。同じ文字がいくつかけ合わされているか考えます。

(3) $(3x)^2 = 3x \times 3x$ (4) $(-4a)^2 = (-4a) \times (-4a)$

答え

(1) $a^3 \times a^2$
$= (a \times a \times a) \times (a \times a)$
$= a \times a \times a \times a \times a$
$= \boldsymbol{a^5}$

(2) $2a^2 \times 4a$
$= (2 \times a \times a) \times (4 \times a)$
$= 2 \times 4 \times a \times a \times a$
$= \boldsymbol{8a^3}$

(3) $(3x)^2$
$= 3x \times 3x$
$= 3 \times 3 \times x \times x$
$= \boldsymbol{9x^2}$

(4) $(-4a)^2$
$= (-4a) \times (-4a)$
$= (-4) \times (-4) \times a \times a$
$= \boldsymbol{16a^2}$

(5) $(-6xy) \times 2y$
$= (-6 \times x \times y) \times (2 \times y)$
$= (-6) \times 2 \times x \times y \times y$
$= \boldsymbol{-12xy^2}$

(6) $8x \times (-x)^2$
$= 8x \times \{(-x) \times (-x)\}$
$= 8x \times x^2$
$= \boldsymbol{8x^3}$

(7) $5 \times (-2x)^2$
$= 5 \times \{(-2x) \times (-2x)\}$
$= 5 \times 4x^2$
$= \boldsymbol{20x^2}$

(8) $5 \times (-2x^2)$
$= 5 \times (-2) \times x^2$
$= \boldsymbol{-10x^2}$

(9) $\left(-\frac{1}{2}x\right)^2 \times 4y$
$= \left(-\frac{1}{2}x\right) \times \left(-\frac{1}{2}x\right) \times 4y$
$= \frac{1}{4}x^2 \times 4y$
$= \boldsymbol{x^2y}$

単項式と単項式の除法

教科書 P.22

問 4 次の計算をしなさい。

(1) $12xy \div 6y$ (2) $(-9ab) \div 3b$ (3) $a^3 \div a^2$

(4) $10x^2y \div (-2xy)$ (5) $9x^2 \div \frac{3}{5}x$ (6) $4ab \div \left(-\frac{2}{3}b\right)$

ガイド 数どうしの約分，同じ文字どうしの約分をします。
わる数が分数のとき，逆数を使って乗法の形に直します。

(5) $\frac{3}{5}x$ の逆数は，$\frac{3x}{5} \rightarrow \frac{5}{3x}$ となります。文字 x の位置に注意しましょう。

答え

(1) $12xy \div 6y$
$= \frac{\overset{2}{\cancel{12}} \times x \times \overset{1}{\cancel{y}}}{\underset{1}{\cancel{6}} \times \underset{1}{\cancel{y}}}$
$= \boldsymbol{2x}$

(2) $(-9ab) \div 3b$
$= -\frac{\overset{3}{\cancel{9}} \times a \times \overset{1}{\cancel{b}}}{\underset{1}{\cancel{3}} \times \underset{1}{\cancel{b}}}$
$= \boldsymbol{-3a}$

(3) $a^3 \div a^2$
$= \frac{\overset{1}{\cancel{a}} \times \overset{1}{\cancel{a}} \times a}{\underset{1}{\cancel{a}} \times \underset{1}{\cancel{a}}}$
$= \boldsymbol{a}$

(4) $10x^2y \div (-2xy)$

$= -\dfrac{10 \times x \times x \times y}{2 \times x \times y}$

$= -5x$

(5) $9x^2 \div \dfrac{3}{5}x$

$= 9x^2 \div \dfrac{3x}{5}$

$= 9x^2 \times \dfrac{5}{3x}$

$= \dfrac{9 \times x \times x \times 5}{3 \times x}$

$= 15x$

(6) $4ab \div \left(-\dfrac{2}{3}b\right)$

$= 4ab \div \left(-\dfrac{2b}{3}\right)$

$= 4ab \times \left(-\dfrac{3}{2b}\right)$

$= -\dfrac{4 \times a \times b \times 3}{2 \times b}$

$= -6a$

乗法と除法の混じった計算

教科書 P.22

問 5 次の計算をしなさい。

(1) $3x^2 \times 4y \div 2xy$　　(2) $x^3 \div 2x^2 \times 8x$

(3) $12a^2b \times (-3ab) \div 9ab^2$　　(4) $27a^2 \div (-3a)^2$

ガイド すべて乗法の形に直して，約分します。

指数のつく文字の約分は右のようにします。　$\dfrac{x^3}{x^2}$ → x 2 個を約分　$\dfrac{x^3}{x^2} = x$

分母は x が消えて 1 となり，分子に x が 1 個残ります。

わかりにくいときは，$\dfrac{x \times x \times x}{x \times x}$ としましょう。

(4) 累乗の計算を先にします。$(-3a)^2 = (-3a) \times (-3a) = 9a^2$

答え

(1) $3x^2 \times 4y \div 2xy$

$= 3x^2 \times 4y \times \dfrac{1}{2xy}$

$= \dfrac{3x^2 \times 4y}{2xy} = 6x$

(2) $x^3 \div 2x^2 \times 8x$

$= x^3 \times \dfrac{1}{2x^2} \times 8x$

$= \dfrac{x^3 \times 8x}{2x^2} = 4x^2$

(3) $12a^2b \times (-3ab) \div 9ab^2$

$= 12a^2b \times (-3ab) \times \dfrac{1}{9ab^2}$

$= -\dfrac{12a^2b \times 3ab}{9ab^2} = -4a^2$

(4) $27a^2 \div (-3a)^2$　← 累乗の計算が先

$= 27a^2 \div 9a^2$

$= \dfrac{27a^2}{9a^2} = 3$

教科書 P.23

問 6 健太（けんた）さんは，$8x^2 \div \dfrac{2}{3}x \times 4x$ の計算を右のように行いました。この計算は正しいですか。正しくない場合はその理由を説明し，正しく計算を行いなさい。

正しいかな？

$8x^2 \div \dfrac{2}{3}x \times 4x$

$= 8x^2 \div \dfrac{8}{3}x^2$

ガイド 乗法の式では，結合法則が成り立つのでどこを先に計算してもよいのですが，このような乗法と除法の混じった式では，左から順に計算するか，乗法だけの式に直して計算する必要があります。

答 え

正しくない。

理由：乗法と除法の混じった式で，$\frac{2}{3}x \times 4x$を先に計算しているので正しくない。

正しい計算：
$$8x^2 \div \frac{2}{3}x \times 4x$$
$$= 8x^2 \times \frac{3}{2x} \times 4x$$
$$= \frac{\overset{4}{\cancel{8}}x^2 \times 3 \times 4\overset{1}{\cancel{x}}}{\underset{1}{\cancel{2}}\underset{1}{\cancel{x}}}$$
$$= 48x^2$$

1 式の計算

確かめよう

教科書 P.23

1 次の㋐〜㋓の式について，下の問いに答えなさい。

㋐ $\frac{2}{3}x$　㋑ $5x - 4y$　㋒ $-8x^2$　㋓ $x^2 - 5x + 2$

(1) ㋓の式の項をすべていいなさい。　(2) それぞれ何次式かをいいなさい。

答 え

(1) x^2, $-5x$, 2

(2) ㋐ 1次式　㋑ 1次式　㋒ 2次式　㋓ 2次式

2 次の計算をしなさい。

(1) $3x - 7y + x + 4y$　(2) $2a^2 - 7a + 5 + 6a^2 - 1$

(3) $(-5x + 6y) + (9x - 8y)$　(4) $(x - 3y) - (-2x + 5y)$

(5) $-3(4x - y + 7)$　(6) $(18a - 10b) \div 2$

(7) $5(-2a + 4b) + 3(4a - 7b)$　(8) $3(4x - 2y) - 2(3x + y)$

答 え

(1) $3x - 7y + x + 4y$
$= 4x - 3y$

(2) $2a^2 - 7a + 5 + 6a^2 - 1$
$= 8a^2 - 7a + 4$

(3) $(-5x + 6y) + (9x - 8y)$
$= -5x + 6y + 9x - 8y$
$= 4x - 2y$

(4) $(x - 3y) - (-2x + 5y)$
$= x - 3y + 2x - 5y$
$= 3x - 8y$

(5) $-3(4x - y + 7)$
$= -12x + 3y - 21$

(6) $(18a - 10b) \div 2$
$= (18a - 10b) \times \frac{1}{2}$
$= 9a - 5b$

(7) $5(-2a + 4b) + 3(4a - 7b)$
$= -10a + 20b + 12a - 21b$
$= 2a - b$

(8) $3(4x - 2y) - 2(3x + y)$
$= 12x - 6y - 6x - 2y$
$= 6x - 8y$

3 次の計算をしなさい。

(1) $(-2a)\times 9b$　(2) $3a\times 5a^2$　(3) $(-6x)^2$

(4) $8ab\div 4a$　(5) $6x^2\div\frac{2}{5}x$　(6) $12xy\div(-6x)\times 2y$

ガイド

(5) $\frac{2}{5}x$ を逆数にするとき注意しましょう。　$\frac{2}{5}x=\frac{2x}{5}\rightarrow\frac{5}{2x}$

答え

(1) $(-2a)\times 9b$
$=(-2\times 9)\times(a\times b)$
$=\mathbf{-18ab}$

(2) $3a\times 5a^2$
$=(3\times 5)\times(a\times a\times a)$
$=\mathbf{15a^3}$

(3) $(-6x)^2$
$=(-6x)\times(-6x)$
$=(-6)\times(-6)\times x\times x$
$=\mathbf{36x^2}$

(4) $8ab\div 4a$
$=\frac{8ab}{4a}$
$=\mathbf{2b}$

(5) $6x^2\div\frac{2}{5}x$
$=6x^2\times\frac{5}{2x}$
$=\frac{6x^2\times 5}{2x}$
$=\mathbf{15x}$

(6) $12xy\div(-6x)\times 2y$
$=12xy\times\left(-\frac{1}{6x}\right)\times 2y$
$=-\frac{12xy\times 2y}{6x}$
$=\mathbf{-4y^2}$

▶式の計算

計算力を高めよう 1

教科書 P.24

no.1 多項式の加法・減法

(1) $2x+3y+7x+5y$　(2) $-4a+8b-2a-5b$　(3) $5a^2+a^2$

(4) $3x^2-6x+1-2x^2+4x$　(5) $(7a+b)+(-9a+8b)$　(6) $(-3x^2-4x)+(5x^2-x)$

(7) $(8x-6y)-(2x+4y)$　(8) $(-x^2+9x+6)-(7x^2-5x+8)$

(9)
$$\begin{array}{rr} & 2x-6y-5 \\ +) & 3x+2y-4 \\ \hline \end{array}$$

(10)
$$\begin{array}{rr} & -5x+8y \\ -) & 4x-7y \\ \hline \end{array}$$

答え

(1) $\mathbf{9x+8y}$　(2) $\mathbf{-6a+3b}$　(3) $\mathbf{6a^2}$　(4) $\mathbf{x^2-2x+1}$

(5) $(7a+b)+(-9a+8b)$
$=7a+b-9a+8b$
$=\mathbf{-2a+9b}$

(6) $(-3x^2-4x)+(5x^2-x)$
$=-3x^2-4x+5x^2-x$
$=\mathbf{2x^2-5x}$

(7) $(8x-6y)-(2x+4y)$
$=8x-6y-2x-4y$
$=\mathbf{6x-10y}$

(8) $(-x^2+9x+6)-(7x^2-5x+8)$
$=-x^2+9x+6-7x^2+5x-8$
$=\mathbf{-8x^2+14x-2}$

(9)
$$\begin{array}{rr} & 2x-6y-5 \\ +) & 3x+2y-4 \\ \hline & \mathbf{5x-4y-9} \end{array}$$

(10)
$$\begin{array}{rr} & -5x+8y \\ -) & 4x-7y \\ \hline \end{array} \Rightarrow \begin{array}{rr} & -5x+8y \\ +) & -4x+7y \\ \hline & \mathbf{-9x+15y} \end{array}$$

no. 2 多項式と数の乗法・除法

(1) $2(6a-5b+1)$　(2) $(9x-4y)\times(-3)$

(3) $(20a+16b)\div 4$　(4) $(8x-12y)\div(-2)$

答え

(1) $2(6a-5b+1)$
$=\mathbf{12a-10b+2}$

(2) $(9x-4y)\times(-3)$
$=\mathbf{-27x+12y}$

(3) $(20a+16b)\div 4$
$=(20a+16b)\times\frac{1}{4}$
$=\mathbf{5a+4b}$

(4) $(8x-12y)\div(-2)$
$=(8x-12y)\times\left(-\frac{1}{2}\right)$
$=\mathbf{-4x+6y}$

no. 3 いろいろな計算

(1) $3(a+2b)+6(a-b)$　(2) $-(5x-y)+4(3x-y)$　(3) $2(4x+y)-7x$

(4) $8a-5b-3(a-4b)$　(5) $4(2x-y)-2(x-y+1)$　(6) $\frac{1}{4}(a-3b)-\frac{1}{6}(2a-3b)$

(7) $\frac{2a-b}{6}+\frac{a+b}{8}$　(8) $\frac{4x-y}{3}-\frac{x-3y}{2}$　(9) $x-\frac{x+5y}{2}$

答え

(1) $3(a+2b)+6(a-b)$
$=3a+6b+6a-6b$
$=\mathbf{9a}$

(2) $-(5x-y)+4(3x-y)$
$=-5x+y+12x-4y$
$=\mathbf{7x-3y}$

(3) $2(4x+y)-7x$
$=8x+2y-7x$
$=\mathbf{x+2y}$

(4) $8a-5b-3(a-4b)$
$=8a-5b-3a+12b$
$=\mathbf{5a+7b}$

(5) $4(2x-y)-2(x-y+1)$
$=8x-4y-2x+2y-2$
$=\mathbf{6x-2y-2}$

(6) $\frac{1}{4}(a-3b)-\frac{1}{6}(2a-3b)$
$=\frac{3(a-3b)-2(2a-3b)}{12}$
$=\frac{3a-9b-4a+6b}{12}$
$=\mathbf{\frac{-a-3b}{12}}$

(7) $\frac{2a-b}{6}+\frac{a+b}{8}$
$=\frac{4(2a-b)+3(a+b)}{24}$
$=\frac{8a-4b+3a+3b}{24}$
$=\mathbf{\frac{11a-b}{24}}$

(8) $\frac{4x-y}{3}-\frac{x-3y}{2}$
$=\frac{2(4x-y)-3(x-3y)}{6}$
$=\frac{8x-2y-3x+9y}{6}$
$=\mathbf{\frac{5x+7y}{6}}$

(9) $x-\frac{x+5y}{2}$
$=\frac{2x-(x+5y)}{2}$
$=\frac{2x-x-5y}{2}$
$=\mathbf{\frac{x-5y}{2}}$

no. 4 単項式の乗法・除法

(1) $9a \times (-5b)$

(2) $12x \times \frac{5}{6}y$

(3) $3x^2 \times 7x$

(4) $(-7a)^2$

(5) $4a \times (-ab)$

(6) $(3x)^2 \times \left(-\frac{1}{2}y\right)$

(7) $(-18xy) \div (-9x)$

(8) $x^3 \div x$

(9) $6x^2 \div \frac{3}{4}x$

(10) $\frac{1}{2}ab \div \left(-\frac{2}{3}b\right)$

(11) $x^2 \times 4x \div 8xy$

(12) $15a^2b \div (-6ab^2) \times 2ab$

(13) $12x^2y \div 2xy \div 6x$

答え

(1) $9a \times (-5b)$
$= \{9 \times (-5)\} \times (a \times b)$
$= \mathbf{-45ab}$

(2) $12x \times \frac{5}{6}y$
$= \left(12 \times \frac{5}{6}\right) \times (x \times y)$
$= \mathbf{10xy}$

(3) $3x^2 \times 7x$
$= (3 \times 7) \times (x^2 \times x)$
$= \mathbf{21x^3}$

(4) $(-7a)^2$
$= (-7a) \times (-7a)$
$= (-7)^2 \times a^2$
$= \mathbf{49a^2}$

(5) $4a \times (-ab)$
$= \{4 \times (-1)\} \times (a \times ab)$
$= \mathbf{-4a^2b}$

(6) $(3x)^2 \times \left(-\frac{1}{2}y\right)$
$= 9x^2 \times \left(-\frac{1}{2}y\right)$
$= \left\{9 \times \left(-\frac{1}{2}\right)\right\} \times (x^2 \times y)$
$- \mathbf{\frac{9}{2}x^2y}$

(7) $(-18xy) \div (-9x)$
$= \frac{18xy}{9x}$
$= \mathbf{2y}$

(8) $x^3 \div x$
$= \frac{x^3}{x}$
$= \mathbf{x^2}$

(9) $6x^2 \div \frac{3}{4}x$
$= 6x^2 \times \frac{4}{3x}$
$= \frac{6x^2 \times 4}{3x}$
$= \mathbf{8x}$

(10) $\frac{1}{2}ab \div \left(-\frac{2}{3}b\right)$
$= \frac{1}{2}ab \times \left(-\frac{3}{2b}\right)$
$= -\frac{ab \times 3}{2 \times 2b}$
$= \mathbf{-\frac{3}{4}a}$

(11) $x^2 \times 4x \div 8xy$
$= x^2 \times 4x \times \frac{1}{8xy}$
$= \frac{x^2 \times 4x}{8xy}$
$= \mathbf{\frac{x^2}{2y}}$

(12) $15a^2b \div (-6ab^2) \times 2ab$
$= 15a^2b \times \left(-\frac{1}{6ab^2}\right) \times 2ab$
$= -\frac{15a^2b \times 2ab}{6ab^2}$
$= \mathbf{-5a^2}$

(13) $12x^2y \div 2xy \div 6x$
$= 12x^2y \times \frac{1}{2xy} \times \frac{1}{6x}$
$= \frac{12x^2y}{2xy \times 6x}$
$= \mathbf{1}$

2 式の利用

教科書のまとめ テスト前にチェック✓

☑ ◎ 式の値

式の値を求めるとき，式を簡単にしてから数を代入すると，計算しやすくなることがある。

☑ ◎ 文字式による説明

具体的な例だけでは，数や図形の性質がすべての場合で成り立つかどうかを確かめることはできないが，文字式を利用することで，すべての場合で成り立つかどうかを確かめることができる。

① 連続する3つの整数は，n を整数とすると，

$n,\ n+1,\ n+2$

と表される。

② 2けたの自然数は，十の位の数を a，一の位の数を b とすると，

$10a+b$

と表される。

③ 偶数は，m を整数とすると，

$2m$

と表される。

奇数は，n を整数とすると，

$2n+1$

と表される。

☑ ◎ 等式の変形

等式 $y=18-6x$ を変形して，$x=\dfrac{18-y}{6}$ を導くことを，$y=18-6x$ を x について解くという。

注 連続する3つの整数は，次のようにも表すことができる。

$n-1,\ n,\ n+1$

$n-2,\ n-1,\ n$

注 連続する2つの偶数は，次のように表すことができる。

$2m,\ 2m+2$

注意！

注 $y=18-6x$ （y と $-6x$ を移項）

$6x=18-y$ （両辺÷6）

$x=\dfrac{18-y}{6}$

1 式の値

教科書 P.25

略

教科書 P.25

問1 $x=5,\ y=-3$ のとき，次の式の値を求めなさい。

(1) $4(x-2y)+(2x-9y)$ (2) $-2x+y-3(x+2y)$

ガイド　式を簡単にしてから数を代入しましょう。

答え

(1) $4(x-2y)+(2x-9y)$
$=4x-8y+2x-9y$
$=6x-17y$
$=6\times 5-17\times(-3)$
$=30+51=$ **81**

(2) $-2x+y-3(x+2y)$
$=-2x+y-3x-6y$
$=-5x-5y$
$=-5\times 5-5\times(-3)$
$=-25+15=$ **−10**

教科書 P.25

問2 $x=-2$, $y=\frac{1}{3}$のとき，次の式の値を求めなさい。

(1) $2(3x-6y)+3(5y-2x)$　(2) $(-12x^2y)\div(-4x)$

答え

(1) $2(3x-6y)+3(5y-2x)$
$=6x-12y+15y-6x$
$=3y$
$=3\times\frac{1}{3}=$ **1**

(2) $(-12x^2y)\div(-4x)$
$=\frac{12x^2y}{4x}=3xy$
$=3\times(-2)\times\frac{1}{3}=$ **−2**

2 文字式による説明

教科書 P.26

6, 7, 8のような連続する3つの整数の和を求めてみましょう。それらの和には，共通するどんな性質があるか話し合ってみましょう。

6 + 7 + 8 = □　10 + 11 + 12 = □　23 + 24 + 25 = □

答え

6 + 7 + 8 = **21**， 10 + 11 + 12 = **33**， 23 + 24 + 25 = **72**
どれも**3の倍数**である。

教科書 P.27

問1 例1(教科書 P.26)の解答で，連続する3つの整数の和が$3(n+1)$となることから，3の倍数であることのほかに，どんなことがわかりますか。

ガイド 例1の解答で，$n+1$は中央の数を表しています。

答え 連続する3つの整数の和は，その**中央の数の3倍になる**。

教科書 P.27

問2 例1(教科書 P.26)について，中央の数をnとして説明しなさい。

ガイド 中央の数をnとすると，連続する3つの整数は$n-1$, n, $n+1$となります。

答え 連続する3つの整数のうち，中央の数をnとすると，連続する3つの整数は，$n-1$, n, $n+1$と表される。それらの和は，$(n-1)+n+(n+1)=3n$
nは整数だから，$3n$は3の倍数である。
したがって，連続する3つの整数の和は3の倍数である。

教科書 P.27

問 3 大和(やまと)さんは，2の倍数と3の倍数の和は5の倍数になると考え，右のように文字式を使って説明しました。この説明は正しいですか。正しくない場合は，その理由を説明しなさい。

> **正しいかな？**
> 2 の倍数を $2a$，3 の倍数を $3a$ とすると，
> 2 の倍数と 3 の倍数の合計は，
> $2a+3a=5a$
> と表せるから，5 の倍数になるといえる。

答え

正しくない。

理由：2の倍数と3の倍数を同じ文字 a を使って表しているから。このような場合，3の倍数は a とは異なる文字，例えば b を使って，$3b$ のように表す必要がある。そうすると，$2a+3b$ となり，5の倍数になるとはいえない。

教科書 P.27

2桁の自然数と，その十の位の数と 一の位の数を入れかえてできる自然数との和は，ある数の倍数になります。どんな数の倍数になるかを調べてみましょう。

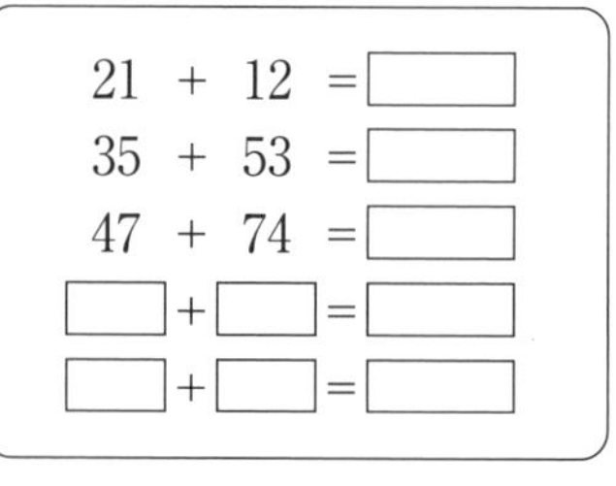

ガイド

例えば，13ならば31，23ならば32，42ならば24との和を考えます。

13	23	42
+ 31	+ 32	+ 24
44	55	66

44，55，66は，すべてある数の倍数になっています。48 + 84のように，和が3けたの数になる場合も，調べておきましょう。

答え

21 + 12 = 33　　35 + 53 = 88　　47 + 74 = 121

(例)　18 + 81 = 99，37 + 73 = 110，

76 + 67 = 143　　どれも **11 の倍数**になる。

教科書 P.28

問 4 2桁の自然数と，その十の位の数と一の位の数を入れかえてできる自然数との差について，どんなことがいえますか。また，そのことを文字式を使って説明しなさい。

ガイド

21	53	74
− 12	− 35	− 47
9	18	27

ほかの数も調べてみましょう。
ある数の倍数になると予想できそうです。

教科書P.28例2を参考にして，この予想を説明してみましょう。式を変形して，(予想した数)×(整数)になることを示します。

答え

2桁の自然数と，その十の位の数と一の位の数を入れかえてできる自然数との差は，**9の倍数である**。

（説明）

2桁の自然数の十の位の数を a，一の位の数を bとすると，

もとの数は，　$10a+b$

入れかえてできる数は，$10b+a$

と表される。この2数の差は，

$$(10a+b)-(10b+a)=10a+b-10b-a$$
$$=9a-9b$$
$$=9(a-b)$$

$a-b$は整数だから，$9(a-b)$は9の倍数である。

したがって，2桁の自然数と，その十の位の数と一の位の数を入れかえてできる自然数との差は，9の倍数である。

教科書 P.28

問 5 教科書12，13ページの問題について，次の問いに答えなさい。

(1) 6桁の自然数を $100000a+10000b+1000c+100a+10b+c$ と表したとき，7でわり切れることを説明しなさい。

(2) 7以外の数でわり切れる数はありますか。

ガイド

(2) (1)の式は $7\times11\times13\times(100a+10b+c)$ と表せる。

$7\times11=77$　$7\times13=91$

$11\times13=143$　$7\times11\times13=1001$

したがって，1，7，11，13，77，91，143，1001でわり切れる。

答え

(1) 6桁の自然数を $100000a+10000b+1000c+100a+10b+c$ と表し，これを整理すると，

$$100000a+10000b+1000c+100a+10b+c$$
$$=100000a+100a+10000b+10b+1000c+c$$
$$=(100000+100)a+(10000+10)b+(1000+1)c$$
$$=100100a+10010b+1001c$$
$$=7(14300a+1430b+143c)$$

$14300a+1430b+143c$ は整数だから，この6桁の自然数は7の倍数であり，7でわり切れる。

(2) ある。

教科書 P.28

次の2数の和は，偶数（ぐうすう），奇数（きすう）のどちらでしょうか。

(1) (偶数)+(奇数)　(2) (偶数)+(偶数)　(3) (奇数)+(奇数)

ガイド

具体的な数で調べてみましょう。

(1) $8+1=9$，$10+3=13$，$48+17=65$，$246+135=381$，…

(2) $4+8=12$，$28+6=34$，$62+46=108$，…

(3) $1+3=4$，$13+27=40$，$99+123=222$，…

答え

(1) 奇数　(2) 偶数　(3) 偶数

教科書 P.29

問 6 偶数と奇数の和は奇数であることを，文字式を使って，次のように説明しました。□にあてはまる式やことばを入れ，説明を完成させなさい。

m，n を整数とすると，偶数は $2m$，奇数は $2n+1$ と表される。
偶数と奇数の和は，

$2m+(2n+1)$
$=2m+2n+1$
$=2(\square)+1$

□ は整数だから，□ は奇数である。
したがって，□。

ガイド 偶数は $2\times$(整数)，奇数は $2\times$(整数)$+1$ です。

答え $2m+(2n+1)=2m+2n+1=2(\boxed{m+n})+1$
$\boxed{m+n}$ は整数だから，$\boxed{2(m+n)+1}$ は奇数である。
したがって，**偶数と奇数の和は奇数である**。

教科書 P.29

問 7 拓真さんは，問 6 について，偶数を $2m$，奇数を $2m+1$ として説明しました。拓真さんの考え方でよいかどうか，話し合いなさい。また，どうしてそう考えたか理由を説明しなさい。

ガイド 同じ文字を使った $2m$ と $2m+1$ はどんな数か考えましょう。

答え **正しくない。**
理由：偶数と奇数を同じ文字を使って $2m$，$2m+1$ と表すと，たとえば $m=5$ のとき 10 と 11 のように連続する偶数と奇数になってしまう。どんな偶数と奇数についても成り立つことを説明するためには，$2m$，$2n+1$ のように異なる文字を使わなければならない。

教科書 P.29

問 8 前ページ(教科書 P.28)の Q (2)，(3)について，文字式を使って説明しなさい。

ガイド Q (2)，(3)は偶数になると予想できます。式変形の目的の形は，$2\times$(整数)です。

答え
(2) m，nを整数とすると，2つの偶数は，$2m$，$2n$と表される。
2つの偶数の和は，$2m+2n=2(m+n)$
$m+n$は整数だから，$2(m+n)$は偶数である。
したがって，偶数と偶数の和は偶数である。

(3) m，nを整数とすると，2つの奇数は，$2m+1$，$2n+1$と表される。
2つの奇数の和は，$(2m+1)+(2n+1)=2m+2n+2=2(m+n+1)$
$m+n+1$は整数だから，$2(m+n+1)$は偶数である。
したがって，奇数と奇数の和は偶数である。

教科書 P.30 ～ 31

右の図で，点 O は線分 AB の中点です。このとき，AB を直径とする半円の弧(こ)の長さと，AO，BO をそれぞれ直径とする 2 つの半円の弧の長さの和は，どちらが長いでしょうか。

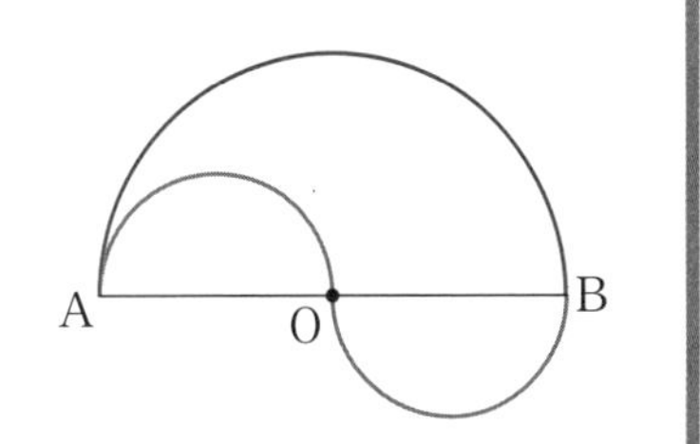

教科書 P.30

拓真さんは，AB=10cm として，それぞれの弧の長さを求めようと考えました。AB を直径とする半円の弧の長さと，AO，BO をそれぞれ直径とする 2 つの半円の弧の長さの和を求めましょう。

答え

AB を直径とする半円の弧の長さは，$(10\times\pi)\times\frac{1}{2}=5\pi$ (cm)

AO は AB の $\frac{1}{2}$ なので，AO を直径とする半円の弧の長さは，$(5\times\pi)\times\frac{1}{2}=\frac{5}{2}\pi$ (cm)

同じように，BO を直径とする半円の弧の長さも $\frac{5}{2}\pi$ (cm)となる。

したがって，AO，BO をそれぞれ直径とする半円の弧の長さの和は，

$\frac{5}{2}\pi+\frac{5}{2}\pi=5\pi$ (cm)となり，AB を直径とする半円の弧の長さと等しい。

教科書 P.30

拓真さんは，1 で求めたことから，AB を直径とする半円の弧の長さと，AO，BO をそれぞれ直径とする半円の弧の長さの和はいつでも等しいという結論を出しました。この結論が正しいかどうか話し合いましょう。

答え

AB が 10 cm のときは正しかったが，それだけでは，いつも正しいといえるかどうかはわからない。

教科書 P.30

美月さんは，拓真さんの結論では，すべての場合を確かめたことにならないから，文字で考えた方がよいと考えました。どの値を文字で表せばよいでしょうか。話し合ってみましょう。

答え

AO の長さ(BO の長さ)を文字で考えるとよい。

教科書 P.31

美月さんは，AO，BO をそれぞれ直径とする 2 つの半円の弧の長さの和は，AB を直径とする半円の弧の長さと等しくなることを，AO = a として，次のように説明しました(説明は答え欄)。□にあてはまる式やことばを入れ，説明を完成させましょう。

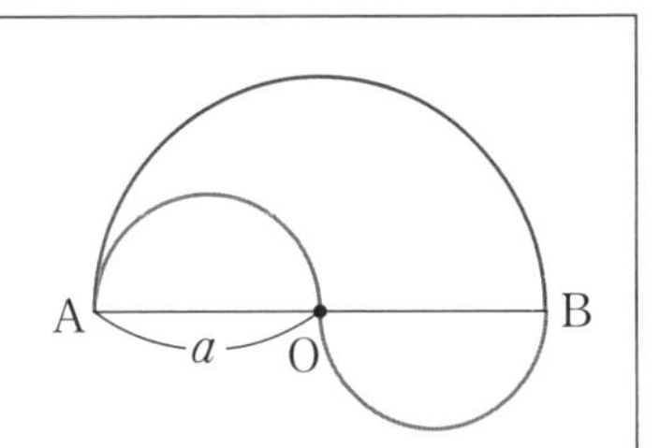

答え

AO = a とすると，AO を直径とする半円の弧の長さは，

$(a \times \pi) \times \boxed{\frac{1}{2}}$

点 O は，線分 AB の中点であるから，

AO = $\boxed{\text{BO}}$

したがって，AO，BO をそれぞれ直径とする 2 つの半円の弧の長さは等しく，それらの和は，

$(a \times \pi) \times \frac{1}{2} \times 2 = \pi a$　　①

また，AB = $\boxed{2a}$ であるから，AB を直径とする半円の弧の長さは，

$(\boxed{2a} \times \pi) \times \frac{1}{2} = \pi a$　　②

①と②より，AO，BO をそれぞれ直径とする 2 つの半円の弧の長さの和は，AB を直径とする半円の弧の長さと等しい。

3 等式の変形

教科書 P.32

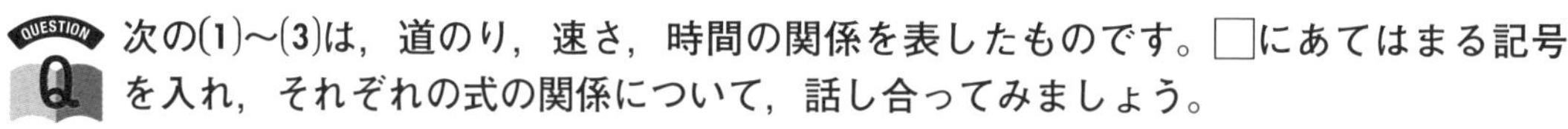

Q 次の(1)~(3)は，道のり，速さ，時間の関係を表したものです。□にあてはまる記号を入れ，それぞれの式の関係について，話し合ってみましょう。

(1) (道のり) = (速さ)□(時間)　　(2) (速さ) = (道のり)□(時間)

(3) (時間) = (道のり)□(速さ)

答え

(1) (道のり) = (速さ)$\boxed{\times}$(時間)　(2) (速さ) = (道のり)$\boxed{\div}$(時間)

(3) (時間) = (道のり)$\boxed{\div}$(速さ)

教科書 P.32

問 1 例 1(教科書 P.32) で，気温が 6℃，－30℃になるのは，それぞれ地上何 km ですか。

答え

$x = \frac{18 - y}{6}$ に，$y = 6$ を代入すると，$x = \frac{18 - 6}{6} = \frac{12}{6} = 2$

また，$y = -30$ を代入すると，$x = \frac{18 - (-30)}{6} = \frac{48}{6} = 8$

答　6℃…地上 2 km，－30℃…地上 8 km

教科書 P.32

問 2 次の等式を〔　〕内の文字について解きなさい。

(1) $x - y = 8$ 〔x〕　　(2) $y = 12 - 4x$ 〔x〕

(3) $6x + 2y = 10$ 〔y〕　　(4) $3x - y = 5$ 〔y〕

ガイド 方程式を解くときと同じように，移項や等式の性質を使います。

答え

(1) $x - y = 8$
$-y$ を移項すると，
$\boldsymbol{x = 8 + y}$

(2) $y = 12 - 4x$
y，$-4x$ を移項すると，$4x = 12 - y$
両辺を 4 でわると，$\boldsymbol{x = \frac{12 - y}{4}}$ $\left(\boldsymbol{x = 3 - \frac{y}{4}}\right)$

(3) $6x + 2y = 10$
$6x$ を移項すると，$2y = 10 - 6x$
両辺を 2 でわると，$\boldsymbol{y = 5 - 3x}$

(4) $3x - y = 5$
$3x$ を移項すると，$-y = 5 - 3x$
両辺に -1 をかけると，$\boldsymbol{y = -5 + 3x}$

教科書 P.33

問 3 次の等式を〔　〕内の文字について解きなさい。

(1) $V = \frac{1}{3}Sh$ 〔h〕　(2) $\ell = 2(a+b)$ 〔a〕　(3) $S = \frac{(a+b)h}{2}$ 〔a〕

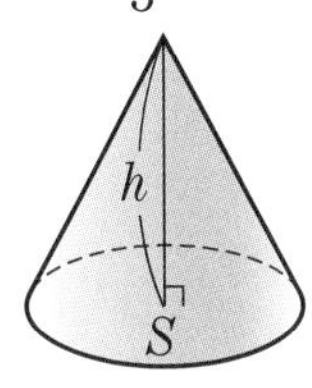

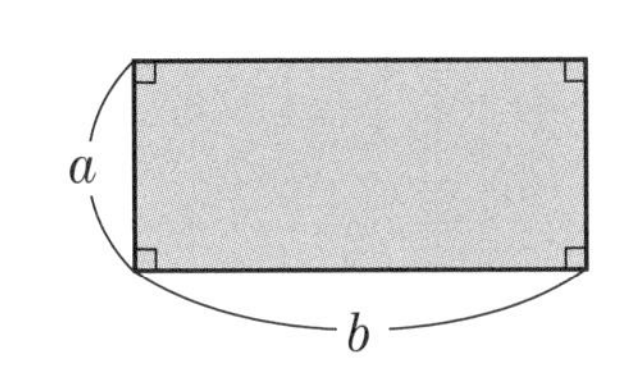

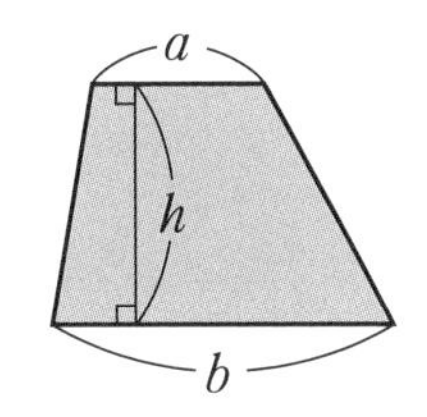

答え

(1) $V = \frac{1}{3}Sh$
左辺と右辺を入れかえると，$\frac{1}{3}Sh = V$
両辺に 3 をかけると，　$Sh = 3V$
両辺を S でわると，　$\boldsymbol{h = \frac{3V}{S}}$

(2) $\ell = 2(a + b)$
左辺と右辺を入れかえると，$2(a+b) = \ell$
両辺を 2 でわると，　$a + b = \frac{\ell}{2}$
b を移項すると，$\boldsymbol{a = \frac{\ell}{2} - b}$

(3) 左辺と右辺を入れかえると，$\frac{(a+b)h}{2} = S$
両辺に 2 をかけると，　$(a + b)h = 2S$
両辺を h でわると，　$a + b = \frac{2S}{h}$
b を移項すると，　$\boldsymbol{a = \frac{2S}{h} - b}$

2 式の利用

確かめよう

教科書 P.33

1 5，7のような連続する2つの奇数の和は4の倍数になることを，文字式を使って説明しなさい。

ガイド 連続する2つの奇数の差は2になることに注意します。
4の倍数になることから，式を変形して，4×(整数)になることを示します。

答 え

nを整数として，小さい方の奇数を$2n+1$とすると，大きい方の奇数は$2n+3$と表される。
これらの和は，

$$(2n+1)+(2n+3)$$
$$=4n+4$$
$$=4(n+1)$$

$n+1$は整数だから，$4(n+1)$は4の倍数である。
したがって，連続する2つの奇数の和は4の倍数である。

---

2 次の等式を〔 〕内の文字について解きなさい。

(1) $4x-y=8$ 〔x〕　　(2) $m=\dfrac{a+b}{2}$ 〔a〕

ガイド

方程式を解くときと同じように，移項や等式の性質を使います。
(2)のように，〔 〕内の文字が右辺にあるときは，はじめに左辺と右辺を入れかえると解きやすくなります。

答 え

(1) $4x-y=8$

$-y$を移項すると，$4x=8+y$

両辺を4でわると，$\boldsymbol{x=\dfrac{8+y}{4}}$

$\left(\boldsymbol{x=2+\dfrac{1}{4}y}\right)$

(2) $m=\dfrac{a+b}{2}$

左辺と右辺を入れかえると，

$\dfrac{a+b}{2}=m$

両辺に2をかけると，$a+b=2m$

bを移項すると，$\boldsymbol{a=2m-b}$

1章のまとめの問題

教科書 P.34 ～ 37

基本

---

1 次の㋐～㋕の式について，下の問いに答えなさい。

㋐ $4x+7$　㋑ $2x^2$　㋒ $3x-5y$
㋓ $-8x$　㋔ $6xy+9y$　㋕ x^2-6x+1

(1) 単項式はどれですか。　　(2) 2次式はどれですか。

ガイド

(1) 数や文字をかけ合わせた形の式，1つの文字や1つの数も単項式です。
(2) 単項式では，かけ合わされている文字の個数が，その単項式の次数です。多項式では，各項の次数のうちでもっとも大きいものが，その多項式の次数です。

答 え

(1) ㋑，㋓　(2) ㋑，㋔，㋕

---

2 次の計算をしなさい。

(1) $8a^2+6a+a^2-2a$　　(2) $-2x-8y+7y-3x+5$
(3) $(4a-9b)+(3a+5b)$　　(4) $(5x+2y)-(6x-4y)$

ガイド　同類項をまとめます。(4)のような減法では，かっこをはずすときの符号に注意しましょう。

答え

(1) $8a^2+6a+a^2-2a$
$=8a^2+a^2+6a-2a$
$=\mathbf{9a^2+4a}$

(2) $-2x-8y+7y-3x+5$
$=-2x-3x-8y+7y+5$
$=\mathbf{-5x-y+5}$

(3) $(4a-9b)+(3a+5b)$
$=4a-9b+3a+5b$
$=\mathbf{7a-4b}$

(4) $(5x+2y)-(6x-4y)$
$=5x+2y-6x+4y$
$=\mathbf{-x+6y}$

3 次の計算をしなさい。

(1) $(20x-4y)\div(-4)$　(2) $(5a-8b)+3(-a+2b)$

(3) $5(x+3y)-4(2x-y)$　(4) $\dfrac{3x+y}{4}-\dfrac{x-y}{6}$

(5) $7x\times4y$　(6) $3a^2\times(-2a)$　(7) $(-9x)^2$

(8) $(-16a^2)\div4a$　(9) $6xy\div\dfrac{3}{7}x$　(10) $4x^2\div6x^2\times3x$

ガイド　単項式の乗法は係数の積，文字の積をかけ合わせます。除法は，乗法の形に直して計算します。

答え

(1) $(20x-4y)\div(-4)$
$=(20x-4y)\times\left(-\dfrac{1}{4}\right)$
$=20x\times\left(-\dfrac{1}{4}\right)+(-4y)\times\left(-\dfrac{1}{4}\right)$
$=\mathbf{-5x+y}$

(2) $(5a-8b)+3(-a+2b)$
$=5a-8b-3a+6b$
$=\mathbf{2a-2b}$

(3) $5(x+3y)-4(2x-y)$
$=5x+15y-8x+4y$
$=\mathbf{-3x+19y}$

(4) $\dfrac{3x+y}{4}-\dfrac{x-y}{6}$
$=\dfrac{3(3x+y)-2(x-y)}{12}$
$=\dfrac{9x+3y-2x+2y}{12}$
$=\mathbf{\dfrac{7x+5y}{12}}$

((4)の別解)

$\dfrac{3x+y}{4}-\dfrac{x-y}{6}=\dfrac{1}{4}(3x+y)-\dfrac{1}{6}(x-y)$
$=\dfrac{3}{4}x+\dfrac{1}{4}y-\dfrac{1}{6}x+\dfrac{1}{6}y$
$=\dfrac{9}{12}x-\dfrac{2}{12}x+\dfrac{3}{12}y+\dfrac{2}{12}y$
$=\mathbf{\dfrac{7}{12}x+\dfrac{5}{12}y}$

(5) $7x\times4y$
$=(7\times4)\times(x\times y)$
$=\mathbf{28xy}$

(6) $3a^2\times(-2a)$
$=\{3\times(-2)\}\times(a^2\times a)$
$=\mathbf{-6a^3}$

(7) $(-9x)^2$
$=(-9x)\times(-9x)$
$=(-9)^2\times x^2$
$=\mathbf{81x^2}$

(8) $(-16a^2) \div 4a$

$= -\dfrac{16a^2}{4a}$

$= -4a$ **答**

(9) $6xy \div \dfrac{3}{7}x$

$= 6xy \times \dfrac{7}{3x}$

$= \dfrac{6xy \times 7}{3x}$

$= \mathbf{14y}$

(10) $4x^2 \div 6x^2 \times 3x$

$= 4x^2 \times \dfrac{1}{6x^2} \times 3x$

$= \dfrac{4x^2 \times 3x}{6x^2}$

$= \mathbf{2x}$

4 次の計算の誤りを直し，正しい答えを求めなさい。

(1) $18xy \div 3x \times 2y$
$= 18xy \div 6xy$
$= 3$

(2) $6ab \div \left(-\dfrac{2}{3}a\right)$
$= 6ab \times \left(-\dfrac{3}{2}a\right)$
$= -9a^2b$

ガイド

(1) 計算の順序がちがいます。乗法に直してから計算しましょう。

(2) わる数を逆数にするときの a の位置がちがいます。

答え

(1) $18xy \div 3x \times 2y$

$= 18xy \times \dfrac{1}{3x} \times 2y$

$= \dfrac{18xy \times 2y}{3x} = \mathbf{12y^2}$

(2) $6ab \div \left(-\dfrac{2}{3}a\right)$

$= 6ab \times \left(-\dfrac{3}{2a}\right)$

$= \mathbf{-9b}$

5 $x = 6$, $y = -5$ のとき，次の式の値を求めなさい。

(1) $14xy^2 \div 7y$　　(2) $(3x + 5y) - (x + 6y)$

ガイド

式を簡単にしてから数を代入しましょう。

答え

(1) $14xy^2 \div 7y$

$= \dfrac{14xy^2}{7y}$

$= 2xy$

$= 2 \times 6 \times (-5)$

$= \mathbf{-60}$

(2) $(3x + 5y) - (x + 6y)$

$= 3x + 5y - x - 6y$

$= 2x - y$

$= 2 \times 6 - (-5)$

$= 12 + 5$

$= \mathbf{17}$

6 1，4，7のような差が3の3つの整数の和は3の倍数であることを，文字式を使って説明しなさい。

答え

差が3の3つの整数は，もっとも小さい整数を n とすると，n，$n+3$，$n+6$ と表される。この3つの数の和は，

$n + (n + 3) + (n + 6) = 3n + 9$

$= 3(n + 3)$

$n + 3$ は整数だから，$3(n + 3)$ は3の倍数である。

したがって，差が3の3つの整数の和は3の倍数である。

別解　中央の数を n とすると，$n-3$，n，$n+3$
$(n-3)+n+(n+3)=3n$　　n は整数だから，$3n$ は3の倍数である。

7 次の等式を〔　〕内の文字について解きなさい。

(1) $3x+2y=10$　〔y〕　　(2) $a=\dfrac{4b+3c}{7}$　〔c〕

ガイド　(2) 最初に左辺と右辺を入れかえると解きやすくなります。

答え

(1) $3x+2y=10$
$2y=10-3x$
$\boldsymbol{y=\dfrac{10-3x}{2}}$
$\left(\boldsymbol{y=5-\dfrac{3}{2}x}\right)$

(2) $a=\dfrac{4b+3c}{7}$
$\dfrac{4b+3c}{7}=a$
$4b+3c=7a$
$3c=7a-4b$
$\boldsymbol{c=\dfrac{7a-4b}{3}}$

応用

1 次の計算をしなさい。

(1) $\dfrac{1}{2}x+y-\left(\dfrac{2}{3}x-\dfrac{y}{2}\right)$　　(2) $x-y-\dfrac{3x-y}{4}$

(3) $3a^2\div 6ab\times(-2a)^2$　　(4) $9x^2\times(-xy)\div\dfrac{3}{5}y^3$

ガイド

(1) かっこをはずしてから通分します。
(2) 通分するとき，$\dfrac{3x-y}{4}$の分子の式にかっこをつけるようにしましょう。
(3) 先に$(-2a)^2$の計算をします。
(4) $\dfrac{3}{5}y^3$ を逆数にするとき注意します。$\dfrac{3}{5}y^3=\dfrac{3y^3}{5}$です。

答え

(1) $\dfrac{1}{2}x+y-\left(\dfrac{2}{3}x-\dfrac{y}{2}\right)$
$=\dfrac{1}{2}x+y-\dfrac{2}{3}x+\dfrac{y}{2}$
$=\dfrac{3}{6}x-\dfrac{4}{6}x+\dfrac{2}{2}y+\dfrac{1}{2}y$
$\boldsymbol{=-\dfrac{1}{6}x+\dfrac{3}{2}y}$

(2) $x-y-\dfrac{3x-y}{4}$
$=\dfrac{4x-4y-(3x-y)}{4}$
$=\dfrac{4x-4y-3x+y}{4}$
$\boldsymbol{=\dfrac{x-3y}{4}}$

(3) $3a^2\div 6ab\times(-2a)^2$
$=3a^2\times\dfrac{1}{6ab}\times 4a^2$
$=\dfrac{\overset{1}{3}a^{\overset{1}{2}}\times\overset{2}{4}a^2}{\underset{\underset{1}{2}}{6}\underset{1}{a}b}$
$\boldsymbol{=\dfrac{2a^3}{b}}$

(4) $9x^2\times(-xy)\div\dfrac{3}{5}y^3$
$=9x^2\times(-xy)\times\dfrac{5}{3y^3}$
$=-\dfrac{\overset{3}{9}x^2\times x\overset{1}{y}\times 5}{\underset{1}{3}y^{\overset{2}{3}}}$
$\boldsymbol{=-\dfrac{15x^3}{y^2}}$

2 $A = x^2 - 3x - 5$，$B = -2x^2 + x + 7$ とするとき，A からどんな式をひくと，その差が B になりますか。

ガイド 求める式を C とすると，$A - C = B$ すなわち，$C = A - B$ になります。

答え 求める式を C とすると，$A - C = B$

したがって，$C = A - B$

$$= (x^2 - 3x - 5) - (-2x^2 + x + 7)$$
$$= x^2 - 3x - 5 + 2x^2 - x - 7$$
$$= 3x^2 - 4x - 12$$

答 $3x^2 - 4x - 12$

3 底面の半径が $r$cm，高さが $h$cm の円柱 A と，底面の半径が A の 2 倍で，高さが A の $\frac{1}{2}$ の円柱 B があります(図は **ガイド** 欄)。このとき，B の体積は A の体積の何倍になるかを，文字式を使って説明しなさい。

ガイド B の円柱の底面の半径は $2r$cm，高さは $\frac{1}{2}h$ cm になります。A，B の体積をそれぞれ，r と h を使った式で表します。

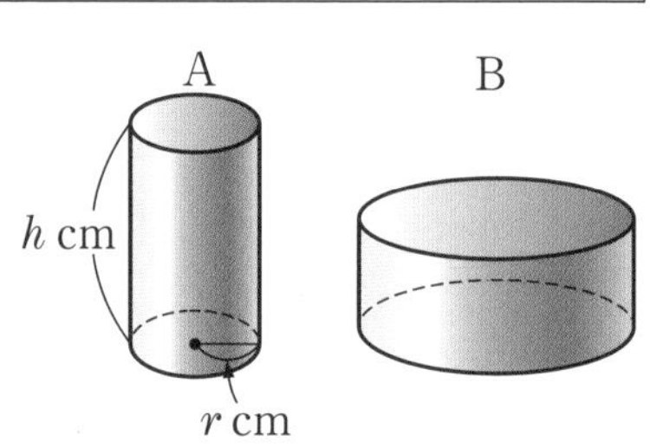

答え 円柱 A の体積は，$\pi r^2 h$(cm³)

円柱 B の体積は，

$\pi \times (2r)^2 \times \frac{1}{2}h = 2\pi r^2 h$(cm³)

したがって，B の体積は A の体積の **2 倍**になる。

4 右のカレンダーで，⬭で囲んだ 3 つの数，2，9，16 の和は，中央の数 9 の 3 倍に等しくなっています。ほかの場所でも，縦に並んだ 3 つの数の和について同じことがいえるかを，文字式を使って説明しなさい。

日	月	火	水	木	金	土
				1	2	3
4	5	6	7	8	9	10
11	12	13	14	15	16	17
18	19	20	21	22	23	24
25	26	27	28	29	30	31

ガイド 1 週間は 7 日なので，カレンダーで縦に並ぶ数は 7 ずつ大きくなります。中央の数を n として，3 つの数の和を求めて考えます。

答え カレンダーの縦に並んだ 3 つの数のうち，中央の数を n とすると，縦に並んだ 3 つの数は，$n - 7$，n，$n + 7$ と表される。

それらの和は，$(n - 7) + n + (n + 7) = 3n$

n は中央の数だから，$3n$ は中央の数の 3 倍である。

したがって，カレンダーの縦に並んだ 3 つの数の和は，中央の数の 3 倍である。

活用

1 美月さんは，3桁の自然数と，その百の位の数と一の位の数を入れかえてできる自然数との差は，どんな数になるかを調べています。

524のとき，$524 - 425 = 99$　　937のとき，$937 - 739 = 198$

259のとき，$259 - 952 = -693$

これらの結果から，美月さんは次のことを予想し，それが正しいことを下のように説明しようとしています（説明は 答え 欄）。美月さんの説明を完成させなさい。

美月さんの予想

3桁の自然数と，その百の位の数と一の位の数を入れかえてできる自然数との差は，99の倍数である。

答え

3桁の自然数の百の位の数を a，十の位の数を b，一の位の数を c とすると，

3桁の自然数は，$100a + 10b + c$

百の位の数と一の位の数を入れかえてできる自然数は，$100c + 10b + a$

と表される。この2数の差は，

$$(100a + 10b + c) - (100c + 10b + a)$$
$$= 99a - 99c$$
$$= 99(a - c)$$

$a - c$ は整数だから，$99(a - c)$ は99の倍数である。

したがって，3桁の自然数と，その百の位の数と一の位の数を入れかえてできる自然数との差は，99の倍数である。

2 美月さんの説明で求めた式から，「2数の差は99の倍数である」ことのほかにわかることがあります。次の㋐～㋕の中から，あてはまるものをすべて選びなさい。

㋐ 2数の差は6の倍数である。

㋑ 2数の差は11の倍数である。

㋒ 2数の差は奇数である。

㋓ 2数の差は偶数である。

㋔ 2数の差は，もとの3桁の自然数の十の位の数には関係しない。

㋕ 2数の差は，もとの3桁の自然数の百の位の数から一の位の数をひいた差の99倍である。

答え

㋐ 99は6の倍数ではないから，$99(a - c)$ も6の倍数とは限らない。　×

㋑ $99 = 11 \times 9$ より，$99(a - c) = 11 \times 9(a - c)$ で11の倍数になる。　○

㋒ 99は奇数だが，$a - c$ が偶数のとき，$99(a - c)$ は偶数になる。　×

㋓ ㋒と同じように，$a - c$ が奇数のとき，$99(a - c)$ は奇数になる。　×

㋔ $99(a - c)$ は，十の位の数の b に関係しない式である。　○

㋕ $99(a - c)$ の式の説明である。　○

答　㋑，㋔，㋕

3 これまでに,「2桁の自然数と,その十の位の数と一の位の数を入れかえてできる自然数との差は,9の倍数である」ことや,
「3桁の自然数と,その百の位の数と一の位の数を入れかえてできる自然数との差は,99の倍数である」ことを学習しました。このことから,拓真さんは,
「4桁の自然数と,その千の位の数と一の位の数を入れかえてできる自然数との差は,999の倍数である」と予想しました。このことは正しいですか。正しいと考える場合は,そのことを文字式で説明しなさい。また,正しくないと考える場合は,999の倍数にならない例を示しなさい。

ガイド

(例) 5724のとき,$5724 - 4725 = 999$
9637のとき,$9637 - 7639 = 1998 = 999 \times 2$
6281のとき,$6281 - 1286 = 4995 = 999 \times 5$

答え

正しい。

(説明)

4桁の自然数の千の位の数をa,百の位の数をb,十の位の数をc,一の位の数をdとすると,4桁の自然数は,$1000a + 100b + 10c + d$と表される。
千の位の数と一の位の数を入れかえてできる自然数は,
$1000d + 100b + 10c + a$と表される。
この2数の差は,
$$\begin{aligned}(1000a + 100b + 10c + d) - (1000d + 100b + 10c + a) &= 1000a + 100b + 10c + d - 1000d - 100b - 10c - a\\ &= 999a - 999d\\ &= 999(a - d)\end{aligned}$$
$a - d$は整数だから,$999(a - d)$は999の倍数である。
したがって,4桁の自然数と,その千の位の数と一の位の数を入れかえてできる自然数との差は,999の倍数である。

深めよう! 赤道のまわりにロープを巻くと?

教科書 P.39

地球の半径は約6400 kmです。いま,地球の赤道の長さよりも10 m長いロープを用意し,赤道上空に一定の高さで円形に巻くことができたとします。

このとき,赤道とロープのすき間を通りぬけることができるのは,次の動物のうちのどれか予想してみましょう。

㋐ ネズミ(高さ　約5 cm)
㋑ ウシ(高さ　約1 m 50 cm)
㋒ ゾウ(高さ　約3 m)

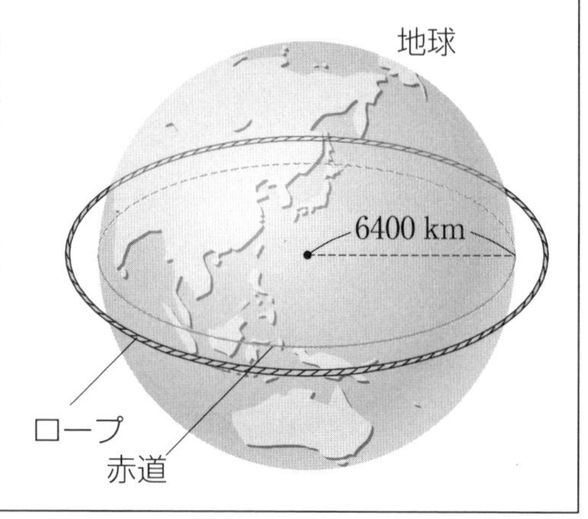

1 地球の半径をr mとすると，赤道の長さは$2\pi r$ mです。ロープの長さと，ロープでつくった円の半径を，それぞれ式で表してみましょう。

答え

ロープの長さは赤道の長さよりも 10 m 長いから，$(2\pi r + 10)$ m
ロープでつくった円の半径をR mとすると，

$$2\pi R = 2\pi r + 10$$
$$R = \frac{2\pi r + 10}{2\pi}$$
$$R = r + \frac{5}{\pi}$$

答　ロープの長さ…$(2\pi r + 10)$ m，ロープでつくった円の半径…$\left(r + \frac{5}{\pi}\right)$ m

2 ロープでつくった円の半径と地球の半径の差を求めてみましょう。また，円周率を 3.14 とすると，その値は約何 m になるでしょうか。

答え

$R = r + \frac{5}{\pi}$より，

$R - r = \left(r + \frac{5}{\pi}\right) - r = \frac{5}{\pi} = \frac{5}{3.14} = 1.592\cdots$だから，およそ 1.59 m

答　$\frac{5}{\pi}$ m，およそ 1.59 m（通りぬけることができるのは，ネズミとウシ）

▶ グラウンドに陸上競技のトラックをつくります。トラックの曲線部分は半円です。このトラックを１周するとき，となり合うレーンとのスタート位置の差は，何 m にすれば よいでしょうか。各レーンの幅（はば）を 1 m，円周率を 3.14 とします。

ガイド

内側のレーンの曲線部分の半径をr m として，内側のレーンと外側のレーンの曲線部分の道のりの差を求めてみましょう。曲線部分は２つあるので，合わせると円になります。結果は，赤道のまわりのロープのときと同じように，半径rには関係しません。

答え

となり合うレーンで，内側のレーンの曲線部分の半径をr m とすると，外側のレーンの半径は，$(r + 1)$ m
１周するとき，となり合うレーンとの曲線部分の長さの差は，

$$2\pi(r + 1) - 2\pi r = 2\pi r + 2\pi - 2\pi r$$
$$= 2\pi$$
$$= 2 \times 3.14 = 6.28\text{(m)}$$

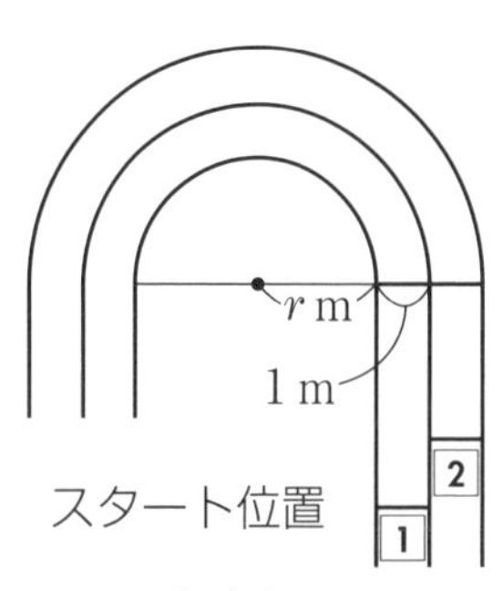

したがって，となり合うレーンのスタート位置は，外側のレーンを内側のレーンより 6.28 m 前にすればよい。

答　6.28 m

2章 連立方程式

教科書 P.40

この遊園地には，チケット２枚で乗れる乗り物と，チケット１枚で乗れる乗り物があります。

Ⓐ チケット２枚の乗り物	Ⓑ チケット１枚の乗り物
● 観覧車	● メリーゴーラウンド
● ローラーコースター	● ゴーカート
● お化け屋敷	● スカイサイクル
● フリーフォール	● ティーカップ
● ジャングルカヌー	● 海賊船

11枚つづりのチケットを買ってすべて使い切ったとすると，チケット２枚で乗れる乗り物と，チケット１枚で乗れる乗り物に，それぞれ何回ずつ乗ったでしょうか。

ガイド まず，チケット２枚で乗れる乗り物に何回乗るかを考えます。最低は０回，最高は $11 \div 2 = 5$ あまり１で，５回まで乗れることがわかります。また，２枚ずつ使って乗った残りの枚数が，そのとき１枚で乗れる乗り物に乗った回数となります。

答え

チケット２枚で乗れる乗り物に乗った回数(回)	0	1	2	3	4	5
チケット１枚で乗れる乗り物に乗った回数(回)	11	9	7	5	3	1

1 連立方程式

教科書のまとめ テスト前にチェック

◎ 2元1次方程式とその解

$2x + y = 11$ のように，2種類の文字をふくむ1次方程式を2元1次方程式という。

また，2元1次方程式を成り立たせる x，y の値の組を2元1次方程式の解という。

注 $3x + 5 = 8$ のように，1種類だけの文字をふくむ1次方程式を1元1次方程式という。

注 2元1次方程式の解は，いくつもある。

◎ 連立方程式とその解

2つの2元1次方程式を1組と考えたものを**連立方程式**または連立2元1次方程式という。

連立方程式で，2つの方程式を同時に成り立たせる x，y の値の組を，連立方程式の解といい，解を求めることを，連立方程式を解くという。

連立方程式 $\begin{cases} 2x + y = 11 \\ x + y = 7 \end{cases}$

⬇

連立方程式の解 $\begin{cases} x = 4 \\ y = 3 \end{cases}$

注 $\begin{cases} x = 4 \\ y = 3 \end{cases}$ は，$x = 4$，$y = 3$ や，$(x,\ y) = (4,\ 3)$ のように書くこともある。

◎ 連立方程式の解き方

2種類の文字のうち，一方の文字を消去して，他方の文字だけをふくむ1元1次方程式をつくって連立方程式を解く。文字を消去する方法には，次の2つがある。

① **加減法**

どちらかの文字の係数の絶対値をそろえ，2つの式の左辺どうし，右辺どうしを加えたりひいたりすることによって，その文字を消去して解く。

② **代入法**

一方の式を他方の式に代入することによって，1つの文字を消去して解く。

2つの等式 $A = M$，$B = N$ があるとき，

$$\begin{array}{rr} & A = M \\ +) & B = N \\ \hline & A + B = M + N \end{array}$$

$$\begin{array}{rr} & A = M \\ -) & B = N \\ \hline & A - B = M - N \end{array}$$

◎ いろいろな連立方程式

① かっこをふくむ連立方程式は，かっこをはずし，整理してから解く。

② 係数に分数や小数をふくむ連立方程式は，係数をすべて整数に直してから解く。

③ $A = B = C$ の形の連立方程式は，次の㋐，㋑，㋒のうちのどれかの組み合わせをつくって解く。

㋐ $\begin{cases} A = B \\ A = C \end{cases}$　㋑ $\begin{cases} A = B \\ B = C \end{cases}$　㋒ $\begin{cases} A = C \\ B = C \end{cases}$

1 連立方程式とその解

教科書 P.42

遊園地で，チケット2枚で乗れる乗り物に x 回，チケット1枚で乗れる乗り物に y 回乗って，チケットを11枚使ったことを式で表してみましょう。また，それぞれの乗り物に何回乗ったでしょうか。

ガイド　チケット2枚の乗り物に x 回乗ると，使ったチケットの枚数は，$2x$ 枚です。

答え　$2x+y=11$

教科書 P.42

問1　$2x+y=11$　①

①の式を成り立たせる x，y の値の組を，次の表にまとめなさい。

x	0	1	2	3	4	5
y						

ガイド　表の x の値を①に代入して y の値を求めます。

このとき，①を y について解き，$y=11-2x$ の形に直しておくと，y の値が求めやすくなります。

答え

x	0	1	2	3	4	5
y	11	9	7	5	3	1

教科書 P.43

前ページ(教科書 P.42)の Q で，遊園地の乗り物に合計7回乗ったとすると，どんなことがわかるでしょうか。

ガイド　チケット2枚で乗れる乗り物に x 回，チケット1枚で乗れる乗り物に y 回乗ったのだから，乗った回数は $x+y$(回)です。

答え　$x+y=7$

教科書 P.43

問2　$x+y=7$　②

②の式の解を，次の表にまとめなさい。

x	0	1	2	3	4	5	6	7
y								

答え

x	0	1	2	3	4	5	6	7
y	7	6	5	4	3	2	1	0

教科書 P.44

問3　42ページ(教科書 P.42)の問1と前ページ(教科書 P.43)の問2の表から，①，②の式を同時に成り立たせる x，y の値の組を求めなさい。

ガイド 問 1，問 2 の表から，x，y の値の組が同じになるものを見つけましょう。

答え

$$\begin{cases} x = 4 \\ y = 3 \end{cases}$$

注 $\begin{cases} x = 4 \\ y = 3 \end{cases}$ は，$x = 4$，$y = 3$ や，$(x,\ y) = (4,\ 3)$ のように書くこともあります。

教科書 P.44

問 4 次の㋐～㋒の中で，連立方程式 $\begin{cases} 2x + y = 16 \\ x + y = 9 \end{cases}$ の解はどれですか。

㋐ $\begin{cases} x = 5 \\ y = 4 \end{cases}$　㋑ $\begin{cases} x = 7 \\ y = 2 \end{cases}$　㋒ $\begin{cases} x = 9 \\ y = -2 \end{cases}$

答え

㋐ $x = 5$，$y = 4$ を，$2x + y = 16$ の左辺に代入すると，
$2x + y = 2 \times 5 + 4 = 14$ となり，成り立たない。

㋑ $x = 7$，$y = 2$ を，$2x + y = 16$ の左辺に代入すると，
$2x + y = 2 \times 7 + 2 = 16$ となり，成り立つ。
$x + y = 9$ の左辺に代入すると，$x + y = 7 + 2 = 9$ となり，成り立つ。

㋒ $x = 9$，$y = -2$ を，$2x + y = 16$ の左辺に代入すると，
$2x + y = 2 \times 9 + (-2) = 16$ となり，成り立つ。
$x + y = 9$ の左辺に代入すると，$x + y = 9 + (-2) = 7$ となり，成り立たない。

2 つの式を同時に成り立たせるのは，㋑

答　㋑

2 連立方程式の解き方

教科書 P.45 ～ 46

ある店でハンバーガー 3 個とジュース 1 個を買うと 750 円，ハンバーガー 1 個とジュース 1 個を買うと 350 円です。ハンバーガー 1 個の値段とジュース 1 個の値段は，それぞれいくらでしょうか。

答え

①と②を比べると，①は②よりハンバーガーが 2 個多い。
よって，代金の差 $750 - 350 = 400$(円)は，ハンバーガー 2 個の値段になる。
したがって，ハンバーガー 1 個の値段は，$400 \div 2 = 200$(円)
また，②より，ハンバーガー 1 個とジュース 1 個で 350 円だから，ジュース 1 個の値段は，$350 - 200 = 150$(円)

答　ハンバーガー 1 個…200 円，ジュース 1 個…150 円

教科書 P.45

1 Q について，拓真（たくま）さんは次(右)のような図をかいて，ハンバーガー１個の値段を求めました。拓真さんの考え方を説明してみましょう。

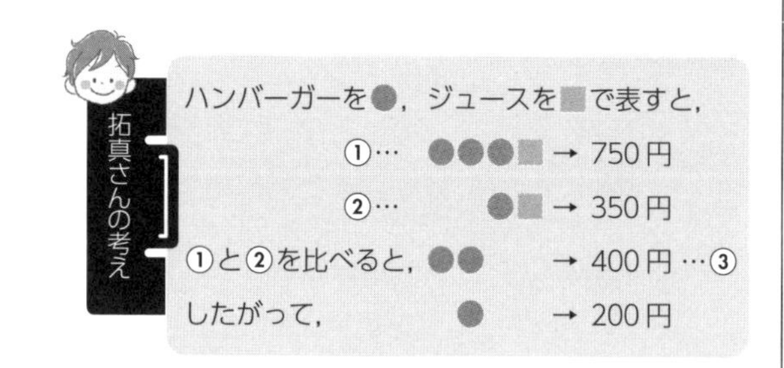

ガイド Q の 答え と同じ考え方です。

答え ①と②の差はハンバーガーが２個で，その値段は，750 − 350 = 400(円)
したがって，ハンバーガー１個の値段は，400 ÷ 2 = 200(円)

教科書 P.45

2 ハンバーガー１個の値段を x 円，ジュース１個の値段を y 円とすると，拓真さんの考えの①，②は，それぞれどんな式で表すことができるでしょうか。また，③は，その２つの式をどのように操作すれば導くことができるでしょうか。

ガイド 等式の性質から，右のような計算ができます。

$$\begin{array}{rl} & A = M \\ -) & B = N \\ \hline & A - B = M - N \end{array}$$

答え
① $3x + y = 750$
② $x + y = 350$
①と②の左辺どうし，右辺どうしをそれぞれひくと，
③の $2x = 400$ になる。

$$\begin{array}{rl} & 3x + y = 750 \\ -) & x + y = 350 \\ \hline & 2x \quad = 400 \end{array}$$

教科書 P.46

3 $\begin{cases} 3x + y = 750 & ① \\ x + y = 350 & ② \end{cases}$

$x = 200$ を①に代入して y の値を求めてみましょう。また，$x = 200$ を②に代入して y の値を求め，２つの結果を比べてみましょう。

答え
①に代入して，$3 \times 200 + y = 750$
$y = 750 - 600$
$y = 150$

②に代入して，$200 + y = 350$
$y = 350 - 200$
$y = 150$

①に代入しても，②に代入しても，$y = 150$ である。

教科書 P.46

4 同じ店で，ホットドッグ２個とアイスクリーム３個を買うと720円，ホットドッグ２個とアイスクリーム１個を買うと480円でした。ホットドッグ１個とアイスクリーム１個の値段は，それぞれいくらでしょうか。連立方程式をつくってそれを解き，答えを求めてみましょう。

ガイド

答え

$\begin{cases}(ホットドッグ2個の代金)+(アイスクリーム3個の代金)=720(円)\\(ホットドッグ2個の代金)+(アイスクリーム1個の代金)=480(円)\end{cases}$

ホットドッグ1個の値段を x 円，アイスクリーム1個の値段を y 円とすると，

$$\begin{cases}2x+3y=720 & ①\\2x+y=480 & ②\end{cases}$$

①，②の左辺どうし，右辺どうしをそれぞれひくと，

$$\begin{array}{lrl}① & 2x+3y &= 720\\② & -)\ 2x+y &= 480\\ \hline & 2y &= 240\\ & y &= 120\end{array}$$

$y=120$ を②に代入すると，

$$\begin{aligned}2x+120&=480\\2x&=360\\x&=180\end{aligned}$$

答　ホットドッグ1個…180円，アイスクリーム1個…120円

教科書 P.46

次(右)の連立方程式で2つの式から1元1次方程式を導くにはどうすればよいでしょうか。

$$\begin{cases}2x+y=13 & ①\\x-y=5 & ②\end{cases}$$

ガイド

答え

y の項を消して，x だけをふくむ方程式をつくります。

$(+y)+(-y)=0$ になることから考えましょう。

①，②の**左辺どうし，右辺どうしをそれぞれ加える**と y の項が消え，1元1次方程式 $3x=18$ になる。

$$\begin{array}{rl}2x+y &= 13\\ +)\ x-y &= 5\\ \hline 3x &= 18\end{array}$$

加減法

教科書 P.47

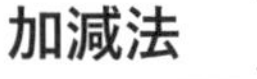

略

教科書 P.48

問1　次の連立方程式を解きなさい。

(1) $\begin{cases}3x-y=2\\x+y=6\end{cases}$　(2) $\begin{cases}x+4y=9\\x+y=3\end{cases}$

(3) $\begin{cases}3x-2y=-13\\-3x+4y=23\end{cases}$　(4) $\begin{cases}2x-y=-4\\x-y=-1\end{cases}$

ガイド

答え

(1)，(4)は y を，(2)，(3)は x を消去することを考えましょう。

(1) $\begin{cases}3x-y=2 & ①\\x+y=6 & ②\end{cases}$

①，②の左辺どうし，右辺どうしをそれぞれ加えると，

$$\begin{array}{lrl}① & 3x-y &= 2\\② & +)\ x+y &= 6\\ \hline & 4x &= 8\\ & x &= 2\end{array}$$

$x=2$ を②に代入すると，

$$\begin{aligned}2+y&=6\\y&=4\end{aligned}$$

答 $\begin{cases}x=2\\y=4\end{cases}$

(2) $\begin{cases}x+4y=9 & ①\\x+y=3 & ②\end{cases}$

①，②の左辺どうし，右辺どうしをそれぞれひくと，

$$\begin{array}{lrl}① & x+4y &= 9\\② & -)\ x+y &= 3\\ \hline & 3y &= 6\\ & y &= 2\end{array}$$

$y=2$ を②に代入すると，

$$\begin{aligned}x+2&=3\\x&=1\end{aligned}$$

答 $\begin{cases}x=1\\y=2\end{cases}$

(3) $\begin{cases} 3x-2y=-13 & ① \\ -3x+4y=23 & ② \end{cases}$

①，②の左辺どうし，右辺どうしをそれぞれ加えると，

$$\begin{array}{lrcr} ① & 3x-2y &=& -13 \\ ② & +)\ -3x+4y &=& 23 \\ \hline & 2y &=& 10 \\ & y &=& 5 \end{array}$$

$y=5$ を①に代入すると，

$3x-2\times5=-13$

$3x=-3$

$x=-1$

答 $\begin{cases} x=-1 \\ y=5 \end{cases}$

(4) $\begin{cases} 2x-y=-4 & ① \\ x-y=-1 & ② \end{cases}$

①，②の左辺どうし，右辺どうしをそれぞれひくと，

$$\begin{array}{lrcr} ① & 2x-y &=& -4 \\ ② & -)\ x-y &=& -1 \\ \hline & x &=& -3 \end{array}$$

$x=-3$ を②に代入すると，

$-3-y=-1$

$-y=2$

$y=-2$

答 $\begin{cases} x=-3 \\ y=-2 \end{cases}$

教科書 P.48

問 2　例 2(教科書 P.48)の連立方程式を，y を消去して解きなさい。

答え

$\begin{cases} x+3y=700 & ① \\ 2x+y=600 & ② \end{cases}$

$$\begin{array}{lrcr} ① & x+3y &=& 700 \\ ②\times3 & -)\ 6x+3y &=& 1800 \\ \hline & -5x &=& -1100 \\ & x &=& 220 \end{array}$$

$x=220$ を②に代入すると，

$2\times220+y=600$

$y=160$

答 $\begin{cases} x=220 \\ y=160 \end{cases}$

教科書 P.48

問 3　次の連立方程式を解きなさい。

(1) $\begin{cases} 2x-3y=12 \\ 3x+y=7 \end{cases}$　(2) $\begin{cases} 3x-4y=10 \\ 5x-8y=22 \end{cases}$　(3) $\begin{cases} -2x+3y=-9 \\ 4x-5y=15 \end{cases}$

ガイド　どちらかの式を何倍かします。(1)，(2)は y を，(3)は x を消去しましょう。

答え

(1) $\begin{cases} 2x-3y=12 & ① \\ 3x+y=7 & ② \end{cases}$

$$\begin{array}{lrcr} ① & 2x-3y &=& 12 \\ ②\times3 & +)\ 9x+3y &=& 21 \\ \hline & 11x &=& 33 \\ & x &=& 3 \end{array}$$

$x=3$ を②に代入すると，

$3\times3+y=7$

$y=-2$

答 $\begin{cases} x=3 \\ y=-2 \end{cases}$

(2) $\begin{cases} 3x-4y=10 & ① \\ 5x-8y=22 & ② \end{cases}$

$$\begin{array}{lrcr} ①\times2 & 6x-8y &=& 20 \\ ② & -)\ 5x-8y &=& 22 \\ \hline & x &=& -2 \end{array}$$

$x=-2$ を①に代入すると，

$3\times(-2)-4y=10$

$-4y=16$

$y=-4$

答 $\begin{cases} x=-2 \\ y=-4 \end{cases}$

(3) $\begin{cases} -2x+3y=-9 & ① \\ 4x-5y=15 & ② \end{cases}$

$$\begin{array}{lrl} ①\times 2 & -4x+6y= & -18 \\ ② & +)\ 4x-5y= & 15 \\ \hline & y= & -3 \end{array}$$

$y=-3$ を②に代入すると，

$4x-5\times(-3)=15$

$4x=0$

$x=0$

答 $\begin{cases} x=0 \\ y=-3 \end{cases}$

教科書 P.49

問 4 例 3(教科書 P.49)の連立方程式を，x を消去して解きなさい。

ガイド x の係数を 6 にそろえましょう。

答え

$\begin{cases} 2x-3y=-7 & ① \\ 3x+2y=-4 & ② \end{cases}$

$$\begin{array}{lrl} ①\times 3 & 6x-9y= & -21 \\ ②\times 2 & -)\ 6x+4y= & -8 \\ \hline & -13y= & -13 \\ & y= & 1 \end{array}$$

$y=1$ を②に代入すると，

$3x+2\times 1=-4$

$3x=-6$

$x=-2$

答 $\begin{cases} x=-2 \\ y=1 \end{cases}$

教科書 P.49

問 5 次の連立方程式を解きなさい。

(1) $\begin{cases} 2x+3y=8 \\ 3x-4y=-5 \end{cases}$　(2) $\begin{cases} 3x-2y=13 \\ 4x+5y=2 \end{cases}$

(3) $\begin{cases} 7x-3y=-5 \\ 6x-5y=3 \end{cases}$　(4) $\begin{cases} 4x+8y=7 \\ 6x+5y=7 \end{cases}$

ガイド どちらの文字を消去してもかまいません。下の解答は 1 つの例です。

答え

(1) $\begin{cases} 2x+3y=8 & ① \\ 3x-4y=-5 & ② \end{cases}$

$$\begin{array}{lrl} ①\times 3 & 6x+9y= & 24 \\ ②\times 2 & -)\ 6x-8y= & -10 \\ \hline & 17y= & 34 \\ & y= & 2 \end{array}$$

$y=2$ を①に代入すると，

$2x+3\times 2=8$

$2x=2$

$x=1$

答 $\begin{cases} x=1 \\ y=2 \end{cases}$

(2) $\begin{cases} 3x-2y=13 & ① \\ 4x+5y=2 & ② \end{cases}$

$$\begin{array}{lrl} ①\times 5 & 15x-10y= & 65 \\ ②\times 2 & +)\ 8x+10y= & 4 \\ \hline & 23x= & 69 \\ & x= & 3 \end{array}$$

$x=3$ を②に代入すると，

$4\times 3+5y=2$

$5y=-10$

$y=-2$

答 $\begin{cases} x=3 \\ y=-2 \end{cases}$

2章 連立方程式

(3) $\begin{cases} 7x - 3y = -5 & ① \\ 6x - 5y = 3 & ② \end{cases}$

①×5　$35x - 15y = -25$
②×3　$-)\ 18x - 15y = 9$

$17x = -34$
$x = -2$

$x = -2$ を①に代入すると,

$7 \times (-2) - 3y = -5$
$-3y = 9$
$y = -3$

答 $\begin{cases} x = -2 \\ y = -3 \end{cases}$

(4) $\begin{cases} 4x + 8y = 7 & ① \\ 6x + 5y = 7 & ② \end{cases}$

①×3　$12x + 24y = 21$
②×2　$-)\ 12x + 10y = 14$

$14y = 7$
$y = \frac{1}{2}$

$y = \frac{1}{2}$ を①に代入すると,

$4x + 8 \times \frac{1}{2} = 7$
$4x = 3$
$x = \frac{3}{4}$

答 $\begin{cases} x = \frac{3}{4} \\ y = \frac{1}{2} \end{cases}$

代入法

教科書 P.50

(教科書)46ページの⑤で, 美月(みつき)さんは右のように考えました。美月さんの考えを説明しましょう。また, 美月さんの考えで, この問題を解いてみましょう。

美月さんの考え

$\begin{cases} 2x + y = 13 & ① \\ x - y = 5 & ② \end{cases}$

このとき, ②の式を x について解くと,
$x = 5 + y$
この $5 + y$ を①の式の x に代入すると,
y だけの方程式になる。

ガイド 一方の式を他方の式に代入することによって, 1つの文字を消去する解き方を代入法といいます。

答え (美月さんの考え)

②より, $x = 5 + y$ となり, ①の x を, $5 + y$ に置きかえることで, x が消去され, y についての1元1次方程式になるので, y の値が求められる。その結果から, x の値が求められる。

$\begin{cases} 2x + y = 13 & ① \\ x - y = 5 & ② \end{cases}$

②より, $x = 5 + y$　③

③を①に代入すると,

$2(5 + y) + y = 13$
$10 + 2y + y = 13$
$3y = 3$
$y = 1$

$y = 1$ を③に代入すると,

$x = 5 + 1$
$= 6$

答 $\begin{cases} x = 6 \\ y = 1 \end{cases}$

教科書 P.51

問 6 次の連立方程式を，代入法で解きなさい。

(1) $\begin{cases} x = 3y + 1 \\ x + 2y = 11 \end{cases}$　　(2) $\begin{cases} x - 2y = 9 \\ y = x - 3 \end{cases}$

(3) $\begin{cases} y = 7x - 2 \\ y = 4x + 1 \end{cases}$　　(4) $\begin{cases} x - 3y = 5 \\ 2x + y = 3 \end{cases}$

ガイド (4)はどちらかの式を変形して，$x =$ ～または $y =$ ～の形に直して代入します。

答え

(1) $\begin{cases} x = 3y + 1 & ① \\ x + 2y = 11 & ② \end{cases}$

①を②に代入すると，

$(3y + 1) + 2y = 11$

$3y + 1 + 2y = 11$

$5y = 10$

$y = 2$

$y = 2$ を①に代入すると，

$x = 3 \times 2 + 1$

$= 7$

答 $\begin{cases} x = 7 \\ y = 2 \end{cases}$

(2) $\begin{cases} x - 2y = 9 & ① \\ y = x - 3 & ② \end{cases}$

②を①に代入すると，

$x - 2(x - 3) = 9$

$x - 2x + 6 = 9$

$-x = 3$

$x = -3$

$x = -3$ を②に代入すると，

$y = (-3) - 3$

$= -6$

答 $\begin{cases} x = -3 \\ y = -6 \end{cases}$

(3) $\begin{cases} y = 7x - 2 & ① \\ y = 4x + 1 & ② \end{cases}$

①を②に代入すると，

$7x - 2 = 4x + 1$

$3x = 3$

$x = 1$

$x = 1$ を①に代入すると，

$y = 7 \times 1 - 2$

$= 5$

答 $\begin{cases} x = 1 \\ y = 5 \end{cases}$

(4) $\begin{cases} x - 3y = 5 & ① \\ 2x + y = 3 & ② \end{cases}$

①を x について解くと，$x = 3y + 5$ ③

③を②に代入すると，

$2(3y + 5) + y = 3$

$6y + 10 + y = 3$

$7y = -7$

$y = -1$

$y = -1$ を③に代入すると，

$x = 3 \times (-1) + 5$

$= 2$

答 $\begin{cases} x = 2 \\ y = -1 \end{cases}$

コメント！ (4)　②を y について解くと，$y = -2x + 3$　これを①に代入して解くこともできます。

教科書 P.51

次の連立方程式は，加減法と代入法のどちらで解くのがよいか話し合ってみましょう。また，2つの方法で解き，その解を比べてみましょう。

$\begin{cases} 2x + 3y = 4 & ① \\ x - y = 2 & ② \end{cases}$

ガイド ②の式は，$-y$ を移項すると，$x = y + 2$ と変形することができます。

答え

加減法

$$\begin{cases} 2x+3y=4 & ① \\ x-y=2 & ② \end{cases}$$

$$\begin{array}{lrl} ① & 2x+3y &= 4 \\ ②\times 2 & -)\ 2x-2y &= 4 \\ \hline & 5y &= 0 \\ & y &= 0 \end{array}$$

$y=0$ を②に代入すると，

$x-0=2$

$x=2$

答 $\begin{cases} x=2 \\ y=0 \end{cases}$

代入法

$$\begin{cases} 2x+3y=4 & ① \\ x-y=2 & ② \end{cases}$$

②より，$x=y+2$ ③

③を①に代入すると，

$2(y+2)+3y=4$

$2y+4+3y=4$

$5y=0$

$y=0$

$y=0$ を③に代入すると，

$x=0+2$

$=2$

答 $\begin{cases} x=2 \\ y=0 \end{cases}$

加減法でも代入法でも，結果は同じになる。式の形や係数をみて，どちらの方法が解きやすいかを判断すればよい。

教科書 P.51

問 7 次の連立方程式を，適当な方法で解きなさい。また，なぜその方法を選んだかいいなさい。

(1) $\begin{cases} 3x+y=7 \\ x+2y=9 \end{cases}$　　(2) $\begin{cases} x+3y=3 \\ x=-y+2 \end{cases}$

答え

(1) 加減法で解く…どちらかの式を何倍かすると係数の絶対値が等しくなるから。

$$\begin{cases} 3x+y=7 & ① \\ x+2y=9 & ② \end{cases}$$

$$\begin{array}{lrl} ①\times 2 & 6x+2y &= 14 \\ ② & -)\ x+2y &= 9 \\ \hline & 5x &= 5 \\ & x &= 1 \end{array}$$

$x=1$ を①に代入すると，

$3\times 1+y=7$

$y=4$

答 $\begin{cases} x=1 \\ y=4 \end{cases}$

(2) 代入法で解く…一方の式が $x=\sim$ の形になっているから。

$$\begin{cases} x+3y=3 & ① \\ x=-y+2 & ② \end{cases}$$

②を①に代入すると，

$(-y+2)+3y=3$

$2y=1$

$y=\frac{1}{2}$

$y=\frac{1}{2}$ を②に代入すると，

$x=-\frac{1}{2}+2$

$=\frac{3}{2}$

答 $\begin{cases} x=\frac{3}{2} \\ y=\frac{1}{2} \end{cases}$

いろいろな連立方程式

教科書 P.52

問 8 次の連立方程式を解きなさい。

(1) $\begin{cases} 2(x-y)-x=8 \\ 5x-(3x-y)=1 \end{cases}$　　(2) $\begin{cases} 3(x+2y)=2(x-3) \\ y=4-x \end{cases}$

ガイド かっこをはずして整理します。

(1) 加減法で解く場合は，(x の項)＋(y の項)＝(数の項)の形に整理します。

(2) 1つ目の式を整理して，2つ目の式を代入しましょう。

答え

(1) $\begin{cases} 2(x-y)-x=8 & ① \\ 5x-(3x-y)=1 & ② \end{cases}$

かっこをはずして整理すると，

①から，$x-2y=8$　③

②から，$2x+y=1$　④

$$\begin{array}{lrl} ③ & x-2y &= 8 \\ ④\times 2 & +)\ 4x+2y &= 2 \\ \hline & 5x &= 10 \\ & x &= 2 \end{array}$$

$x=2$ を④に代入すると，

$2\times 2+y=1$

$y=-3$

答 $\begin{cases} x=2 \\ y=-3 \end{cases}$

(2) $\begin{cases} 3(x+2y)=2(x-3) & ① \\ y=4-x & ② \end{cases}$

①のかっこをはずして整理すると，

$3x+6y=2x-6$

$x+6y=-6$　③

②を③に代入すると，

$x+6(4-x)=-6$

$x+24-6x=-6$

$-5x=-30$

$x=6$

$x=6$ を②に代入すると，

$y=4-6$

$=-2$

答 $\begin{cases} x=6 \\ y=-2 \end{cases}$

教科書 P.52

問 9 次の連立方程式を解くには，どんなくふうをすればよいか考えなさい。また，その方法で解を求めなさい。

$\begin{cases} x+y=6 \\ 0.5x+0.2y=1.5 \end{cases}$

ガイド 小数をふくむ式の場合，その式の両辺を10倍，100倍，…して，係数を整数に直してから解くとよい。

答え

$\begin{cases} x+y=6 & ① \\ 0.5x+0.2y=1.5 & ② \end{cases}$

$$\begin{array}{lrl} ②\times 10 & 5x+2y &= 15 \\ ①\times 2 & -)\ 2x+2y &= 12 \\ \hline & 3x &= 3 \\ & x &= 1 \end{array}$$

$x=1$ を①に代入すると，

$1+y=6$

$y=5$

答 $\begin{cases} x=1 \\ y=5 \end{cases}$

教科書 P.52

問 10 次の連立方程式を，係数を整数に直してから解きなさい。

(1) $\begin{cases} 0.2x+0.3y=0.5 \\ x+5y=-1 \end{cases}$　　(2) $\begin{cases} 8x-3y=9 \\ -\dfrac{1}{6}x+\dfrac{y}{2}=2 \end{cases}$

ガイド

(1) 小数をふくむ方程式は，両辺に10や100などをかけて係数を整数に直します。

(2) 分数をふくむ方程式は，両辺に分母の公倍数をかけて係数を整数に直します。

答え

(1) $\begin{cases} 0.2x+0.3y=0.5 & ① \\ x+5y=-1 & ② \end{cases}$

①× 10　$2x+3y=5$

②× 2　$-)\ 2x+10y=-2$

$-7y=7$

$y=-1$

$y=-1$ を②に代入すると，

$x+5\times(-1)=-1$

$x-5=-1$

$x=4$

答 $\begin{cases} \boldsymbol{x=4} \\ \boldsymbol{y=-1} \end{cases}$

(2) $\begin{cases} 8x-3y=9 & ① \\ -\dfrac{1}{6}x+\dfrac{y}{2}=2 & ② \end{cases}$

②× 6　$-x+3y=12$

①　$+)\ 8x-3y=9$

$7x=21$

$x=3$

$x=3$ を①に代入すると，

$8\times3-3y=9$

$-3y=-15$

$y=5$

答 $\begin{cases} \boldsymbol{x=3} \\ \boldsymbol{y=5} \end{cases}$

教科書 P.53

問 11 例 7(教科書 P.53)の連立方程式を，㋐，㋑の形に直して解きなさい。

答え

㋐の形

$\begin{cases} 2x+3y=x+y & ① \\ 2x+3y=2 & ② \end{cases}$

①より，$x+2y=0$ ③

③× 2　$2x+4y=0$

②　$-)\ 2x+3y=2$

$y=-2$

$y=-2$ を③に代入すると，

$x+2\times(-2)=0$

$x=4$

答 $\begin{cases} \boldsymbol{x=4} \\ \boldsymbol{y=-2} \end{cases}$

㋑の形

$\begin{cases} 2x+3y=x+y & ① \\ x+y=2 & ② \end{cases}$

①より，$x+2y=0$ ③

③　$x+2y=0$

②　$-)\ x+y=2$

$y=-2$

$y=-2$ を②に代入すると，

$x+(-2)=2$

$x=4$

答 $\begin{cases} \boldsymbol{x=4} \\ \boldsymbol{y=-2} \end{cases}$

教科書 P.53

問 12 次の連立方程式を解きなさい。

(1) $2x-y=-3x+y=1$　　(2) $3x+2y=5+3y=2x+11$

ガイド

(1) $\underbrace{2x-y}_{A}=\underbrace{-3x+y}_{B}=\underbrace{1}_{C}$　Cが数の項だけなので，$\begin{cases}A=C\\B=C\end{cases}$の形にすると解きやすくなります。

(2) どの組み合わせで解いてもかまいません。下の解答は1つの例です。

答え

(1) $2x-y=-3x+y=1$

$\begin{cases}2x-y=1 & ①\\-3x+y=1 & ②\end{cases}$

$$\begin{array}{lrcl}① & 2x-y&=&1\\ ② & +)\ -3x+y&=&1\\ \hline & -x&=&2\\ & x&=&-2\end{array}$$

$x=-2$を②に代入すると，

$-3\times(-2)+y=1$

$y=-5$

答 $\begin{cases}x=-2\\y=-5\end{cases}$

(2) $3x+2y=5+3y=2x+11$

$\begin{cases}3x+2y=5+3y & ①\\3x+2y=2x+11 & ②\end{cases}$

①から，$3x-y=5$　③

②から，$x+2y=11$　④

$$\begin{array}{lrcl}③\times 2 & 6x-2y&=&10\\ ④ & +)\ x+2y&=&11\\ \hline & 7x&=&21\\ & x&=&3\end{array}$$

$x=3$を④に代入すると，

$3+2y=11$

$y=4$

答 $\begin{cases}x=3\\y=4\end{cases}$

1 連立方程式

確かめよう

教科書 P.53

1 2元1次方程式$x+y=11$…①，$x-y=5$…②について，下の(1)，(2)にあてはまるものを，次の㋐～㋓の中から選びなさい。

㋐ $\begin{cases}x=7\\y=2\end{cases}$　㋑ $\begin{cases}x=2\\y=7\end{cases}$　㋒ $\begin{cases}x=6\\y=5\end{cases}$　㋓ $\begin{cases}x=8\\y=3\end{cases}$

(1) ①，②の解はそれぞれどれですか。

(2) ①，②を連立方程式と考えたとき，その解はどれですか。

ガイド

(1) x，yの値をそれぞれの式の左辺に代入して，右辺と等しくなるか調べます。2元1次方程式の解は1つだけではありません。

(2) ①，②を同時に成り立たせるx，yの値の組です。

答え

(1) ①　㋒，㋓　　②　㋐，㋓　　(2) ㋓

2 次の連立方程式を解きなさい。

(1) $\begin{cases}x-3y=4\\x+3y=10\end{cases}$　(2) $\begin{cases}2x+5y=-8\\4x+3y=12\end{cases}$

(3) $\begin{cases}3x-2y=8\\2x+3y=1\end{cases}$　(4) $\begin{cases}2x+y=-9\\x=3y-1\end{cases}$

答え

(1) $\begin{cases} x-3y=4 & ① \\ x+3y=10 & ② \end{cases}$

$$\begin{array}{lrl} ① & x-3y= & 4 \\ ② & +)\ x+3y= & 10 \\ \hline & 2x= & 14 \\ & x= & 7 \end{array}$$

$x=7$ を①に代入すると，

$7-3y=4$

$y=1$

答 $\begin{cases} x=7 \\ y=1 \end{cases}$

(2) $\begin{cases} 2x+5y=-8 & ① \\ 4x+3y=12 & ② \end{cases}$

$$\begin{array}{lrl} ①\times 2 & 4x+10y= & -16 \\ ② & -)\ 4x+\ 3y= & 12 \\ \hline & 7y= & -28 \\ & y= & -4 \end{array}$$

$y=-4$ を①に代入すると，

$2x+5\times(-4)=-8$

$x=6$

答 $\begin{cases} x=6 \\ y=-4 \end{cases}$

(3) $\begin{cases} 3x-2y=8 & ① \\ 2x+3y=1 & ② \end{cases}$

$$\begin{array}{lrl} ①\times 3 & 9x-6y= & 24 \\ ②\times 2 & +)\ 4x+6y= & 2 \\ \hline & 13x= & 26 \\ & x= & 2 \end{array}$$

$x=2$ を①に代入すると，

$3\times 2-2y=8$

$y=-1$

答 $\begin{cases} x=2 \\ y=-1 \end{cases}$

(4) $\begin{cases} 2x+y=-9 & ① \\ x=3y-1 & ② \end{cases}$

②を①に代入すると，

$2(3y-1)+y=-9$

$6y-2+y=-9$

$y=-1$

$y=-1$ を②に代入すると，

$x=3\times(-1)-1$

$=-4$

答 $\begin{cases} x=-4 \\ y=-1 \end{cases}$

Tea Break

3つの文字をふくむ方程式を解こう

発展 教科書 P.54 ～55

ある店で買い物をしたところ，次のような代金になりました。

① りんごとみかんを1個ずつ買うと230円

② みかんと柿(かき)を1個ずつ買うと200円

③ りんごと柿を1個ずつ買うと270円

このとき，りんご1個，みかん1個，柿1個の値段は，それぞれいくらでしょうか。

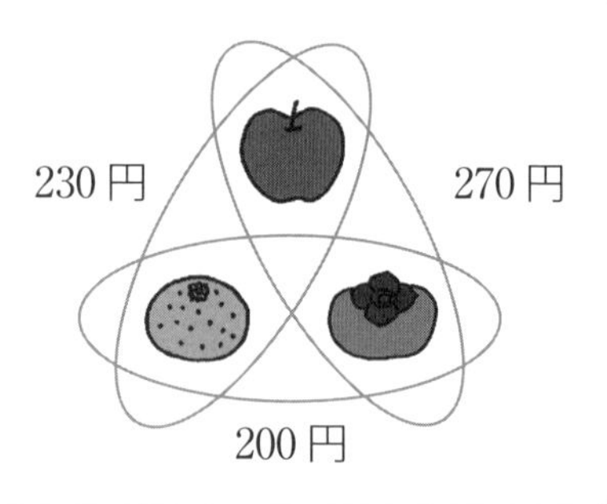

1 自分の考えた方法で，この問題の答えを求めてみましょう。

答え

(例) ①，②，③を全部合わせると，

(りんご2個)＋(みかん2個)＋(柿2個)＝230＋200＋270＝700(円)

したがって，(りんご1個)＋(みかん1個)＋(柿1個)＝700÷2＝350(円)　④

④と①から，(柿1個)＝350－230＝120(円)

④と②から，(りんご1個)＝350－200＝150(円)

④と③から，(みかん1個)＝350－270＝80(円)

答　りんご1個…150円，みかん1個…80円，柿1個…120円

2 りんご1個の値段をx円，みかん1個の値段をy円，柿1個の値段をz円とすると，数量の関係は，どんな式で表すことができるでしょうか。

答え　① $x+y=230$　② $y+z=200$　③ $x+z=270$

3 **2**でつくった3つの式

$$\begin{cases} x+y=230 & ① \\ y+z=200 & ② \\ x+z=270 & ③ \end{cases}$$

を3つの文字をふくむ連立方程式と考えて，その解き方を次の(Ⅰ)〜(Ⅲ)の順に考えてみましょう。

(Ⅰ) ③の両辺から②の両辺をそれぞれひいてzを消去し，xとyについての2元1次方程式をつくる。その式を④とする。

(Ⅱ) ①と④を連立方程式として解き，x，yの値を求める。

(Ⅲ) ②に(Ⅱ)で求めたyの値を代入して，zの値を求める。

$$\begin{array}{lrl} ③ & x \quad\quad + z & = 270 \\ ② & -)\quad y + z & = 200 \\ \hline & x - y \quad\quad & = 70 \quad ④ \end{array}$$

答え

(Ⅱ)

$$\begin{array}{lrl} ① & x + y & = 230 \\ ④ & +)\ x - y & = 70 \\ \hline & 2x & = 300 \\ & x & = 150 \end{array}$$

$x=150$を①に代入すると，

$150+y=230$

$y=80$

$$\begin{cases} x=150 \\ y=80 \end{cases}$$

(Ⅲ) $y=80$を②に代入すると，

$80+z=200$

$z=120$

答 $\begin{cases} x=150 \\ y=80 \\ z=120 \end{cases}$

4 次の連立方程式の解き方を考えてみましょう。

$$\begin{cases} x+y+z=2 & ① \\ 2x+3y-z=-1 & ② \\ x-2y+3z=10 & ③ \end{cases}$$

(1) ①と②からzを消去するには，この2つの式にどんな操作をすればよいでしょうか。

(2) ②と③からzを消去するには，この2つの式にどんな操作をすればよいでしょうか。

(3) (1)と(2)の考え方でzを消去し，この連立方程式を解いてみましょう。

答え

(1) **①の両辺と②の両辺を加える。**　(①＋②)

(2) **②の両辺を3倍して，③の両辺をそれぞれ加える。**　(②×3＋③)

(3)

$$\begin{array}{lrl} ① & x+y+z & = 2 \\ ② & +)\ 2x+3y-z & = -1 \\ \hline & 3x+4y & = 1 \quad ④ \end{array}$$

$$\begin{array}{lrl} ②\times 3 & 6x+9y-3z & = -3 \\ ③ & +)\ x-2y+3z & = 10 \\ \hline & 7x+7y & = 7 \\ & x+y & = 1 \quad ⑤ \end{array}$$

$$\begin{array}{lrl} ④ & 3x+4y & = 1 \\ ⑤\times 4 & -)\ 4x+4y & = 4 \\ \hline & -x & = -3 \\ & x & = 3 \end{array}$$

$x=3$を⑤に代入すると，$y=-2$

$x=3$，$y=-2$を①に代入すると，$z=1$

答 $\begin{cases} x=3 \\ y=-2 \\ z=1 \end{cases}$

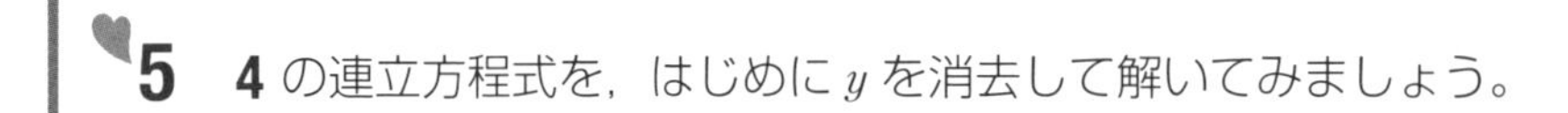

5 **4**の連立方程式を，はじめにyを消去して解いてみましょう。

答え

$$\begin{array}{lrl} ①\times 3 & 3x+3y+3z & = 6 \\ ② & -)\ 2x+3y-z & = -1 \\ \hline & x+4z & = 7 \quad ④ \end{array}$$

$$\begin{array}{lrl} ①\times 2 & 2x+2y+2z & = 4 \\ ③ & +)\ x-2y+3z & = 10 \\ \hline & 3x+5z & = 14 \quad ⑤ \end{array}$$

$$\begin{array}{lrl} ④\times 3 & 3x+12z & = 21 \\ ⑤ & -)\ 3x+5z & = 14 \\ \hline & 7z & = 7 \\ & z & = 1 \end{array}$$

$z=1$を④に代入すると，$x=3$

$x=3$，$z=1$を①に代入すると，$y=-2$

答 $\begin{cases} x=3 \\ y=-2 \\ z=1 \end{cases}$

6 次の連立方程式を解いてみましょう。

(1) $\begin{cases} x+y+z=13 \\ x-y+2z=7 \\ 3x+y-z=23 \end{cases}$　　(2) $\begin{cases} x+2y=6 \\ y=3z+8 \\ x-6z=2 \end{cases}$

ガイド

上の式から順に①，②，③とします。

(1) yの係数の絶対値がそろっているので，yを消去するのが簡単そうです。①+②，①−③，②+③のいずれか2つを計算して，xとzの式を2つつくり，x，zの連立方程式として解きます。

(2) ②を①に代入すると，xとzの式になります。この式と③を連立方程式として解きます。また，①−③からxを消去した式をつくり，②との連立方程式として解くこともできます。

答え

(1) $\begin{cases} x+y+z=13 & ① \\ x-y+2z=7 & ② \\ 3x+y-z=23 & ③ \end{cases}$

$$\begin{array}{lrl} ① & x+y+z &= 13 \\ ② & +)\ x-y+2z &= 7 \\ \hline & 2x+3z &= 20 \quad ④ \end{array}$$

$$\begin{array}{lrl} ② & x-y+2z &= 7 \\ ③ & +)\ 3x+y-z &= 23 \\ \hline & 4x+z &= 30 \quad ⑤ \end{array}$$

$$\begin{array}{lrl} ④\times 2 & 4x+6z &= 40 \\ ⑤ & -)\ 4x+z &= 30 \\ \hline & 5z &= 10 \\ & z &= 2 \end{array}$$

$z=2$ を⑤に代入すると,

$4x+2=30 \quad x=7$

$x=7,\ z=2$ を①に代入すると,

$7+y+2=13$

$y=4$

答 $\begin{cases} x=7 \\ y=4 \\ z=2 \end{cases}$

(2) $\begin{cases} x+2y=6 & ① \\ y=3z+8 & ② \\ x-6z=2 & ③ \end{cases}$

②を①に代入すると,

$x+2(3z+8)=6$

$x+6z+16=6$

$x+6z=-10 \quad ④$

$$\begin{array}{lrl} ④ & x+6z &= -10 \\ ③ & +)\ x-6z &= 2 \\ \hline & 2x &= -8 \\ & x &= -4 \end{array}$$

$x=-4$ を④に代入すると,

$-4+6z=-10$

$z=-1$

$z=-1$ を②に代入すると,

$y=3\times(-1)+8$

$=5$

答 $\begin{cases} x=-4 \\ y=5 \\ z=-1 \end{cases}$

連立方程式

計算力を高めよう 2

教科書 P.56

no.1 加減法

(1) $\begin{cases} 3x+y=17 \\ x-y=3 \end{cases}$ (2) $\begin{cases} 2x+5y=1 \\ 2x+y=5 \end{cases}$ (3) $\begin{cases} -x+3y=-8 \\ x-4y=9 \end{cases}$

(4) $\begin{cases} 2x+y=6 \\ x+3y=13 \end{cases}$ (5) $\begin{cases} x-2y=3 \\ 5x-6y=7 \end{cases}$ (6) $\begin{cases} -2x+5y=-15 \\ 4x-9y=27 \end{cases}$

(7) $\begin{cases} 3x-2y=-11 \\ 2x+3y=-3 \end{cases}$ (8) $\begin{cases} 4x+3y=0 \\ 5x-2y=-23 \end{cases}$ (9) $\begin{cases} 5x-7y=-16 \\ -4x-3y=30 \end{cases}$

答え

(1) $\begin{cases} 3x+y=17 & ① \\ x-y=3 & ② \end{cases}$

$$\begin{array}{lrl} ① & 3x+y &= 17 \\ ② & +)\ x-y &= 3 \\ \hline & 4x &= 20 \\ & x &= 5 \end{array}$$

$x=5$ を②に代入すると,

$5-y=3$

$y=2$

答 $\begin{cases} x=5 \\ y=2 \end{cases}$

(2) $\begin{cases} 2x+5y=1 & ① \\ 2x+y=5 & ② \end{cases}$

$$\begin{array}{lrl} ① & 2x+5y &= 1 \\ ② & -)\ 2x+y &= 5 \\ \hline & 4y &= -4 \\ & y &= -1 \end{array}$$

$y=-1$ を②に代入すると,

$2x+(-1)=5$

$x=3$

答 $\begin{cases} x=3 \\ y=-1 \end{cases}$

(3) $\begin{cases} -x+3y=-8 & ① \\ x-4y=9 & ② \end{cases}$

$$\begin{array}{lrl} ① & -x+3y &= -8 \\ ② & +)\ x-4y &= 9 \\ \hline & -y &= 1 \\ & y &= -1 \end{array}$$

$y=-1$ を②に代入すると,

$x-4\times(-1)=9$

$x=5$

答 $\begin{cases} x=5 \\ y=-1 \end{cases}$

(4) $\begin{cases} 2x + y = 6 & ① \\ x + 3y = 13 & ② \end{cases}$

$$\begin{array}{lrcl} ①\times 3 & 6x + 3y & = & 18 \\ ② & -)\ x + 3y & = & 13 \\ \hline & 5x & = & 5 \\ & x & = & 1 \end{array}$$

$x = 1$ を①に代入すると，

$2 \times 1 + y = 6$

$y = 4$

答 $\begin{cases} \boldsymbol{x = 1} \\ \boldsymbol{y = 4} \end{cases}$

(5) $\begin{cases} x - 2y = 3 & ① \\ 5x - 6y = 7 & ② \end{cases}$

$$\begin{array}{lrcl} ①\times 3 & 3x - 6y & = & 9 \\ ② & -)\ 5x - 6y & = & 7 \\ \hline & -2x & = & 2 \\ & x & = & -1 \end{array}$$

$x = -1$ を①に代入すると，

$-1 - 2y = 3$

$y = -2$

答 $\begin{cases} \boldsymbol{x = -1} \\ \boldsymbol{y = -2} \end{cases}$

(6) $\begin{cases} -2x + 5y = -15 & ① \\ 4x - 9y = 27 & ② \end{cases}$

$$\begin{array}{lrcl} ①\times 2 & -4x + 10y & = & -30 \\ ② & +)\ 4x - 9y & = & 27 \\ \hline & y & = & -3 \end{array}$$

$y = -3$ を①に代入すると，

$-2x + 5 \times (-3) = -15$

$x = 0$

答 $\begin{cases} \boldsymbol{x = 0} \\ \boldsymbol{y = -3} \end{cases}$

(7) $\begin{cases} 3x - 2y = -11 & ① \\ 2x + 3y = -3 & ② \end{cases}$

$$\begin{array}{lrcl} ①\times 3 & 9x - 6y & = & -33 \\ ②\times 2 & +)\ 4x + 6y & = & -6 \\ \hline & 13x & = & -39 \\ & x & = & -3 \end{array}$$

$x = -3$ を②に代入すると，

$2 \times (-3) + 3y = -3$

$y = 1$

答 $\begin{cases} \boldsymbol{x = -3} \\ \boldsymbol{y = 1} \end{cases}$

(8) $\begin{cases} 4x + 3y = 0 & ① \\ 5x - 2y = -23 & ② \end{cases}$

$$\begin{array}{lrcl} ①\times 2 & 8x + 6y & = & 0 \\ ②\times 3 & +)\ 15x - 6y & = & -69 \\ \hline & 23x & = & -69 \\ & x & = & -3 \end{array}$$

$x = -3$ を①に代入すると

$4 \times (-3) + 3y = 0$

$y = 4$

答 $\begin{cases} \boldsymbol{x = -3} \\ \boldsymbol{y = 4} \end{cases}$

(9) $\begin{cases} 5x - 7y = -16 & ① \\ -4x - 3y = 30 & ② \end{cases}$

$$\begin{array}{lrcl} ①\times 4 & 20x - 28y & = & -64 \\ ②\times 5 & +)\ -20x - 15y & = & 150 \\ \hline & -43y & = & 86 \\ & y & = & -2 \end{array}$$

$y = -2$ を①に代入すると，

$5x - 7 \times (-2) = -16$

$x = -6$

答 $\begin{cases} \boldsymbol{x = -6} \\ \boldsymbol{y = -2} \end{cases}$

no. 2 代入法

(1) $\begin{cases} y = x + 2 \\ 3x + y = 14 \end{cases}$

(2) $\begin{cases} x + 5y = 4 \\ x = -3y + 3 \end{cases}$

(3) $\begin{cases} x = 2y + 6 \\ 2x + 3y = 5 \end{cases}$

(4) $\begin{cases} 9x - 2y = -1 \\ y = 3x + 1 \end{cases}$

(5) $\begin{cases} y = 2x - 1 \\ y = -3x + 14 \end{cases}$

(6) $\begin{cases} 2x = 3y - 1 \\ 2x = 5y - 7 \end{cases}$

答え

(1) $\begin{cases} y = x + 2 & ① \\ 3x + y = 14 & ② \end{cases}$

①を②に代入すると，

$3x + (x + 2) = 14$

$4x = 12$

$x = 3$

$x = 3$ を①に代入すると，$y = 5$

答 $\begin{cases} x = 3 \\ y = 5 \end{cases}$

(2) $\begin{cases} x + 5y = 4 & ① \\ x = -3y + 3 & ② \end{cases}$

②を①に代入すると，

$(-3y + 3) + 5y = 4$

$2y = 1$

$y = \frac{1}{2}$

$y = \frac{1}{2}$ を②に代入すると，$x = \frac{3}{2}$

答 $\begin{cases} x = \frac{3}{2} \\ y = \frac{1}{2} \end{cases}$

(3) $\begin{cases} x = 2y + 6 & ① \\ 2x + 3y = 5 & ② \end{cases}$

①を②に代入すると，

$2(2y + 6) + 3y = 5$

$4y + 12 + 3y = 5$

$7y = -7$

$y = -1$

$y = -1$ を①に代入すると，$x = 4$

答 $\begin{cases} x = 4 \\ y = -1 \end{cases}$

(4) $\begin{cases} 9x - 2y = -1 & ① \\ y = 3x + 1 & ② \end{cases}$

②を①に代入すると，

$9x - 2(3x + 1) = -1$

$9x - 6x - 2 = -1$

$3x = 1$

$x = \frac{1}{3}$

$x = \frac{1}{3}$ を②に代入すると，$y = 2$

答 $\begin{cases} x = \frac{1}{3} \\ y = 2 \end{cases}$

(5) $\begin{cases} y = 2x - 1 & ① \\ y = -3x + 14 & ② \end{cases}$

①を②に代入すると，

$2x - 1 = -3x + 14$

$5x = 15$

$x = 3$

$x = 3$ を①に代入すると，$y = 5$

答 $\begin{cases} x = 3 \\ y = 5 \end{cases}$

(6) $\begin{cases} 2x = 3y - 1 & ① \\ 2x = 5y - 7 & ② \end{cases}$

①を②に代入すると，

$3y - 1 = 5y - 7$

$-2y = -6$

$y = 3$

$y = 3$ を①に代入すると，$x = 4$

答 $\begin{cases} x = 4 \\ y = 3 \end{cases}$

no. 3 いろいろな連立方程式

(1) $\begin{cases} 8x = 5y + 2 \\ 5 - 3x = -4y \end{cases}$

(2) $\begin{cases} 3(2x + 1) + 5y = -5 \\ -7x - 4(y + 3) = -10 \end{cases}$

(3) $\begin{cases} 0.5x - 1.4y = 8 \\ -x + 2y = -12 \end{cases}$

(4) $\begin{cases} 0.35x - 0.12y = -1.5 \\ -2x + 3y = -3 \end{cases}$

(5) $\begin{cases} \frac{1}{6}x - \frac{1}{8}y = 1 \\ 2x + y = 2 \end{cases}$

(6) $\begin{cases} 6x + 5y = 9 \\ \frac{3x - 2y}{6} = -1 \end{cases}$

(7) $2x - y = 3x + y = -10$

(8) $x - 2y = 4x + 3y = 1 - 4y$

答え

(1) $\begin{cases} 8x = 5y + 2 & ① \\ 5 - 3x = -4y & ② \end{cases}$

①から，$8x - 5y = 2$ ③

②から，$-3x + 4y = -5$ ④

$$\begin{array}{lrcl} ③\times 4 & 32x - 20y &=& 8 \\ ④\times 5 & +)\ -15x + 20y &=& -25 \\ \hline & 17x &=& -17 \\ & x &=& -1 \end{array}$$

$x = -1$ を①に代入すると，$y = -2$

答 $\begin{cases} \boldsymbol{x = -1} \\ \boldsymbol{y = -2} \end{cases}$

(2) $\begin{cases} 3(2x + 1) + 5y = -5 & ① \\ -7x - 4(y + 3) = -10 & ② \end{cases}$

①から，$6x + 5y = -8$ ③

②から，$-7x - 4y = 2$ ④

$$\begin{array}{lrcl} ③\times 4 & 24x + 20y &=& -32 \\ ④\times 5 & +)\ -35x - 20y &=& 10 \\ \hline & -11x &=& -22 \\ & x &=& 2 \end{array}$$

$x = 2$ を③に代入すると，$y = -4$

答 $\begin{cases} \boldsymbol{x = 2} \\ \boldsymbol{y = -4} \end{cases}$

(3) $\begin{cases} 0.5x - 1.4y = 8 & ① \\ -x + 2y = -12 & ② \end{cases}$

①× 10　$5x - 14y = 80$ ③

$$\begin{array}{lrcl} ③ & 5x - 14y &=& 80 \\ ②\times 5 & +)\ -5x + 10y &=& -60 \\ \hline & -4y &=& 20 \\ & y &=& -5 \end{array}$$

$y = -5$ を②に代入すると，$x = 2$

答 $\begin{cases} \boldsymbol{x = 2} \\ \boldsymbol{y = -5} \end{cases}$

(4) $\begin{cases} 0.35x - 0.12y = -1.5 & ① \\ -2x + 3y = -3 & ② \end{cases}$

①× 100　$35x - 12y = -150$ ③

$$\begin{array}{lrcl} ③ & 35x - 12y &=& -150 \\ ②\times 4 & +)\ -8x + 12y &=& -12 \\ \hline & 27x &=& -162 \\ & x &=& -6 \end{array}$$

$x = -6$ を②に代入すると，$y = -5$

答 $\begin{cases} \boldsymbol{x = -6} \\ \boldsymbol{y = -5} \end{cases}$

(5) $\begin{cases} \dfrac{1}{6}x - \dfrac{1}{8}y = 1 & ① \\ 2x + y = 2 & ② \end{cases}$

①× 24　$4x - 3y = 24$ ③

$$\begin{array}{lrcl} ③ & 4x - 3y &=& 24 \\ ②\times 3 & +)\ 6x + 3y &=& 6 \\ \hline & 10x &=& 30 \\ & x &=& 3 \end{array}$$

$x = 3$ を②に代入すると，$y = -4$

答 $\begin{cases} \boldsymbol{x = 3} \\ \boldsymbol{y = -4} \end{cases}$

(6) $\begin{cases} 6x + 5y = 9 & ① \\ \dfrac{3x - 2y}{6} = -1 & ② \end{cases}$

②× 6　$3x - 2y = -6$ ③

$$\begin{array}{lrcl} ③\times 2 & 6x - 4y &=& -12 \\ ① & -)\ 6x + 5y &=& 9 \\ \hline & -9y &=& -21 \end{array}$$

$y = \dfrac{7}{3}$

$y = \dfrac{7}{3}$ を①に代入すると，$x = -\dfrac{4}{9}$

答 $\begin{cases} \boldsymbol{x = -\dfrac{4}{9}} \\ \boldsymbol{y = \dfrac{7}{3}} \end{cases}$

(7) $2x - y = 3x + y = -10$

$\begin{cases} 2x - y = -10 & ① \\ 3x + y = -10 & ② \end{cases}$

$$\begin{array}{lrcl} ① & 2x - y &=& -10 \\ ② & +)\ 3x + y &=& -10 \\ \hline & 5x &=& -20 \\ & x &=& -4 \end{array}$$

$x = -4$ を②に代入すると，$y = 2$

答 $\begin{cases} \boldsymbol{x = -4} \\ \boldsymbol{y = 2} \end{cases}$

(8) $x - 2y = 4x + 3y = 1 - 4y$

$\begin{cases} x - 2y = 1 - 4y & ① \\ 4x + 3y = 1 - 4y & ② \end{cases}$

①から，$x = 1 - 2y$ ③

②から，$4x + 7y = 1$ ④

③を④に代入すると，

$4(1 - 2y) + 7y = 1$　$y = 3$

$y = 3$ を③に代入すると，$x = -5$

答 $\begin{cases} \boldsymbol{x = -5} \\ \boldsymbol{y = 3} \end{cases}$

2 連立方程式の利用

教科書のまとめ テスト前にチェック

◎ 連立方程式を利用して問題を解く手順

① 問題の中にある，数量の関係を見つけ，図や表，ことばの式で表す。

② わかっている数量，わからない数量をはっきりさせ，文字を使って連立方程式をつくる。

③ 連立方程式を解く。

④ 連立方程式の解が問題に適しているかどうかを確かめ，適していれば問題の答えとする。

注 問題の答えは自然数や正の数でなければならない場合がある。

方程式の解がいつも問題の答えになるとは限らない。

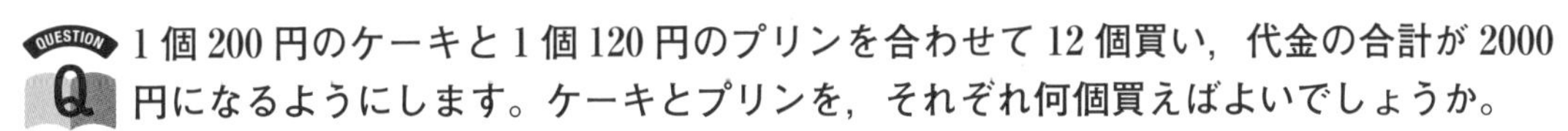

1 連立方程式の利用

教科書 P.57

Q 1個200円のケーキと1個120円のプリンを合わせて12個買い，代金の合計が2000円になるようにします。ケーキとプリンを，それぞれ何個買えばよいでしょうか。

ガイド 下の解答のように，1次方程式を使って解くこともできます。

答え ケーキを x 個買うとすると，プリンの個数は$(12-x)$個と表される。
代金の合計が2000円だから，

$$200x+120(12-x)=2000$$
$$80x=560$$
$$x=7 \qquad 12-7=5$$

答　ケーキ…7個，プリン…5個

教科書 P.57

問1 Q(教科書 P.57)を，連立方程式をつくって解きなさい。また，その解が問題に適しているかどうかを確かめなさい。

ガイド ケーキを x 個，プリンを y 個買うとして，数量の関係から連立方程式をつくります。

答え

$$\begin{cases} x+y=12 & ① \\ 200x+120y=2000 & ② \end{cases}$$

②÷10　$20x+12y=200$

①×12　$-)\ 12x+12y=144$

$8x=56$

$x=7$

$x=7$ を①に代入すると，

$7+y=12$

$y=5$

200円のケーキ7個と，120円のプリン5個の代金の合計は，
$200\times7+120\times5=2000$(円)となり，$x=7$，$y=5$ は，**問題に適している。**

答　ケーキ…7個，プリン…5個

2章 連立方程式

教科書 P.58

問 2 〉35 人の生徒を 5 人の班と 4 人の班に分け，全部で 8 班にします。それぞれの班の数をいくつにすればよいかを求めるために，上(教科書 P.58)の「連立方程式を利用して問題を解く手順」で考えます。次の問いに答えなさい。

(1) 問題の中にある，数量の関係を見つけ，次の図に必要なことをかき入れて，図とことばの式で表しなさい。(図，ことばの式は 答え 欄)

(2) わからない数量を文字を使って表し，(1)でつくったことばの式から，連立方程式をつくりなさい。

(3) (2)でつくった連立方程式を解きなさい。

(4) (3)で求めた連立方程式の解が問題に適しているかどうかを確かめ，問題の答えを求めなさい。

答え

(1) 班の数の関係

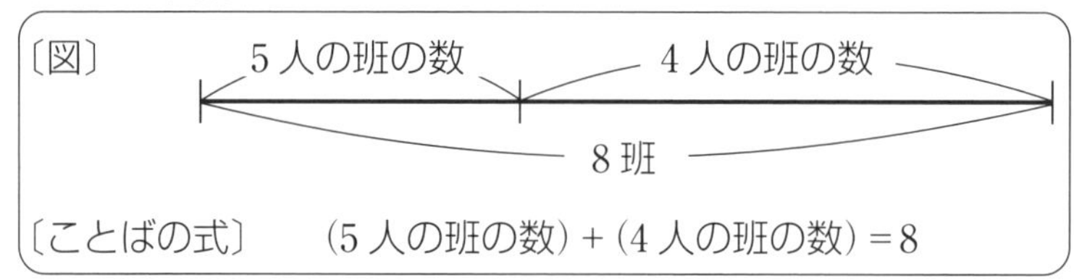

人数の関係

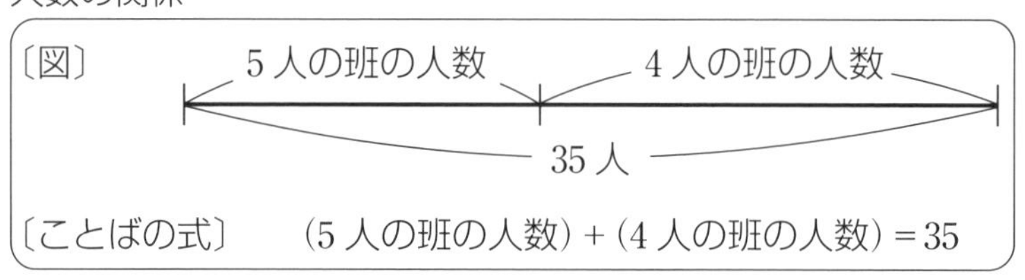

(2) 5 人の班の数を x，4 人の班の数を y とすると，

$$\begin{cases} x + y = 8 & ① \\ 5x + 4y = 35 & ② \end{cases}$$

(3)

$$\begin{array}{lrl} ①\times 4 & 4x + 4y = & 32 \\ ② & -)\ 5x + 4y = & 35 \\ \hline & -x \qquad = & -3 \\ & x \qquad = & 3 \end{array}$$

$x = 3$ を①に代入すると，

$3 + y = 8$

$y = 5$

答 $\begin{cases} x = 3 \\ y = 5 \end{cases}$

(4) 5 人の班が 3 班，4 人の班が 5 班のとき，班の数は，$3 + 5 = 8$(班)で，生徒の人数は，$5 \times 3 + 4 \times 5 = 35$(人)となり，問題に適している。

答 5 人の班… 3 班，4 人の班… 5 班

教科書 P.59

問 3 〉重さのちがうおもり A，B があります。A 3 個と B 2 個の重さの合計は 190 g，A 4 個と B 6 個の重さの合計は 320 g です。A 1 個，B 1 個の重さは，それぞれ何 g ですか。

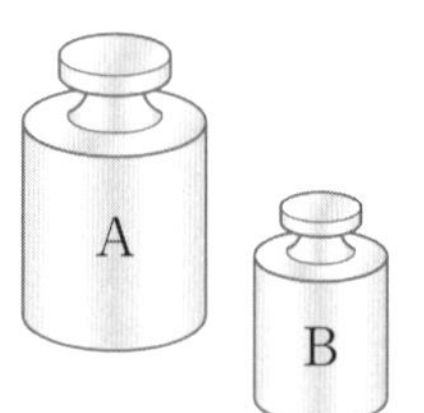

ガイド 数量の関係は，$\begin{cases}(\text{A のおもり 3 個の重さ}) + (\text{B のおもり 2 個の重さ}) = 190\text{ g}\\(\text{A のおもり 4 個の重さ}) + (\text{B のおもり 6 個の重さ}) = 320\text{ g}\end{cases}$

答え A 1 個の重さを xg，B 1 個の重さを yg とすると，

$\begin{cases}3x + 2y = 190 & ①\\4x + 6y = 320 & ②\end{cases}$

①× 3　　$9x + 6y = 570$

②　　$-)\ 4x + 6y = 320$

$5x = 250$

$x = 50$

$x = 50$ を①に代入すると，

$3 \times 50 + 2y = 190$

$y = 20$

A 1 個 50 g，B 1 個 20 g は，問題に適している。

答　A 1 個…50 g，B 1 個…20 g

教科書 P.60

問 4　例 2（教科書 P.60）で，自転車で走った時間を x 時間，歩いた時間を y 時間として連立方程式をつくり，問題の答えを求めなさい。

ガイド 時間，速さ，道のりの関係を表にまとめましょう。

時間の関係と，道のりの関係から式をつくります。（道のり）＝（速さ）×（時間）

道のりを求める問題なので，x，y の値がそのまま答えにはなりません。

答え 時間，速さ，道のりの関係は右の表のようになる。

	自転車	歩き	合計
道のり（km）	$18x$	$4y$	12
速さ（km/h）	18	4	
時間（時間）	x	y	$1\frac{15}{60}$

$\begin{cases}x + y = 1\frac{15}{60} & ①\\18x + 4y = 12 & ②\end{cases}$

①×60　　$60x + 60y = 75$

②×15　　$-)\ 270x + 60y = 180$

$-210x = -105$

$x = \frac{1}{2}$

$x = \frac{1}{2}$ を①に代入すると，

$\frac{1}{2} + y = \frac{75}{60}$　　$y = \frac{3}{4}$

自転車で走った道のりは，$18 \times \frac{1}{2} = 9$（km）

歩いた道のりは，$4 \times \frac{3}{4} = 3$（km）

自転車で走った道のり 9 km，

歩いた道のり 3 km は，問題に適している。

答　自転車で走った道のり…9 km，歩いた道のり…3 km

教科書 P.61

問 5　自動車に乗って，A 町から 90 km 離れた B 町まで行きました。高速道路では時速 80 km，一般（いっぱん）道路では時速 50 km で走り，全体で 1 時間 30 分かかりました。高速道路を走った道のりと一般道路を走った道のりを求めなさい。

ガイド

高速道路を走った道のりを x km，一般道路を走った道のりを y km とします。

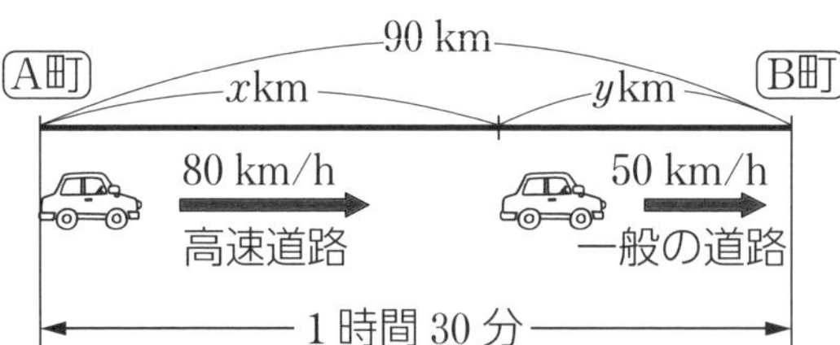

図をもとに，
- 道のりの関係
- 時間の関係

を教科書 P.60 のような表にまとめ，2 つの方程式をつくります。

答え

高速道路を走った道のりを x km，一般道路を走った道のりを y km とすると，

$$\begin{cases} x + y = 90 & ① \\ \dfrac{x}{80} + \dfrac{y}{50} = 1\dfrac{30}{60} & ② \end{cases}$$

$$\begin{array}{lrl} ②\times 400 & 5x + 8y &= 600 \\ ①\times 5 & -)\ 5x + 5y &= 450 \\ \hline & 3y &= 150 \\ & y &= 50 \end{array}$$

$y = 50$ を①に代入すると，$x = 40$
高速道路を走った道のり 40 km，
一般道路を走った道のり 50 km は，
問題に適している。

答　高速道路を走った道のり…40 km，一般道路を走った道のり…50 km

教科書 P.61

問 6 ある中学校の昨年の全校生徒数は，男女合わせて 220 人でした。今年は，昨年と比べ，男子が 5％増え，女子が 2％減ったため，全体では 4 人増えています。次の問いに答えなさい。

(1) 昨年の男子と女子の人数を，それぞれ求めなさい。

(2) 今年の男子と女子の人数を，それぞれ求めなさい。

ガイド

(1) 昨年の男子を x 人，女子を y 人とすると，数量関係は右の表のようになります。女子は 2％減ったので，$-\dfrac{2}{100}y$ となることに注意しましょう。

	男子	女子	合計
昨年の生徒数(人)	x	y	220
今年の増加数(人)	$\dfrac{5}{100}x$	$-\dfrac{2}{100}y$	4

(2) (1)で求めた昨年の男子，女子それぞれの人数から求めます。

答え

(1) 昨年の男子の人数を x 人，女子の人数を y 人とすると，

$$\begin{cases} x + y = 220 & ① \\ \dfrac{5}{100}x - \dfrac{2}{100}y = 4 & ② \end{cases}$$

$$\begin{array}{lrl} ②\times 100 & 5x - 2y &= 400 \\ ①\times 2 & +)\ 2x + 2y &= 440 \\ \hline & 7x &= 840 \\ & x &= 120 \end{array}$$

$x = 120$ を①に代入すると，$y = 100$
昨年の男子 120 人，女子 100 人は，
問題に適している。

答　昨年の男子…120 人，女子…100 人

(2) 男子…昨年より 5％増えたから，$120 \times \dfrac{105}{100} = 126$

女子…昨年より 2％減ったから，$100 \times \dfrac{98}{100} = 98$

答　今年の男子…126 人，女子…98 人

教科書 P.62

問 7　12%の食塩水と 20%の食塩水を混ぜて，15%の食塩水 200 g をつくります。それぞれ何 g ずつ混ぜればよいですか。

ガイド

例 4 と同じように，
{ 食塩水の量の式
{ 溶けている食塩の量の式
をつくって解きましょう。

a%の食塩水 x g に溶けている食塩の量(g)
$= x \times \frac{a}{100}$(g)

答え

12%の食塩水を xg，20%の食塩水を yg 混ぜるとすると，

濃度	12%	20%	15%
食塩水(g)	x	y	200
食塩(g)	$x \times \frac{12}{100}$	$y \times \frac{20}{100}$	$200 \times \frac{15}{100}$

$$\begin{cases} x + y = 200 & ① \\ \frac{12}{100}x + \frac{20}{100}y = 200 \times \frac{15}{100} & ② \end{cases}$$

②× 100　$12x + 20y = 3000$
　　　　$6x + 10y = 1500$　③

③　　　$6x + 10y = 1500$
①× 6　$-)\ 6x + 6y = 1200$
　　　　$4y = 300$
　　　　$y = 75$

$y = 75$ を①に代入すると，$x = 125$
12%の食塩水 125 g，20%の食塩水 75 g は，問題に適している。

答　12%の食塩水…125 g，20%の食塩水…75 g

2 連立方程式の利用

確かめよう

教科書 P.63

1　郵便局で荷物を送るための料金が 1180 円かかります。50 円切手と 120 円切手を合わせて 11 枚はり，合計の金額がちょうど 1180 円になるようにするには，それぞれの切手を何枚にするとよいか求めなさい。

ガイド

{ (50 円切手の枚数) + (120 円切手の枚数) = 11 枚
{ (50 円切手の代金) + (120 円切手の代金) = 1180 円

答え

50 円切手を x 枚，120 円切手を y 枚とすると，

$$\begin{cases} x + y = 11 & ① \\ 50x + 120y = 1180 & ② \end{cases}$$

② ÷ 10　$5x + 12y = 118$
① × 5　$-)\ 5x + 5y = 55$
　　　　$7y = 63$
　　　　$y = 9$

$y = 9$ を①に代入すると，$x = 2$
50 円切手 2 枚，120 円切手 9 枚は，問題に適している。

答　50 円切手… 2 枚，120 円切手… 9 枚

2 2つの数があります。大きい方の数から小さい方の数をひいた差は40になります。また，小さい方の数の2倍に10を加えると大きい方の数と等しくなります。この2つの数を求めなさい。

ガイド

$$\begin{cases}(\text{大きい方の数})-(\text{小さい方の数})=40\\(\text{小さい方の数})\times 2+10=(\text{大きい方の数})\end{cases}$$

答え

大きい方の数をx，小さい方の数をyとすると，

$$\begin{cases}x-y=40 & ①\\x=2y+10 & ②\end{cases}$$

②を①に代入すると，$(2y+10)-y=40$

$$2y-y=40-10$$

$$y=30$$

$y=30$を②に代入すると，$x=2\times 30+10=70$

2つの数70と30は，問題に適している。　　**答　70と30**

注　2つの数を答えるので，「30と70」も同じことです。

解の確かめはなぜ必要？

教科書 P.63

咲良（さくら）さんは，次のような問題をつくりました。

1個240円のケーキと1個80円のシュークリームを合わせて12個買い，代金をちょうど2000円にしたいと思います。ケーキとシュークリームを，それぞれ何個買えばよいでしょうか。

ケーキをx個，シュークリームをy個買うとして連立方程式をつくり，それを解いてみましょう。求めた解は，問題に適しているでしょうか。また，このことから，解の確かめがなぜ必要なのか話し合ってみましょう。

ガイド　xとyは，個数なので，0以上12以下の整数でなければなりません。

答え

ケーキをx個，シュークリームをy個買うとすると，

$$\begin{cases}x+y=12 & ①\\240x+80y=2000 & ②\end{cases}$$

$$\begin{array}{rrl}②\div 10 & 24x+8y&=200\\①\times 8 & -)\ \ 8x+8y&=\ \ 96\\\hline & 16x&=104\\ & x&=\dfrac{13}{2}\end{array}$$

$x=\dfrac{13}{2}$を①に代入すると，$y=\dfrac{11}{2}$

x，yは，それぞれケーキ，シュークリームの個数で，0以上12以下の整数でなければならないので，**求めた解は，問題に適していない。**

注　方程式を解いて求めた解が，問題の条件に合っているとは限らないので，解が問題に適しているか確かめる必要がある。

2章のまとめの問題

基本

1 2元1次方程式　$2x + y = 8$ について，次の問いに答えなさい。

(1) $\begin{cases} x = 6 \\ y = -4 \end{cases}$ は，この方程式の解といえますか。

(2) x，y を自然数とするとき，この方程式の解をすべて求めなさい。

ガイド

(1) 方程式の左辺に，$x = 6$，$y = -4$ を代入して計算し，右辺の8と等しくなるかどうか調べます。

(2) 解が自然数であることから，$x = 1$，2，…と代入していき，y の値を求めます。y も自然数であることから，解の個数には限りがあります。
$y = 8 - 2x$ と式変形してから x の値を代入するとわかりやすくなります。

答え

(1) $x = 6$，$y = -4$ を左辺に代入すると，
$2x + y = 2 \times 6 + (-4) = 8$　(左辺) = (右辺) で方程式が成り立つので，
解といえる。

(2) $2x + y = 8$ から，$y = 8 - 2x$
$x = 1$ のとき，$y = 8 - 2 \times 1 = 6$
$x = 2$ のとき，$y = 8 - 2 \times 2 = 4$
$x = 3$ のとき，$y = 8 - 2 \times 3 = 2$
$x = 4$ のとき，$y = 8 - 2 \times 4 = 0$　0は自然数ではない。

x	1	2	3	4
y	6	4	2	~~0~~

x の値が5以上になると，y の値は0より小さくなるから，求める解は，
$x = 1$，2，3のときの3組になる。

答 $\begin{cases} x = 1 \\ y = 6 \end{cases}$　$\begin{cases} x = 2 \\ y = 4 \end{cases}$　$\begin{cases} x = 3 \\ y = 2 \end{cases}$

2 次の連立方程式を解きなさい。

(1) $\begin{cases} 2x - y = -3 \\ 2x + y = -1 \end{cases}$　(2) $\begin{cases} 4x - y = 5 \\ 3x - y = 3 \end{cases}$　(3) $\begin{cases} 7x + 2y = -6 \\ 5x - 4y = 12 \end{cases}$

(4) $\begin{cases} 4x + 3y = 5 \\ 3x + 4y = -5 \end{cases}$　(5) $\begin{cases} 3x - y = 8 \\ y = -2x + 7 \end{cases}$　(6) $\begin{cases} x = -5y + 1 \\ 2x - y = -9 \end{cases}$

答え

(1) $\begin{cases} 2x - y = -3 & ① \\ 2x + y = -1 & ② \end{cases}$

$$\begin{array}{lrl} ① & 2x - y & = -3 \\ ② & +)\ 2x + y & = -1 \\ \hline & 4x & = -4 \\ & x & = -1 \end{array}$$

$x = -1$ を②に代入すると，
$2 \times (-1) + y = -1$
$y = 1$

答 $\begin{cases} x = -1 \\ y = 1 \end{cases}$

(2) $\begin{cases} 4x - y = 5 & ① \\ 3x - y = 3 & ② \end{cases}$

$$\begin{array}{lrl} ① & 4x - y & = 5 \\ ② & -)\ 3x - y & = 3 \\ \hline & x & = 2 \end{array}$$

$x = 2$ を①に代入すると，
$4 \times 2 - y = 5$
$y = 3$

答 $\begin{cases} x = 2 \\ y = 3 \end{cases}$

(3) $\begin{cases} 7x + 2y = -6 & ① \\ 5x - 4y = 12 & ② \end{cases}$

①×2　$14x + 4y = -12$

②　$+)\ 5x - 4y = 12$

$19x = 0$

$x = 0$

$x = 0$ を①に代入すると,

$7 \times 0 + 2y = -6$

$y = -3$

答 $\begin{cases} x = 0 \\ y = -3 \end{cases}$

(4) $\begin{cases} 4x + 3y = 5 & ① \\ 3x + 4y = -5 & ② \end{cases}$

①×4　$16x + 12y = 20$

②×3　$-)\ 9x + 12y = -15$

$7x = 35$

$x = 5$

$x = 5$ を①に代入すると,

$4 \times 5 + 3y = 5$

$y = -5$

答 $\begin{cases} x = 5 \\ y = -5 \end{cases}$

(5) $\begin{cases} 3x - y = 8 & ① \\ y = -2x + 7 & ② \end{cases}$

②を①に代入すると,

$3x - (-2x + 7) = 8$

$3x + 2x - 7 = 8$

$5x = 15$

$x = 3$

$x=3$ を②に代入すると,

$y = -2 \times 3 + 7 = 1$

答 $\begin{cases} x = 3 \\ y = 1 \end{cases}$

(6) $\begin{cases} x = -5y + 1 & ① \\ 2x - y = -9 & ② \end{cases}$

①を②に代入すると,

$2(-5y + 1) - y = -9$

$-10y + 2 - y = -9$

$-11y = -11$

$y = 1$

$y=1$ を①に代入すると,

$x = -5 \times 1 + 1 = -4$

答 $\begin{cases} x = -4 \\ y = 1 \end{cases}$

3 ある美術館の入館料は，大人 1 人と中学生 3 人では 1550 円，大人 2 人と中学生 5 人では 2750 円です。大人 1 人，中学生 1 人の入館料を，それぞれ求めなさい。

ガイド

$\begin{cases} \text{(大人1人の入館料)} + \text{(中学生3人の入館料)} = 1550\text{円} & ① \\ \text{(大人2人の入館料)} + \text{(中学生5人の入館料)} = 2750\text{円} & ② \end{cases}$

答え

大人 1 人の入館料を x 円，中学生 1 人の入館料を y 円とすると，

$\begin{cases} x + 3y = 1550 & ① \\ 2x + 5y = 2750 & ② \end{cases}$

①×2　$2x + 6y = 3100$

②　$-)\ 2x + 5y = 2750$

$y = 350$

$y = 350$ を①に代入すると，

$x + 3 \times 350 = 1550$

$x = 500$

大人 1 人 500 円，中学生 1 人 350 円は，問題に適している。

答　大人 1 人…500 円，中学生 1 人…350 円

4 周囲の長さが 28 cm の長方形があります。この長方形を，右の図のように縦方向に 4 枚，横方向に 3 枚しきつめると正方形ができます。この長方形の縦と横の長さを，それぞれ求めなさい。

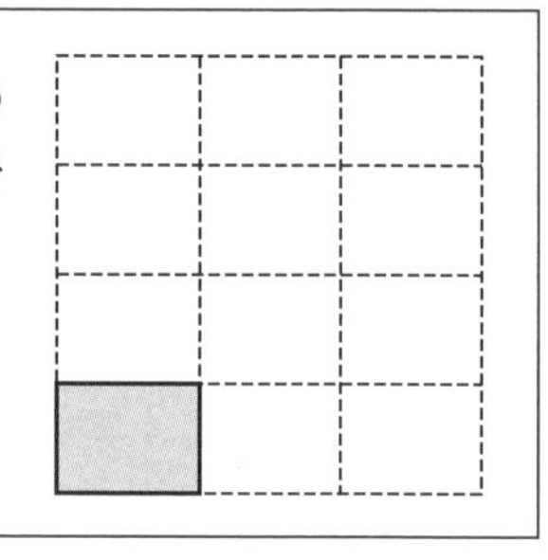

ガイド

$\begin{cases} \text{長方形で，}\{\text{(縦の長さ)} + \text{(横の長さ)}\} \times 2 = \text{(周囲の長さ)} & ① \\ \text{しきつめてできた正方形で，(縦の長さ)} = \text{(横の長さ)} & ② \end{cases}$

答え

長方形の縦の長さを x cm，横の長さを y cm とすると，
周囲の長さの関係から，

$2x + 2y = 28$ ①

しきつめてできた正方形の1辺の長さから，

$4x = 3y$ ②

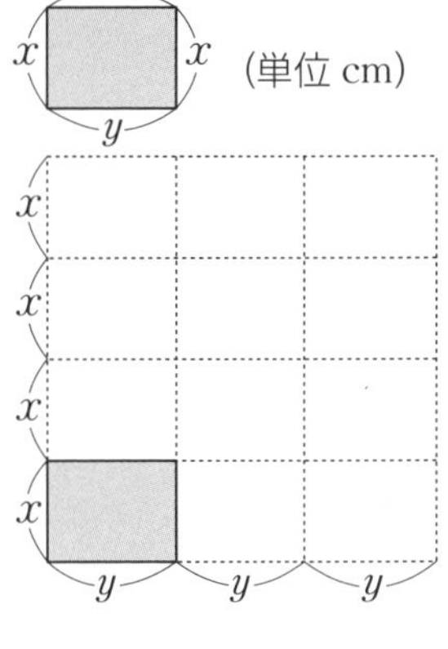

①×2　　$4x + 4y = 56$

②の $3y$ を移項して，　$-)\ 4x - 3y = 0$

$7y = 56$

$y = 8$

$y = 8$ を②に代入すると，$4x = 3 \times 8$

$x = 6$

縦 6 cm，横 8 cm は，問題に適している。

答　縦…6 cm，横…8 cm

5 連立方程式の一方の方程式が　$x + y = 9$　になるような問題をつくりなさい。
また，その問題を解いて答えを求めなさい。

ガイド

① どのような題材にするか考えます。個数，道のりや時間，など。

② $x + y = 9$ になる x，y の答えを決めます。$x = 5$，$y = 4$ など。

③ ①，②をもとに，もう1つの式を考えて，問題文をつくります。

答え

(例) 東海道新幹線の座席は，3人がけと2人がけがあります。合わせて9か所の座席に，23人がすわっています。3人がけと2人がけの座席は，それぞれ何か所でしょうか。ただし，3人がけ，2人がけとも，あいている座席はないとします。

(解) 3人がけの座席を x か所，2人がけの座席を y か所とすると，

$$\begin{cases} x + y = 9 & ① \\ 3x + 2y = 23 & ② \end{cases}$$

①×3　　$3x + 3y = 27$

②　　$-)\ 3x + 2y = 23$

$y = 4$

$y = 4$ を①に代入すると，$x = 5$

3人がけ5か所，2人がけ4か所は，問題に適している。

答　3人がけ…5か所，2人がけ…4か所

応用

1 次の連立方程式を解きなさい。

(1) $\begin{cases} 2(x - y) - 3y = 10 \\ 4x - (x + y) = 28 \end{cases}$

(2) $\begin{cases} 0.19x - 1.05y = 2 \\ 3.8x + 8.5y = 10.5 \end{cases}$

(3) $\begin{cases} \dfrac{2}{3}x - \dfrac{y}{7} = -5 \\ \dfrac{3x + 2y}{4} = -1 \end{cases}$

(4) $5x - 3y + 1 = 4x - 2y = 10 - 6x + 3y$

ガイド

かっこのある式はかっこをはずし，小数や分数のある式は両辺を何倍かして係数を整数に直してから整理します。
加減法で解くときは，(x の項) + (y の項) = (数の項)の形に整理します。
代入法で解くときは，どちらかの式を $x =$〜，$y =$〜の形に変形します。

(4) $A=B=C$ の形の連立方程式は，$\begin{cases}A=B\\A=C\end{cases}$ $\begin{cases}A=B\\B=C\end{cases}$ $\begin{cases}A=C\\B=C\end{cases}$ のうちのどれかの組み合わせをつくって解きます。

答え

(1) $\begin{cases}2(x-y)-3y=10 & ①\\4x-(x+y)=28 & ②\end{cases}$

①から，$2x-5y=10$ ③

②から，$3x-y=28$ ④

$$\begin{array}{lrcl} ③ & 2x-5y &=& 10\\ ④\times 5 & -)\ 15x-5y &=& 140\\ \hline & -13x &=& -130\\ & x &=& 10\end{array}$$

$x=10$ を③に代入すると，

$2\times 10-5y=10$

$-5y=-10$

$y=2$

答 $\begin{cases}x=10\\y=2\end{cases}$

(2) $\begin{cases}0.19x-1.05y=2 & ①\\3.8x+8.5y=10.5 & ②\end{cases}$

①×100　$19x-105y=200$ ③

②×10　$38x+85y=105$ ④

$$\begin{array}{lrcl} ③\times 2 & 38x-210y &=& 400\\ ④ & -)\ 38x+85y &=& 105\\ \hline & -295y &=& 295\\ & y &=& -1\end{array}$$

$y=-1$ を③に代入すると，

$19x-105\times(-1)=200$

$19x=95$　$x=5$

答 $\begin{cases}x=5\\y=-1\end{cases}$

(3) $\begin{cases}\dfrac{2}{3}x-\dfrac{y}{7}=-5 & ①\\ \dfrac{3x+2y}{4}=-1 & ②\end{cases}$

①×21　$14x-3y=-105$ ③

②×4　$3x+2y=-4$ ④

$$\begin{array}{lrcl} ③\times 2 & 28x-6y &=& -210\\ ④\times 3 & +)\ 9x+6y &=& -12\\ \hline & 37x &=& -222\\ & x &=& -6\end{array}$$

$x=-6$ を④に代入すると，

$3\times(-6)+2y=-4$

$2y=14$

$y=7$

答 $\begin{cases}x=-6\\y=7\end{cases}$

(4) $5x-3y+1=4x-2y=10-6x+3y$

$\begin{cases}5x-3y+1=4x-2y & ①\\4x-2y=10-6x+3y & ②\end{cases}$

①から，$x=y-1$ ③

②から，$10x-5y=10$

$2x-y=2$ ④

③を④に代入すると，

$2(y-1)-y=2$

$2y-2-y=2$

$y=4$

$y=4$ を③に代入すると，$x=3$

答 $\begin{cases}x=3\\y=4\end{cases}$

2 2組の連立方程式 $\begin{cases}ax+by=1\\2x+3y=12\end{cases}$，$\begin{cases}3x-5y=-1\\bx+ay=4\end{cases}$ が同じ解をもつとき，a，b の値を求めなさい。

ガイド

$\begin{cases}ax+by=1 & ①\\2x+3y=12 & ②\end{cases}$ $\begin{cases}3x-5y=-1 & ③\\bx+ay=4 & ④\end{cases}$ この2組の連立方程式が同じ解をもつことから，①～④のどの組み合わせの連立方程式も解は同じになります。

ⅰ）②と③の連立方程式なら解けるので，まず②と③の連立方程式を解きます。

ⅱ）ⅰ)で求めた解を①，④ に代入して，a，b についての連立方程式をつくります。

ⅲ）ⅱ)でつくった a，b についての連立方程式を解きます。

答え

$\begin{cases} ax + by = 1 & ① \\ 2x + 3y = 12 & ② \end{cases}$　$\begin{cases} 3x - 5y = -1 & ③ \\ bx + ay = 4 & ④ \end{cases}$

②，③の連立方程式を解く。

$\begin{cases} 2x + 3y = 12 & ② \\ 3x - 5y = -1 & ③ \end{cases}$

②×5　　$10x + 15y = 60$

③×3　$+)\ 9x - 15y = -3$

　　　　$19x = 57$

　　　　$x = 3$

$x = 3$を②に代入すると，

$2 \times 3 + 3y = 12$

$y = 2$

$\begin{cases} x = 3 \\ y = 2 \end{cases}$

$x = 3$，$y = 2$を①，④に代入して，a，bについての①，④の連立方程式を解く。

$\begin{cases} ①\ 3a + 2b = 1 \\ ④\ 3b + 2a = 4 \ \rightarrow\ 2a + 3b = 4 \end{cases}$

①×3　　$9a + 6b = 3$

④×2　$-)\ 4a + 6b = 8$

　　　　$5a = -5$

　　　　$a = -1$

$a = -1$を①に代入すると，

$3 \times (-1) + 2b = 1$

$b = 2$

答　$a = -1$，$b = 2$

3　現在，父親の年齢(ねんれい)は子どもの年齢の3倍ですが，15年後には，父親の年齢が子どもの年齢の2倍になります。現在の父親と子どもの年齢を，それぞれ求めなさい。

ガイド

15年後は，父親も子どもも年齢は15歳増えます。

(現在の父親の年齢) = (現在の子どもの年齢) × 3
(15年後の父親の年齢) = (15年後の子どもの年齢) × 2

答え

現在の父親の年齢をx歳，子どもの年齢をy歳とすると，

$\begin{cases} x = 3y & ① \\ x + 15 = 2(y + 15) & ② \end{cases}$

①を②に代入すると，$3y + 15 = 2(y + 15)$

$3y + 15 = 2y + 30$

$y = 15$

$y = 15$を①に代入すると，$x = 3 \times 15 = 45$

父親45歳，子ども15歳は，問題に適している。

答　父親…45歳，子ども…15歳

4　ある町の人口を調べたところ，5373人でした。これを昨年の調査と比べると，男性は2%減り，女性は4%増え，合計では48人増えています。この町の昨年の男性と女性の人口を，それぞれ求めなさい。

ガイド

昨年の人口は(5373 − 48)人であることに注意して，「昨年の男性と女性の人口についての式」と「増えた人数についての式」をつくります。増えた人数についての式では，減少した人数は − になることに注意しましょう。

答え この町の昨年の男性の人口を x 人，女性の人口を y 人とすると，

$$\begin{cases} -0.02x + 0.04y = 48 & ① \\ x + y = 5373 - 48 & ② \end{cases}$$

①より，$-2x + 4y = 4800$

$-x + 2y = 2400$ ③

② $x + y = 5325$

③ $+)\ -x + 2y = 2400$

$3y = 7725$

$y = 2575$

$y = 2575$ を②に代入すると，

$x + 2575 = 5325$

$x = 2750$

昨年の男性の人口 2750 人，女性の人口 2575 人は，問題に適している。

答　昨年の男性の人口…2750 人，女性の人口…2575 人

5 A町から峠(とうげ)を越(こ)えてB町まで往復しました。行きも帰りも上りは時速 2 km，下りは時速 6 km で歩き，行きは 1 時間 40 分，帰りは 1 時間かかりました。A町からB町までの道のりを求めなさい。

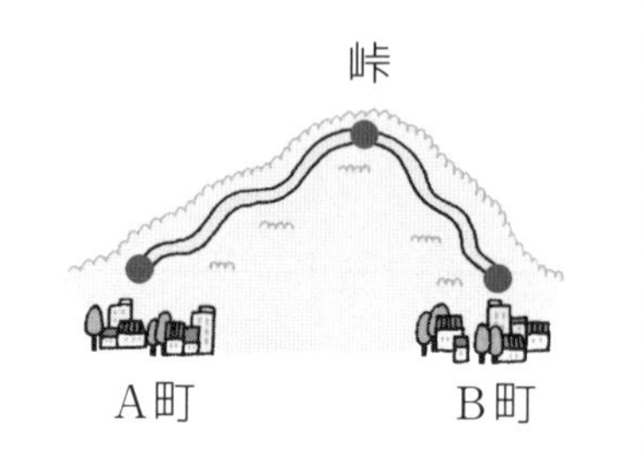

ガイド A町から峠までの道のりを x km，峠からB町までの道のりを y km として，「行きにかかった時間」と「帰りにかかった時間」の 2 つの時間についての式をつくります。

答え A町から峠までの道のりを x km，峠からB町までの道のりを y km とすると，

$$\begin{cases} \dfrac{x}{2} + \dfrac{y}{6} = 1\dfrac{40}{60} & ① \\ \dfrac{x}{6} + \dfrac{y}{2} = 1 & ② \end{cases}$$

①× 6　$3x + y = 10$　③

②× 6　$x + 3y = 6$　④

③　$3x + y = 10$

④× 3　$-)\ 3x + 9y = 18$

$-8y = -8$

$y = 1$

$y = 1$ を④に代入すると，$x + 3 \times 1 = 6$　$x = 3$　$3 + 1 = 4$

A町からB町までの道のり 4 km は，問題に適している。

答　4 km

6 2 桁(けた)の自然数があります。その十の位の数と一の位の数の和は 12 です。また，その十の位の数と一の位の数を入れかえてできる自然数は，もとの自然数より 18 大きくなります。もとの自然数を求めなさい。

ガイド
$$\begin{cases} (\text{十の位の数}) + (\text{一の位の数}) = 12 \\ (\text{位の数を入れかえてできる自然数}) = (\text{もとの自然数}) + 18 \end{cases}$$

答え もとの自然数の十の位の数を x，一の位の数を y とすると，

$$\begin{cases} x + y = 12 & ① \\ 10y + x = (10x + y) + 18 & ② \end{cases}$$

②を整理すると，$-9x + 9y = 18$

$-x + y = 2$ ③

①　$x + y = 12$

③　$+)\ -x + y = 2$

$2y = 14$

$y = 7$

$y = 7$ を①に代入すると，$x + 7 = 12$　$x = 5$　$5 \times 10 + 7 = 57$

もとの自然数 57 は，問題に適している。

答　57

活用

1 次(右)の図のように，あるきまりにしたがって，数を上から順に並べました。この図について，次の問いに答えなさい。

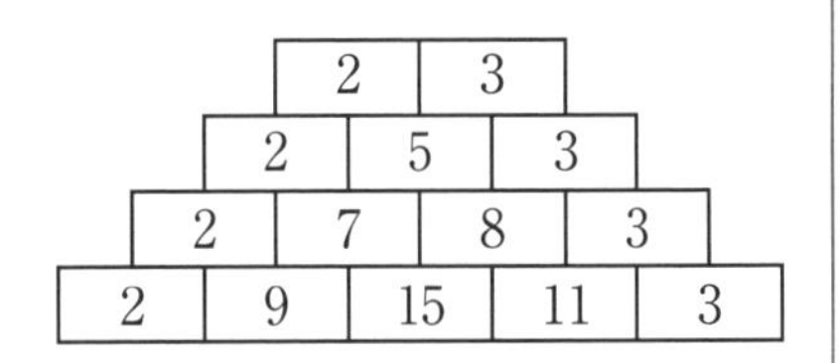

(1) どんなきまりにしたがってつくられていますか。1段目に入る数を a，b として，次の図(図は **答え** 欄)を完成させなさい。

(2) (1)の図で，a，b を整数とするとき，4段目の中央に入る数はどんな数だといえますか。次の㋐～㋔で，正しいものをすべて選びなさい。

㋐ 偶数(ぐうすう)　㋑ 奇数(きすう)　㋒ 3の倍数
㋓ 6の倍数　㋔ 1段目の2数の和の3倍の数

(3) 次の図(図は **答え** 欄)のように，2か所だけ数がわかっています。このとき，1段目に入る数を x，y として，その値を求めなさい。

ガイド 例えば，2段目は2，2 + 3，3で，3段目は2，2 + 5，5 + 3，3のように，その上にある2数の和を書き入れています。

答え

(1) たとえば，2段目の真ん中は，その上にある2と3の和になっている。両端のところは上と同じ数になる。

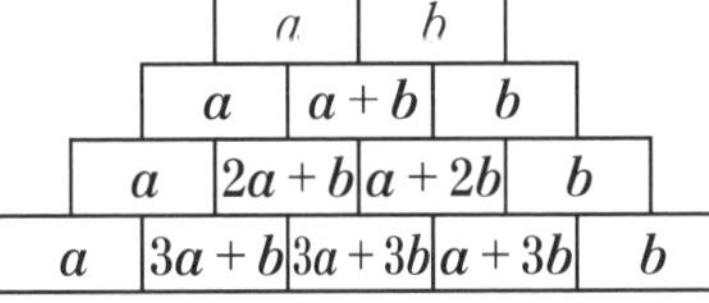

(2) ㋐㋑　a，b の値によって，偶数になるか，奇数になるかは決まらない。

㋒　$3a$，$3b$ とも3の倍数なので，$3a + 3b$ も3の倍数になる。

㋓　6の倍数になるとは限らない。

㋔　$3a + 3b = 3(a + b)$ と考えればよい。

答　㋒，㋔

(3) (1)の結果を参考にすると，6の入っているところは，$2x + y$ で，23の入っているところは，$x + 3y$ で表されるところなので，次のような連立方程式を解けばよいことがわかる。

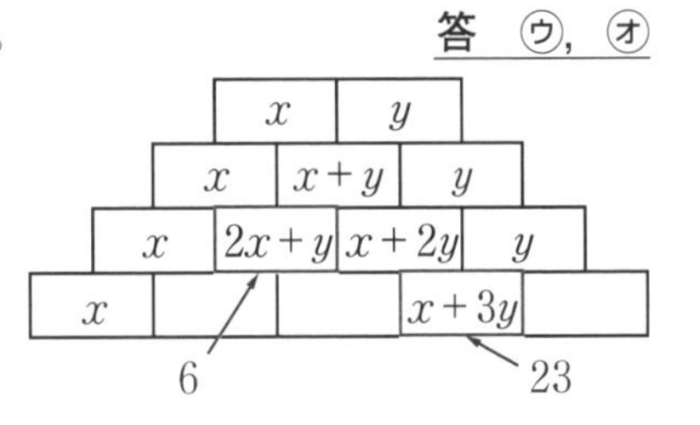

$$\begin{cases} 2x + y = 6 & ① \\ x + 3y = 23 & ② \end{cases}$$

$$\begin{array}{lrcl} ①\times 3 & 6x + 3y &=& 18 \\ ② & -)\ \ x + 3y &=& 23 \\ \hline & 5x &=& -5 \\ & x &=& -1 \end{array}$$

$x = -1$ を①に代入すると，

$2 \times (-1) + y = 6$

$y = 8$

$x = -1$，$y = 8$ は，問題に適している。

答 $\begin{cases} x = -1 \\ y = 8 \end{cases}$

CTスキャンと数学 発展

教科書 P.68

病院では，精密検査を行うとき，右の写真(教科書 P.68 を参照)のようなCT(Computed Tomography)と呼ばれる機械を使うことがあります。これは，いろいろな方向からX線などの放射線を物体にあて，物体を通過したあとに減ったX線の量を測定することで，どの部分でどれだけのX線が吸収されたか，すなわち，各部分のX線の吸収率を調べるものです。各部分の吸収率を求めるために，物体の断面を格子(こうし)状に分割(ぶんかつ)し，各部分の吸収率を未知数として，連立方程式を用いる方法があります。

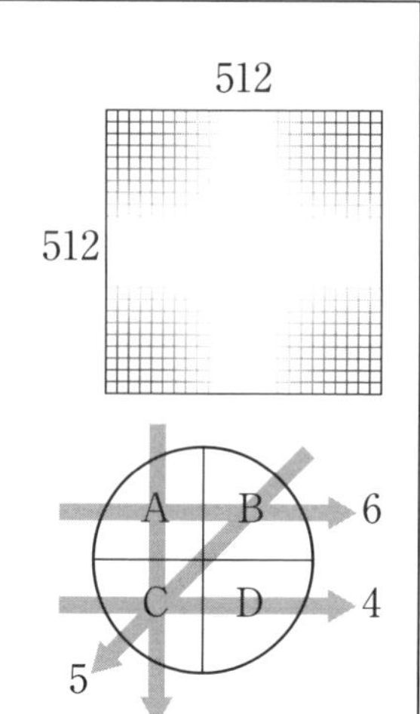

この場合，(512 × 512)個に分割して計算するのが一般的ですが，ここでは，簡単な例として，物体の断面を(2 × 2)個に分割した場合を考えてみましょう。調べる部分をA，B，C，Dの4つとして，X線を右の図のようにあてたとき，それぞれ図のような値が出たとしてこの関係を連立方程式で表すと，次のようになります。

$$\begin{cases} A+B=6 \\ C+D=4 \\ A+C=7 \\ B+C=5 \end{cases}$$

このような連立方程式を解くことで，各部分のX線の吸収率を求めることができます。

1 上の連立方程式をどのように解けばよいか考えてみましょう。

2 X線をあてて出た数値を自分で決めて，A，B，C，Dそれぞれの値を連立方程式で解いて求めてみましょう。

ガイド 加減法や代入法を利用して，いずれかの文字を消去することを考えましょう。

答え

1
$$\begin{cases} A+B=6 & ① \\ C+D=4 & ② \\ A+C=7 & ③ \\ B+C=5 & ④ \end{cases}$$

①−③より，$B-C=-1$ ⑤
④+⑤より，$2B=4$
$B=2$
$B=2$ を①に代入すると，$A=4$
$A=4$ を③に代入すると，$C=3$
$C=3$ を②に代入すると，$D=1$

答 $A=4$, $B=2$, $C=3$, $D=1$

2 (例)
$$\begin{cases} A+B=8 & ① \\ C+D=4 & ② \\ A+C=7 & ③ \\ B+C=6 & ④ \end{cases}$$

①−③より，$B-C=1$ ⑤
④+⑤より，$2B=7$
$B=3.5$
$B=3.5$ を①に代入すると，$A=4.5$
$A=4.5$ を③に代入すると，$C=2.5$
$C=2.5$ を②に代入すると，$D=1.5$

答 $A=4.5$, $B=3.5$, $C=2.5$, $D=1.5$

3章 1次関数

教科書 P.71

前ページ(教科書 P.70)の図のように，標高によって気温がちがいます。頂上の気温は，約何℃と予想できるか話し合ってみましょう。

ガイド まず，標高と気温を表に整理します。つぎに，それを方眼に点として表してみます。すべての点が1つの直線上に並んでいることから，表にある以外の高さの気温も，この直線上にあると予想できます。

答え

標　高(m)	0	100	1000	2305	2390	3040	3776
気　温(℃)	25	24.4	19	11.2	10.7	6.8	?

これをグラフに表すと，次のようになる。

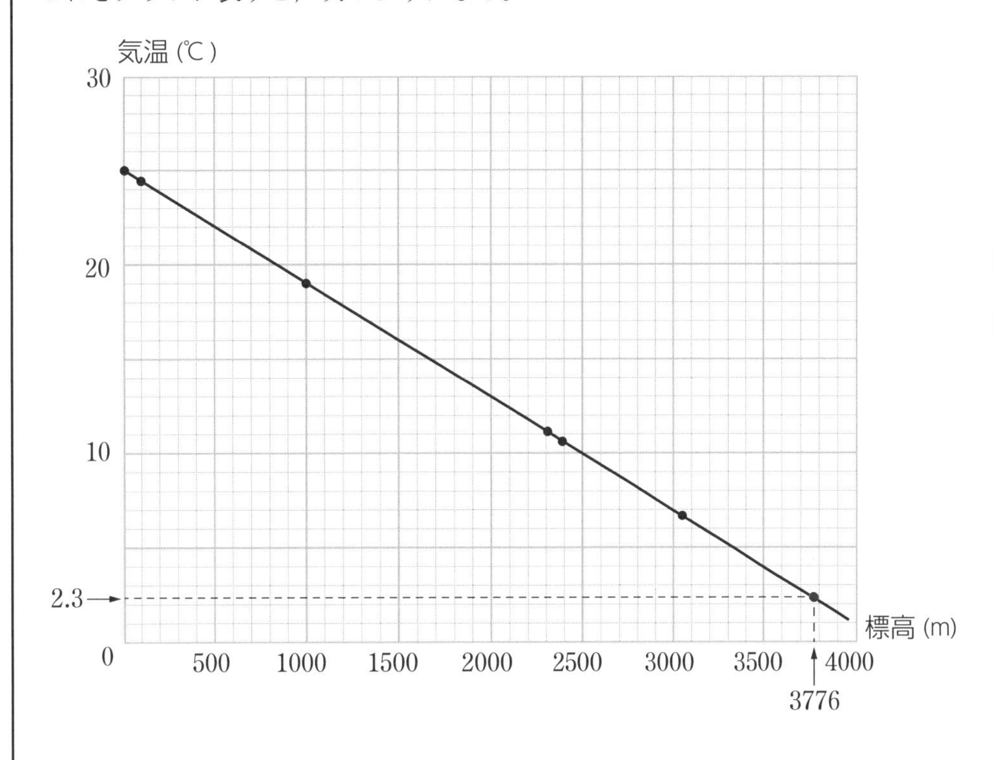

各点が1つの直線上に並んでいると考えられるので，これらの点を通る直線を引いてみると，上の図のようになる。
標高が3776 m のときの直線上の点の気温を調べてみると，約2.3℃と予測できる。

1 1次関数

教科書のまとめ テスト前にチェック✓

✓◎ 1次関数

y が x の関数で，y が x の1次式で表されるとき，y は x の**1次関数**であるという。一般（いっぱん）に，1次関数は，a を0でない定数，b を定数として，次の形の式で表される。

$\boldsymbol{y = ax + b}$

覚 $y = ax + b$
ax → x に比例する部分
b → 定数の部分

✓◎ 変化の割合

x の増加量をもとにしたときの y の増加量の割合を，**変化の割合**という。

1次関数 $y = ax + b$ の変化の割合は一定で，x の係数 a に等しい。

覚
$$(\text{変化の割合}) = \frac{(y\text{ の増加量})}{(x\text{ の増加量})}$$
$y = ⓐx + b$
↓
変化の割合

✓◎ グラフの傾きと切片

1次関数 $y = ax + b$ のグラフで，a をその1次関数のグラフの**傾き**といい，$y = ax + b$ のグラフと y 軸との交点 $(0,\ b)$ の y 座標 b を，このグラフの**切片**（せっぺん）という。

注 傾きが等しい1次関数のグラフは平行である。

✓◎ 1次関数のグラフ

1次関数 $y = ax + b$ のグラフは，傾き a，切片 b の直線である。

覚 $a > 0$ のとき，右上がり　$a < 0$ のとき，右下がり

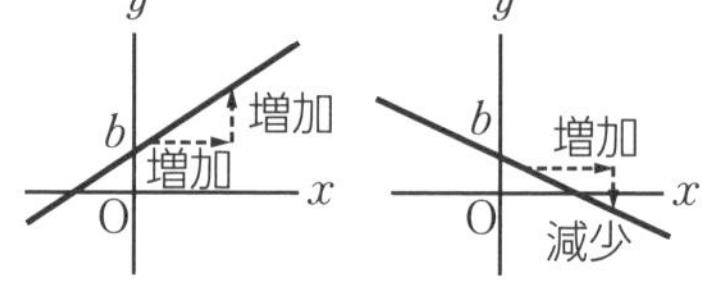

✓◎ 直線の式

グラフが直線のとき，その直線をグラフとする1次関数の式を，**直線の式**ともいう。

1 1次関数

教科書 P.72

前ページ（教科書 P.71）の 1 で，標高を x m，気温を y ℃として，その関係をもとに，頂上の気温を予測することができるでしょうか。

ガイド x と y の関係をグラフに表してみると1つの直線上に並んでいることに注目します。

答え x と y の関係をグラフに表してみると1つの直線上に並ぶので，x の値（標高）を決めると y の値（気温）が1つに決まり，頂上の気温を予想できる。

教科書 P.72

問1 Q（教科書 P.70 ～ 71）で，標高 3776 m の気温は約何℃と考えられますか。上で求めた式や，前ページ（教科書 P.71）の表やグラフを用いて，小数第一位まで求めなさい。

ガイド x と y の関係式 $y = -6x + 25$ を利用しましょう。

答え 3776 m = 3.776 km より約 3.78 km だから，$y = -6x + 25$ に $x = 3.78$ を代入すると，

$y = -6 \times 3.78 + 25$　$y = 2.32$ より，**約 2.3℃**

また，グラフを使うと，高さが 3780 m のときの直線上の点から気温を小数第一位まで読み取って，2.3 ℃となる。

教科書 P.73

問 2 長さ 14 cm の線香があります。火をつけてから x 分後の線香の長さを y cm として，x と y の関係を調べたところ，次の表のようになりました。下の問いに答えなさい。

x(分)	0	4	8	12	16	20	24	28
y(cm)	14	12	10	8	6	4	2	0

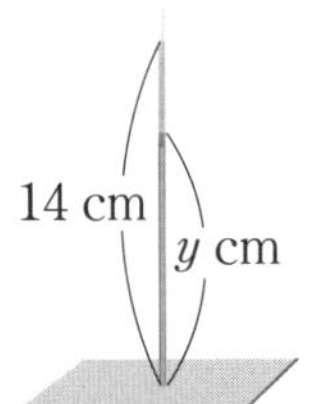

(1) 線香は，1 分間に何 cm ずつ短くなりますか。

(2) y を x の式で表しなさい。

(3) y は x の 1 次関数であるといえますか。

ガイド (1) 表から，4 分間に 2 cm の割合で短くなっていることがわかります。

(2) (線香の長さ) = (はじめの長さ) − (短くなった長さ)

答え (1) $2 \div 4 = \frac{1}{2}$　**答** $\frac{1}{2}$ cm (0.5cm)　(2) $y = -\frac{1}{2}x + 14$

(3) **1 次関数であるといえる**

教科書 P.73

問 3 次の(1)~(4)で，y を x の式で表しなさい。また，y は x の 1 次関数であるといえますか。

(1) 縦 6 cm，横 x cm の長方形の周囲の長さが y cm である。

(2) 28 km の道のりを x 時間で走ったときの速さが時速 y km である。

(3) x 円の品物を 2 割引きで買ったときの代金が y 円である。

(4) 半径 x cm の円の面積が y cm^2 である。

ガイド (1) (長方形の周囲の長さ) = (縦の長さ + 横の長さ) × 2

(2) (速さ) = (道のり) ÷ (時間)

(3) x 円の a 割引きは，$x \times \left(1 - \frac{1}{10}a\right)$(円)　(4) (円の面積) = π × (半径)^2

y が x の 1 次式で表されるとき，1 次関数であるといえる。

答え (1) $y = (6 + x) \times 2 = 12 + 2x$　**答** $y = 2x + 12$　**1 次関数であるといえる**

(2) $y = 28 \div x = \frac{28}{x}$　**答** $y = \frac{28}{x}$　**1 次関数であるとはいえない**

(3) $y = x \times \left(1 - \frac{2}{10}\right) = \frac{8}{10}x = \frac{4}{5}x$　**答** $y = \frac{4}{5}x$　**1 次関数であるといえる**

(4) $y = \pi \times x^2 = \pi x^2$　**答** $y = \pi x^2$　**1 次関数であるとはいえない**

変化の割合

教科書 P.74

次の①～③の関数について，対応する x，y の値を，次の表（表は 答え 欄）のようにまとめました。これらの関数について，x の値が増えると y の値はどのように変化しているか気づいたことを話し合ってみましょう。

ガイド x の値が1ずつ増えていくと，y の値はいくつ増えるか調べます。

答え x の値が1ずつ増えていくと，y の値はいくつ増えるか調べると，

① 比例 $y = 4x$

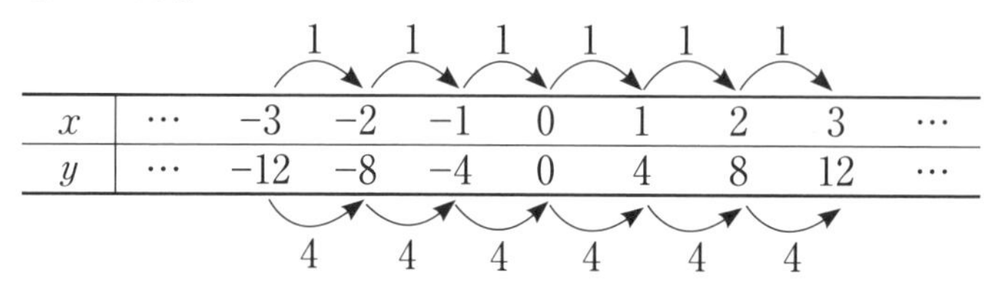

x	…	-3	-2	-1	0	1	2	3	…
y	…	-12	-8	-4	0	4	8	12	…

（x の増加：1，1，1，1，1，1　y の増加：4，4，4，4，4，4）

x の値が1ずつ増えていくと，y の値は4ずつ増えていく。

② 反比例 $y = \dfrac{4}{x}$

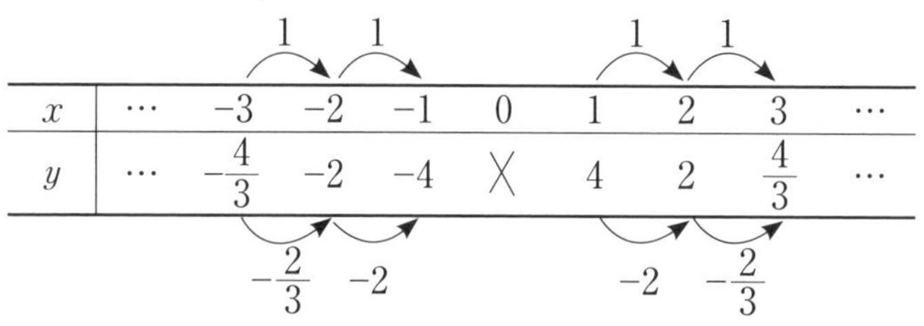

x	…	-3	-2	-1	0	1	2	3	…
y	…	$-\frac{4}{3}$	-2	-4	×	4	2	$\frac{4}{3}$	…

（x の増加：1，1　　1，1　y の増加：$-\frac{2}{3}$，-2　　-2，$-\frac{2}{3}$）

x の値が1ずつ増えていっても，y の値の増え方は一定ではない。

③ 1次関数 $y = 4x + 3$

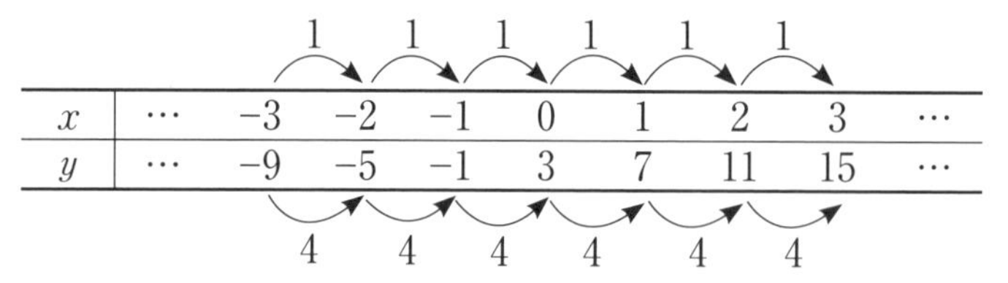

x	…	-3	-2	-1	0	1	2	3	…
y	…	-9	-5	-1	3	7	11	15	…

（x の増加：1，1，1，1，1，1　y の増加：4，4，4，4，4，4）

x の値が1ずつ増えていくと，y の値は4ずつ増えていく。

教科書 P.74

問4 Q の①～③の関数について，x の値が増えたときの y の値の変化のしかたがつねに同じものはどれとどれですか。

ガイド x の値が1ずつ増えていくときの，y の値の増えかたに注目します。

答え ①と③は x の値が1増えると y の値はつねに4増える。

答　①，③

教科書 P.75

問 5 1次関数 $y = 4x + 3$ で，x の値が次のように増加したときの変化の割合を求めなさい。また，(1)，(2)を比べ，気づいたことをいいなさい。

(1) 0から3まで　　(2) -3 から1まで

ガイド $(変化の割合) = \dfrac{(y の増加量)}{(x の増加量)}$

分母と分子を逆にしないように注意しましょう。

Q の表を利用しましょう。

x	…	-3	-2	-1	0	1	2	3	…
y	…	-9	-5	-1	3	7	11	15	…

答え

(1) $\dfrac{(y の増加量)}{(x の増加量)}$

$= \dfrac{15 - 3}{3 - 0} = \dfrac{12}{3} = 4$

答 4

(2) $\dfrac{(y の増加量)}{(x の増加量)}$

$= \dfrac{7 - (-9)}{1 - (-3)} = \dfrac{16}{4} = 4$

答 4

気づいたこと：どの区間を調べても，変化の割合は一定になっている。

教科書 P.75

問 6 1次関数 $y = -3x + 1$ で，x の値が次のように増加したときの変化の割合を求めなさい。また，(1)，(2)を比べ，気づいたことをいいなさい。

(1) -3 から0まで　　(2) 2から4まで

答え

(1) $x = -3$ のとき $y = 10$，$x = 0$ のとき $y = 1$

$(変化の割合) = \dfrac{1 - 10}{0 - (-3)} = \dfrac{-9}{3} = -3$

(2) $x = 2$ のとき $y = -5$，$x = 4$ のとき $y = -3 \times 4 + 1 = -11$

$(変化の割合) = \dfrac{(-11) - (-5)}{4 - 2} = \dfrac{-6}{2} = -3$

気づいたこと：x の係数が負の場合も，どの区間を調べても，変化の割合は一定になっている。

教科書 P.75

問 7 73ページ(教科書 P.73)の例1の1次関数 $y = 3x + 10$ や，問2(教科書 P.73)の $y = -\dfrac{1}{2}x + 14$ の変化の割合をいいなさい。また，それは何を表していますか。

答え

$y = 3x + 10$ の変化の割合：3　1分間に増加する水位を表している。

$y = -\dfrac{1}{2}x + 14$ の変化の割合：$-\dfrac{1}{2}$　1分間に変化する線香の長さを表している。

教科書 P.75

問 8 1次関数 $y = 4x + 3$ と $y = -3x + 1$ で，x の増加量が3のときの y の増加量を，それぞれ求めなさい。

ガイド

$y = ax + b$ の変化の割合は a で，これは，x の値が 1 増加するときの y の増加量を表しています。したがって，x の値が 3 増加するときの y の増加量は，$a \times 3$ で求められます。

$y = 4x + 3$

（x の増加量 1，1，1，1）

x	…	−1	0	1	2	3	…
y	…	−1	3	7	11	15	…

（y の増加量 4，4，4，4）

$y = -3x + 1$

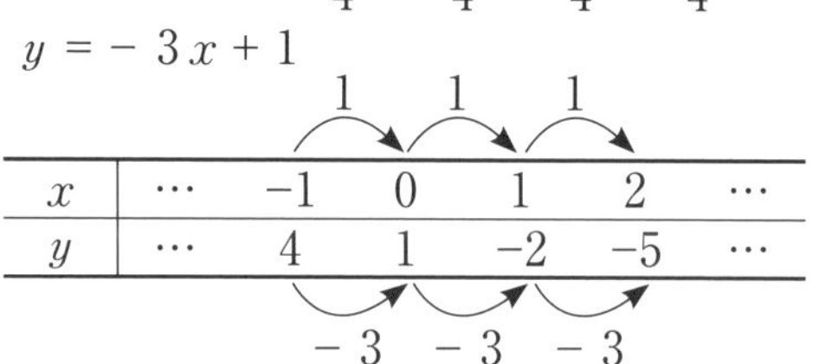

（x の増加量 1，1，1）

x	…	−1	0	1	2	…
y	…	4	1	−2	−5	…

（y の増加量 -3，-3，-3）

答え

$4 \times 3 = 12$　　$-3 \times 3 = -9$

答　$y = 4x + 3$…12
　　$y = -3x + 1$…-9

教科書 P.75

問 9　反比例 $y = \dfrac{4}{x}$ では，変化の割合は一定といえますか。また，反比例は 1 次関数といえるかどうか説明しなさい。

ガイド

$y = \dfrac{4}{x}$ の x に，$x = -3$，-2，-1，1，2，3 を代入して y の値を計算し，下のような表を完成させましょう。教科書 P.74 Q のようにして，x の値が 1 ずつ増加したときの y の増加量を調べてみましょう。

答え

（x の増加量 1，1　　1，1）

x	…	−3	−2	−1	0	1	2	3	…
y	…	$-\dfrac{4}{3}$	−2	−4	×	4	2	$\dfrac{4}{3}$	…

（y の増加量 $-\dfrac{2}{3}$，-2　　-2，$-\dfrac{2}{3}$）

x の値が 1 ずつ増加したとき，y の増加量は，上の表のように一定ではない。

したがって，反比例 $y = \dfrac{4}{x}$ では，**変化の割合は一定といえない。**

反比例は，変化の割合が一定ではないため $y = ax + b$ の形の式では表せない。

したがって，**反比例は 1 次関数といえない。**

2 1次関数のグラフ

教科書 P.76

1 次関数 $y = 2x + 3$ のグラフについて，次のことを調べてみましょう。

(1)　次の表は，1 次関数 $y = 2x + 3$ について，対応する x，y の値を示したものです。これらの x，y の値の組を座標とする点を，下の図（図は 答え 欄）にかき入れてみましょう。

x	…	−4	−3	−2	−1	0	1	2	3	4	…
y	…	−5	−3	−1	1	3	5	7	9	11	…

(2)　x の値を -4 から 4 まで 0.5 おきにとり，対応する y の値を，それぞれ求めなさい。また，これらの対応する x，y の値の組を座標とする点を，左の図（図は 答え 欄）にかき入れましょう。

(3)　(1)，(2)から，1 次関数のグラフがどんな形になるか話し合ってみましょう。

ガイド 下のように点をとっていきます。

x	…	-4	-3	-2	-1
y	…	-5	-3	-1	1

点の並びの規則性を見つけましょう。

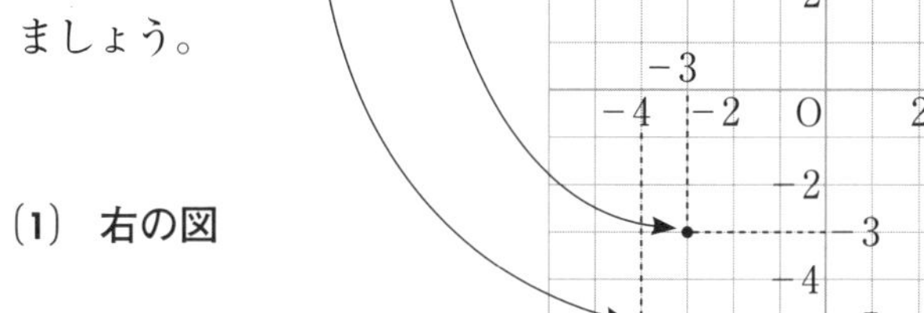

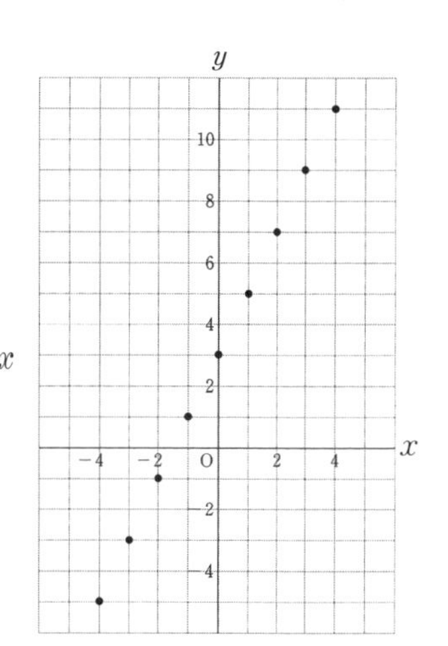

答え

(1) 右の図

(2) グラフは右の図

x	…	-4	-3.5	-3	-2.5	-2	-1.5	-1	-0.5	0
y	…	-5	-4	-3	-2	-1	0	1	2	3

0.5	1	1.5	2	2.5	3	3.5	4	…
4	5	6	7	8	9	10	11	…

(3) 直線になる。

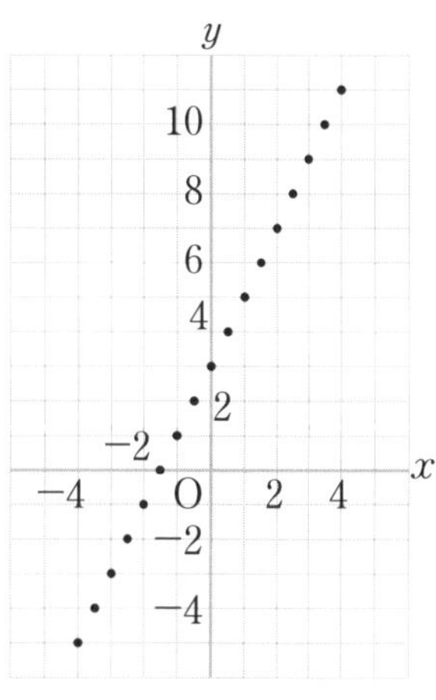

教科書 P.77

問 1 1 次関数 $y = -2x + 3$ について，対応する x，y の値を求め，右の図（図は **答え** 欄）にグラフをかき入れなさい。

答え

x	…	-4	-3	-2	-1
y	…	11	9	7	5

0	1	2	3	4	…
3	1	-1	-3	-5	…

右の図

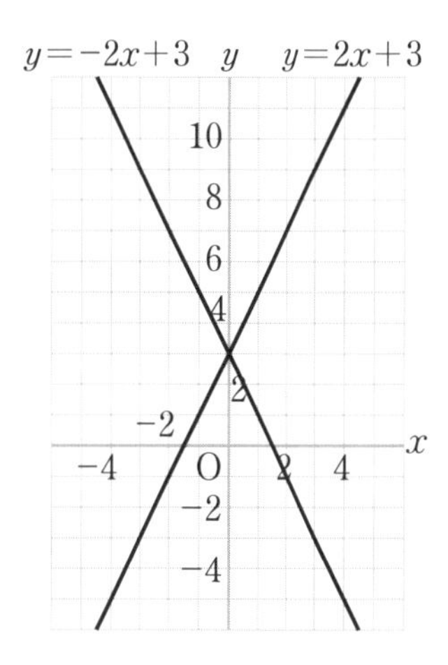

グラフの切片

教科書 P.77

次の表（表は **答え** 欄）を完成させ，1 次関数 $y = 2x$ のグラフを上（教科書 P.77 の 問 1）の図（図は **答え** 欄）にかき入れ，$y = 2x + 3$ のグラフと比べてみましょう。表やグラフから，どんなことがわかるでしょうか。

答え

x	…	−3	−2	−1	0	1	2	3	…
$y=2x$	…	−6	−4	−2	0	2	4	6	…
$y=2x+3$	…	−3	−1	1	3	5	7	9	…

右の図

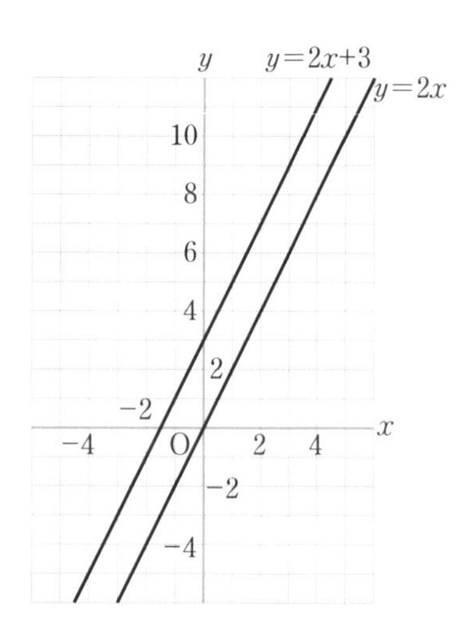

(例)・1次関数 $y=2x$ のグラフは原点Oを通り，1次関数 $y=2x+3$ のグラフと平行である。

・同じ x の値に対し，1次関数 $y=2x+3$ の y の値は，1次関数 $y=2x$ の y の値よりつねに3だけ大きい。

教科書 P.78

問2 1次関数 $y=2x-3$ のグラフは，$y=2x$ のグラフをどのように移動した直線といえますか。対応する x，y の値を求め，調べなさい。

ガイド 同じ x の値に対して，$2x-3$ の値は，$2x$ の値よりも，つねに3だけ小さくなります。

答え

x	…	−3	−2	−1	0	1	2	3	…
$y=2x$	…	−6	−4	−2	0	2	4	6	…
$y=2x-3$	…	−9	−7	−5	−3	−1	1	3	…

y 軸の負の向きに3だけ平行移動した直線
(y 軸の正の向きに−3だけ平行移動した直線)

教科書 P.78

問3 $y=\frac{1}{2}x$ や $y=-2x$ のグラフを利用して，次の1次関数のグラフを，左の図(図は 答え 欄)にかき入れなさい。また，それぞれのグラフの切片をいいなさい。

(1) $y=\frac{1}{2}x-2$　　(2) $y=-2x+4$

ガイド $y=\frac{1}{2}x-2$ のグラフは，$y=\frac{1}{2}x$ のグラフを y 軸の負の向きに2だけ平行移動した直線になります。
また，$y=-2x+4$ のグラフは，$y=-2x$ のグラフを y 軸の正の向きに4だけ平行移動した直線になります。

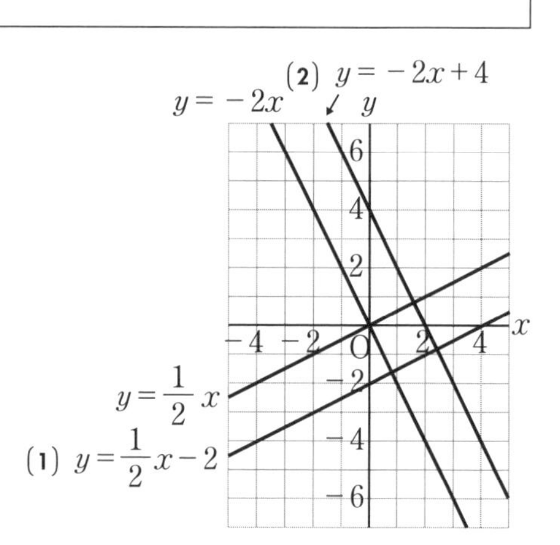

答え
(1) グラフ：右の図　切片：−2
(2) グラフ：右の図　切片：4

グラフの傾き

教科書 P.79

Q 右の図は，1 次関数 $y = 2x$ と $y = 2x + 3$ のグラフです。変化の割合が同じ 1 次関数のグラフについて，気づいたことを話し合ってみましょう。

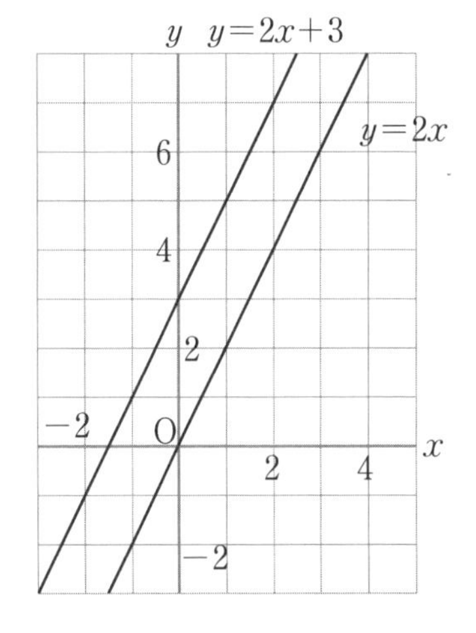

答え (例)・どちらも x の値が 1 増加すると y の値は 2 増加する。
・互いに平行である。(平行移動すると重なる。)

教科書 P.79

問 4 右の図は，1 次関数 $y = -2x + 3$ のグラフ上に 2 点をとり，その位置関係を調べたものです。□にあてはまる数を書き入れなさい。

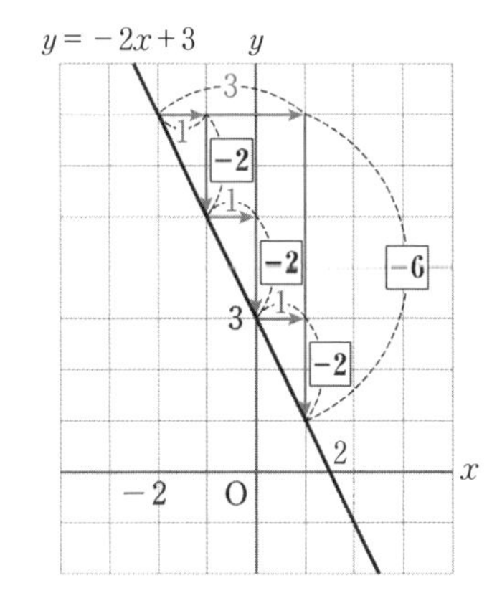

ガイド 右へ 1 進むと，下へ 2 進んでいます。下へ進む数は，負の数で表しましょう。

答え 右の図

教科書 P.79

問 5 1 次関数の変化の割合が正の数のときと負の数のときでは，グラフにどんなちがいがあるといえますか。

ガイド 1 次関数 $y = ax + b$ のグラフは，変化の割合 a の符号によって，右の図のようになります。

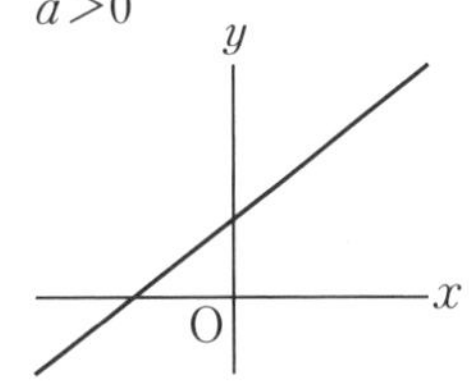

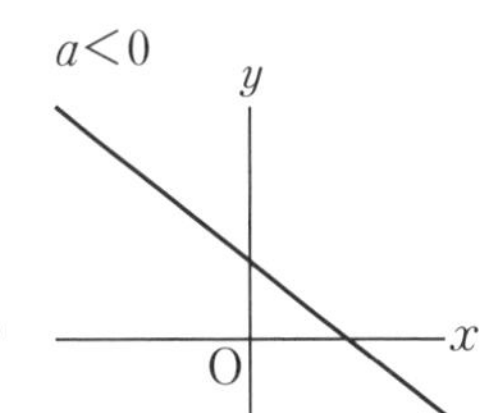

答え 1 次関数の変化の割合が，**正の数のとき，グラフは右上がりの直線になり，負の数のとき，グラフは右下がりの直線になる。**

3章 1次関数

教科書 P.80

問 6 右のグラフは，すべて切片が同じ1次関数のグラフです。変化の割合と傾き(かたむ)ぐあいについて，気づいたことをいいなさい。

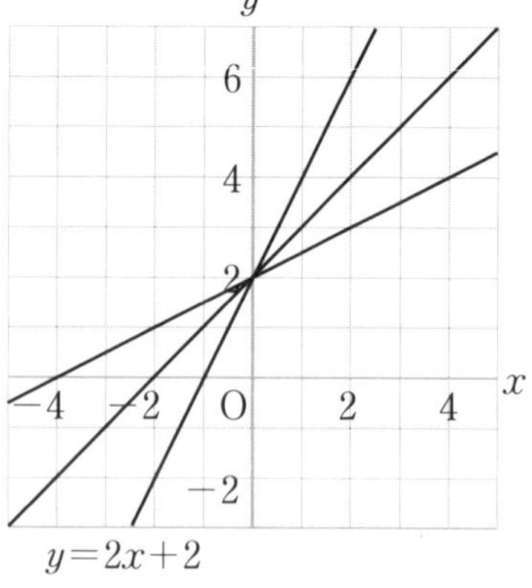

ガイド　それぞれの式の x の係数と傾きぐあいの関係を考えます。

答え　**変化の割合（式の x の係数）が大きいほど，グラフの傾きぐあいは大きくなっている。**

教科書 P.80

問 7 次の1次関数のグラフの傾きをいいなさい。

(1) $y=\frac{1}{2}x$　　(2) $y=-2x+4$

ガイド　1次関数 $y=ax+b$ の変化の割合 a は，グラフでは傾きといいます。

$$(\text{変化の割合})=\frac{(y\text{の増加量})}{(x\text{の増加量})}(=\text{グラフの傾き})$$

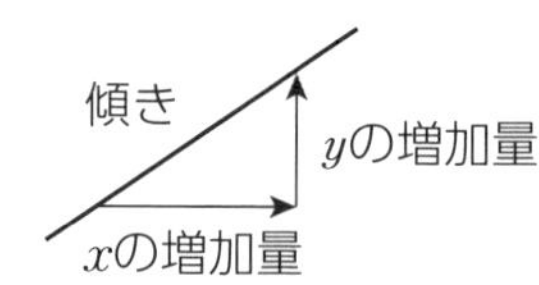

答え　(1) $\frac{1}{2}$　　(2) -2

教科書 P.81

問 8 1次関数 $y=-2x+3$ を例として，1次関数の表，式，グラフの関係を示すと，次(右)のようになります。□にあてはまる数やことばを書き入れなさい。

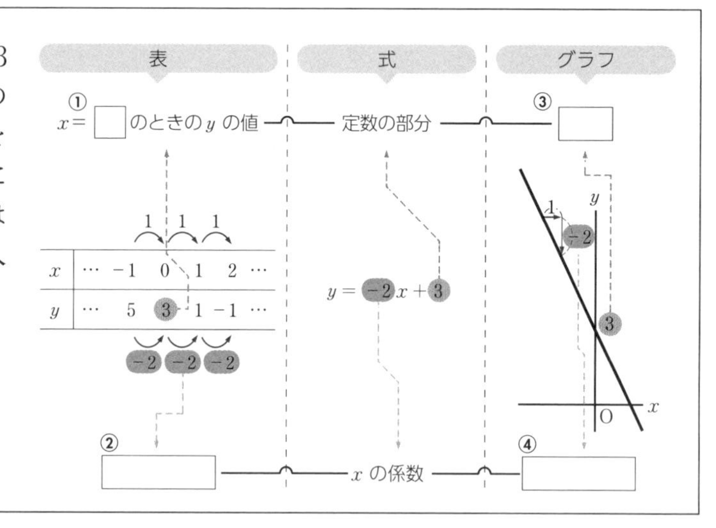

答え
① 0
② 変化の割合
③ 切片
④ 傾き

❸ 1次関数のグラフのかき方・式の求め方

教科書 P.82

1次関数 $y=-\frac{1}{2}x+3$ のグラフについて，表を使わずにかく方法を考えてみましょう。

ガイド 2点を通る直線はただ1つに決まります。
この1次関数では，傾きと切片(直線と y 軸との交点の y 座標)がわかっています。

答え **切片と傾きから，直線が通る2つの点を求めればグラフがかける。**

教科書 P.82

問1 次の1次関数のグラフを，左の図(図は 答え 欄)にかき入れなさい。

(1) $y=2x-1$　　(2) $y=-x+3$

(3) $y=\frac{1}{3}x+2$　　(4) $y=-\frac{3}{4}x-2$

ガイド 切片から y 軸上に点をとり，その点から傾きを使って2つ目の点をとります。この2つの点を通る直線を引きます。

(1) 切片 -1　傾き 2　(2) 切片 3　傾き -1　(3) 切片 2，傾き $\frac{1}{3}$　(4) 切片 -2，傾き $-\frac{3}{4}$

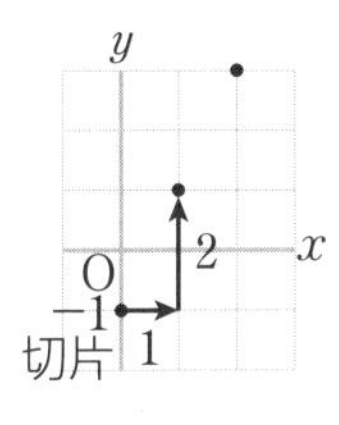

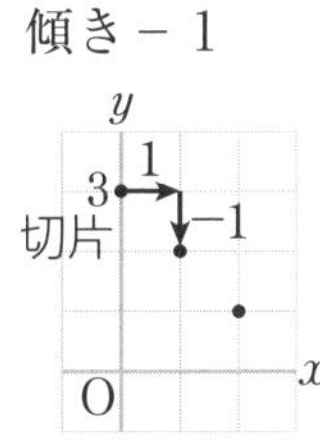

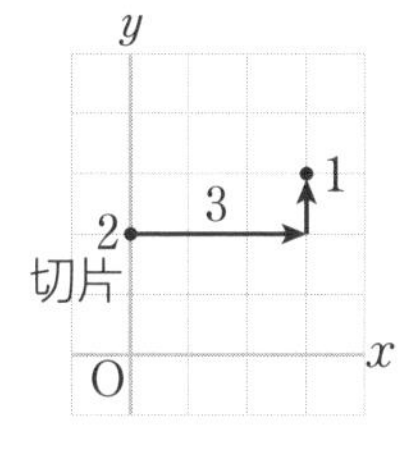

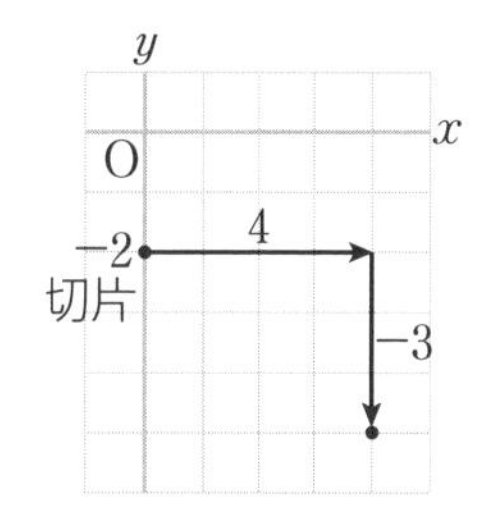

答え

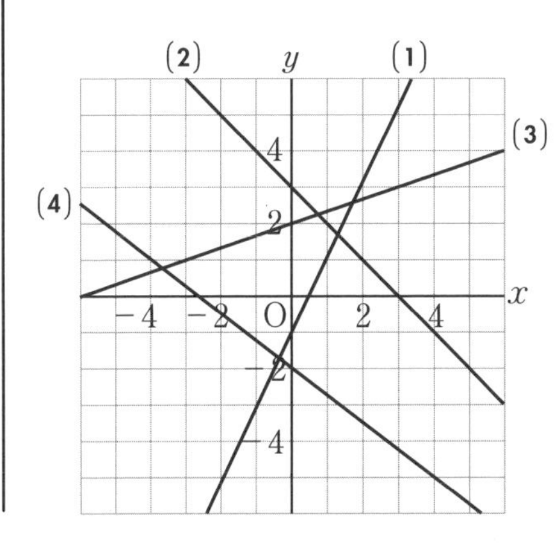

注　直線は2点で決まりますが，近くの2点だけで直線を引くと端の方でずれてしまうことがあります。直線を引いたら，グラフ上にある他の点も正しく通っているか確かめましょう。

直線の式の求め方

教科書 P.83

Q 音が空気中を伝わる速さは，気温によって変化します。右のグラフは，気温が x℃のときの音の速さを秒速 ym として，x と y の関係を表したものです。

(1) 気温が0℃のときの音の速さを読み取りましょう。

(2) 気温が1℃高くなると，音の速さはどのように変化するでしょうか。

(3) y を x の式で表すと，どんな式になるか話し合いましょう。

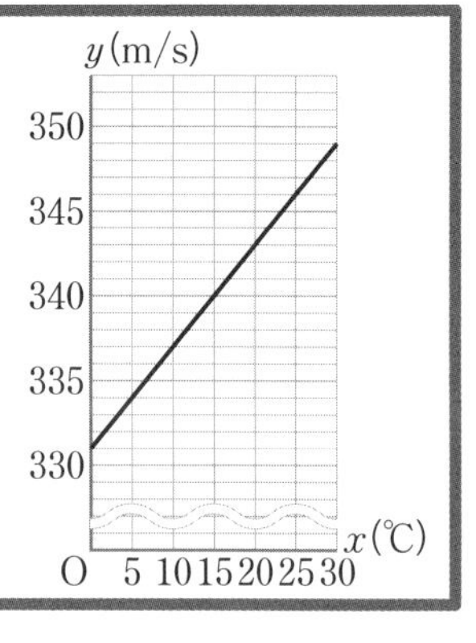

ガイド

(1) y 軸上のグラフの点を読み取りましょう。
y 軸の1目もりは1 m/s を表しています。

(2) x の値が5増加したときの y の増加量を読み取りましょう。この y の増加量を5でわれば，x の値が1増加したときの y の増加量になります。

(3) グラフは直線だから，$y = ax + b$ の式になります。(1) から切片，(2)から傾きがわかります。

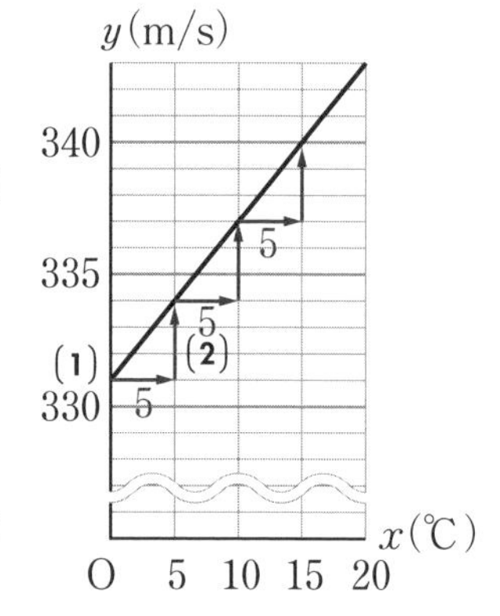

答え

(1) 331 m/s

(2) グラフより，気温が1℃高くなると，音の速さは
$\frac{3}{5}$ m/s(0.6m/s)増加する。

(3) **(例)**・変化の割合が一定なので1次関数の式になる。
・グラフの切片が331で，傾きが $\frac{3}{5}$(0.6)になる。

教科書 P.84

問2 前ページ(教科書 P.83)の **Q** について，直線の式を求めなさい。また，気温が18℃のときの音の速さを求めなさい。

ガイド

グラフから，気温が0℃のときの音の速さ(切片)と直線の傾きを求めます。傾きは，読み取りやすい2点を選んで求めます。

答え

求める直線の式を $y=ax+b$ とする。グラフが点(0, 331)を通るから，

$b=331$

また，グラフ上のある点から右へ5進むと上へ3進むから，

$a=\frac{3}{5}$

したがって，求める直線の式は，

$$\boldsymbol{y=\frac{3}{5}x+331\,(y=0.6x+331)}$$

また，気温が18℃のときの音の速さは，この式に $x=18$ を代入して，

$y=\frac{3}{5}\times 18+331\,(y=0.6\times 18+331)$　　$\boldsymbol{y=341.8}$**(m/s)**

教科書 P.84

問 3 右の図の直線①～④の式を求めなさい。

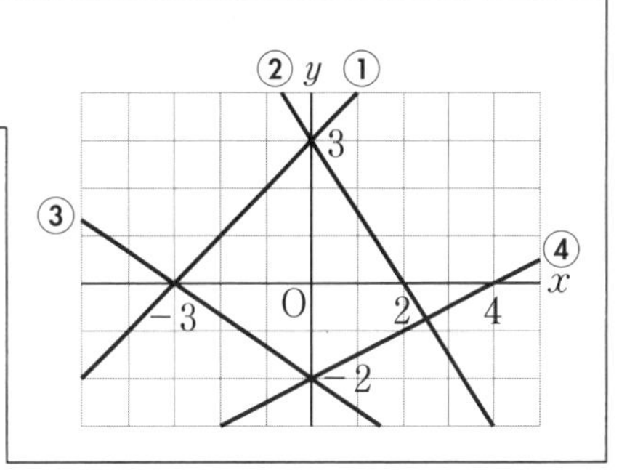

ガイド 直線の式は $y = ax + b$ です。傾き a と切片 b をグラフから読み取ります。
傾きは，読み取りやすい座標を使って，右に進む量（x の増加量）と上に進む量（y の増加量）から求めます。
右下がりのグラフの傾きは負の数になることに注意しましょう。

答え

① 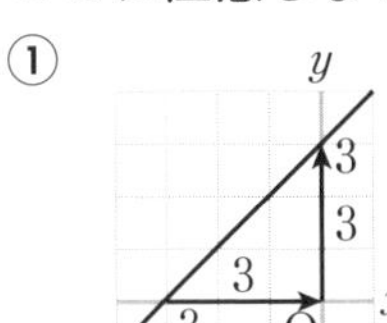

切片 3

傾き $\frac{3}{3} = 1$

答 $y = x + 3$

② 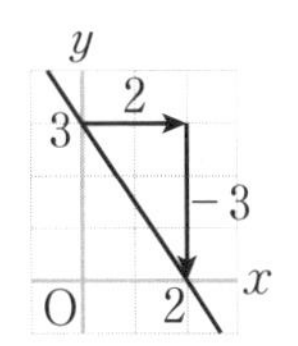

切片 3

傾き $-\frac{3}{2}$

答 $y = -\frac{3}{2}x + 3$

③ 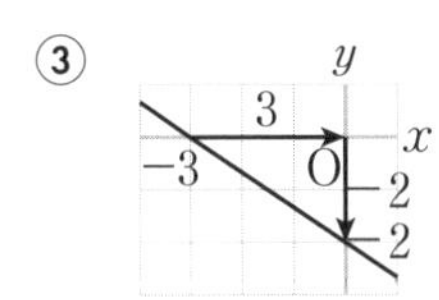

切片 − 2

傾き $-\frac{2}{3}$

答 $y = -\frac{2}{3}x - 2$

④ 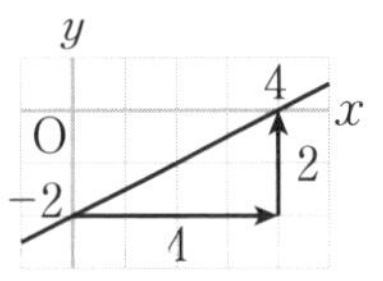

切片 − 2

傾き $\frac{2}{4} = \frac{1}{2}$

答 $y = \frac{1}{2}x - 2$

教科書 P.84

問 4 次の直線の式を求めなさい。

(1) 点(2, 4)を通り，傾きが 3 の直線

(2) 点(− 1, 2)を通り，傾きが $-\frac{2}{3}$ の直線

(3) 点(3, 5)を通り，直線 $y = x$ に平行な直線

ガイド (1), (2) 求める直線の式を $y = ax + b$ とおいて，問題に与えられた条件から a，b の値を求めます。条件から，傾き a がわかります。切片 b は計算で求めます。

(3) 平行な直線は傾きが等しいので，求める直線の傾きは，$y = x$ の傾き 1 に等しくなります。

答え

(1) 求める直線の式を $y = ax + b$ とする。$a = 3$ であるから，

$y = 3x + b$ ①

この直線が点(2, 4)を通るから，$x = 2$，$y = 4$ を①に代入すると，

$4 = 3 \times 2 + b$ これを解くと，$b = -2$

したがって，求める直線の式は，$\boldsymbol{y = 3x - 2}$

(2) 求める直線の式を $y = ax + b$ とする。$a = -\frac{2}{3}$ であるから，

$y = -\frac{2}{3}x + b$ ①

この直線が点(− 1, 2)を通るから，$x = -1$，$y = 2$ を①に代入すると，

$2 = -\frac{2}{3} \times (-1) + b$ これを解くと，$b = \frac{4}{3}$

したがって，求める直線の式は，$\boldsymbol{y = -\frac{2}{3}x + \frac{4}{3}}$

(3) 求める直線の式を $y = ax + b$ とする。
直線 $y = x$ に平行なので，$a = 1$ であるから，
$y = x + b$ ①
この直線が点(3, 5)を通るから，$x = 3$, $y = 5$ を①に代入すると，
$5 = 3 + b$　これを解くと，$b = 2$
したがって，求める直線の式は，$\boldsymbol{y = x + 2}$

教科書 P.85

問 5 拓真(たくま)さんは，例 4(教科書 P.85)について，次のように考えました。

求める直線の式を $y = ax + b$ とする。
$x = -4$ のとき $y = 1$ であるから，$1 = -4a + b$ ①
$x = 2$ のとき $y = 4$ であるから，$4 = 2a + b$ ②
①，②を連立方程式として解き，a，b の値を求めればよい。

拓真さんの考え方で，直線の式を求めなさい。

答え

① $-4a + b = 1$
② $-)\ 2a + b = 4$
$-6a = -3$
$a = \frac{1}{2}$

$a = \frac{1}{2}$ を②に代入すると，
$4 = 2 \times \frac{1}{2} + b$　$b = 3$
求める直線の式は，$\boldsymbol{y = \frac{1}{2}x + 3}$

教科書 P.85

問 6 次の 2 点を通る直線の式を求めなさい。

(1) (2, 3), (4, 7)　(2) (−3, 11), (4, −10)
(3) (−2, 4), (0, 3)　(4) (1, 0), (0, −2)

ガイド

まず傾きを求めましょう。傾きを求めるとき，変化の割合を求めるときと同じようにします。もちろん，図をかいて考えるのもよい方法です。

$$(\text{傾き}) = (\text{変化の割合}) = \frac{(y\text{の増加量})}{(x\text{の増加量})} = \frac{y_2 - y_1}{x_2 - x_1}$$

x の増加量
(x_1, y_1)　(x_2, y_2)
y の増加量

答え

(1) 求める直線の式を $y = ax + b$ とする。
この直線が 2 点(2, 3)，(4, 7)を通るから，
直線の傾き a は，
$a = \frac{7-3}{4-2} = \frac{4}{2} = 2$　よって，$y = 2x + b$ ①

x の増加量
(2, 3)　(4, 7)
y の増加量

この直線が点(2, 3)を通るから，$x = 2$, $y = 3$ を①に代入すると，
$3 = 2 \times 2 + b$　これを解くと，$b = -1$
したがって，求める直線の式は，$\boldsymbol{y = 2x - 1}$

(2) 求める直線の式を $y = ax + b$ とする。
この直線が 2 点(−3, 11)，(4, −10)を通るから，
直線の傾き a は，
$a = \frac{(-10) - 11}{4 - (-3)} = \frac{-21}{7} = -3$
よって，$y = -3x + b$ ①

x の増加量
(−3, 11)　(4, −10)
y の増加量

この直線が点$(-3,\ 11)$を通るから，$x=-3$，$y=11$を①に代入すると，

$11=-3\times(-3)+b$　　これを解くと，$b=2$

したがって，求める直線の式は，$\boldsymbol{y=-3x+2}$

(3) 求める直線の傾きは，

$$\frac{3-4}{0-(-2)}=\frac{-1}{2}=-\frac{1}{2}$$

xの増加量
$(-2,\ 4)$　$(0,\ 3)$
yの増加量

また，この直線が点$(0,\ 3)$を通るから，切片は3

したがって，求める直線の式は，$\boldsymbol{y=-\frac{1}{2}x+3}$

(4) 求める直線の傾きは，

$$\frac{-2-0}{0-1}=\frac{-2}{-1}=2$$

xの増加量
$(1,\ 0)$　$(0,\ -2)$
yの増加量

また，この直線が点$(0,\ -2)$を通るから，切片は-2

したがって，求める直線の式は，$\boldsymbol{y=2x-2}$

教科書 P.86

問 7 次(右)の図の直線の式を求めなさい。

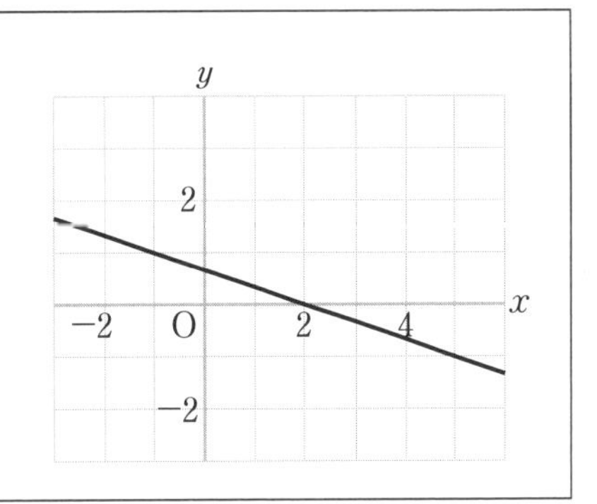

ガイド

切片がすぐに読み取れない場合，読み取りやすい点を2つ見つけて，その2点の座標から，問6と同じようにして直線の式を求めます。
この図で読み取りやすい点は，
$(-1,\ 1)$，$(2,\ 0)$，$(5,\ -1)$の3つです。

答え

求める直線の式を$y=ax+b$とする。
この直線が2点$(-1,\ 1)$，$(2,\ 0)$を通るから，直線の傾きaは，

$$a=\frac{0-1}{2-(-1)}=-\frac{1}{3}$$

よって，$y=-\frac{1}{3}x+b$　①

この直線が点$(2,\ 0)$を通るから，$x=2$，$y=0$を①に代入すると，

$$0=-\frac{1}{3}\times2+b$$

これを解くと，$b=\frac{2}{3}$

したがって，求める直線の式は，$\boldsymbol{y=-\frac{1}{3}x+\frac{2}{3}}$

確かめよう

教科書 P.86

1 長さ30 mmのばねがあります。次の表は，このばねにx gのおもりをつるしたときのばねの長さをy mmとして，xとyの関係をまとめたものです。下の問いに答えなさい。

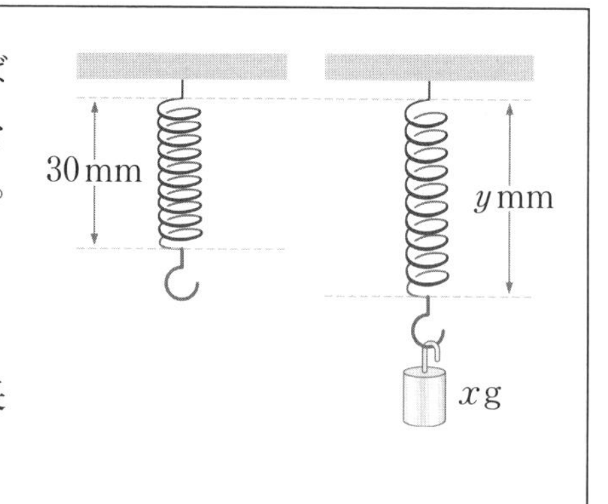

x(g)	0	10	20	30	40
y(mm)	30	34	38	42	46

(1) おもりの重さが1 g増加するごとに，ばねの長さはどのように変化しますか。

(2) yをxの式で表しなさい。

ガイド

(1) 表から，おもりの重さが10 g増加すると，ばねの長さが4 mm伸びていることがわかります。

(2) (1)から，おもりがx gのときの"ばねの伸び"を考えましょう。
(ばねの長さ) = (はじめのばねの長さ) + (ばねの伸び)

答え

(1) 表から，おもりの重さが10 g増加すると，ばねの長さが4 mm伸びているので，1 g当たり，$4 \div 10 = 0.4$(mm)伸びる。　**答　0.4 mmずつ伸びる**

(2) (1)より，おもりがxgのときのばねの伸びは$0.4x$(mm)，はじめのばねの長さは30 mmだから，$\boldsymbol{y = 0.4x + 30}$

コメント!

表から，変化の割合は一定になっているので，yはxの1次関数であることがわかります。このことから，次のようにして式を求めることもできます。
1次関数の式は$y = ax + b$で表され，a = (変化の割合) = (xの値が1増加するときのyの増加量)だから，(1)より$a = 0.4$，bは$x = 0$のときのyの値だから，表より$b = 30$，よって，$\boldsymbol{y = 0.4x + 30}$

2 1次関数$y = \frac{1}{2}x - 2$について，次の問いに答えなさい。

(1) 変化の割合をいいなさい。

(2) xの増加量が6のときのyの増加量を求めなさい。

(3) グラフを，下の図(図は**答え**欄)にかき入れなさい。

ガイド

(1) 1次関数の式$y = ax + b$のaが変化の割合です。

(2) 変化の割合aは，xの値が1増加するときのyの増加量を表します。したがって，$a \times$(xの増加量)でyの増加量が求められます。

(3) 切片が-2であるから，y軸上の点$(0,\ -2)$を通ります。傾きが$\frac{1}{2}$なので，点$(0,\ -2)$から，たとえば，右へ2，上へ1だけ進んだ点$(2,\ -1)$を通ります。

答え (1) $\frac{1}{2}$　(2) $\frac{1}{2}\times 6 = 3$　(3) 下の図

別解 (2)は次のようにしても求めることができます。

$(変化の割合) = \dfrac{(y の増加量)}{(x の増加量)}$の式に，

(1)で求めた変化の割合$\frac{1}{2}$とxの増加量6を代入して，$\frac{1}{2} = \dfrac{(y の増加量)}{6}$

したがって，yの増加量は3

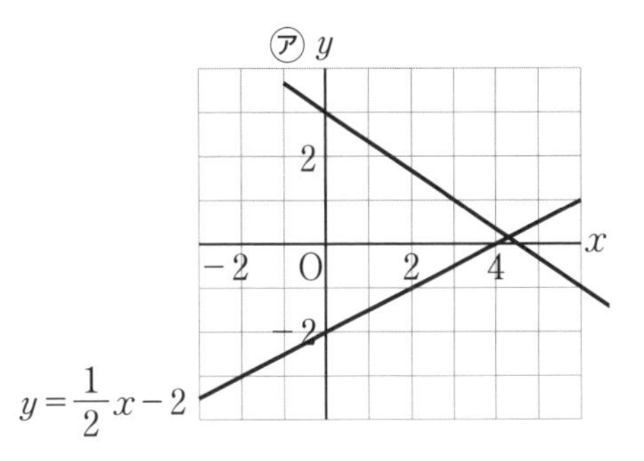

3 次の直線の式を求めなさい。

(1) 右の図の直線㋐

(2) 点(−1, 0)を通り，傾きが3の直線

(3) 2点(−2, 4)，(5, −3)を通る直線

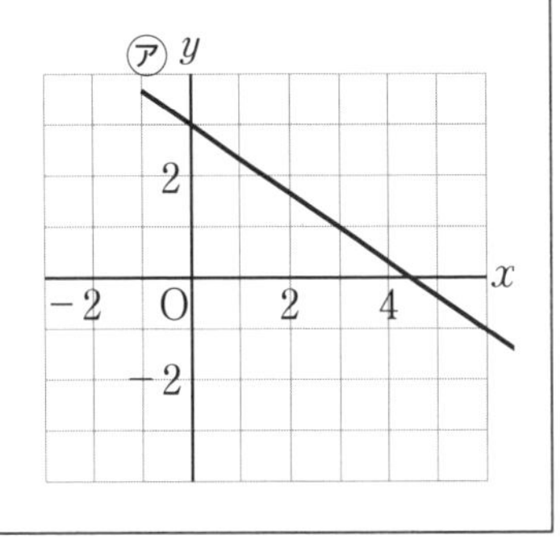

ガイド (1) グラフから，切片と傾きを読み取ります。

(2)，(3) 求める直線の式を$y = ax + b$とおいて，a，bの値を求めます。

答え (1) 右の図のグラフから，切片3，傾き$-\frac{2}{3}$

したがって，求める直線の式は，

$$y = -\frac{2}{3}x + 3$$

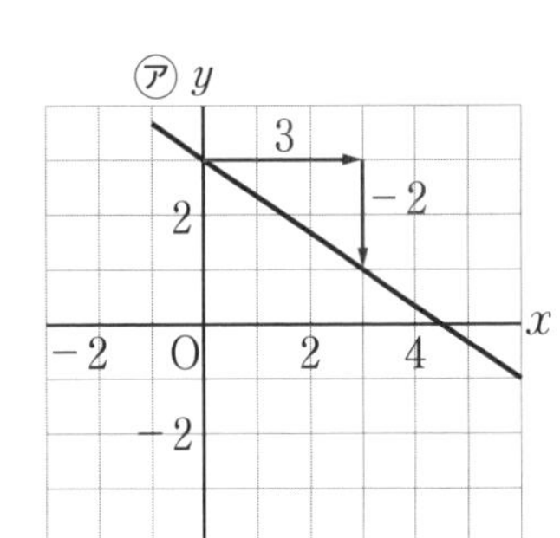

(2) 求める直線の式を$y = ax + b$とする。

$a = 3$であるから，

$y = 3x + b$　①

この直線が点(−1, 0)を通るから，$x = -1$，$y = 0$を①に代入すると，

$0 = 3 \times (-1) + b$

これを解くと，$b = 3$

したがって，求める直線の式は，$\boldsymbol{y = 3x + 3}$

(3) 求める直線の式を$y = ax + b$とする。

この直線が2点(−2, 4)，(5, −3)を通るから，直線の傾きaは，

$$a = \frac{-3-4}{5-(-2)} = \frac{-7}{7} = -1$$

よって，$y = -x + b$　①

この直線が点(−2, 4)を通るから，$x = -2$，$y = 4$を①に代入すると，

$4 = -(-2) + b$

これを解くと，$b = 2$

したがって，求める直線の式は，$\boldsymbol{y = -x + 2}$

2 方程式と1次関数

教科書のまとめ テスト前にチェック✓

☑◎ 2元1次方程式のグラフ

2元1次方程式 $2x + y = 1$ の解は無数にある。これらの解を座標とする点の集合は直線になる。この直線を，**2元1次方程式** $2x + y = 1$ **のグラフ**という。

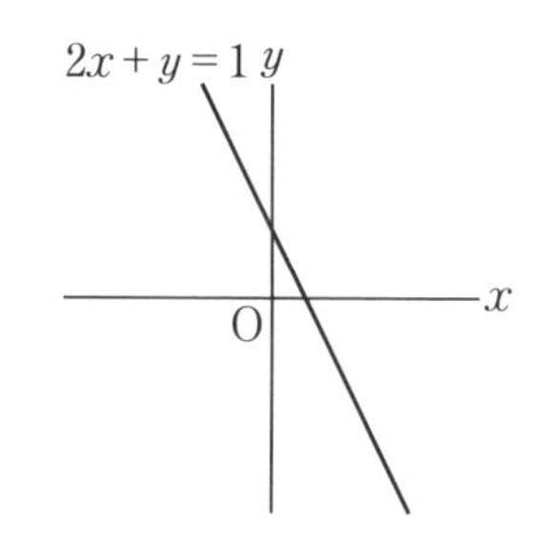

☑◎ 2元1次方程式と1次関数

2元1次方程式 $2x + y = 1$ を y について解くと，$y = -2x + 1$ となり，y は x の1次関数とみることもできる。

2元1次方程式 $2x + y = 1$ ⟺ 1次関数 $y = -2x + 1$

☑◎ 2元1次方程式 $ax + by = c$ のグラフのかき方

- $ax + by = c$ を $y = mx + n$ の形にして，切片と傾きを使ってかく。
- $ax + by = c$ のグラフが通る適当な2点を決めてかくこともできる。

☑◎ $y = k$，$x = h$ のグラフ

2元1次方程式 $ax + by = c$ のグラフについて，
$a = 0$ のとき，$y = k$(定数)，
$b = 0$ のとき，$x = h$(定数)となり，
$y = k$ のグラフは x 軸に平行な直線，
$x = h$ のグラフは y 軸に平行な直線になる。

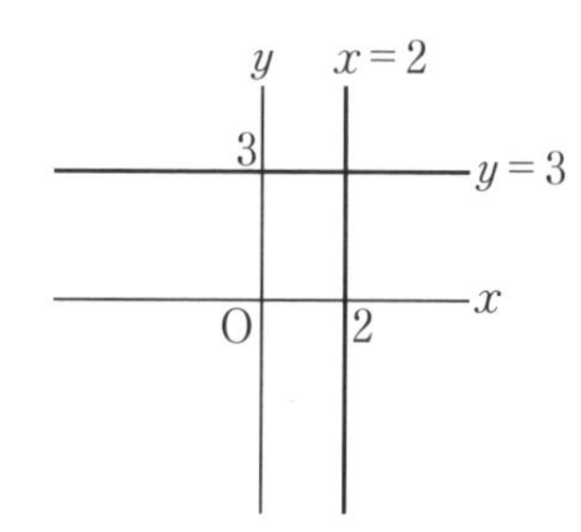

☑◎ グラフの交点と連立方程式の解

2つの2元1次方程式のグラフの交点の x 座標，y 座標の組は，その2つの方程式を1組にした連立方程式の解である。

連立方程式の解は，2つの2元1次方程式をグラフに表し，そのグラフの交点の座標から求めることができる。

連立方程式の解 ⟺ グラフの交点の座標

$\begin{cases} x + 2y = 4 & ① \\ x - y = 1 & ② \end{cases}$ の解は $\begin{cases} x = 2 \\ y = 1 \end{cases}$

①，②のグラフは下の図のようになり，交点の座標は(2, 1)

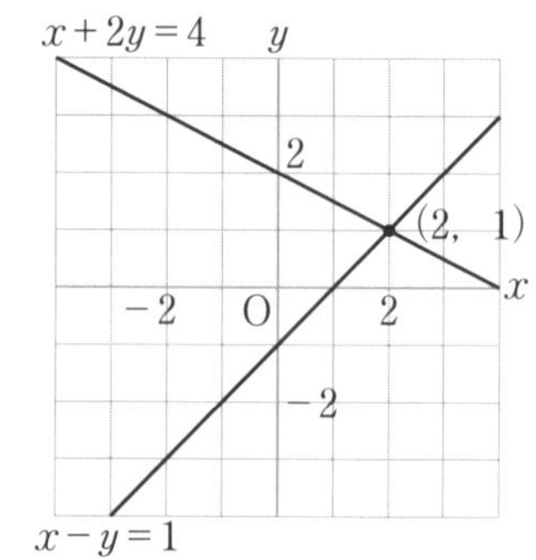

1 2元1次方程式のグラフ

教科書 P.87

2元1次方程式 $2x+y=1$ の解を求めるために，次のような表（表は 答え 欄）を作りました。

(1) 上（下）の表を完成させましょう。

(2) 対応する x，y の値の組を座標とする点を，右の図（図は 答え 欄）にかき入れてみましょう。

(3) x と y の間には，どんな関係があると考えられるか話し合ってみましょう。

答え

(1)

x	…	-3	-2	-1	0	1	2	3	…
y	…	7	5	3	1	-1	-3	-5	…

(2) 右の図の左側

(3) (2)の点をもっと細かくとっていくと，右側の図のように直線になると考えられる。したがって，y は x の1次関数であると考えられる。

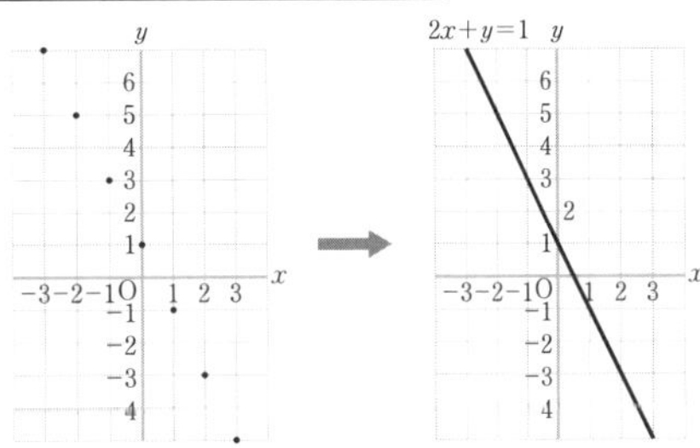

2元1次方程式のグラフのかき方

教科書 P.88

問1 例1（教科書P.88）の図から，方程式 $3x-y=6$ の解のうち，x，y の値がともに整数となる解を読み取りなさい。

ガイド 方眼の縦と横の線が交わっているところを通っている直線上の点をみつけます。

答え

$\begin{cases} x=0 \\ y=-6 \end{cases}$　$\begin{cases} x=1 \\ y=-3 \end{cases}$　$\begin{cases} x=2 \\ y=0 \end{cases}$

教科書 P.89

問2 次の方程式のグラフを，右の図（図は 答え 欄）にかき入れなさい。

(1) $x+y=2$　　(2) $3x-2y=4$

ガイド 式を y について解き，傾きと切片を使ってグラフをかきましょう。

答え

(1) $x+y=2$ を y について解くと，$y=-x+2$
したがって，傾き -1，切片 2 の直線をかく。

(2) $3x-2y=4$ を y について解くと，$y=\dfrac{3}{2}x-2$
したがって，傾き $\dfrac{3}{2}$，切片 -2 の直線をかく。

グラフは右の図

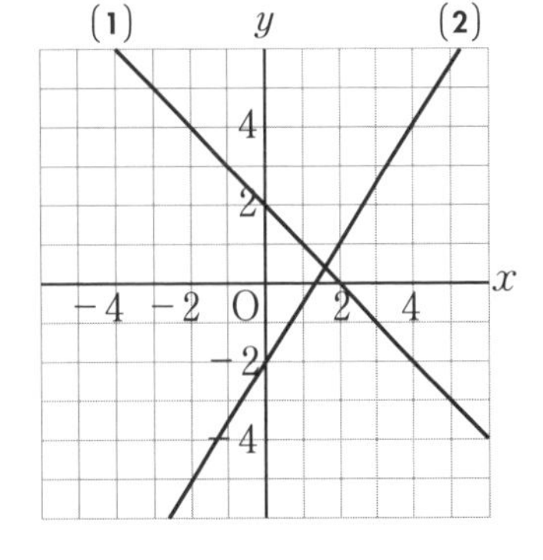

3章 1次関数

教科書 P.89

問 3 次の方程式のグラフを，適当な 2 点を決めて，右の図(図は **答え** 欄)にかき入れなさい。

(1) $x-2y=4$　　(2) $4x+3y=12$

ガイド 例 2(教科書 P.89)のように，グラフが通る適当な 2 点を決めてかきましょう。
まず，$x=0$ や $y=0$ になる点を調べます。$x=0$ を代入したときの y の値と，$y=0$ を代入したときの x の値を求めます。
$x=0$ になる点は y 軸上の点，$y=0$ になる点は x 軸上の点です。(←重要)

答え
(1) 方程式 $x-2y=4$ で，
$x=0$ のとき $y=-2$
$y=0$ のとき $x=4$
したがって，2 点$(0,\ -2)$，$(4,\ 0)$を通る直線となる。

(2) 方程式 $4x+3y=12$ で，
$x=0$ のとき $y=4$
$y=0$ のとき $x=3$
したがって，2 点$(0,\ 4)$，$(3,\ 0)$を通る直線となる。

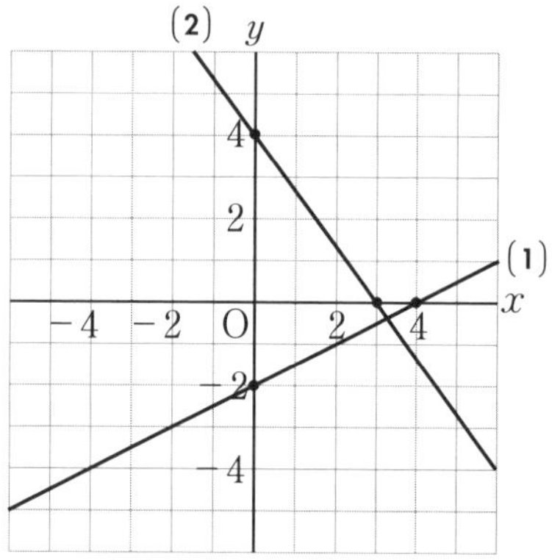

グラフは右の図

$y=h$，$x=k$ のグラフ

教科書 P.90

方程式 $ax+by=c$ で，a，b，c の値が次の(1)，(2)のとき，どんなグラフになるか話し合ってみましょう。
(1) $a=0$，$b=1$，$c=3$
(2) $a=2$，$b=0$，$c=4$

ガイド a，b，c の値をそれぞれ代入して，式がどんな形になるかを考えてみましょう。

答え
(1) 方程式 $ax+by=c$ に $a=0$，$b=1$，$c=3$ を代入すると，$y=3$ となる。
これは，x がどんな値をとっても y の値が 3 になるということなので，**点$(0,\ 3)$を通り，x 軸に平行な直線を表す。**

(2) 方程式 $ax+by=c$ に $a=2$，$b=0$，$c=4$ を代入すると，$2x=4$，つまり $x=2$ となる。これは，y がどんな値をとっても x の値が 2 になるということなので，**点$(2,\ 0)$を通り，y 軸に平行な直線を表す。**

教科書 P.91

問 4 次の方程式のグラフを，右の図(図は **答え** 欄)にかき入れなさい。

(1) $y=4$　　(2) $3y=-6$　　(3) $x=-3$　　(4) $2x-10=0$

ガイド

$y = k$ のグラフは，y 軸上の点 $(0,\ k)$ を通り，x 軸に平行な直線になります。
$x = h$ のグラフは，x 軸上の点 $(h,\ 0)$ を通り，y 軸に平行な直線になります。
(2)は $y = k$，(4)は $x = h$ の形にします。

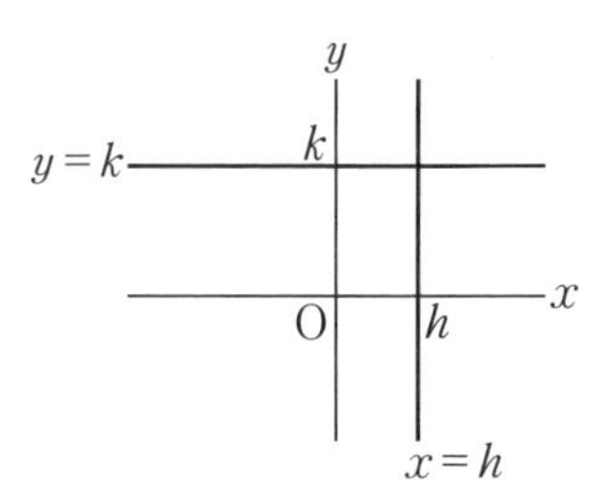

答え

(2) $3y = -6$
$y = -2$

(4) $2x - 10 = 0$
$2x = 10$
$x = 5$

グラフは右の図

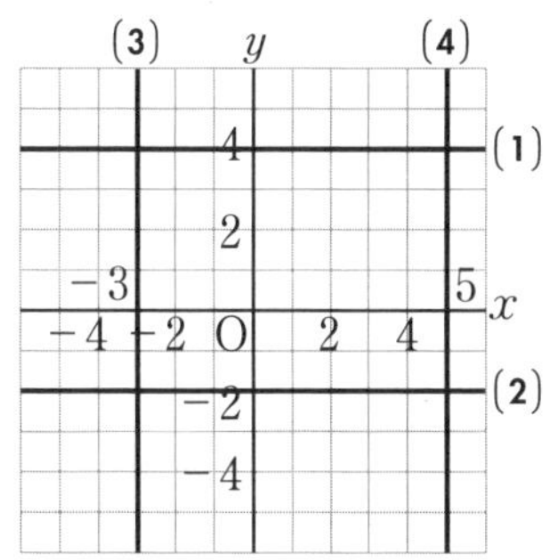

2 連立方程式の解とグラフ

教科書 P.92

連立方程式 $\begin{cases} x + 2y = 10 & ① \\ 3x - y = 2 & ② \end{cases}$

で，方程式①のグラフは，右の図の直線①になります。方程式②のグラフを，この図にかき入れてみましょう。また，2 つのグラフの交点の座標を読み取ってみましょう。

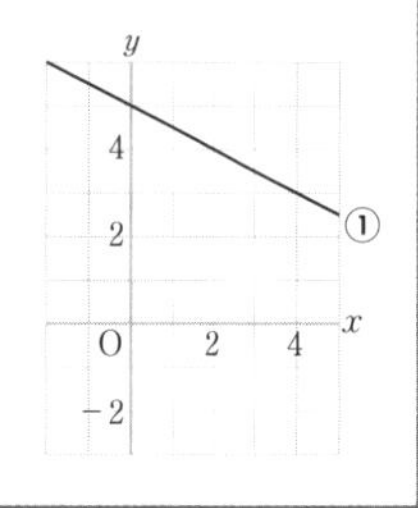

ガイド

②の式を y について解き，切片と傾きを使ってグラフをかきましょう。

答え

$3x - y = 2$ より，$y = 3x - 2$
グラフは右の図
グラフから，交点の座標は $(2,\ 4)$

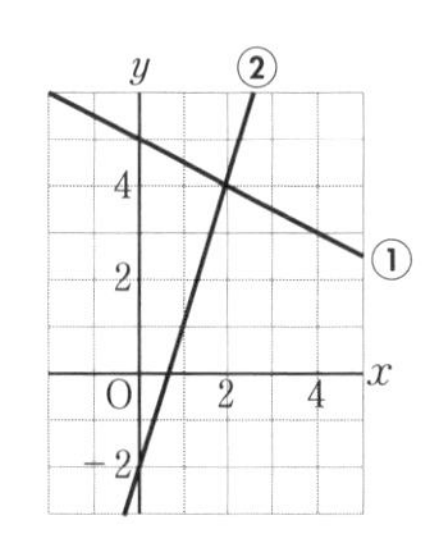

教科書 P.92

問 1 Q で示した連立方程式の解を計算で求めなさい。また，その解がグラフの交点の座標と一致(いっち)することを確かめなさい。

答え

$\begin{cases} x + 2y = 10 & ① \\ 3x - y = 2 & ② \end{cases}$

$$\begin{array}{lrl} ① & x + 2y &= 10 \\ ②\times 2 & +)\ 6x - 2y &= 4 \\ \hline & 7x &= 14 \\ & x &= 2 \end{array}$$

$x = 2$ を①に代入すると，$y = 4$

したがって，$\begin{cases} \boldsymbol{x = 2} \\ \boldsymbol{y = 4} \end{cases}$ となり，グラフの交点の座標と一致する。

コメント！

連立方程式の解も，グラフの交点の座標も，2つに共通する x，y の値の組という意味で同じことになります。

連立方程式の解 ⟺ グラフの交点の座標

教科書 P.92

問 2 次の連立方程式を，グラフを使って解きなさい。

$\begin{cases} 3x - 2y = -4 \\ x + y = -3 \end{cases}$

ガイド

まず，2つの方程式のグラフをかきましょう。グラフの交点の座標の x，y の値が連立方程式の解になります。

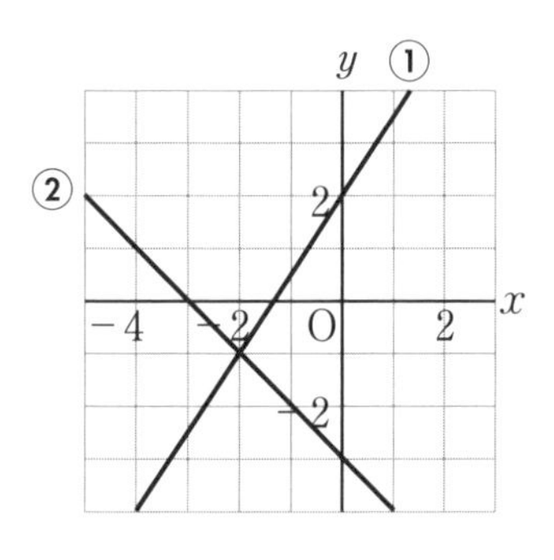

答え

$\begin{cases} 3x - 2y = -4 & ① \\ x + y = -3 & ② \end{cases}$

①より，$y = \dfrac{3}{2}x + 2$　②より，$y = -x - 3$

グラフは右の図

交点の座標は $(-2,\ -1)$ だから，$\begin{cases} \boldsymbol{x = -2} \\ \boldsymbol{y = -1} \end{cases}$

教科書 P.93

問 3 2直線 ℓ，m が，右の図のように点Pで交わっています。このとき，点Pの座標を次の手順で求めなさい。

① 直線 ℓ，m の式を求める。

② ①で求めた2つの式を，連立方程式として解く。

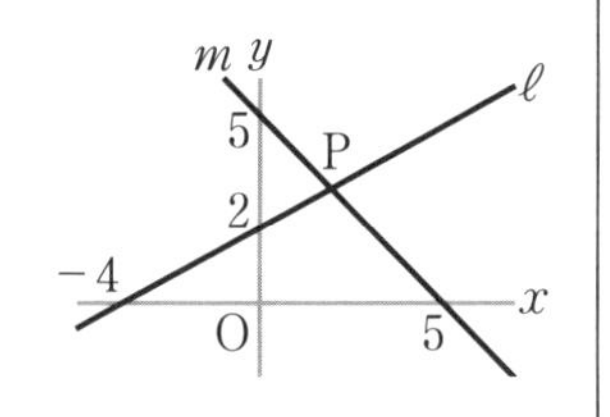

ガイド

① グラフから，切片と傾きを求めましょう。

② 連立方程式を解いたあと，座標 $(x,\ y)$ の形で答えましょう。

答え

① [直線 ℓ] グラフから，切片2，傾き $\dfrac{2}{4} = \dfrac{1}{2}$

したがって，$\boldsymbol{y = \dfrac{1}{2}x + 2}$

[直線 m] グラフから，切片5，傾き $\dfrac{-5}{5} = -1$

したがって，$\boldsymbol{y = -x + 5}$

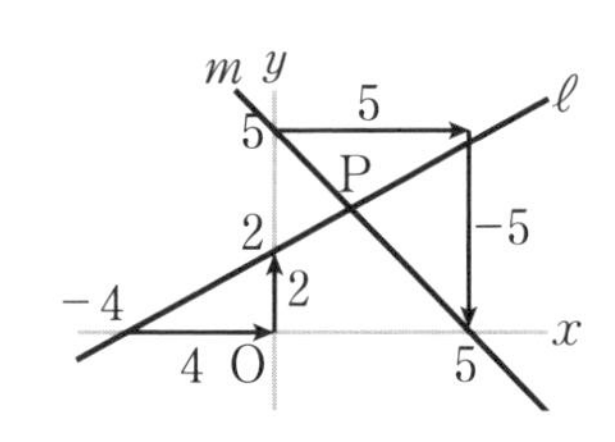

② $\begin{cases} y = \dfrac{1}{2}x + 2 & ㋐ \\ y = -x + 5 & ㋑ \end{cases}$

㋐を㋑に代入すると，

$\frac{1}{2}x + 2 = -x + 5$

$x + 4 = -2x + 10$

$3x = 6$

$x = 2$　　$x = 2$を㋑に代入すると，$y = 3$

したがって，点Pの座標は(2，3)

コメント！ 2直線の交点を求めるとき，よく $\begin{cases} y = ax + b \\ y = mx + n \end{cases}$ の形の連立方程式になります。
これを解くときは，代入法を使って，$ax + b = mx + n$ とすると，解きやすくなります。

解が１組にならない連立方程式

教科書 P.93

次の連立方程式は計算で解けるでしょうか。
また，グラフをかき，それぞれの解を調べてみましょう。

❶ $\begin{cases} x + y = 2 \\ y = -x + 4 \end{cases}$　　❷ $\begin{cases} y = \dfrac{1}{2}x + 1 \\ -x + 2y = 2 \end{cases}$

ガイド ❶を代入法で計算すると，下の式を上の式に代入して，$x + (-x + 4) = 2$

$4 = 2$　？

加減法で計算すると，

$$\begin{array}{rr} & x + y = 2 \\ -) & x + y = 4 \\ \hline & 0 = -2 \end{array}$$

？　計算はできないようです。

2つの方程式のグラフをかいてみると解がわかるはずです。グラフの交点の座標が解でしたね。

答え

❶ $\begin{cases} x + y = 2 & ① \\ y = -x + 4 & ② \end{cases}$

②を式変形すると，$x + y = 4$

①の $x + y = 2$ の解である x，y の値の組は，$x + y = 4$ を成り立たせることはないから，この連立方程式の解はない。

グラフで考えると，

①より，$y = -x + 2$

②　　$y = -x + 4$

右の図のように2つのグラフは平行になり，交点がない。

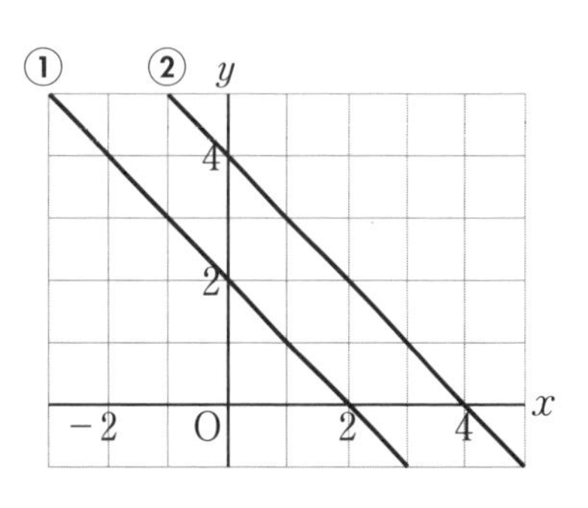

したがって，**この連立方程式の解はない。**

❷ $\begin{cases} y = \frac{1}{2}x + 1 & ① \\ -x + 2y = 2 & ② \end{cases}$

①×2より，　$2y = x + 2$　　$-x + 2y = 2$

①と②は同じ式になる。したがって，2元1次方程式$-x + 2y = 2$の解がこの連立方程式の解になり，解は無数にある。

グラフで考えると，

②より，$y = \frac{1}{2}x + 1$

右の図のように2つのグラフは重なり，この直線上の(x, y)の組がすべて解になる。

したがって，**この連立方程式の解は無数にある。**

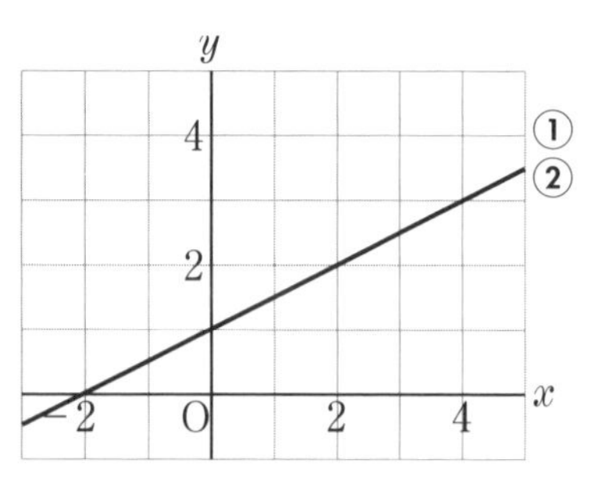

2 方程式と1次関数

確かめよう

教科書 P.94

1 次の方程式のグラフを，左の図(図は 答え 欄)にかき入れなさい。

(1) $-2x + y = 4$　(2) $3x - 5y = 15$　(3) $y = -3$　(4) $x = 4$

答え

(1) $-2x + y = 4$ → $y = 2x + 4$

(2) $3x - 5y = 15$ → $y = \frac{3}{5}x - 3$

(3) 点$(0, -3)$を通り，x軸に平行な直線

(4) 点$(4, 0)$を通り，y軸に平行な直線

グラフは右の図

注 (1)，(2)は，$x = 0$のときと，$y = 0$のときの2点を求めてかく方法もあります。

(1) 2点$(0, 4)$，$(-2, 0)$を通る直線

(2) 2点$(0, -3)$，$(5, 0)$を通る直線

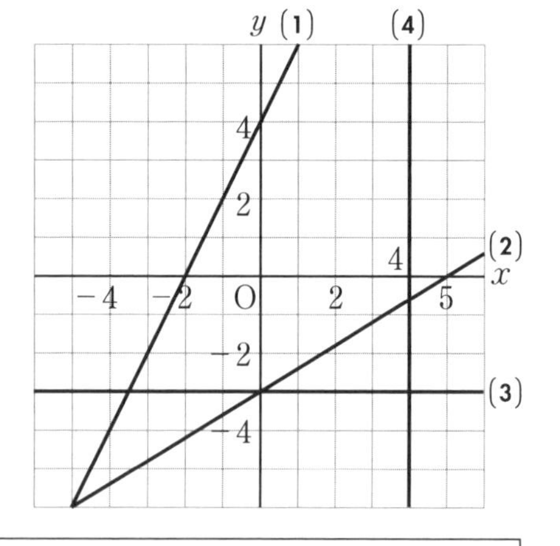

2 次の連立方程式を，グラフを使って解きなさい。$\begin{cases} x - y = 4 \\ 4x + 3y = 9 \end{cases}$

ガイド 2つの方程式のグラフの交点のx座標，y座標が連立方程式の解です。

答え

$x - y = 4$ → $y = x - 4$　①

$4x + 3y = 9$ → $y = -\frac{4}{3}x + 3$　②

グラフは右の図

交点の座標は(3, − 1)だから,

解は $\begin{cases} x = 3 \\ y = -1 \end{cases}$

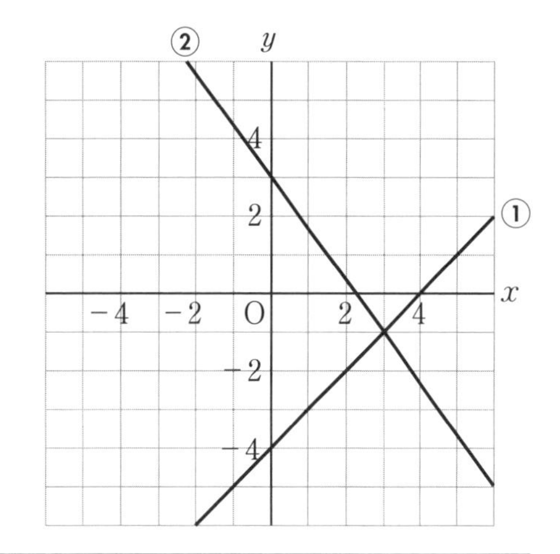

3 2直線 ℓ, m が右の図のように点Pで交わっているとき,次の問いに答えなさい。

(1) 直線 ℓ, m の式を求めなさい。

(2) 点Pの座標を求めなさい。

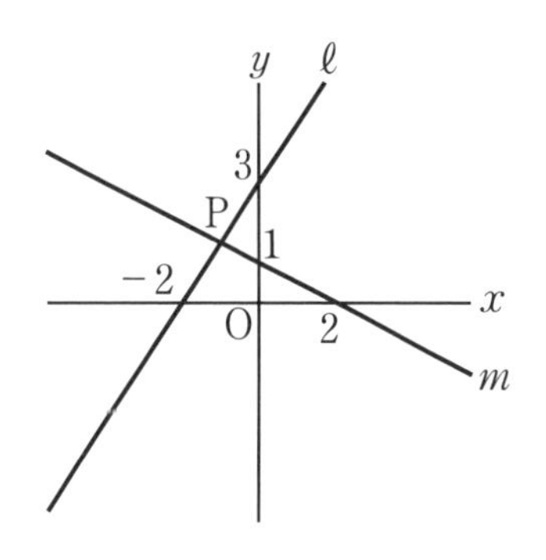

ガイド

(1) グラフから,傾きと切片を読み取ります。

(2) (1)で求めた2つの式を,連立方程式として解きましょう。

答え

(1) ℓ…傾き $\frac{3}{2}$, 切片3　　m…傾き $-\frac{1}{2}$, 切片1

答　$\ell \cdots y = \frac{3}{2}x + 3$,　$m \cdots y = -\frac{1}{2}x + 1$

(2) $\begin{cases} y = \frac{3}{2}x + 3 & ① \\ y = -\frac{1}{2}x + 1 & ② \end{cases}$

①を②に代入すると,

$\frac{3}{2}x + 3 = -\frac{1}{2}x + 1$

$3x + 6 = -x + 2$

$4x = -4$

$x = -1$

$x = -1$ を②に代入すると,$y = -\frac{1}{2} \times (-1) + 1 = \frac{3}{2}$

したがって,点Pの座標は,$\left(-1,\ \frac{3}{2}\right)$

答　P$\left(-1,\ \frac{3}{2}\right)$

3章 1次関数

3 1次関数の利用

1 1次関数の利用

教科書 P.95 ～ 96

Q 右の図のような装置で水を熱し，熱し始めてから x 分後の水温を y℃として x と y の関係を調べたところ，次の表のようになりました。このとき，水が沸騰(ふっとう)するのは何分後になると予測できるでしょうか。

x(分)	0	1	2	3	4	5	6
y(℃)	16	21	28	34	41	46	52

ガイド x の値が 1 増加すると，y の値はどれだけ増加するか調べましょう。

答え 水温は1分間に5～7℃上がっていて，平均すると6℃上がっていると考えられる。水が沸騰する，つまり 100℃になるのに，16℃から，100 － 16 ＝ 84（℃）水温を上げなければならないので，それにかかる時間は，**84 ÷ 6 ＝ 14(分)** と予測できる。

教科書 P.95

Q の x と y の関係は，どのようなグラフになるでしょうか。表の対応する x，y の値の組を座標とする点を，右の図(図は **答え** 欄)にかき入れてみましょう。

答え 右の図

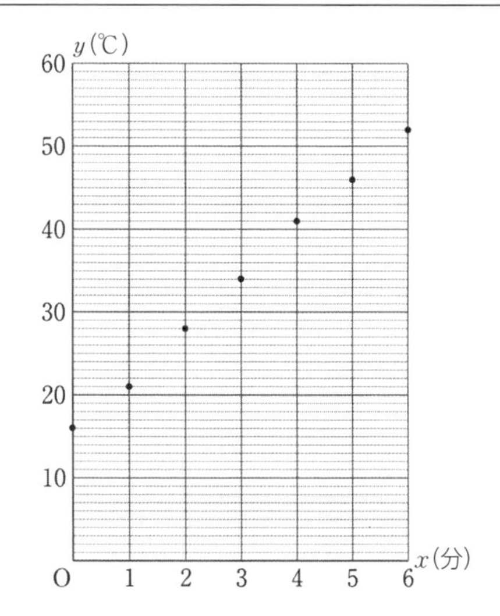

教科書 P.96

このまま水を熱し続けたとき，水温が 70℃になるのは，熱し始めてから何分後と考えられるでしょうか。自分の考えた方法で求めてみましょう。また，その方法を説明してみましょう。

ガイド

たとえば次のような方法があります。

- 1分間に上昇する温度を考えて求める。
- 6分間に上昇した温度から考える。
- グラフを使う。

答え

9分後

(例)・6分で $52-16=36$(℃)水温が上がるから，1分で $36\div6=6$(℃)水温が上がる。

$(70-16)\div6=9$

・グラフをかくと右の図のようになり，グラフから，9分後に70℃になる。

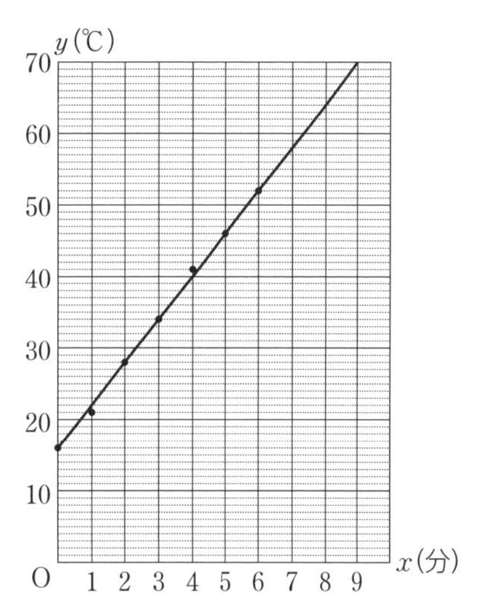

教科書 P.96

このグラフが，2点(0，16)，(6，52)を通ると考えて，直線の式を求めてみましょう。また，その式を利用して，水が沸騰するのは熱し始めてから何分後かを求めてみましょう。

ガイド

水が沸騰する温度は100℃です。

答え

求める直線の式を $y=ax+b$ とすると，2点(0，16)，(6，52)を通るから，

直線の傾き a は，$a=\dfrac{52-16}{6-0}=\dfrac{36}{6}=6$　　切片は，$b=16$

したがって，$y=6x+16$　①

$y=100$ を①に代入すると，$100=6x+16$　$x=14$　**答　$y=6x+16$，14分後**

教科書 P.96

次の図は，80℃の湯の入ったビーカーを水の中に入れて冷ましたとき，冷まし始めてから x 分後のビーカーの中の水温を y℃として，測定した値を点で表したものです。1次関数とみなせるかどうか話し合ってみましょう。

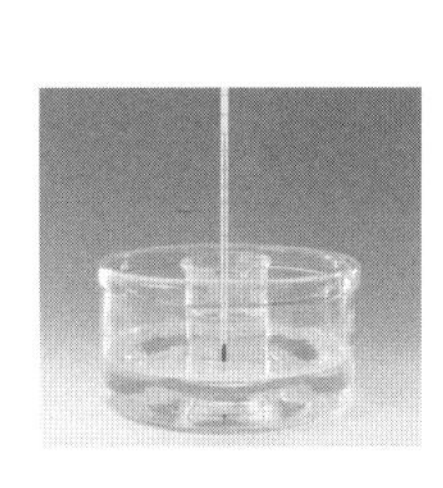

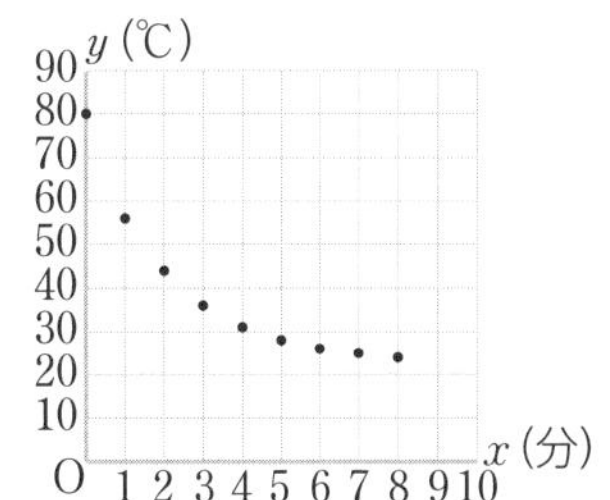

答え

(例)・9つの点が一直線上に並んでいないので，y は x の1次関数とはみなせない。

・水温の下がり方は，最初は大きく下がるが，少しずつゆるやかに下がっていき，変化の割合が一定ではないので，y は x の1次関数とはみなせない。

図形における利用

教科書 P.97

右下(右)の二等辺三角形 ABC のまわりの長さは 12 cm です。
$AB = AC = x$ cm, $BC = y$ cm とするとき，次の問いについて考えてみましょう。

(1) y を x の式で表しましょう。

(2) (1)の式がどんなグラフになるか話し合ってみましょう。

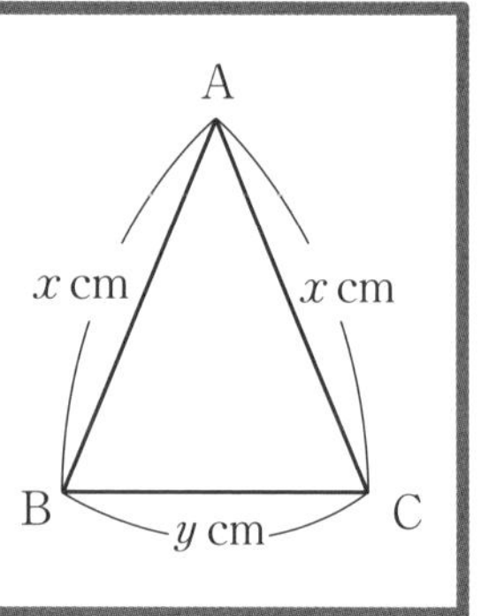

ガイド

(1) $AB + AC + BC = 12$(cm)という関係があります。

(2) y は x の１次関数になるので，グラフは直線になりますが，このとき三角形ができる条件をもとに，x と y の変域を考える必要があります。

答え

(1) $AB + AC + BC = 12$ という関係があるので，これを x と y の式で表すと，
$x + x + y = 12$　より，$2x + y = 12$
これを整理すると，$\boldsymbol{y = -2x + 12}$　①

(2) (例)・傾き -2，切片 12 の直線になる。
・x と y は辺の長さを表しているので，正の数でなければならない。
・$x = 2$ のように x の値が小さすぎると，三角形がかけない。
・$x = 8$ のように x の値が大きすぎると，まわりの長さが 12 cm をこえてしまう。
・x の変域を $3 < x < 6$ としてグラフをかけばよい。(理由は下の問１の ガイド と 答え を参照)

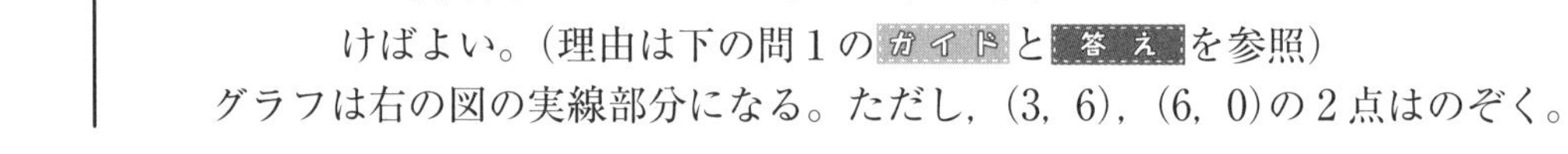

グラフは右の図の実線部分になる。ただし，(3, 6)，(6, 0)の２点はのぞく。

教科書 P.97

問１ 美月(みつき)さんは， Q で，x の変域は $3 < x < 6$ であると考えました。美月さんがそう考えた理由を説明しなさい。

ガイド

三角形の２辺の和は，他の１辺より大きくなります。
二等辺三角形 ABC のまわりの長さは 12 cm と決まっています。

答え

x は辺の長さを表しているので正の数である。
△ABC で $AB + AC > BC$ でなければならないが，$x \leqq 3$ とすると
$AB + AC \leqq BC$ となり，三角形をつくることができない。したがって，$x > 3$　①
一方，$x \geqq 6$ とすると，$AB + AC + BC > 12$ となり，まわりの長さが 12 cm より大きくなってしまう。したがって，$x < 6$　②
①，②より，x の変域は $3 < x < 6$ である。

教科書 P.98

問 2 例 2(教科書 P.98)で，点 P が A まで動いたあと，A を通過して B まで動くとするとき，y を x の式で表し，グラフを上の図(図は 答え 欄)にかき入れなさい。

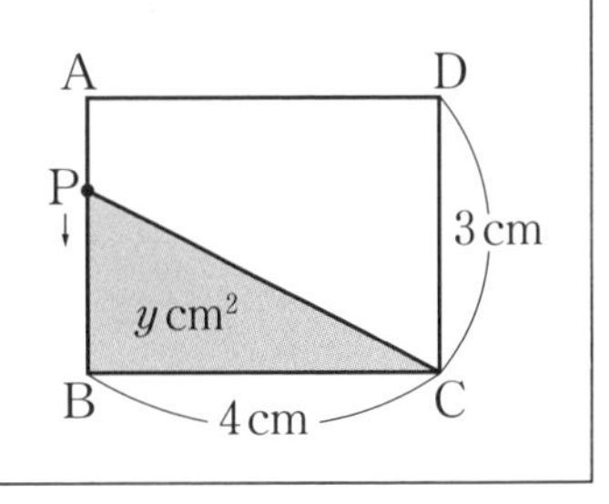

ガイド

- 場合分けが必要な問題では，かならず x の変域を考えます。
  点 P が辺 AB 上の場合の x の変域は，点 A までで 7 cm 動いたから，$7 \leqq x \leqq 10$ となります。
- △PBC の面積の式をつくるためには，PB の長さが必要になります。
  点 P は C → D → A → B と動くので，x = CD + DA + AP となります。
  辺 CD，DA，AB を一直線にのばした図をかくと下の図のようになり，
  PB = (CD + DA + AB) − x = 10 − x(cm)となります。

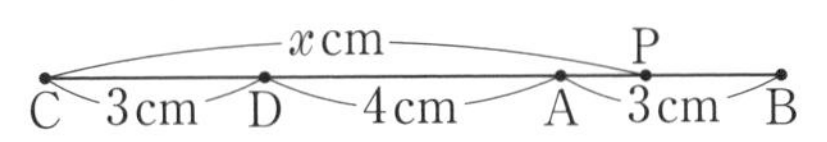

答え

点 P が辺 AB 上にあるときの x の変域は，

$7 \leqq x \leqq 10$

$$PB = (3 + 4 + 3) - x$$
$$= 10 - x\ (\text{cm})$$

右の図のようになり，

$$y = \frac{1}{2} \times 4 \times (10 - x)$$
$$= 2(10 - x)$$
$$\boldsymbol{y = -2x + 20}$$

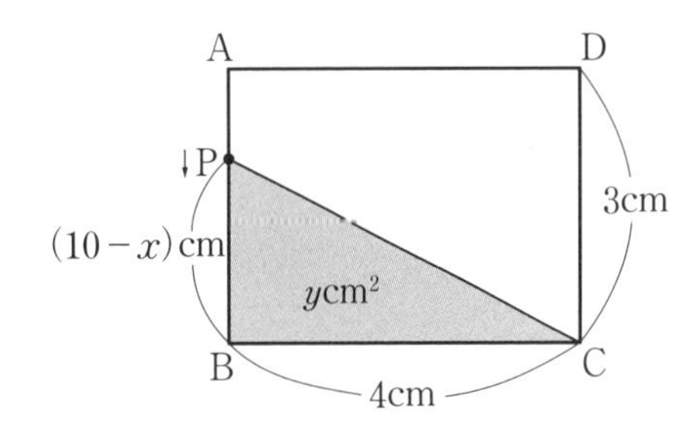

$7 \leqq x \leqq 10$ で $y = -2x + 20$ のグラフをかくと，**右の図**のようになる。

注 $7 \leqq x \leqq 10$ の $y = -2x + 20$ のグラフは，$x = 7$ のとき $y = 6$，$x = 10$ のとき $y = 0$ になることから，2 点(7，6)，(10，0)を結びます。

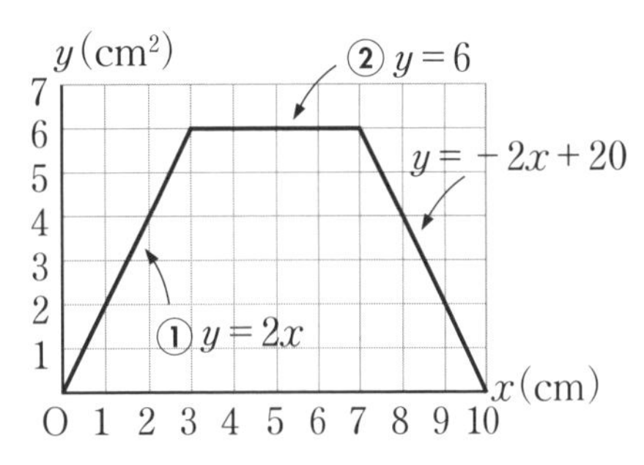

グラフの利用

教科書 P.99

問 3 例 3(教科書 P.99)について，次の問いに答えなさい。

(1) 結菜さんと陸さんの速さを，それぞれ求めなさい。

(2) 陸さんが駅に着いたとき，結菜さんは駅から何 m のところにいますか。

(3) 2 人が出会うのは出発してから何分後で，駅から何 m のところですか。

(4) 真央(まお)さんは，陸さんが駅に着いてから 8 分後に，分速 150 m で駅から図書館に自転車で向かいました。真央さんの進むようすを表すグラフを，上の図(図は 答え 欄)にかき入れなさい。

ガイド

(1) それぞれのグラフから，読み取りやすい点を選んで，進んだ時間と道のりを読み取って分速で表しましょう。

(2) 陸さんのグラフと x 軸との交点が，陸さんが駅に着いたことを表します。このとき，結菜さんが駅から何 m のところにいるかをグラフから読み取ります。

(3) 2 人のグラフの交点が，2 人が出会うことを表します。交点の座標はグラフからは読み取れません。陸さん, 結菜さんのそれぞれのグラフの式を求めて，その 2 つの式を連立方程式として解きます。

(4) 分速 150 m で駅から図書館に向かうので，傾き 150 のグラフになります。x 軸の 1 目もりは 2 分，y 軸の 1 目もりは 200 m を表すことに注意しましょう。

答え

(1) 結菜さん…グラフから，30 分で 1800 m 進むから，$1800 \div 30 = 60$(m/min)
陸さん…グラフから，10 分で 1800 m 進むから，$1800 \div 10 = 180$(m/min)

答　結菜さん…分速 60 m，陸さん…分速 180 m

(2) 陸さんが駅に着くのは，図書館を出発してから 10 分後。$x = 10$ のとき，結菜さんのグラフの y 座標は 600 になる。　**答　駅から 600 m のところ**

(3) 結菜さんのグラフ…原点を通り，(1)で求めた分速より，傾き 60 だから，

$y = 60x$　①

陸さんのグラフ…切片 1800 で，(1)で求めた分速より，傾き − 180 だから，

$y = -180x + 1800$　②

①と②を連立方程式として解くと，$60x = -180x + 1800$

$240x = 1800$　　$x = 7.5$

$x = 7.5$ を①に代入すると，$y = 450$

答　出発してから 7.5 分後で，駅から 450 m のところ

(4) 真央さんは，陸さんが駅に着いてから 8 分後に駅を出発するから，
$x = 18$ のとき，$y = 0$
また，分速 150 m より，4 分間に $150 \times 4 = 600$(m) 進むから，$x = 22$ のとき，$y = 600$
したがって，点(18，0)と点(22，600)を通るグラフになる。
グラフは下の図

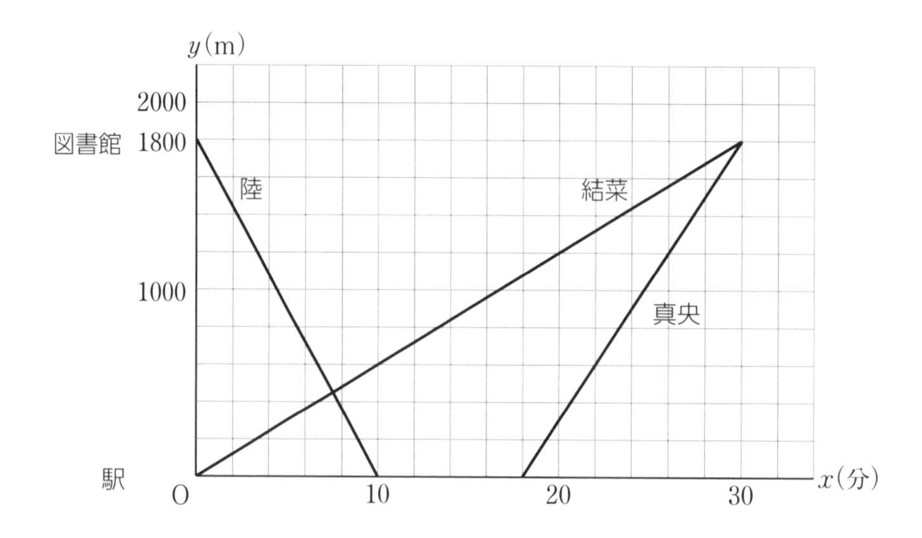

確かめよう

教科書 P.100

1 風呂(ふろ)を沸(わ)かそうとして，温め始めてから x 分後の水温を y℃として，x と y の関係を調べると，次の表のようになりました。下の問いに答えなさい。

x(分)	0	5	10	15	20	25
y(℃)	25.1	27.5	30	32.5	35.4	37.6

(1) 上の表の対応する x，y の値の組を座標とする点を，右の図(図は 答え 欄)にかき入れなさい。

(2) y は x の1次関数とみなすとき，2点(0，25.1)，(25，37.6)を通ると考えて，直線の式を求めなさい。

(3) 42℃になるのは約何分後か求めなさい。

答え

(1) 右の図

(2) 傾きは，$\dfrac{37.6-25.1}{25-0}=0.5$

切片は，25.1

答　$y=0.5x+25.1$

(3) $y=0.5x+25.1$ に $y=42$ を代入して，

$42=0.5x+25.1$

$0.5x=16.9$

$x=33.8$

答　約34分後

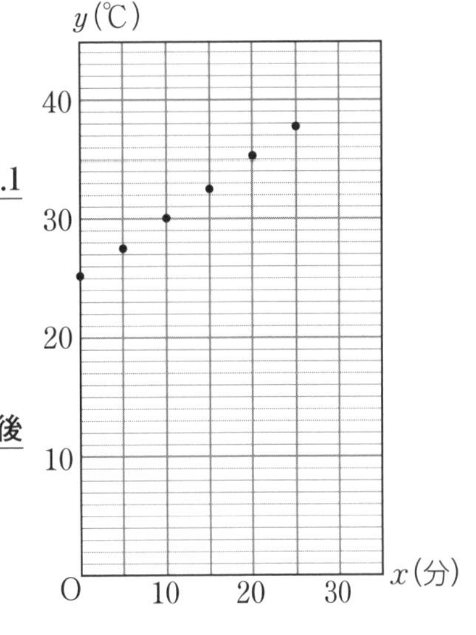

2 大和(やまと)さんは，家から1200 m 離れた図書館に行き，本を借りてから同じ道を通って家に帰りました。次(右)の図は，大和さんが家を出てからの時間と，家からの道のりの関係を表したグラフです。下の問いに答えなさい。

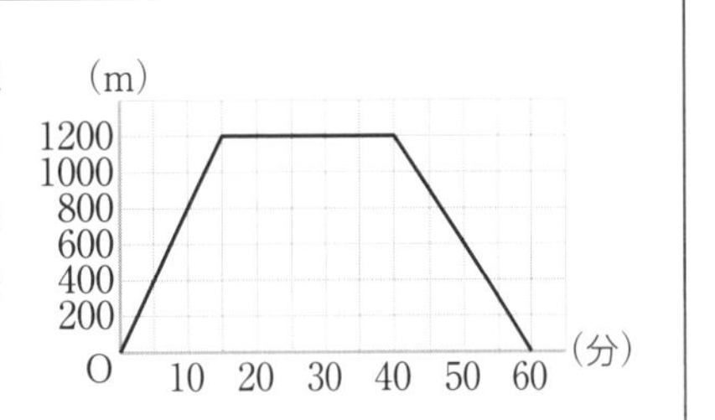

(1) 大和さんは図書館に何分間いましたか。

(2) 大和さんの行きと帰りの速さを，それぞれ求めなさい。

答え

(1) 1200 m 地点にいる，15分から40分までの25分間。　**答　25分間**

(2) 行き…15分で1200 m 進むから，$1200\div15=80$(m/min)

帰り…20分で1200 m 進むから，$1200\div20=60$(m/min)

答　行き…分速80 m，帰り…分速60 m

ダイヤグラム

教科書 P.101

列車の運行のようすが一目でわかるようにグラフに表したものを，ダイヤグラムといいます。ダイヤグラムを見ると，列車の出発時刻や到着(とうちゃく)時刻だけでなく，列車どうしがすれちがったり追い越(こ)したりする時刻や場所なども知ることができます。

次のダイヤグラムを見て，下の❶～❺を考えてみましょう。

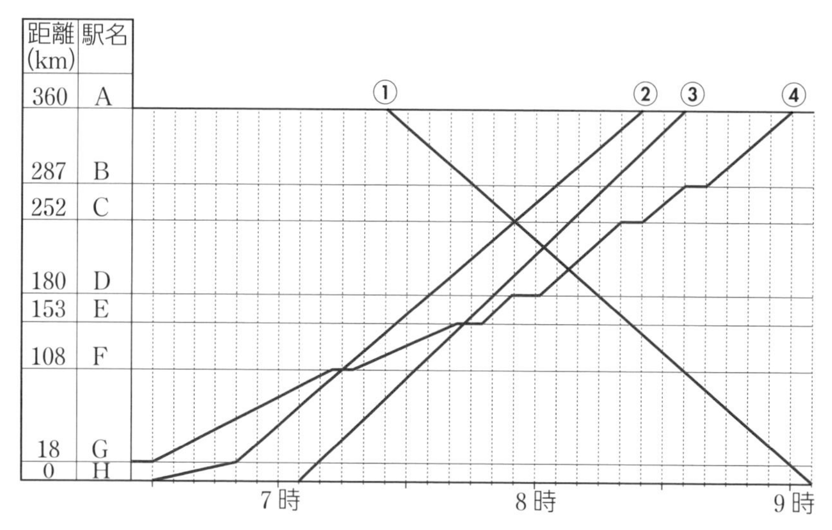

❶ ③の列車の速さを求めましょう。

❷ ③の列車がD駅を通過する時刻は，何時何分でしょうか。

❸ ②の列車が④の列車を追い越すのは，どの駅で何時何分でしょうか。

❹ ①のグラフと②のグラフの交点は何を表しているでしょうか。

❺ ④のグラフの平らなところは何を表しているでしょうか。

上のダイヤグラムから，ほかにどんなことがわかるか考えてみましょう。

❶ ③の列車は7時5分にH駅を出発して，8時35分に360 km離れたA駅に着くことから，速さを時速で求めましょう。

❷ ③のグラフとDの横線との交点の時刻を読み取ります。

❸ ②と④のグラフの交点を読み取ります。④のグラフで横線になっている部分は，駅で停車していることを表しています。

❹ ①はA駅からH駅へ向かう列車，②はH駅からA駅へ向かう列車のグラフです。

答え

❶ 7時5分から8時35分の間の1時間30分(1.5時間)で360 km進むので，

$360 \div 1.5 = 240$

答　240 km/h

❷ 7時50分　❸ F駅で7時15分　❹ ①の列車と②の列車が7時55分にC駅ですれちがうこと　❺ 駅で停車していること

(例)・①の列車は，③，④の列車とはC駅とD駅の間ですれちがう。
・④の列車は，各駅で5分間以上停車する。

3章のまとめの問題

教科書 P.102 ～ 104

基本

1 次の式で表される関数のうち，y が x の1次関数であるものはどれですか。

㋐ $y = 15 - 2x$　㋑ $y = 5x$　㋒ $y = \dfrac{12}{x}$　㋓ $y = \dfrac{3}{4}x - 1$

ガイド　1次関数は，$y = ax + b$ のように，y が x の1次式で表されます。$b = 0$ のとき，$y = ax$(比例)になります。したがって，比例も1次関数です。

答え　㋐，㋑，㋓

2 1次関数 $y = \dfrac{2}{3}x + 1$ について，次の問いに答えなさい。

(1) 変化の割合をいいなさい。

(2) x の増加量が9のときの y の増加量を求めなさい。

(3) x の変域が $-6 \leqq x < 3$ のときの y の変域を求めなさい。

ガイド

(1) $y - ax + b$ の式で，x の係数 a が変化の割合です。

(2) $(\text{変化の割合}) = \dfrac{(y\text{の増加量})}{(x\text{の増加量})}$

変化の割合は，x の増加量が1のときの y の増加量を表しています。

(3) まず，$x = -6$，$x = 3$ のときの y の値をそれぞれ求めましょう。

答え

(1) $\dfrac{2}{3}$

(2) $\dfrac{2}{3} \times 9 = 6$　　答 6

(3) $x = -6$ のとき，$y = \dfrac{2}{3} \times (-6) + 1 = -4 + 1 = -3$

$x = 3$ のとき，$y = \dfrac{2}{3} \times 3 + 1 = 2 + 1 = 3$　　答 $-3 \leqq y < 3$

3 次の1次関数や直線の式を求めなさい。

(1) $x = 0$ のとき $y = -3$ で，変化の割合が4である1次関数

(2) 点$(1,\ 7)$を通り，直線 $y = 2x + 3$ に平行な直線

(3) 2点$(3,\ 2)$，$(-1,\ 4)$を通る直線

ガイド

$y = ax + b$　a…変化の割合，グラフでは傾き

b…$x = 0$ のときの y の値，グラフでは切片

(2) 平行な直線は傾きが等しいことを使います。

(3) まず，2点の座標から傾きを求めましょう。

答え

(1) $y = ax + b$ とすると，

$x = 0$ のとき $y = -3$ より，$b = -3$

変化の割合が4より，$a = 4$　　したがって，$\boldsymbol{y = 4x - 3}$

(2) 求める直線の式を $y = ax + b$ とする。
直線 $y = 2x + 3$ に平行なことより，$a = 2$ であるから，
$y = 2x + b$ ①
この直線が点(1，7)を通るから，$x = 1$，$y = 7$ を①に代入すると，
$7 = 2 \times 1 + b$ これを解くと，$b = 5$
したがって，求める直線の式は，$\boldsymbol{y = 2x + 5}$

(3) 求める直線の式を $y = ax + b$ とする。
この直線が2点(3，2)，(－1，4)を通るから，
直線の傾き a は，
$a = \dfrac{2-4}{3-(-1)} = \dfrac{-2}{4} = -\dfrac{1}{2}$ よって，$y = -\dfrac{1}{2}x + b$ ①
この直線が点(－1，4)を通るから，$x = -1$，$y = 4$ を①に代入すると，
$4 = -\dfrac{1}{2} \times (-1) + b$ これを解くと，$b = \dfrac{7}{2}$
したがって，求める直線の式は，$\boldsymbol{y = -\dfrac{1}{2}x + \dfrac{7}{2}}$

4 左(右)の図について，次の問いに答えなさい。
(1) 直線①，②の式を求めなさい。
(2) 直線①，②の交点の座標を求めなさい。
(3) 方程式 $3x - 2y = -2$ のグラフを，左(右)の図(図は **答え** 欄)にかき入れなさい。

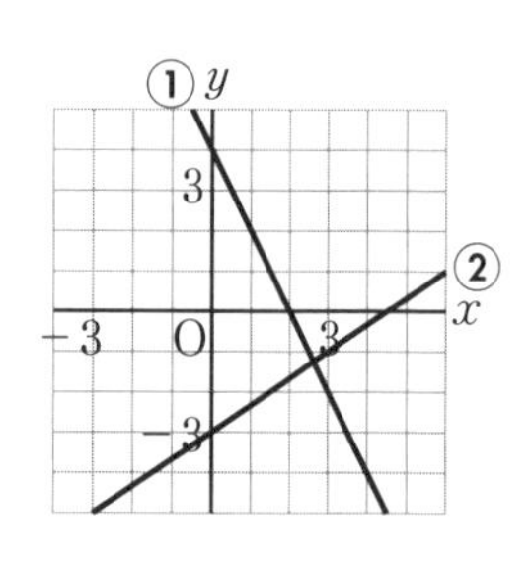

ガイド
(1) グラフから，切片と傾きを読み取りましょう。
(2) (1)で求めた2つの式を連立方程式として解きます。答えを座標(x，y)の形にします。
(3) $y = ax + b$ の形に直して，切片と傾きを使ってかきましょう。

答え
(1) ① グラフから，切片4，
傾き－2だから，$\boldsymbol{y = -2x + 4}$
② グラフから，切片－3，
傾き $\dfrac{2}{3}$ だから，$\boldsymbol{y = \dfrac{2}{3}x - 3}$

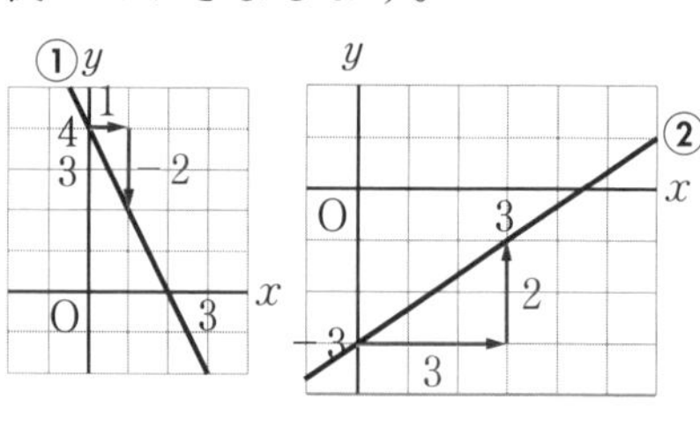

(2) ①の式を②の式に代入すると，

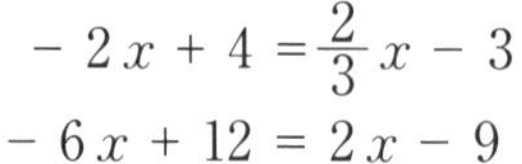
$-2x + 4 = \dfrac{2}{3}x - 3$
$-6x + 12 = 2x - 9$
$-8x = -21$
$x = \dfrac{21}{8}$
$x = \dfrac{21}{8}$ を①の式に代入すると，
$y = -2 \times \dfrac{21}{8} + 4 = -\dfrac{5}{4}$ **答** $\boldsymbol{\left(\dfrac{21}{8},\ -\dfrac{5}{4}\right)}$

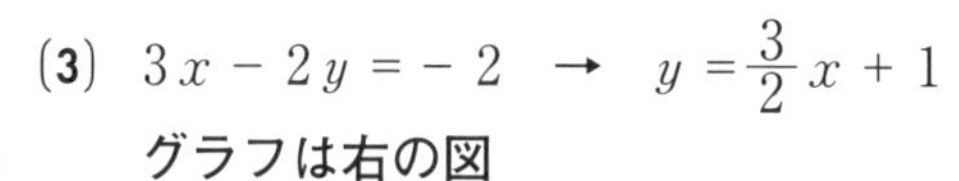
(3) $3x - 2y = -2 \rightarrow y = \dfrac{3}{2}x + 1$
グラフは右の図

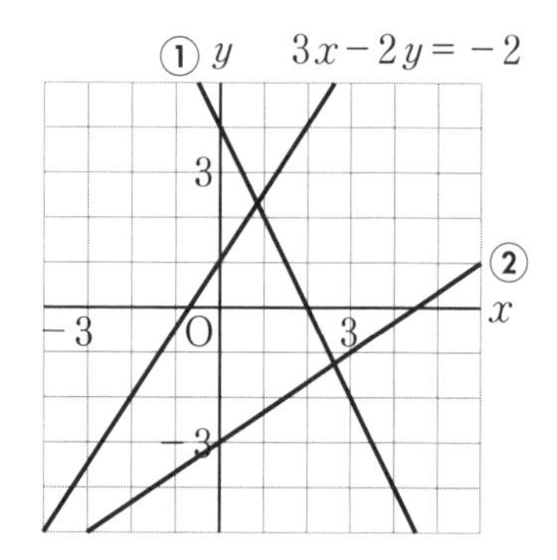

教科書 P.102

5 ろうそくに火をつけ，ろうそくの長さの変化を調べたところ，火をつけてから4分後には10 cm，10分後には7 cmになりました。ろうそくは一定の割合で短くなるとして，次の問いに答えなさい。

(1) 火をつける前のろうそくの長さを求めなさい。

(2) ろうそくが燃えつきるのは，火をつけてから何分後ですか。

ガイド

「ろうそくは一定の割合で短くなる」とありますから，時間とろうそくの長さの関係は1次関数になります。
したがって，火をつけてからx分後のろうそくの長さをy cmとすると，
$y = ax + b$の形の式になります。

答え

火をつけてからx分後のろうそくの長さをy cmとすると，$y = ax + b$と表される。
火をつけてから4分後に10 cm，10分後に7 cmになることから，
$x = 4$のとき$y = 10$，$x = 10$のとき$y = 7$
変化の割合 $a = \dfrac{7 - 10}{10 - 4} = \dfrac{-3}{6} = -\dfrac{1}{2}$　　よって，$y = -\dfrac{1}{2}x + b$　①
$x = 4$，$y = 10$を①に代入すると，$10 = -\dfrac{1}{2} \times 4 + b$　　$b = 12$
したがって，$y = -\dfrac{1}{2}x + 12$　　②

(1) 火をつける前は，$x = 0$のときだから，②より$y = 12$　　**答　12 cm**

(2) ろうそくが燃えつきるのは，$y = 0$のときだから，
$y = 0$を②に代入すると，$0 = -\dfrac{1}{2}x + 12$　　$x = 24$　　**答　24分後**

応用

1 次の2つの直線について，下の問いに答えなさい。

① $y = \dfrac{1}{2}x + 4$　　② $y = ax + 10$

(1) 2直線の交点のx座標が-4のとき，aの値を求めなさい。

(2) ①の直線がx軸，y軸と交わる点をそれぞれA，B，線分ABの中点をMとします。②の直線が線分AMと交わるときのaの値の範囲(はんい)を，グラフをかいて求めなさい。

ガイド

(1) 2つの直線の交点のx座標，y座標の値は①，②のどちらの式も成り立たせます。つまり，交点のx座標の値と，それを①の式に代入して求めたy座標の値は，②の式も成り立たせます。

(2) ②は切片が10，つまり(0, 10)を通る，傾きがaの直線を表します。②が線分AMを通るとき，②の傾きが最小となるのは②が点Aを通るときで，傾きが最大になるのは②が点Mを通るときです。

答え

(1) $x = -4$を①に代入すると，
$y = \dfrac{1}{2} \times (-4) + 4$　　$y = 2$
$x = -4$，$y = 2$を②に代入すると，
$2 = a \times (-4) + 10$　　$\boldsymbol{a = 2}$

(2) 点Aの座標は$(-8, 0)$，点Bの座標は$(0, 4)$だから，ABの中点Mの座標は，グラフから$(-4, 2)$であることがわかる。

線分 AM を通る直線②のうち，傾きが最小となるのは直線②が点 A を通るとき(図の直線 ℓ)だから，直線②の式に $x = -8$，$y = 0$ を代入して，

$0 = a \times (-8) + 10$　　$a = \frac{5}{4}$

傾きが最大となるのは直線②が点 M を通るとき(図の直線 m)だから，直線②の式に $x = -4$，$y = 2$ を代入して，$2 = a \times (-4) + 10$　$a = 2$

したがって，求める a の値の範囲は，

$\frac{5}{4} \leqq a \leqq 2$

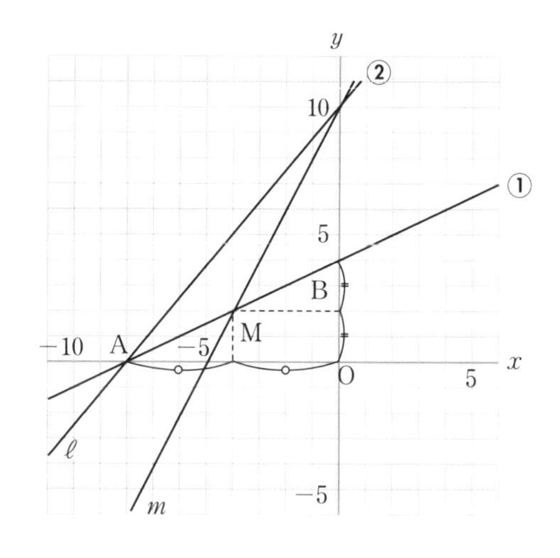

2 右の図の△ABC は，∠C = 90° の直角三角形です。点 P は B を出発して，辺上を，C を通って A まで動きます。点 P が B から x cm 動いたときの△ABP の面積を y cm^2 とするとき，次の問いに答えなさい。

(1) y を x の式で表しなさい。ただし，x の変域も示しなさい。

(2) グラフを右の図(図は 答え 欄)にかき入れなさい。

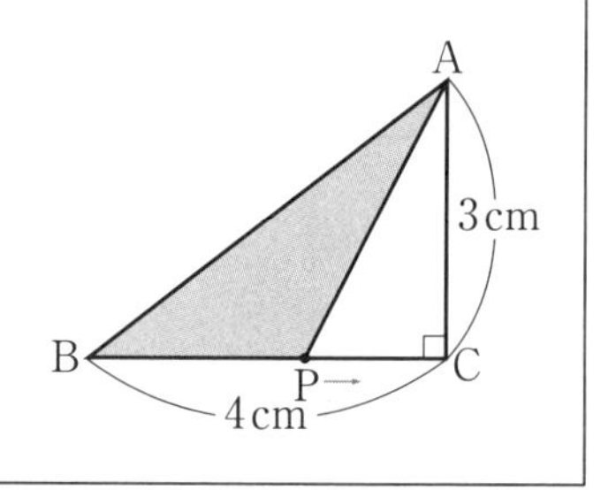

ガイド 点 P が辺 BC 上にあるときと辺 CA 上にあるときに場合分けします。図をかいて考えましょう。

答え

(1) ① 点 P が辺 BC 上にあるとき，x の変域は，

$0 \leqq x \leqq 4$

$y = \frac{1}{2} \times x \times 3$

$y = \frac{3}{2}x$

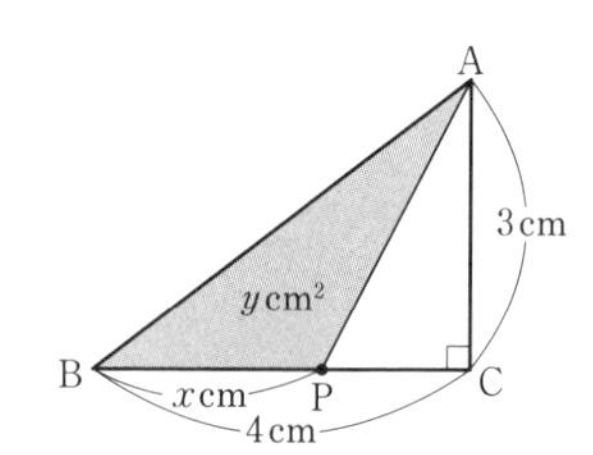

② 点 P が辺 CA 上にあるとき，x の変域は，

$4 \leqq x \leqq 7$

$x = \mathrm{BC} + \mathrm{CP}$ だから，

$\mathrm{AP} = (\mathrm{BC} + \mathrm{CA}) - (\mathrm{BC} + \mathrm{CP})$

$= 7 - x$

よって，$y = \frac{1}{2} \times (7 - x) \times 4$

$y = -2x + 14$

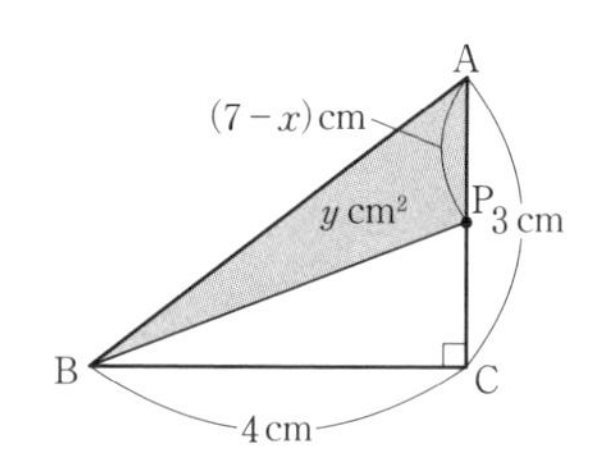

答 **$0 \leqq x \leqq 4$ のとき，$y = \frac{3}{2}x$**
$4 \leqq x \leqq 7$ のとき，$y = -2x + 14$

(2) 右の図

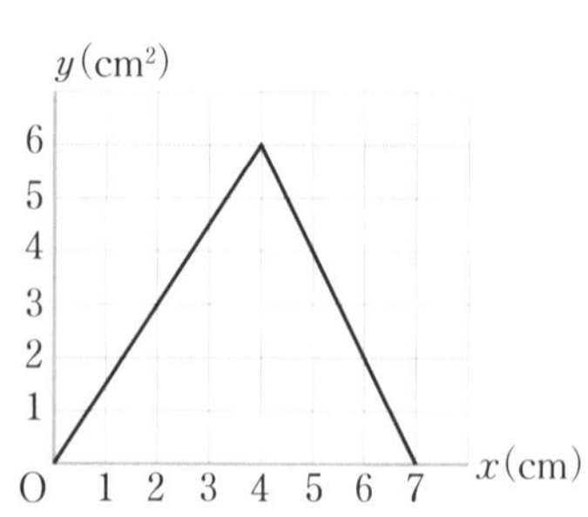

活用

1 学校で，文集をつくることになりました。そこで，印刷代がいくらになるか，3つの印刷所に問い合わせたところ，それぞれ次のような料金でした。

	印刷代
A印刷	文集1冊につき，1000円
B印刷	初期費用として10000円で，文集1冊につき600円追加
C印刷	文集60冊までなら，何冊でも40000円

印刷する冊数によって，どの印刷所の料金が安くなるかを調べるために，文集をx冊印刷したときの印刷代をy円として，印刷所ごとのxとyの関係を，右(次)のようにグラフに表しました。次の問いに答えなさい。

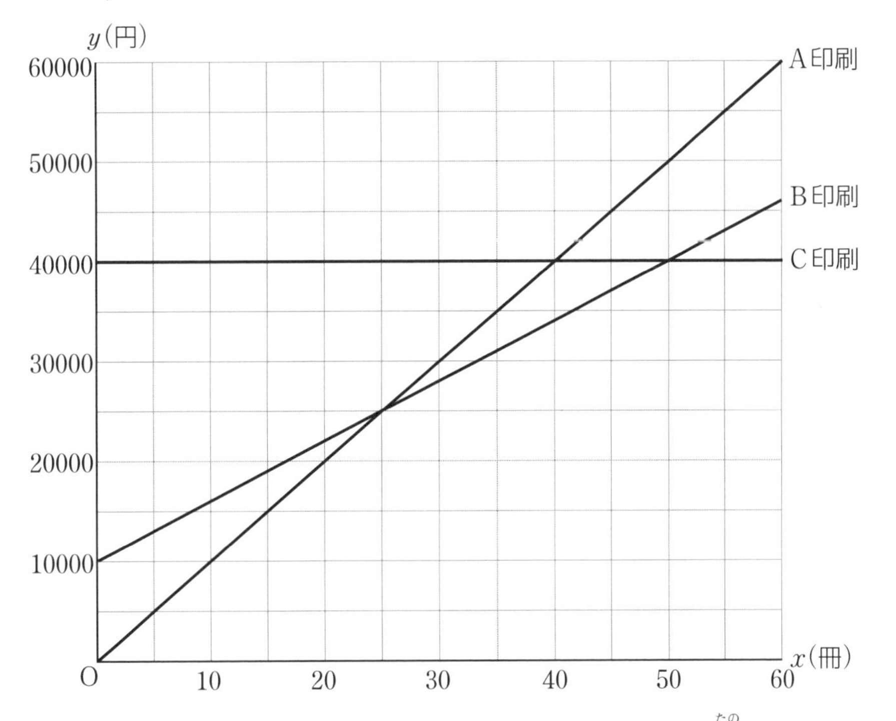

(1) ある冊数の文集を印刷すると，B印刷とC印刷のどちらに頼(たの)んでも料金が同じになります。このとき，文集の冊数は，グラフ上のどの点の座標を見ればわかりますか。また，B印刷とC印刷の料金が同じになるのは，文集が何冊のときですか。

(2) (1)と同じように，グラフからA印刷とB印刷の料金が同じになる冊数を求めなさい。

(3) それぞれの印刷所について，yをxの式で表しなさい。

(4) 学校で文集の希望冊数を聞いたところ，全部で46冊でした。文集46冊の印刷代がもっとも安い印刷所を選ぶ方法を説明しなさい。ただし，実際に料金を求める必要はありません。

ガイド

(1)(2) グラフの交わる点では，文集の冊数とそのときの料金は等しくなります。

(3) A 印刷，B 印刷のグラフは $y = ax + b$ の形の式になります。傾きと切片を求めましょう。C 印刷のグラフは $y = k$ の形の式になります。

答え

(1) B 印刷と C 印刷の料金が同じになるのは，B 印刷のグラフと C 印刷のグラフが交わるところなので，そのときの文集の冊数は，**B 印刷と C 印刷のグラフの交点の座標**を見ればわかる。この場合は，$x = 50$ のところである。

答　50 冊

(2) A 印刷のグラフと B 印刷のグラフの交点の x 座標は，$x = 25$

答　25 冊

(3) A 印刷：傾き $a = 1000$，切片 $b = 0$

B 印刷：傾き $a = 600$，切片 $b = 10000$

C 印刷：x 軸に平行で，y 軸上の点(0，40000)を通る。

したがって，A 印刷　$\boldsymbol{y = 1000x}$

B 印刷　$\boldsymbol{y = 600x + 10000}$

C 印刷　$0 < x \leqq 60$ のとき，$\boldsymbol{y = 40000}$

(4) (例) $x = 46$ を表すグラフ，つまり，点(46，0)を通り，y 軸に平行な直線を引き，その直線と各印刷所のグラフとの交点のうち，y 座標がもっとも小さい値になる印刷所を選べばよい。

どちらの車がお買い得？

教科書 P.106

拓真さんの家では，新車を購入(こうにゅう)するために，ガソリン車とハイブリッド車のどちらの方が費用が安くなるかを検討しています。次の表は，それぞれにかかる費用や燃費などを比べたものです。

	ガソリン車	ハイブリッド車
購入時費用	165 万円	180 万円
燃費(燃料 1L で走れる距離)	20 km/L	32 km/L
1 年間の走行距離	8000 km	8000 km
1 年間のガソリン代 (1L 当たり 150 円として計算)	6 万円	

1　ハイブリッド車の 1 年間のガソリン代を求め，表に書き入れましょう。

ガイド

燃費 32 km/L は，ガソリン 1 L で 32 km 走れることを表します。

答え

燃費 32 km/L，走行距離 8000 km から，

必要なガソリンは，$8000 \div 32 = 250$(L)

ガソリン代は，$150 \times 250 = 37500$(円)

答　3 万 7500 円(37500 円)

2 次の図(図は**答え**欄)は，ガソリン車を x 年間使用したときの総費用(購入時費用とガソリン代の合計)を y 万円として，x と y の関係をグラフに表したものです。同じようにして，ハイブリッド車のグラフを，次の図にかき入れてみましょう。

ガイド 購入時費用 180 万円がグラフの切片になります。
1 年間のガソリン代が 3.75 万円で，y 軸の 1 目もりが 10 万円を表すことから，8 年で 30 万円増加するようにグラフをかきましょう。

答え 下の図

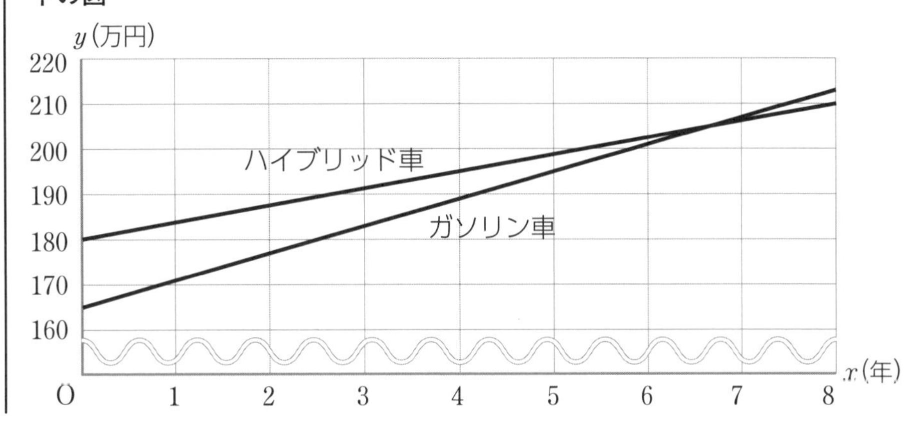

3 ハイブリッド車を購入した場合，1 年単位で考えると，何年以上乗ればガソリン車より総費用が安くなるでしょうか。また，そう考えた理由を説明しましょう。

答え **7 年以上**

理由：グラフから，6 年を過ぎたところで，ハイブリッド車の方が総費用が安くなる。

コメント! 計算でグラフの交点を求めると，$x=\frac{20}{3}=6\frac{2}{3}$となります。6 年と 8 か月で総費用は同じになります。

4章 図形の性質の調べ方

教科書 P.108

次の図形は，星形五角形と呼ばれています。いろいろな角の大きさを測って，気づいたことを話し合ってみましょう。

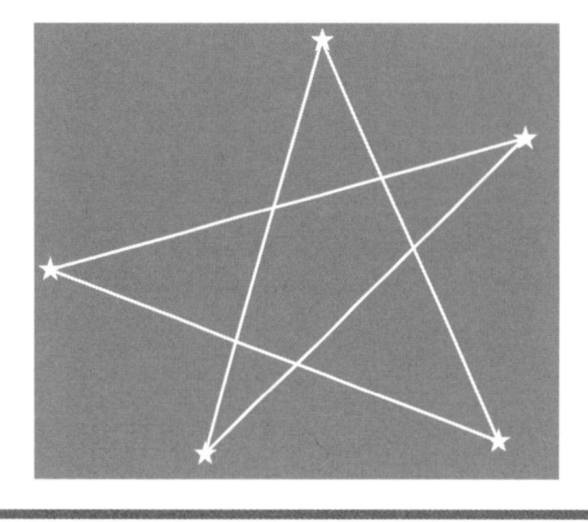

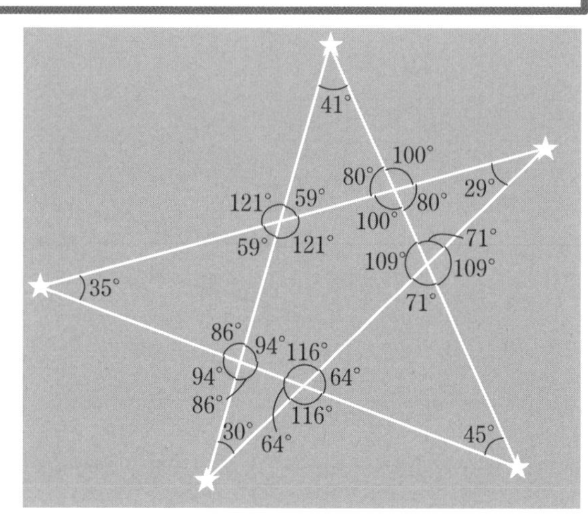

ガイド　すべての角の大きさを測ってみましょう。また，角どうしの関係を調べてみましょう。

答え　すべての角の大きさを測ってみると，上の図のようになっている。これからわかることは，

・向かい合う角の大きさは，どれも等しい。
・1つの点でとなり合う2つの角の和は180°になっている。
・三角形の3つの角の和は180°になっている。

など。

教科書 P.109

左や下(図は答え参照)の星形五角形の先端(せんたん)部分の5つの角の和を求めましょう。また，その結果から，どんなことが予想できるでしょうか。

答え　左の星形五角形：36° +36° +36° +36° +36° = 180°
下(右)の星形五角形：34° +43° +25° +44° +34° = 180°
星形五角形の先端部分の5つの角の和は，**どちらも180°になっている。**

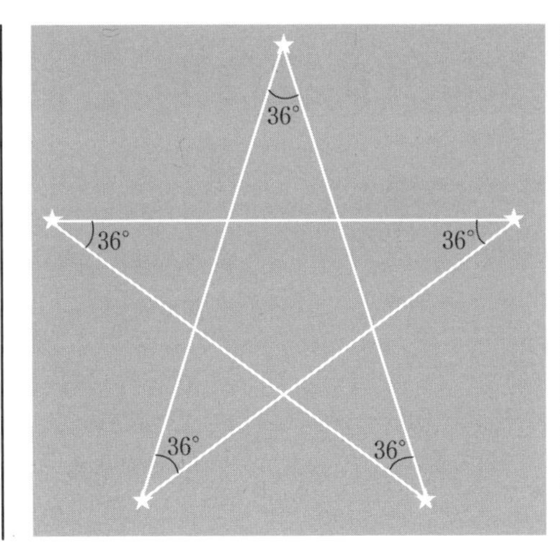

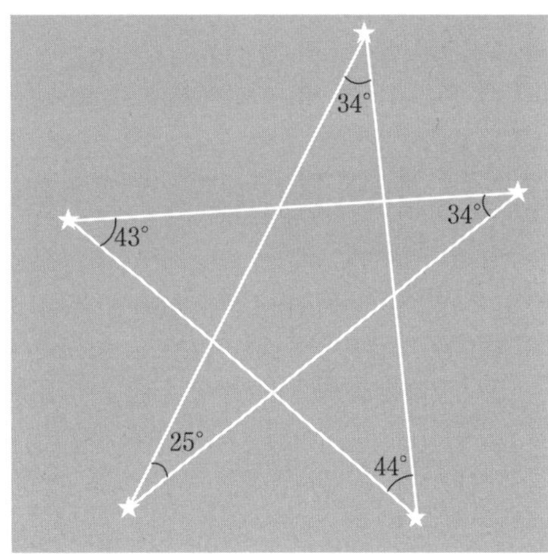

教科書 P.109

②で予想したことがいつでも正しいといえるかどうか，どのように確かめればよいか話し合ってみましょう。

答え

(例)・三角形の角の性質や，直線のつくる角の性質がわかれば，②で予想したことがいつでも正しいことを説明できる。

1 いろいろな角と多角形

教科書のまとめ テスト前にチェック

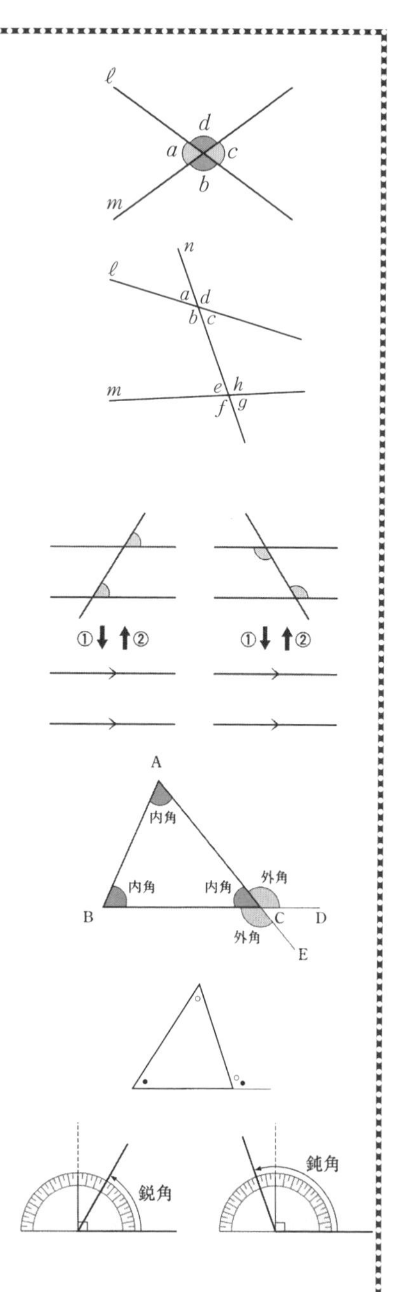

☑ ◎ 対頂角

右の図のように，2直線 ℓ，m が交わってできる4つの角のうち，$\angle a$ と $\angle c$，$\angle b$ と $\angle d$ のように，向かい合った2つの角を**対頂角**（たいちょうかく）という。対頂角は等しい。

☑ ◎ 同位角と錯角

右の図のように，2直線 ℓ，m に直線 n が交わってできる角のうち，$\angle a$ と $\angle e$，$\angle b$ と $\angle f$，$\angle c$ と $\angle g$，$\angle d$ と $\angle h$ のような位置にある2つの角を**同位角**（どういかく）という。また，$\angle b$ と $\angle h$, $\angle c$ と $\angle e$ のような位置にある2つの角を**錯角**（さっかく）という。

☑ ◎ 平行線と同位角・錯角

① 同位角または錯角が等しければ，2直線は平行である。
② 2直線が平行ならば，同位角，錯角は等しい。

☑ ◎ 三角形の角

△ABC で，3つの角∠A，∠B，∠C を，△ABC の**内角**（ないかく）という。また，右の図のように，1つの辺とそれととなり合う辺の延長とがつくる角∠ACD や∠BCE を，△ABC の頂点 C における**外角**（がいかく）という。

☑ ◎ 三角形の角の性質

① 三角形の内角の和は 180°である。
② 三角形の外角は，これととなり合わない2つの内角の和に等しい。

☑ ◎ 角と三角形の分類

0°より大きく 90°より小さい角を**鋭角**（えいかく），90°より大きく 180°より小さい角を**鈍角**（どんかく）という。

鋭角三角形…3つの内角がすべて鋭角である三角形
直角三角形…1つの内角が直角である三角形
鈍角三角形…1つの内角が鈍角である三角形

☑ ◎ 多角形の内角の和・外角の和

① n 角形の内角の和は，$180° \times (n-2)$ である。
② 多角形の外角の和は，360°である。

1 いろいろな角

教科書 P.110

右の図で，∠a，∠b，∠c，∠dの大きさを測って，気づいたことを話し合ってみましょう。

答え

∠a，∠b，∠c，∠dの大きさを測ってみると，

$\angle a = 111^\circ$，$\angle b = 69^\circ$，$\angle c = 111^\circ$，$\angle d = 69^\circ$

となっているから，

$\boldsymbol{\angle a = \angle c}$（$=111^\circ$），$\boldsymbol{\angle b = \angle d}$（$=69^\circ$）

$\boldsymbol{\angle a + \angle b = \angle b + \angle c = \angle c + \angle d = \angle a + \angle d} = 180^\circ$

となっている。

対頂角

教科書 P.110

問 1　右の図で，$\angle b = \angle d$であることを説明しなさい。

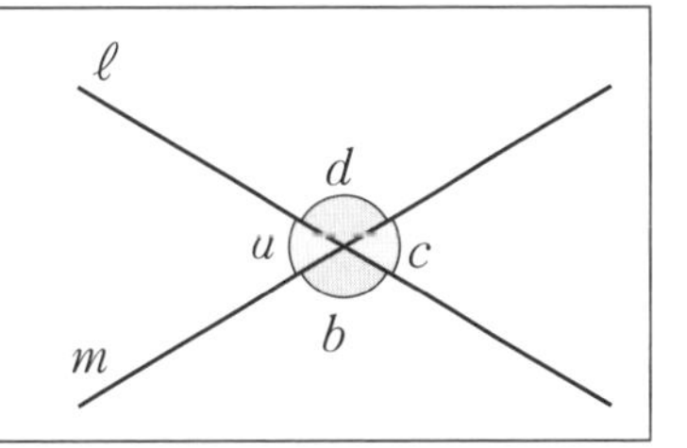

答え

$\angle b = 180^\circ - \angle a$

$\angle d = 180^\circ - \angle a$

したがって，$\angle b = \angle d$

教科書 P.111

問 2　右の図のように，3 直線が 1 点で交わっています。∠a，∠b，∠cの大きさを求めなさい。

ガイド

対頂角は等しいことから，∠a，∠bの大きさがわかります。

また，$\angle a + \angle b + \angle c = 180^\circ$です。

答え

対頂角は等しいから，$\angle a = 45^\circ$，$\angle b = 75^\circ$

$\angle a + \angle b + \angle c = 180^\circ$より，

$\angle c = 180^\circ - (\angle a + \angle b) = 180^\circ - (45^\circ + 75^\circ) = 60^\circ$

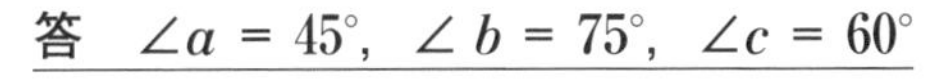

答　$\angle a = 45^\circ$，$\angle b = 75^\circ$，$\angle c = 60^\circ$

同位角と錯角

教科書 P.111

問 3　右の図について，次の問いに答えなさい。

(1)　∠dの同位角をいいなさい。

(2)　∠dの錯角をいいなさい。

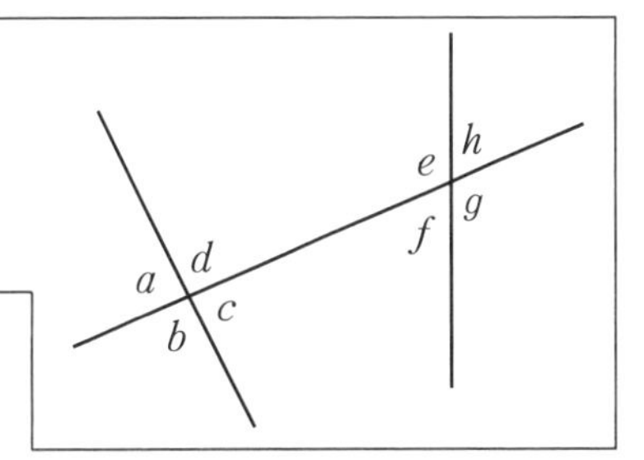

答え

(1)　$\angle h$　　(2)　$\angle f$

平行線と同位角

教科書 P.112

右の図のように，三角定規を使って平行線を引いてみましょう。なぜこの方法で平行線が引けるのでしょうか。

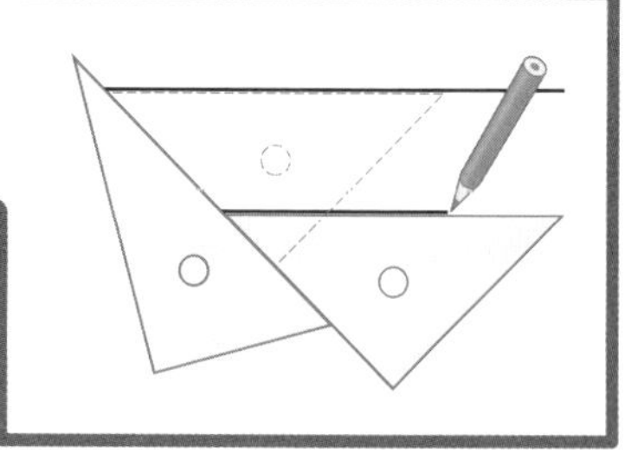

ガイド　角度に注目して考えてみましょう。

答え　1つの直線に同じ角度で交わる2直線は平行だから。

教科書 P.112

問 4　右の図のように，平行な2直線 ℓ，m に直線 n が交わっているとき，同位角は等しくなるか調べなさい。

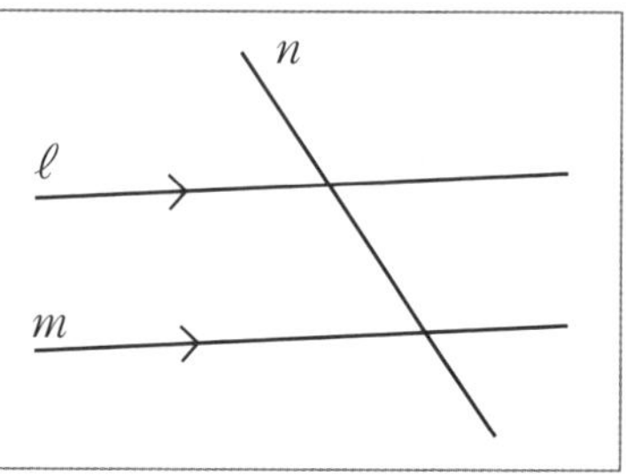

右の図のようにそれぞれの角を $\angle a$ ～ $\angle h$ として，それぞれの角の大きさを測ってみると，

$\angle a = \angle c = \angle e = \angle g = 58^\circ$　①

$\angle b = \angle d = \angle f = \angle h = 122^\circ$　②

①，②より，

$\angle a = \angle e$，$\angle b = \angle f$，$\angle c = \angle g$，$\angle d = \angle h$

したがって，平行な2直線 ℓ，m に直線 n が交わっているとき，同位角は等しくなる。

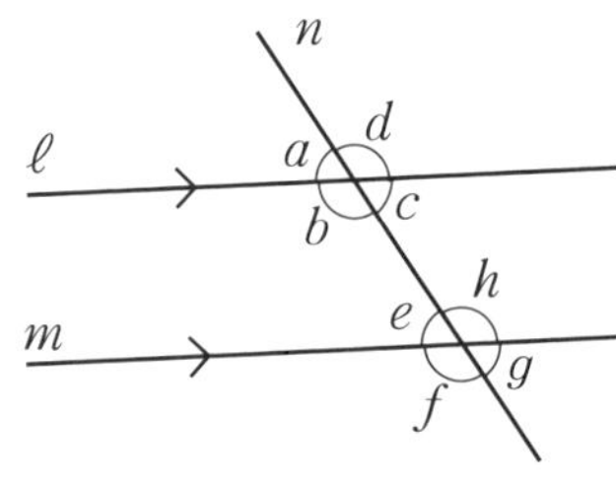

教科書 P.112

問 5　右の図で，平行線はどれですか。平行の記号を使って表しなさい。また，$\angle x$，$\angle y$，$\angle z$ のうち，等しい角はどれとどれですか。

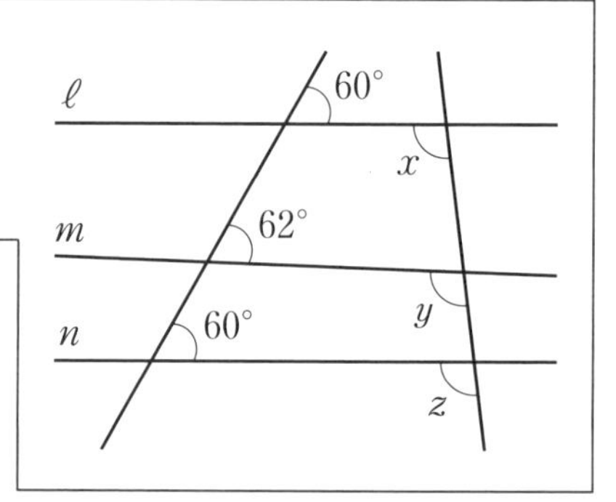

同位角が等しければ2直線は平行になります。また，2直線が平行ならば，同位角は等しくなります。

$\ell /\!/ n$，$\angle x = \angle z$

平行線と錯角

教科書 P.113

問 6　右の図で，$\ell /\!/ m$ のとき，$\angle a = \angle b$ となることを，次のように説明しました。□にあてはまる角を書き入れなさい。

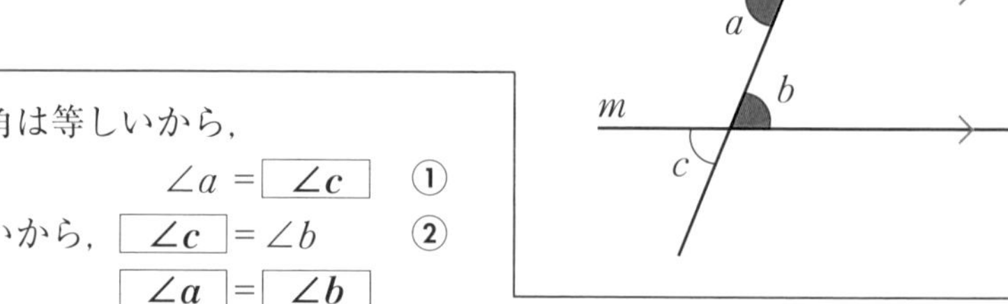

平行線の同位角は等しいから，

$\angle a =$ $\angle c$　①

対頂角は等しいから，$\angle c$ $= \angle b$　②

①，②より，$\angle a$ $=$ $\angle b$

教科書 P.113

問 7 右の図で，$\ell \parallel m$ のとき，$\angle x$，$\angle y$ の大きさを求めなさい。

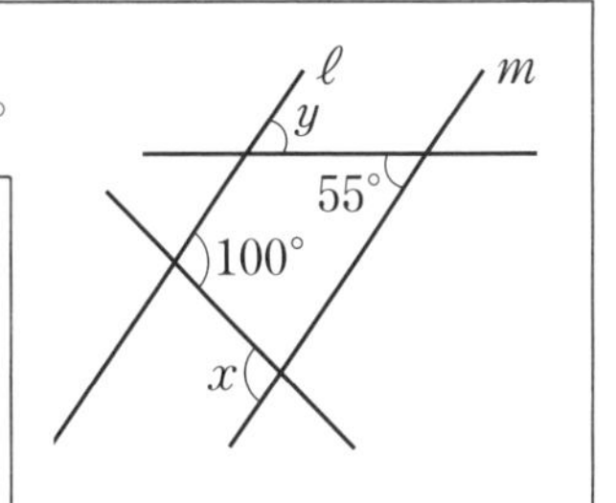

ガイド $\ell \parallel m$ から，錯角は等しくなります。

答え $\angle x = 100°$，$\angle y = 55°$

教科書 P.114

問 8 次の図で，$\ell \parallel m$ のとき，$\angle x$，$\angle y$ の大きさを求めなさい。

(1)

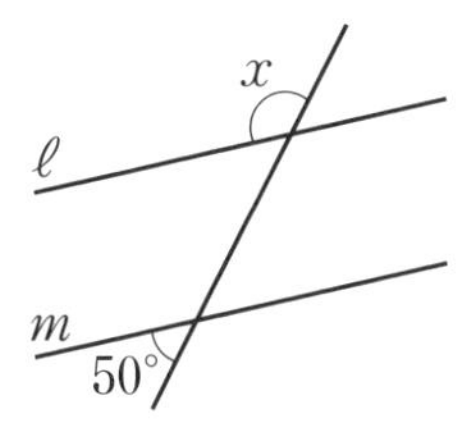

(2)

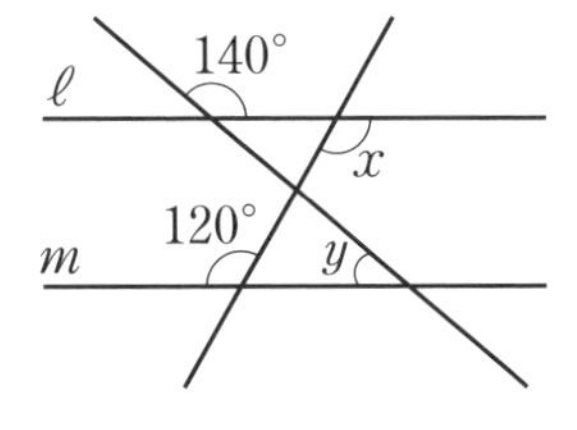

ガイド $\ell \parallel m$ より，同位角や錯角が等しくなります。
等しくなる角を見つけ，図に書きこんでいきましょう。

答え

(1) 左の図で，同位角が等しいから，$\angle a = 50°$
したがって，$\angle x = 180° - 50° = 130°$

答　$\angle x = 130°$

(2)

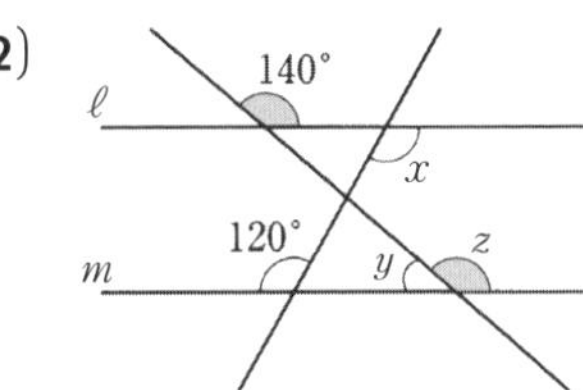

左の図で，錯角が等しいから，$\angle x = 120°$
同位角が等しいから，$\angle z = 140°$
したがって，$\angle y = 180° - 140° = 40°$

答　$\angle x = 120°$，$\angle y = 40°$

教科書 P.114

問 9 右の図で，$\angle a + \angle d = 180°$ のとき，$\ell \parallel m$ となる理由を説明しなさい。

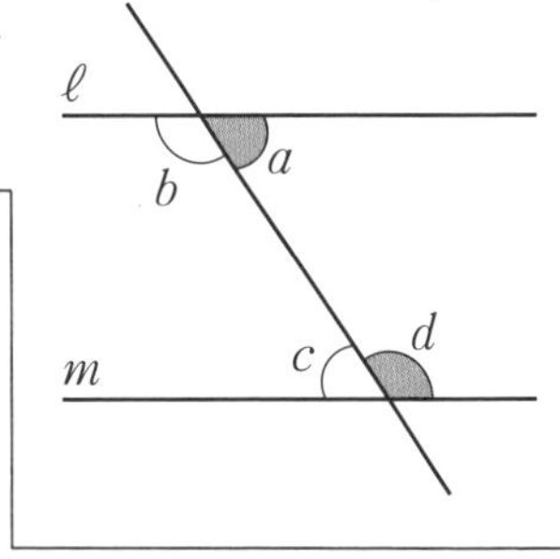

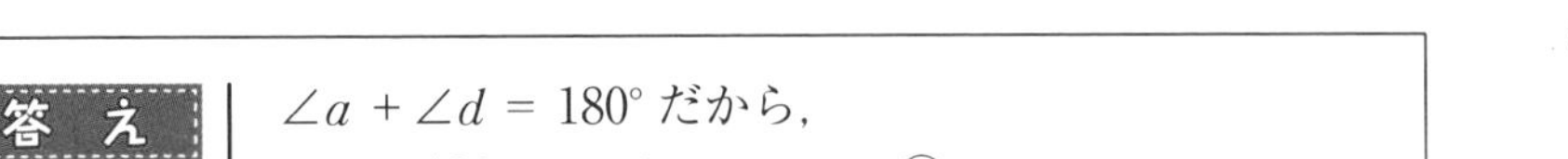

答え

$\angle a + \angle d = 180°$ だから，
$\angle a = 180° - \angle d$　①
図より，$\angle c = 180° - \angle d$　②
①，②より，$\angle a = \angle c$
錯角が等しいから，$\ell \parallel m$

2 三角形の角

三角形の角の性質

教科書 P.115

Q 右の図は，合同な三角形をしきつめたものです。この図から，三角形の３つの角についてどんなことがいえるでしょうか。

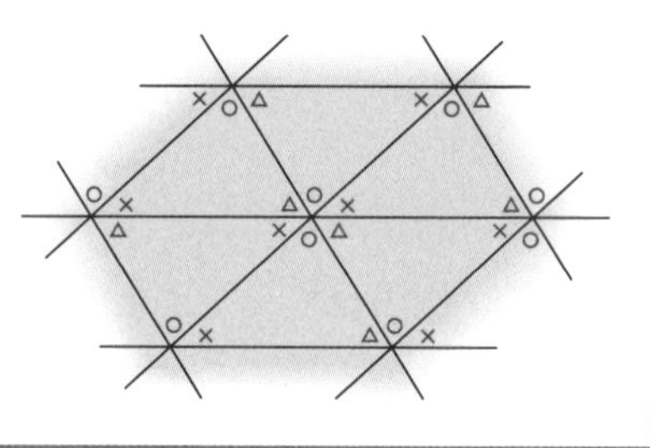

ガイド ○＋△＋×＝180°となります。

答え (例)○，△，×の３つの角が１点に集まると一直線になるので，３つの角の和は180°である。
したがって，三角形の３つの角の和は180°になることがわかる。

教科書 P.116

問１ 美月(みつき)さんは，△ABCの３つの角の和が180°になることを，右の図のように，点Aを通り辺BCに平行な直線ℓを引いて説明しました。右の図を使って，美月さんの考えを説明しなさい。

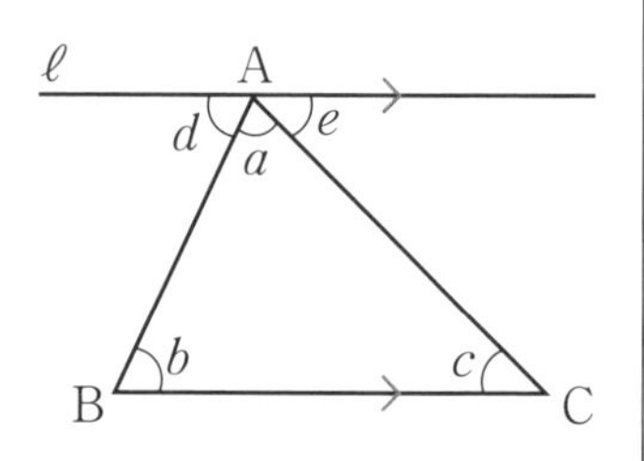

ガイド ３つの角が集まって一直線になると，その３つの角の和は180°になります。
平行線の錯角が等しいことを利用します。

答え $\ell /\!/ BC$より，錯角は等しいから，$\angle b=\angle d$，$\angle c=\angle e$
したがって，$\angle a+\angle b+\angle c=\angle a+\angle d+\angle e=180°$

教科書 P.116

問２ 右の図(図は 答え 欄)で，$\angle a+\angle b$と等しいのはどの角ですか。図に示し，その理由を説明しなさい。また，そのことを式で表しなさい。

ガイド 頂点Cにおける角の関係に注目します。

答え 右の図のように$\angle c$，$\angle d$をとると，三角形の３つの角の和が180°であることから，

$\angle a+\angle b+\angle c=180°$　①

また，

$\angle c+\angle d=180°$　②

①，②より，

$\boldsymbol{\angle a+\angle b=\angle d}$

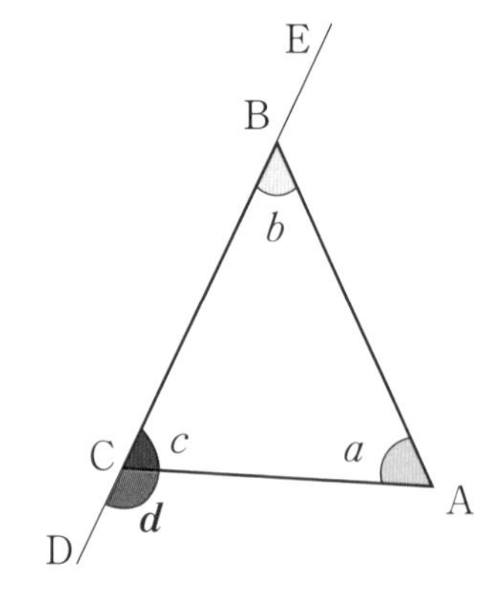

教科書 P.116

問 3 上の図(図は 答え 欄)の△ABC で，頂点 A，B における外角を，それぞれ図に示しなさい。

答え

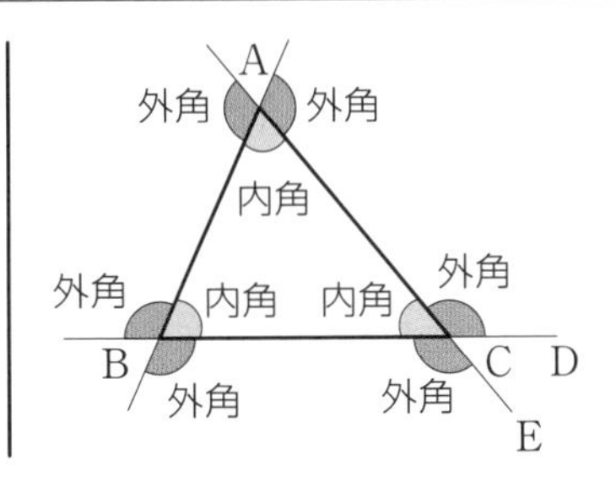

教科書 P.117

問 4 次の図で，$\angle x$ の大きさを求めなさい。

(1)

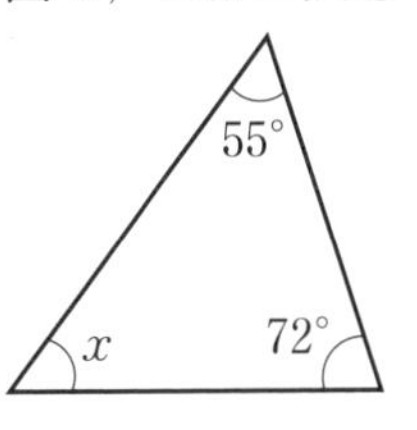

(2)

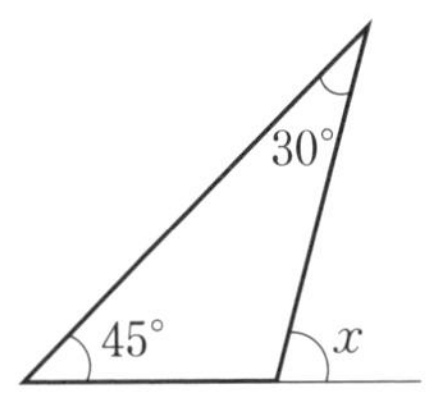

(3)

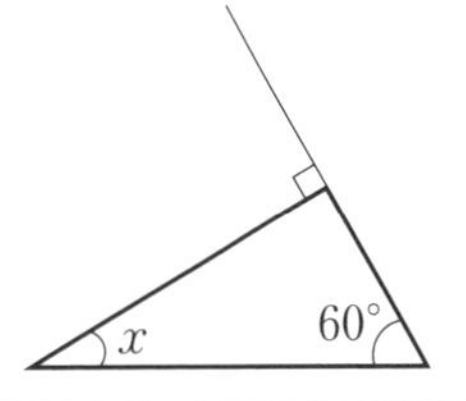

ガイド (2)と(3)は，三角形の内角の和が 180° であることを使って求めることもできますが，三角形の外角の性質を使うと簡単に求めることができます。

右の図で，$\angle a + \angle b = \angle d$ になります。

答え

(1) 三角形の内角の和より，$\angle x + 55° + 72° = 180°$

$\angle x = 180° - (55° + 72°) = 180° - 127° = 53°$ 　　答 $\angle x = 53°$

(2) 三角形の外角より，$\angle x = 30° + 45° = 75°$ 　　答 $\angle x = 75°$

(3) 三角形の外角より，$\angle x + 60° = 90°$ 　$\angle x = 90° - 60° = 30°$ 　　答 $\angle x = 30°$

教科書 P.117

問 5 三角形の外角の和は，何度になりますか。また，その理由を三角形の角の性質を使って説明しなさい。

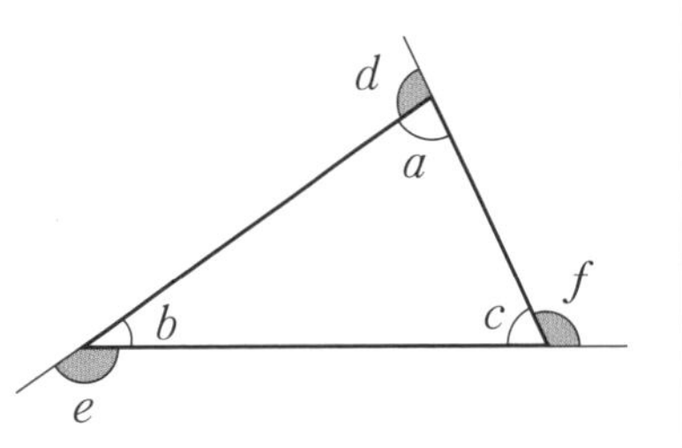

ガイド $\angle a + \angle b + \angle c = 180°$ となります。

答え

(例) $\angle d + \angle e + \angle f$

$= (180° - \angle a) + (180° - \angle b) + (180° - \angle c)$

$= 540° - (\angle a + \angle b + \angle c)$

$= 540° - 180°$

$= 360°$

したがって，三角形の外角の和は，360° になる。

3 多角形の角

多角形の内角の和

教科書 P.118 ～ 119

五角形の内角の和は何度になるでしょうか。また，どうやって求めたか説明してみましょう。

ガイド　五角形をいくつかの三角形に分けて考えます。

①

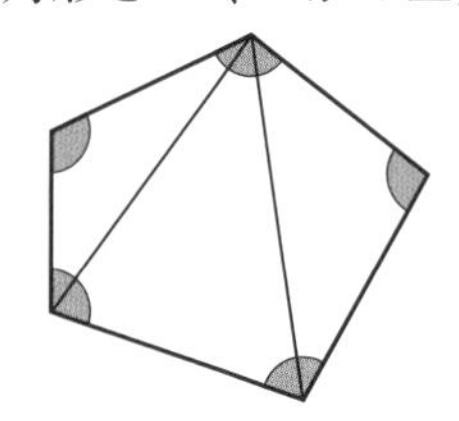

②

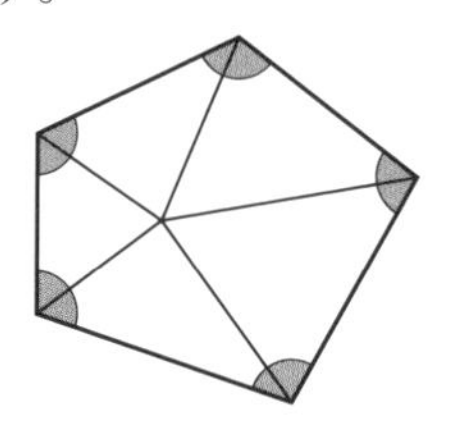

答え

・①の図のように三角形をつくると，三角形は3つできる。1つの三角形の内角の和は180°なので，五角形の内角の和は，180° × 3 = **540°** になる。

・②の図のように三角形をつくると，三角形は5つできる。五角形の内角の和は，5つの三角形の内角の和から，真ん中に集まる角の和の360°をひけばよいから，180° × 5 − 360° = **540°** になる。

教科書 P.118

  について，拓真（たくま）さんは，次のようにして五角形の内角の和を求めました。

五角形は，1つの頂点から引いた対角線によって，3つの三角形に分けることができるから，内角の和は，

180° ×3＝540°

となる。

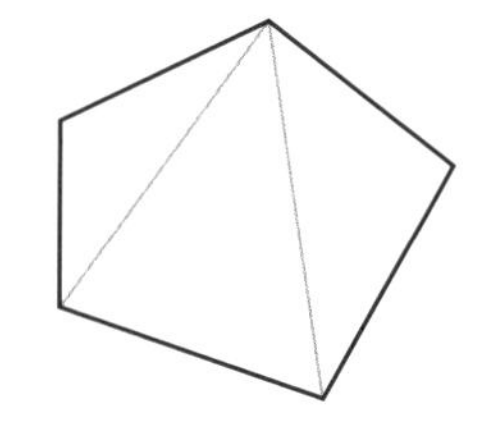

拓真さんの考え方を使って，いろいろな多角形の内角の和を求めて，次の表（表は 答え 欄）を完成させましょう。

答え

	三角形	四角形	五角形	六角形	七角形	八角形
頂点の数	3	4	5	6	7	8
三角形の数	1	2	3	4	5	6
内角の和	180° × 1	**180° × 2**	180° × 3	**180° × 4**	**180° × 5**	**180° × 6**

教科書 P.119

 前ページ（教科書 P.118）の①の表で，多角形の頂点の数を n とすると，内角の和はどんな式で求めることができるでしょうか。

ガイド

右の図のように，辺の数(頂点の数)から2ひいた数だけ三角形ができることがわかります。
n 角形では，頂点の数は n 個で，三角形は $(n-2)$ 個できます。

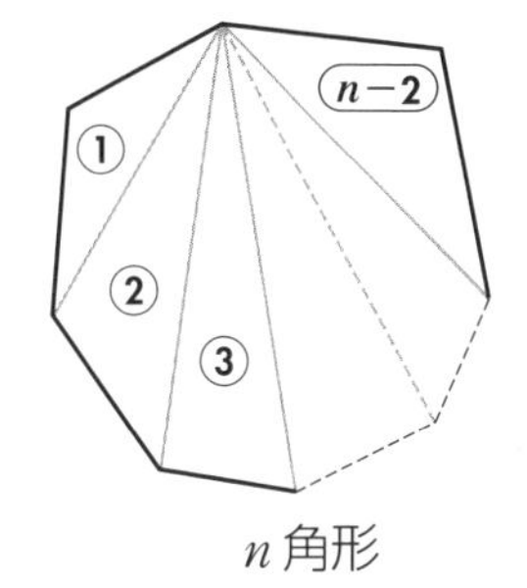

n 角形

答え

$180° \times (n-2)$

教科書 P.119

前ページ(教科書 P.118)の **Q** について，美月さんは，次のようにして五角形の内角の和を求めました。美月さんの考え方を説明してみましょう。

五角形の内部に点Pをとり，Pと各頂点を結ぶと，内角の和は，

$180° \times 5 - 360° = 540°$

となる。

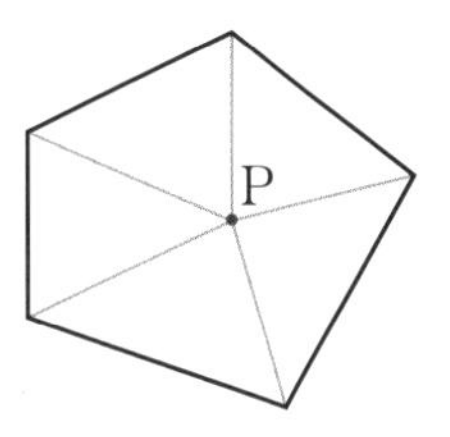

答え

五角形の内部に点Pをとり，Pと各頂点を結ぶと5つの三角形ができる。五角形の内角の和は，5つの三角形の内角の和から，点Pに集まる角の和の360°をひけばよいから，$180° \times 5 - 360° = 540°$ になる。

教科書 P.119

美月さんの考え方で n 角形の内角の和を求め，それが $180° \times (n-2)$ と等しいことを確かめてみましょう。

ガイド

n 角形の内部に点Pをとり，Pと各頂点を結ぶと，辺の数と同じ n 個の三角形ができます。点Pに集まる角はつねに360°になります。

答え

n 角形の内角の和は，$180° \times n - 360°$　①
また，$180° \times (n-2) = 180° \times n - 180° \times 2 = 180° \times n - 360°$
となり，①と等しくなる。

教科書 P.120

問1 n 角形の内角の和が $180° \times (n-2)$ であることを使って，次の問いに答えなさい。

(1) 十二角形の内角の和は何度ですか。
(2) 正十二角形の1つの内角の大きさは何度ですか。
(3) 内角の和が1260°になるのは何角形ですか。

ガイド

(2) 正多角形は，すべての内角の大きさが等しくなっています。
(3) $180° \times (n-2) = 1260°$ の方程式をつくって，これを解きます。

答え

(1) 十二角形の内角の和は，$180° \times (n-2)$ に $n = 12$ を代入すると，
$180° \times (12-2) = 180° \times 10 = 1800°$　　**答　1800°**

(2) 正十二角形の内角の和は(1)から 1800°
どの内角も大きさが等しいので，$1800° \div 12 = 150°$　　**答　150°**

(3) 内角の和が 1260° の多角形を n 角形とすると，
$180° \times (n-2) = 1260°$ ← かならず 180° でわりきれる
$n - 2 = 7$
$n = 9$

答　九角形

Tea Break

点Pを動かして考えよう

教科書 P.120

五角形の内角の和を求めるとき，五角形を三角形に分けるには，次のような方法があります。

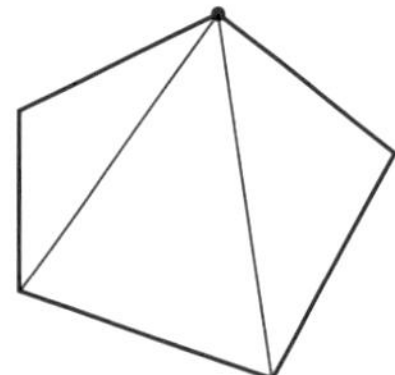
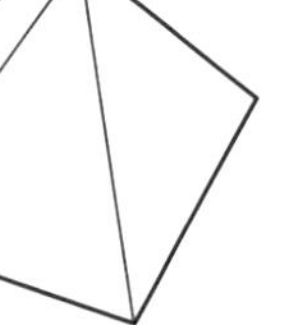

1つの頂点で分ける

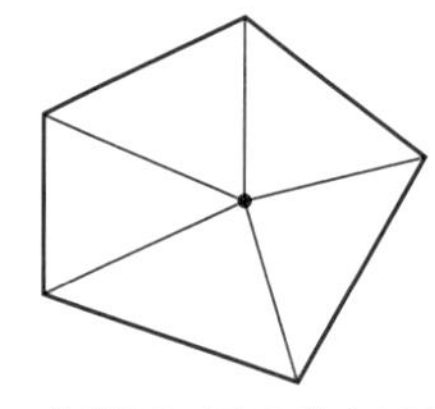

内部の点で分ける

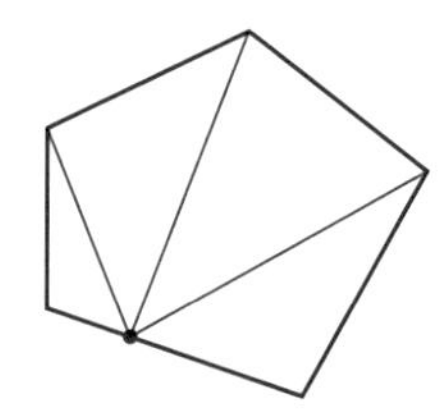

辺上の点で分ける

これらの方法は，「適当な1点Pと五角形の各頂点を結び，Pをいろいろな場所に動かした」と考えると，統合的にみることができます。

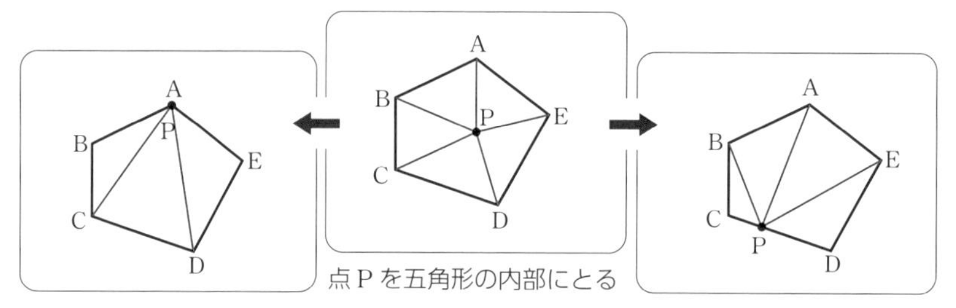

点Pを頂点Aに動かした

点Pを五角形の内部にとる

点Pを辺CD上に動かした

上のような見方をすると，右の図のように，点Pを五角形の外部に動かした場合も考えることができます。この図を使って，五角形の内角の和を求めてみましょう。

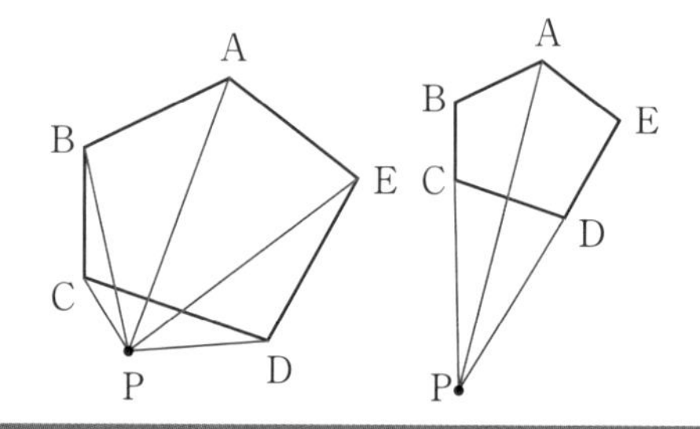

ガイド

問題文の左の図の場合，五角形ABCDEの内角(色のついた角)と共有する角をもつ三角形は，△PBC，△PAB，△PEA，△PDEの4つです。
この4つの三角形の内角の和から，図の•印で示した角(点Pに集まる角と∠PCDと∠PDC)の和をひくと，五角形の内角の和になります。また，•印の角の和は△PDCの内角の和になります。
したがって，(4つの三角形の内角の和)−(1つの三角形の内角の和)となります。
問題文の右の図の場合，APとCDの交点をHとすると，三角形の外角より，　∠BCD＝∠CPH＋∠CHP，∠CDE＝∠DPH＋∠DHP。したがって，五角形ABCDEの内角の和は，△ABPの内角の和と，△AEPの内角の和と，∠CHPと∠DHPの合計になります。

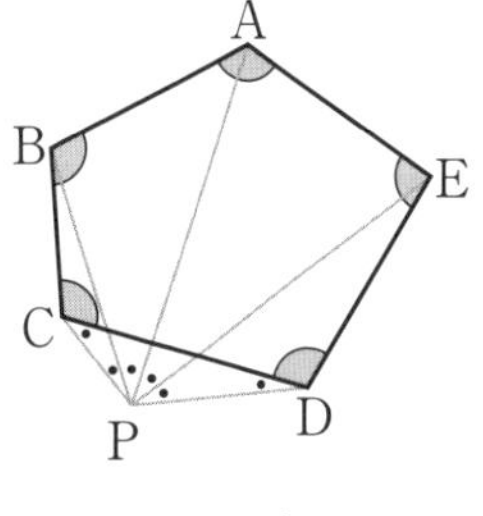

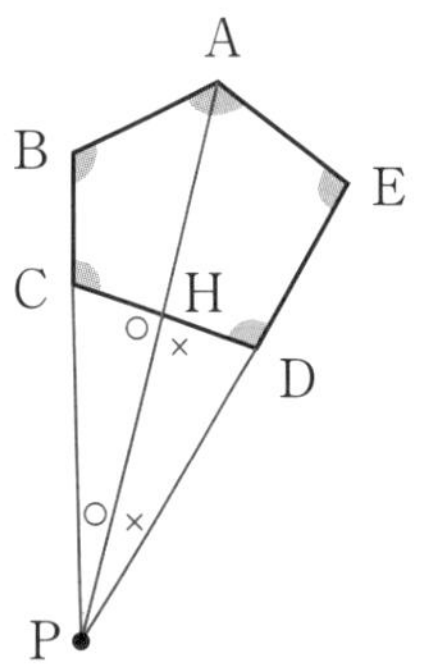

答え

問題文の左の図の場合：180°×4 − 180° ＝ **540°**
問題文の右の図の場合：180°×2 ＋ 180° ＝ **540°**

多角形の外角の和

教科書 P.121

次の図は，四角形，五角形，六角形の各頂点の外角を表しています。これらの外角の和は，それぞれ何度になるでしょうか。また，その結果から，多角形の外角の和について，どんなことが予想できるでしょうか。

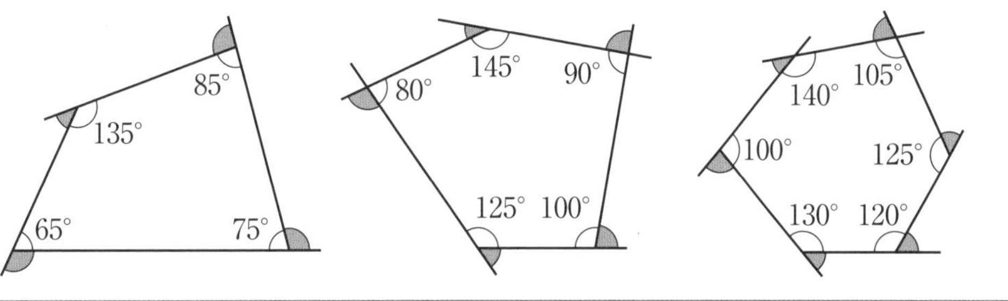

ガイド

となり合う内角と外角の和は180°だから，(180°−内角)から，それぞれの外角を求め，その和を求めてみましょう。

答え

四角形　(180° − 135°)＋(180° − 65°)＋(180° − 75°)＋(180° − 85°)
＝45° ＋ 115° ＋ 105° ＋ 95°
＝**360°**

五角形　(180° − 145°)＋(180° − 80°)＋(180° − 125°)＋(180° − 100°)＋(180° − 90°)
＝35° ＋ 100° ＋ 55° ＋ 80° ＋ 90°
＝**360°**

六角形　(180° − 105°)＋(180° − 140°)＋(180° − 100°)＋(180° − 130°)
＋(180° − 120°)＋(180° − 125°)
＝75° ＋ 40° ＋ 80° ＋ 50° ＋ 60° ＋ 55°
＝**360°**

多角形の外角の和は，何角形でも360°になると予想できる。

教科書 P.122

問 2 〉八角形の外角の和を求めなさい。

ガイド 教科書 P.121 の五角形のときと同じようにして求めましょう。

答え となり合う内角と外角の和は 180° だから，八角形の 8 つの頂点における内角と 1 つの外角の和をすべてを加えると，

$180° \times 8 = 1440°$

一方，八角形の内角の和は，

$180° \times (8-2) = 1080°$

したがって，八角形の外角の和は，$1440° - 1080° = 360°$ 　　答　360°

教科書 P.122

問 3 〉次の問いに答えなさい。

(1) 1 つの外角が 45° になるのは，正何角形ですか。

(2) 1 つの内角が 160° になるのは，正何角形ですか。

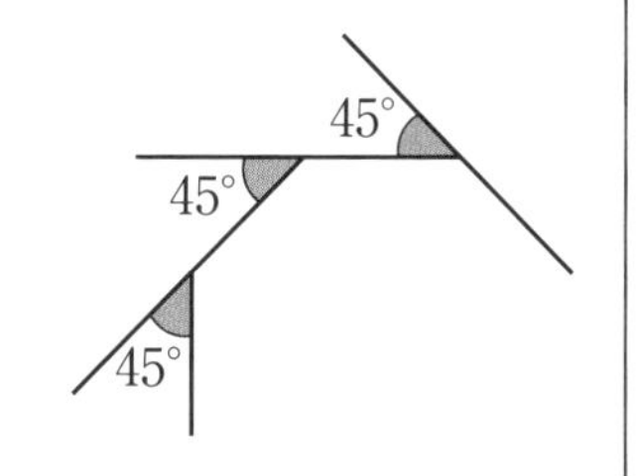

ガイド

(1) 多角形の外角の和は 360° だから，360° を 45° でわると，頂点の数が求められます。

(2) となり合う内角と外角の和は 180° であることから，1 つの外角の大きさを求めます。あとは，(1)と同じです。

答え

(1) 外角の和は 360° だから，$360° \div 45° = 8$ 　　答　正八角形

(2) 1 つの外角は，$180° - 160° = 20°$

外角の和は 360° だから，$360° \div 20° = 18$ 　　答　正十八角形

コメント!

(2) 次のように内角の和から求める方法もあります。

正 n 角形とすると，1 つの内角が 160° だから，内角の和は $160° \times n$ になる。

そこで，$180° \times (n-2) = 160° \times n$ という方程式をつくり，これを解く。

外角から求める方が計算が簡単になります。

鉛筆の回転角は何度？

教科書 P.122

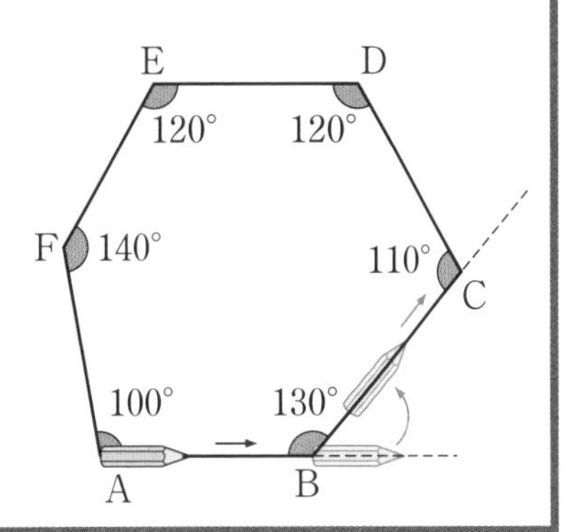

右の図のような六角形があります。頂点 A のところに鉛筆(えんぴつ)を置いて多角形の辺にそって動かし，頂点で向きを変えて 1 周させてみましょう。

それぞれの頂点では，鉛筆を何度回転させればよいでしょうか。また，鉛筆がもとの位置にもどるまでに，合計何度回転したことになるでしょうか。さらに，このことからどんなことがいえるでしょうか。

ガイド それぞれの頂点で外角の大きさだけ回転します。鉛筆が 1 周してもとの位置にもどるので，360° 回転しているはずです。

答え 点 B　180° − 130° = **50°**，点 C　180° − 110° = **70°**，点 D　180° − 120° = **60°**，
点 E　180° − 120° = **60°**，点 F　180° − 140° = **40°**，点 A　180° − 100° = **80°**
合計　50° + 70° + 60° + 60° + 40° + 80° = **360°**
六角形の外角の和は 360° である。

教科書 P.123

(教科書)108，109 ページの星形五角形の先端部分の 5 つの角の和が 180° になることは，どのようにして説明すればよいか話し合ってみましょう。

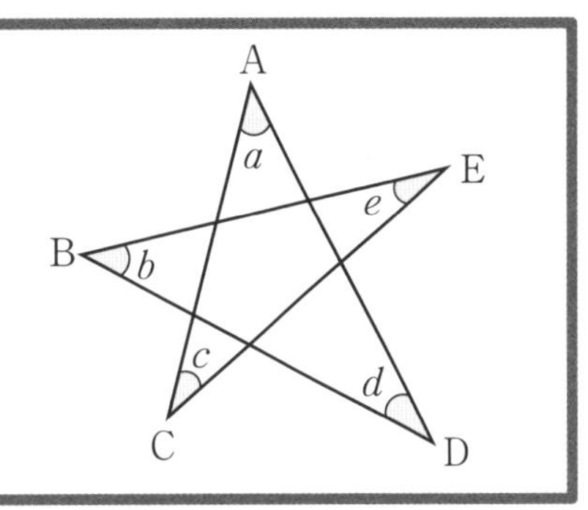

ガイド 三角形の 3 つの内角の和が 180° であること，三角形の外角と内角の関係，多角形の外角の和が 360° であることなどが使えないかを考えてみましょう。

答え 答えは，次の問 4，問 5 の **答え** を参照。

教科書 P.123

問 4 Q について，美月さんは，次のように考えました。美月さんの考え方を説明しなさい。

$\angle c+\angle e=\angle f$，$\angle b+\angle d=\angle g$

したがって，

$\angle a+(\angle c+\angle e)+(\angle b+\angle d)$

$=\angle a+\angle f+\angle g$

$=180°$

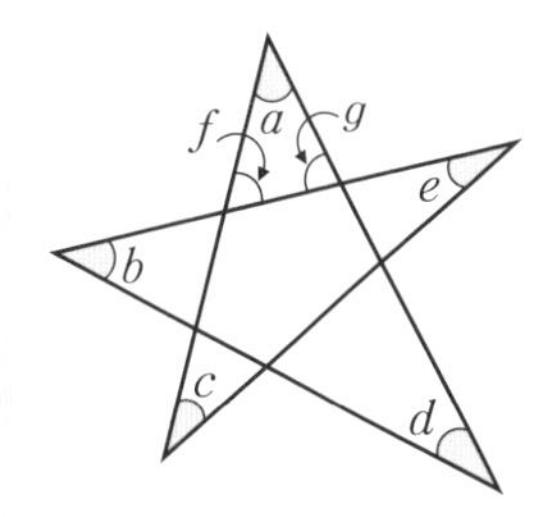

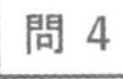

4章 図形の性質の調べ方

答え

右の図で，$\angle f$ は△CEF の∠F の外角だから，

$\angle c + \angle e = \angle f$ ①

同じように，$\angle g$ は△BDG の∠G の外角だから，

$\angle b + \angle d = \angle g$ ②

△ AFG について，

$\angle a + \angle f + \angle g = 180°$

これと①，②より，

$\angle a + (\angle c + \angle e) + (\angle b + \angle d)$

$= \angle a + \angle f + \angle g$

$= 180°$

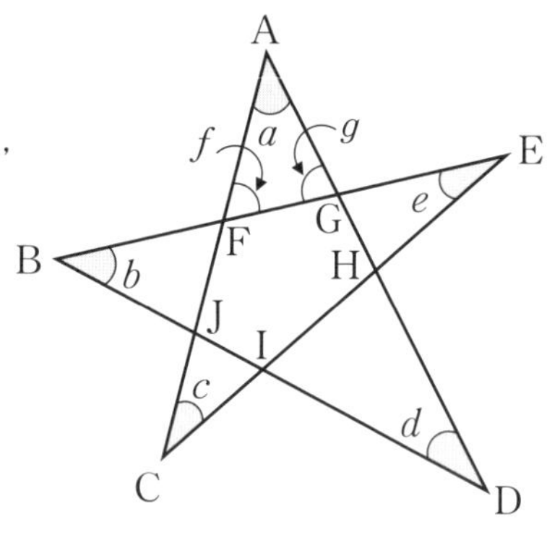

教科書 P.123

問 5 星形五角形の5つの角の和を，問4の美月さんとはちがう方法で求めなさい。(図は **答え** 欄)

ガイド

となり合う2つの先端部分の角を直線で結んでみましょう。 できた三角形について，内角と外角の関係を考えてみましょう。

答え

右の図のように頂点 A と B を直線で結ぶと，△ABF について

$\angle m + \angle n = \angle f$

また，△EFC について，

$\angle c + \angle e = \angle f$

したがって，

$\angle m + \angle n = \angle c + \angle e$ ①

△DAB について，

$\angle d + (\angle a + \angle m) + (\angle n + \angle b)$

$= \angle a + \angle b + \angle d + (\angle m + \angle n)$

$= 180°$ ②

①と②より，

$\angle a + \angle b + \angle d + (\angle c + \angle e) = 180°$

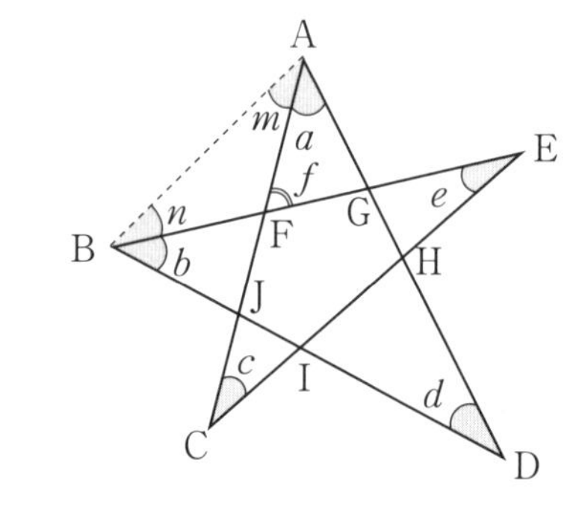

別解

右の図で，五角形の外角の和は 360° であることから，

$\angle f + \angle g + \angle h + \angle i + \angle j = 360°$ ③

三角形の内角と外角の関係から，

$\angle f = \angle c + \angle e$，$\angle g = \angle b + \angle d$，$\angle h = \angle a + \angle c$，

$\angle i = \angle b + \angle e$，$\angle j = \angle a + \angle d$

これらを③に代入すると，

$(\angle c + \angle e) + (\angle b + \angle d) + (\angle a + \angle c) + (\angle b + \angle e)$

$+ (\angle a + \angle d)$

$= 2(\angle a + \angle b + \angle c + \angle d + \angle e) = 360°$

したがって，$\angle a + \angle b + \angle c + \angle d + \angle e = 180°$

教科書 P.123

トライ

点Aを右の図(図は 答え 欄)の位置に動かしても，
$\angle a+\angle b+\angle c+\angle d+\angle e=180^\circ$ が成り立つか，確かめてみよう。

ガイド

三角形の内角と外角の関係を考えてみましょう。

答え

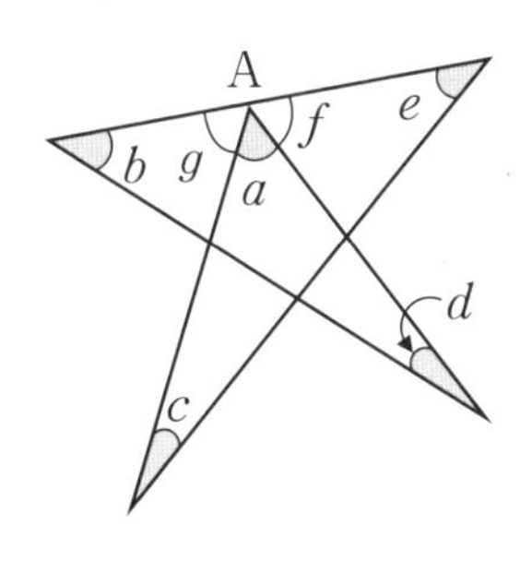

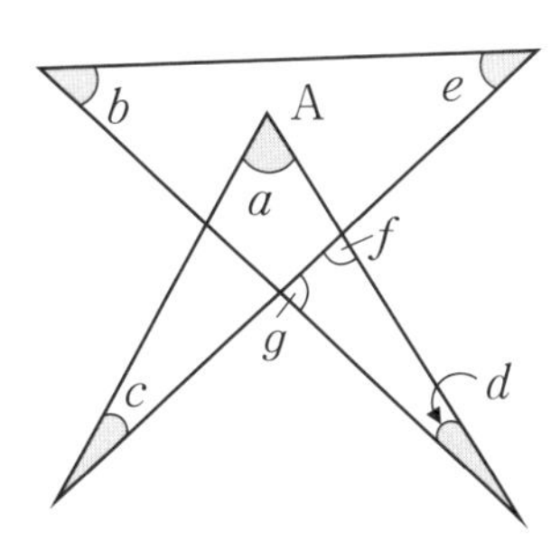

上の左の図で，

$\angle b+\angle d=\angle f$，$\angle c+\angle e=\angle g$，$\angle f+\angle a+\angle g=180^\circ$

よって，$\angle a+\angle b+\angle c+\angle d+\angle e=\angle a+(\angle b+\angle d)+(\angle c+\angle e)$
$=\angle a+\angle f+\angle g$
$=180^\circ$

上の右の図で，

$\angle a+\angle c=\angle f$，$\angle b+\angle e=\angle g$，$\angle f+\angle g+\angle d=180^\circ$

よって，$\angle a+\angle b+\angle c+\angle d+\angle e=(\angle a+\angle c)+(\angle b+\angle e)+\angle d$
$=\angle f+\angle g+\angle d$
$=180^\circ$

1 いろいろな角と多角形

確かめよう

教科書 P.124

1 右の図について，次の問いに答えなさい。

(1) $\angle a$ と等しい角をいいなさい。

(2) $\angle h$ の対頂角，同位角，錯角をいいなさい。

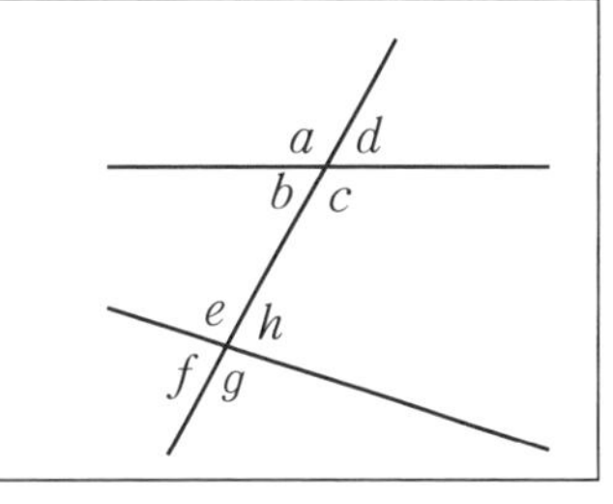

答え

(1) 対頂角は等しいから，$\angle c$

(2) **対頂角…$\angle f$　同位角…$\angle d$　錯角…$\angle b$**

2 次の(1)の図で，平行線はどれですか。平行の記号を使って表しなさい。また，(2)の図で，$\ell /\!/ m$ のとき，$\angle x$，$\angle y$ の大きさを求めなさい。

(1)

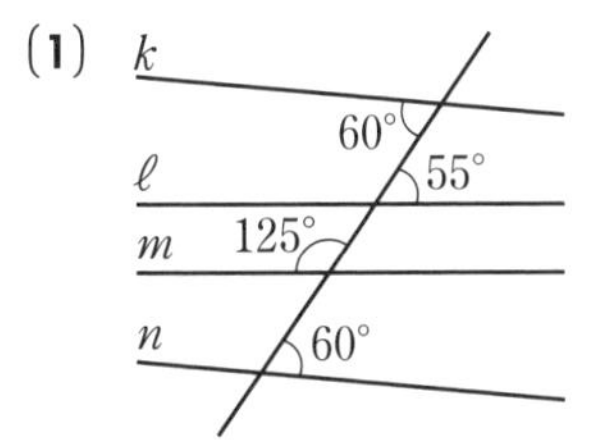

(2)

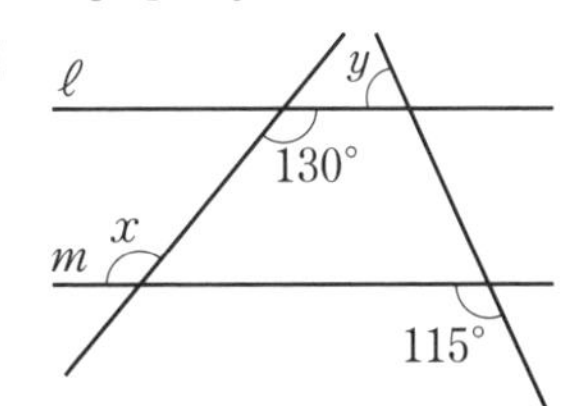

ガイド

(1) 同位角または錯角が等しければ，2 直線は平行になります。同位角や錯角に注目して，それが等しくなるか調べましょう。
右の図で，$\angle a$ の大きさを調べましょう。

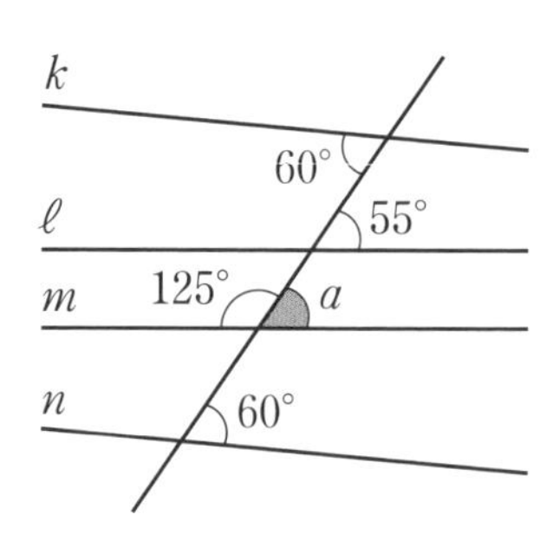

(2) $\ell \parallel m$ より，同位角や錯角は等しくなります。
右下の図で，$\angle z$ の大きさがわかれば，$\angle y$ の大きさが求められます。

答え

(1) 錯角が 60° で等しいから，$\boldsymbol{k \parallel n}$
ガイドの図の $\angle a = 180° - 125° = 55°$，同位角が等しいから，$\boldsymbol{\ell \parallel m}$

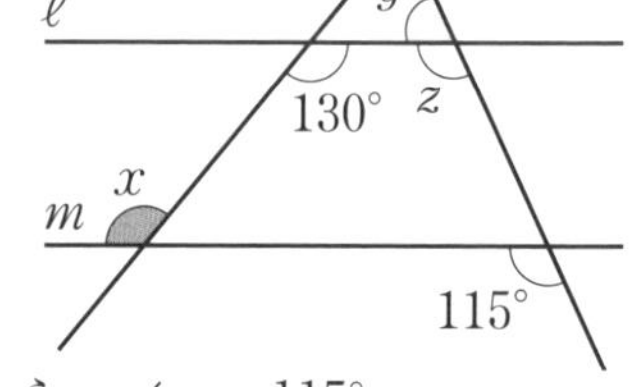

(2) $\angle x$ と 130° の角は錯角で等しいから，
$\boldsymbol{\angle x = 130°}$
ガイドの図の $\angle z$ は 115° の角と同位角で等しいから，$\angle z = 115°$
したがって，$\angle y = 180° - 115° = 65°$
$\boldsymbol{\angle y = 65°}$

---

3 右の図の△ ABC について，次の□にあてはまる数や角をいいなさい。

(1) $\angle \mathrm{BAC} + \angle \mathrm{B} + \angle \mathrm{C} =$ □°

(2) $\angle \mathrm{DAC} =$ □ + □

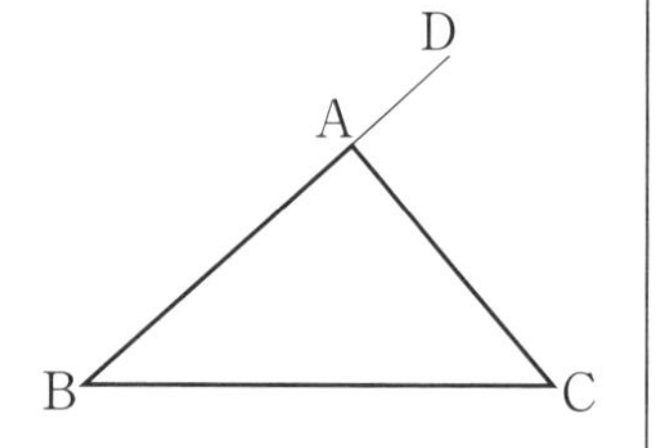

ガイド

(2) 三角形の外角は，これととなり合わない 2 つの内角の和に等しくなります。

答え

(1) $\angle \mathrm{BAC} + \angle \mathrm{B} + \angle \mathrm{C} =$ **180** °

(2) $\angle \mathrm{DAC} =$ ∠B + ∠C

4 次の図で，$\angle x$ の大きさを求めなさい。

(1)

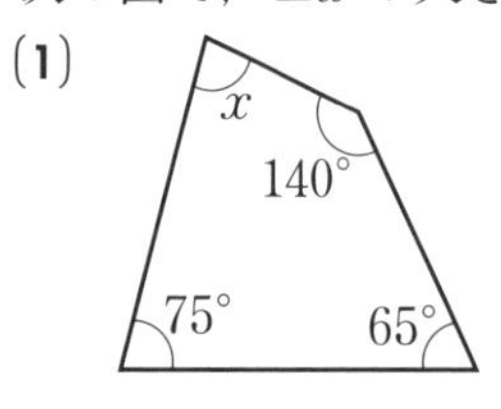

(2)

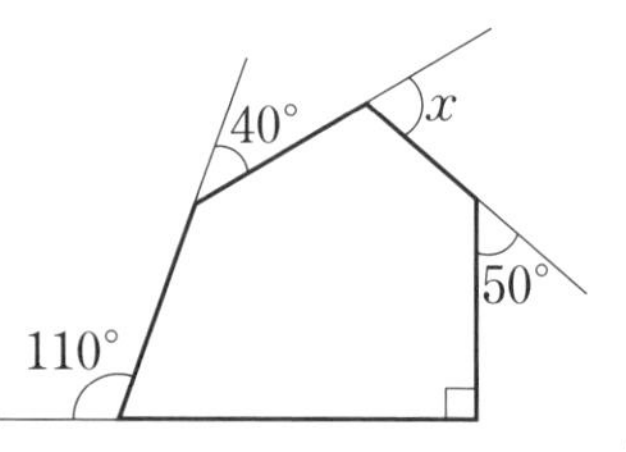

ガイド

(1) 四角形の内角の和は 360° です。

(2) 多角形の外角の和は 360° です。

答え

(1) $\angle x = 360° - (75° + 65° + 140°) = 80°$　　答　$\angle x = 80°$

(2) $\angle x = 360° - (40° + 110° + 90° + 50°) = 70°$　　答　$\angle x = 70°$

2 図形の合同

教科書のまとめ テスト前にチェック✅

✅◎ 合同の記号

△ABC と△DEF が合同であることを，記号≡を使って，

△ABC ≡ △DEF

と表し，「三角形 ABC 合同 三角形DEF」と読む。

注 合同の記号≡を使うときは，対応する点が同じ順序になるように書く。

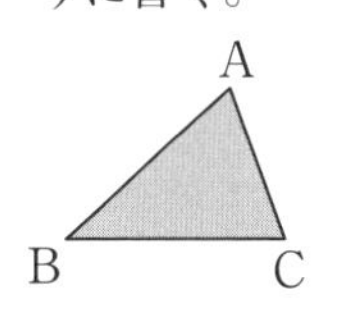

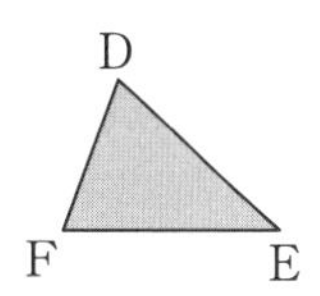

△ABC ≡ △DEF

✅◎ 合同な図形の性質

① 合同な図形では，対応する線分の長さはそれぞれ等しい。

② 合同な図形では，対応する角の大きさはそれぞれ等しい。

✅◎ 三角形の合同条件

2つの三角形は，次のどれか1つが成り立てば合同である。

① **3組の辺がそれぞれ等しい。**

AB = A′B′
BC = B′C′
CA = C′A′

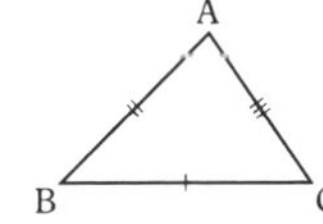

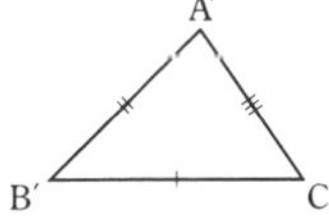

② **2組の辺とその間の角がそれぞれ等しい。**

AB = A′B′
BC = B′C′
∠B = ∠B′

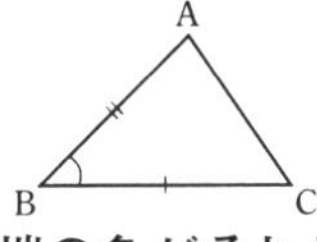

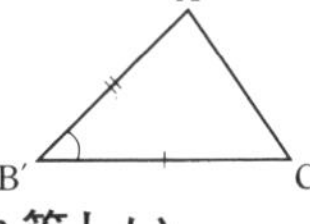

③ **1組の辺とその両端の角がそれぞれ等しい。**

BC = B′C′
∠B = ∠B′
∠C = ∠C′

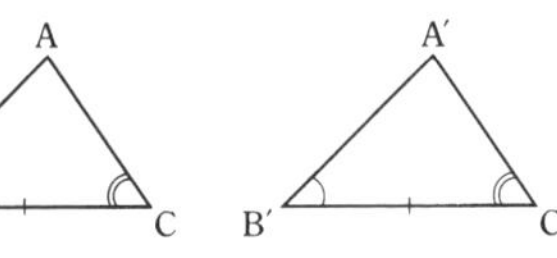

✅◎ 仮定と結論

「～ならば，…」

このとき，～の部分を**仮定**，…の部分を**結論**という。

・仮定と結論が入れかわっている2つのことがらがあるとき，一方を他方の**逆**という。

・あることがらが成り立たない例を**反例**いう。

✅◎ 証明

あることがらが正しいことを，すでに正しいと認められたことがらを根拠にして，筋道を立てて説明することを**証明**という。

✅◎ 証明のすすめ方

図形の性質を証明するときは，次の手順で行う。

① 仮定と結論を区別して，図に必要な印を記入する。

② 結論をいうために何がいえればよいか考える。

③ 根拠を明らかにしながら，証明を書く。

教科書 P.125

1 右(下)の図で，△ABC と△DEF は合同な三角形といえるでしょうか。また，どのように確かめることができるでしょうか。

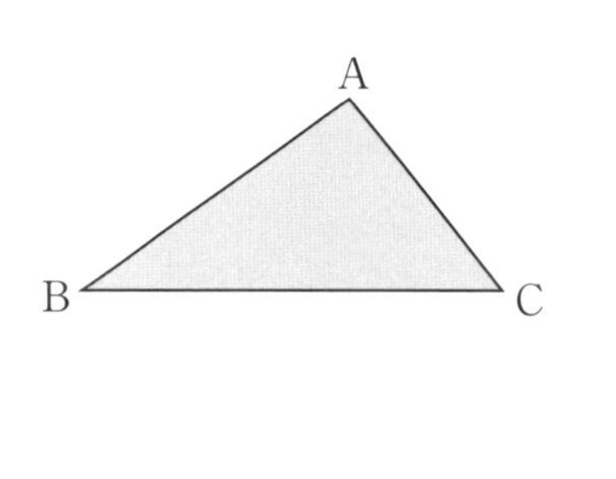

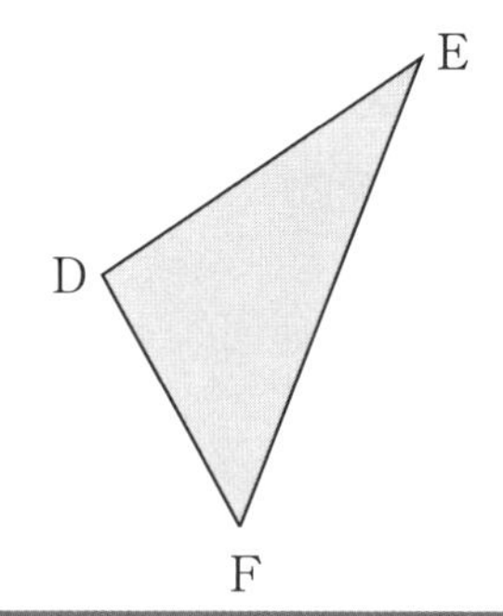

答え　合同な図形といえる。

(例)・△ABC (△DEF)を別の紙に写しとって，△DEF (△ABC)にぴったり重ね合わせることができるかどうかを確かめればよい。

・辺の長さや角の大きさを調べて，形と大きさが等しいかどうかを確かめればよい。

1 合同な図形

教科書 P.125

問 1　教科書巻末②の図を使って，1の△ABC と△DEF が合同であることを確かめなさい。また，対応する点，対応する辺，対応する角をそれぞれいいなさい。

ガイド　合同な図形で，重ね合わせたときに重なり合う点，辺，角を，それぞれ対応する点，対応する辺，対応する角といいます。

答え

対応する点…点 A と点 D，点 B と点 E，点 C と点 F

対応する辺…辺 AB と辺 DE，辺 BC と辺 EF，辺 CA と辺 FD

対応する角…∠A と∠D，∠B と∠E，∠C と∠F

教科書 P.126

問 2　次の図で，四角形 ABCD ≡四角形 EFGH であるとき，次の問いに答えなさい。

(1)　対応する辺をいいなさい。

(2)　対応する角をいいなさい。

(3)　線分 BD と線分 FH の長さを比べなさい。

(4)　∠ABD と∠EFH の大きさを比べなさい。

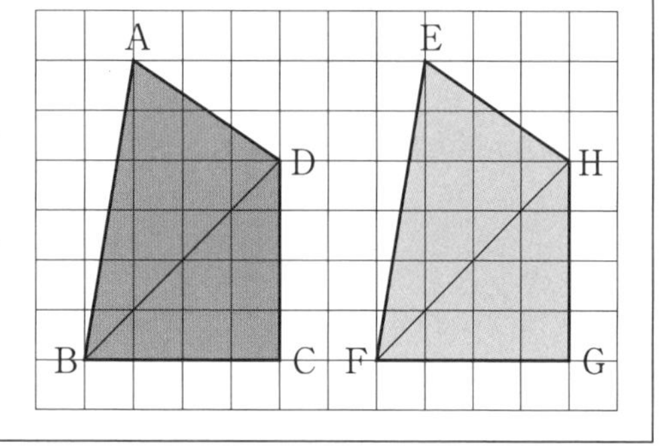

ガイド

(3) 点Bと点F，点Dと点Hは対応しています。線分BDと線分FHのように対応する点どうしを結んでできる線分を対応する線分といい，対応する辺と同様に長さは等しくなります。ここでは実際に測って確かめましょう。

(4) 実際に分度器で角度を測って比べましょう。

答え

(1) 辺ABと辺EF，辺BCと辺FG，辺CDと辺GH，辺DAと辺HE

(2) ∠Aと∠E，∠Bと∠F，∠Cと∠G，∠Dと∠H

(3) BD = FH

(4) ∠ABD = ∠EFH

教科書 P.126

問 3 次の図で，五角形ABCDE ≡ 五角形FGHIJ です。長さのわかる辺や大きさのわかる角を見つけ，その長さや角度を図に書き入れなさい。

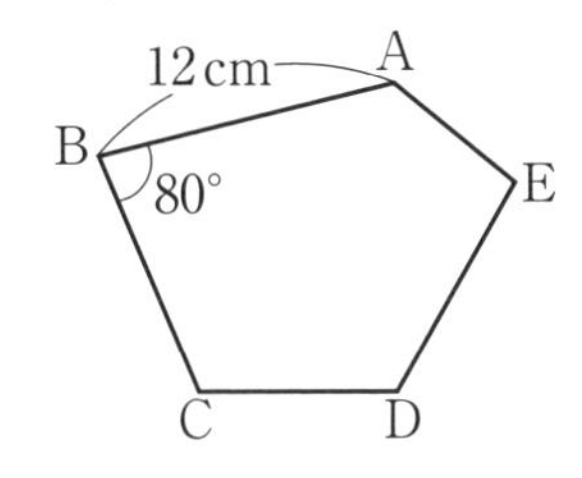

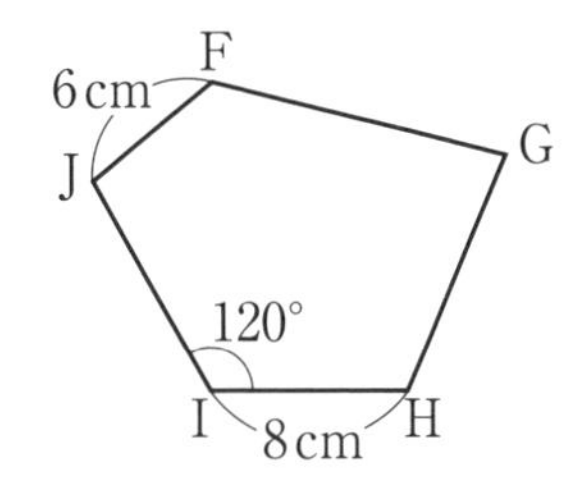

ガイド 一方の図に書かれている長さや角度をもう一方の図にも書き入れましょう。

答え

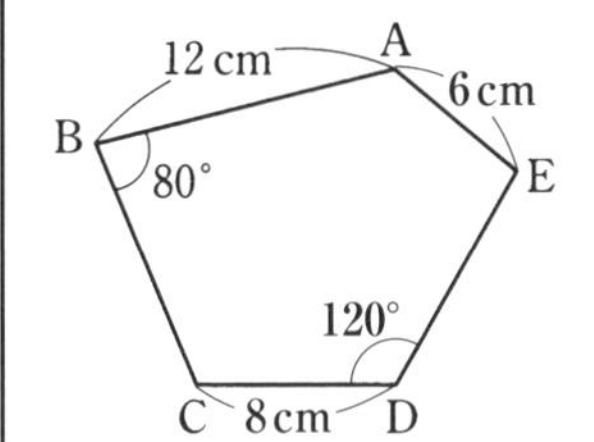

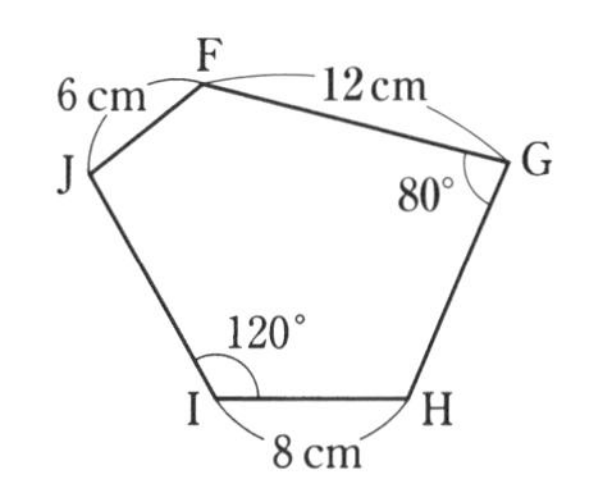

❷ 三角形の合同条件

教科書 P.127

AB = 6 cm，∠B = 30°，AC = 4 cm の△ABC をかいてみましょう。また，△ABC は1つに決まるといえるでしょうか。

(1) 美月さんと拓真さんは，次のように△ABC をかきました。このことから，どんなことがいえるか話し合ってみましょう。

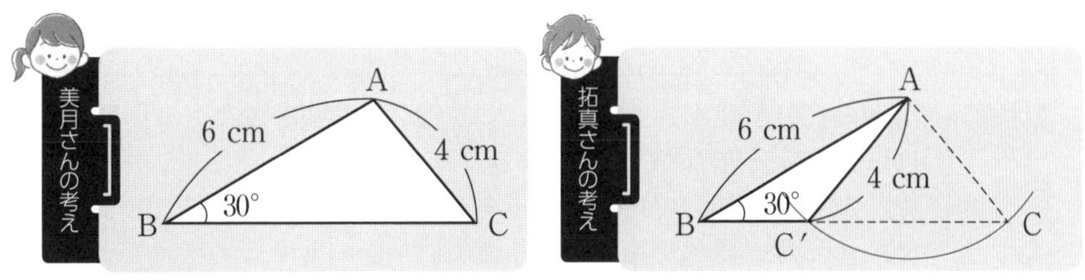

(2) 最初の問題に，どのような条件をつけると三角形が1つに決まるといえるか，考えてみましょう。

答　え　(1)　Qで与えられた条件では，三角形は1つに決まらない。ほかに条件が必要である。

(2)　①　残りの辺 BC の長さ

②　∠A の大きさ

教科書 P.129

問 1　次の図で，合同な三角形はどれとどれですか。また，そのときの合同条件をいいなさい。

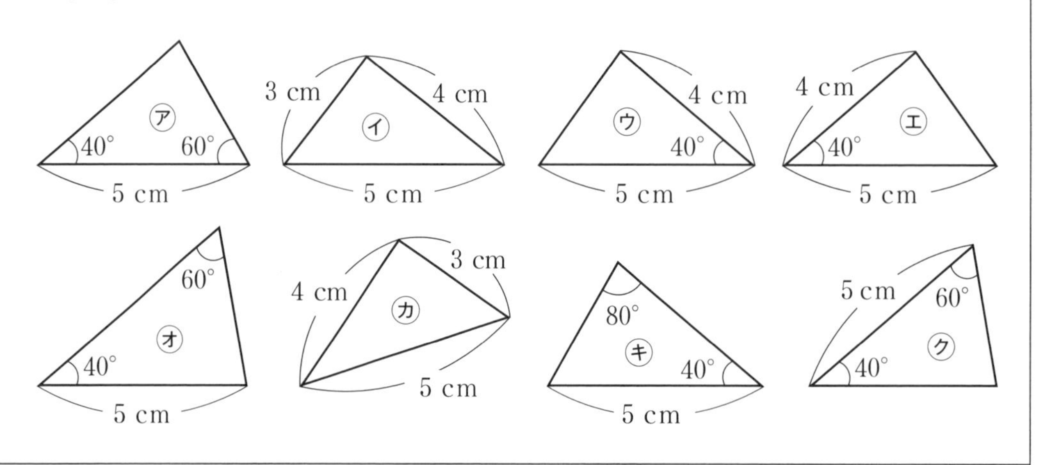

ガイド　㋐と合同になる三角形は，5 cm の辺の両端の角が 40°，60° になるものです。㋔，㋖の 5 cm の辺のもう一方の端の角の大きさを求めて考えましょう。

答　え

㋐と㋖と㋗　1 組の辺とその両端の角がそれぞれ等しい。

㋑と㋕　3 組の辺がそれぞれ等しい。

㋒と㋓　2 組の辺とその間の角がそれぞれ等しい。

教科書 P.129

問 2　次の図で，合同な三角形はどれとどれですか。記号≡を使って表しなさい。また，そのときの合同条件をいいなさい。ただし，同じ印をつけた辺は等しいとします。

(1)

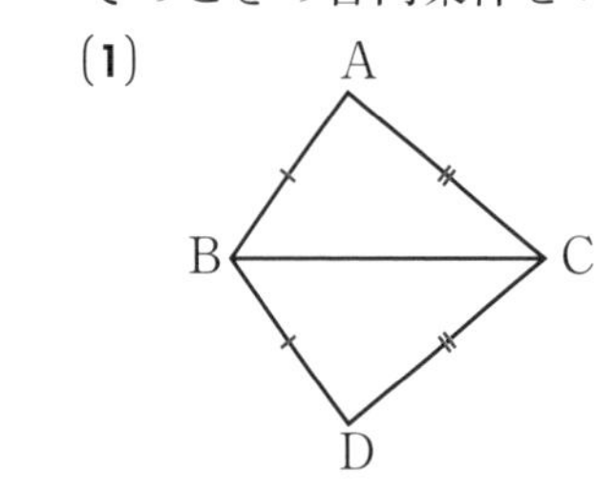

(2)

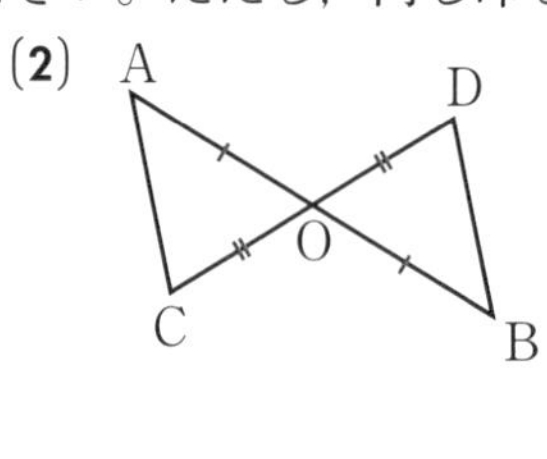

(3)　AB // CD

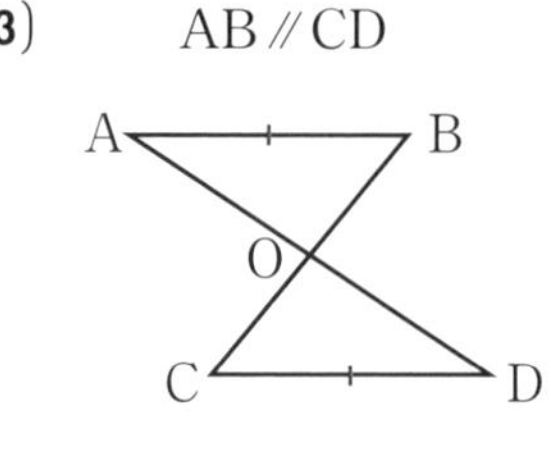

ガイド　合同の記号を使うときは，対応する点が同じ順序になるように注意しましょう。

(1)　2 つの三角形で辺 BC が共通です。

(2)　対頂角で等しい角があります。

(3)　平行線の錯角が等しくなります。

答　え　(1)　AB = DB，AC = DC

BC は共通

3 組の辺がそれぞれ等しいから，△ABC ≡△DBC

(**2**) AO = BO, CO = DO
対頂角は等しいから, ∠AOC = ∠BOD
2 組の辺とその間の角がそれぞれ等しいから, △AOC ≡ △BOD

(**3**) AB = DC
AB // CD より, 錯角は等しいから, ∠OAB = ∠ODC, ∠OBA = ∠OCD
1 組の辺とその両端の角がそれぞれ等しいから, △AOB ≡ △DOC

3 図形の性質の確かめ方

仮定と結論

教科書 P.130

前ページ(教科書 P.129)の問 2(1)の問題について, どうして 2 つの三角形が合同になるか, 説明してみましょう。

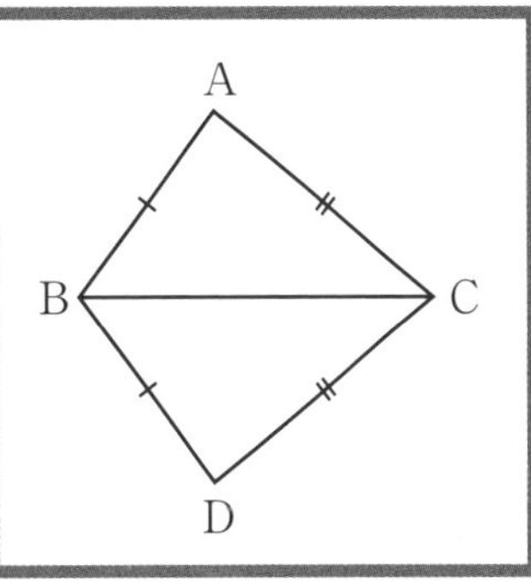

ガイド 図には示されていませんが, 図からわかる条件が 1 つあります。

答え 図で, △ABC と △DBC で辺 BC が共通なので, 長さが等しい。つまり, 3 組の辺の長さが等しいので, △ABC ≡ △DBC となる。

教科書 P.130

問 1 前ページ(教科書 P.129)の問 2(**2**), (**3**)について, 仮定と結論をいいなさい。

ガイド わかっていることが仮定, 説明しようとすることが結論です。「〜ならば…」の文章では, 「〜」の部分が仮定, 「…」の部分が結論になります。

答え
(**2**) **仮定…AO = BO, CO = DO　結論…△AOC ≡ △BOD**
(**3**) **仮定…AB // CD, AB = DC　結論…△AOB ≡ △DOC**

教科書 P.131

問 2 次のことがらの仮定と結論をいいなさい。
(**1**) △ABC ≡ △DEF ならば, AB = DE である。
(**2**) △ABC で, ∠A = 90° ならば, ∠B + ∠C = 90° である。
(**3**) 2 つの整数 a, b が奇数(きすう)ならば, $a + b$ は偶数(ぐうすう)である。

答え
(**1**) **仮定…△ABC ≡ △DEF　結論…AB = DE**
(**2**) **仮定…(△ABC で,) ∠A = 90°　結論…∠B + ∠C = 90°**
(**3**) **仮定…2 つの整数 a, b が奇数　結論…$a + b$ は偶数**

証明

教科書 P.131

問 3 上(教科書 P.131)で証明したことから, 角の大きさについて, どんなことがわかりますか。

4章 図形の性質の調べ方

答え　$\angle A = \angle D$, $\angle ABC = \angle DBC$, $\angle ACB = \angle DCB$

証明のすすめ方

教科書 P.132

線分 AB と線分 CD が点 M で交わるとき，AC∥DB, AM = BM ならば，CM = DM であることをどのように証明すればよいか考えてみましょう。

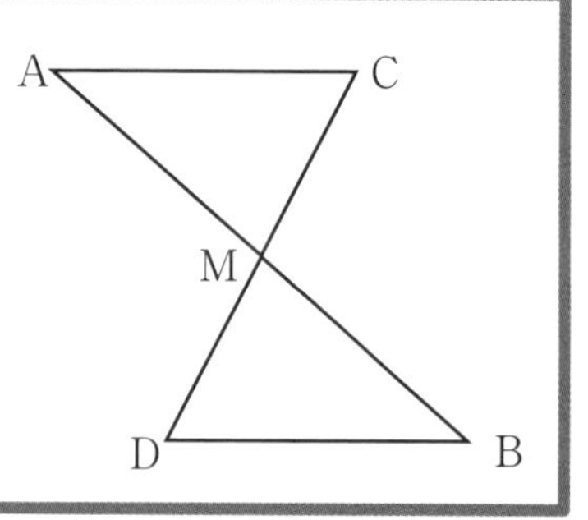

ガイド　△AMC ≡ △BMD がいえれば，CM = DM が証明できるので，その証明に必要な条件を考えます。足りない条件は，問題文に書かれていなくても，与えられた条件からどんなことがいえるか考えてみます。
AC∥DB から，錯角が等しいこと，つまり，$\angle MAC = \angle MBD$ と $\angle MCA = \angle MDB$ がわかります。また，対頂角が等しいことも使うことができます。

答え

△AMC と△BMD において，
仮定から，AM = BM　①
平行線の錯角は等しいから，AC∥DB より，
　$\angle CAM = \angle DBM$　②
対頂角は等しいから，
　$\angle AMC = \angle BMD$　③
①，②，③より，１組の辺とその両端の角がそれぞれ等しいから，
　△AMC ≡ △BMD
合同な図形の対応する辺は等しいから，
　CM = DM

教科書 P.133

問 4　右の図で，AB = DC, $\angle ABC = \angle DCB$ ならば，$\angle BAC = \angle CDB$ です。このとき，次の問いに答えなさい。

(1) 仮定と結論をいい，図に必要な印を記入しなさい。
(2) 結論をいうためには何がいえればよいですか。
(3) このことを証明しなさい。
(4) (3)で証明したことから，$\angle BAC = \angle CDB$ のほかにどんなことがわかりますか。

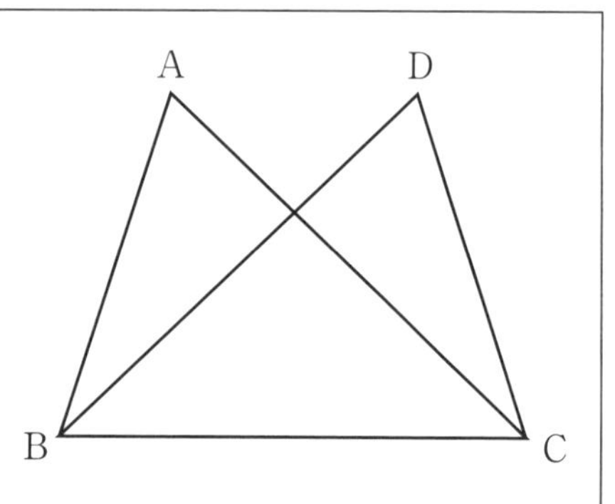

ガイド

(2) ∠BAC = ∠CDB を導くために，三角形の合同を考えます。
(3) 証明の書き方は，教科書 P.133 の板書を参考にしましょう。
(4) 合同な図形では，残りの対応する辺の長さや，角の大きさも等しくなります。

答え

(1) **仮定**　AB = DC，∠ABC = ∠DCB
結論　∠BAC = ∠CDB
右の図

A　D　B　C

(2) △ABC ≡ △DCB
(3) △ABC と△DCB において，
仮定から，　AB = DC　①
∠ABC = ∠DCB　②
共通な辺だから，BC = CB　③
①，②，③より，2組の辺とその間の角がそれぞれ等しいから，
△ABC ≡ △DCB
合同な図形の対応する角は等しいから，
∠BAC = ∠CDB
(4) ∠ACB = ∠DBC，AC = DB

教科書 P.134

問5　∠XOY の二等分線 OC を右の図のように作図しました。
次の□をうめて，作図した半直線 OC が∠XOY の二等分線であることを証明しなさい。

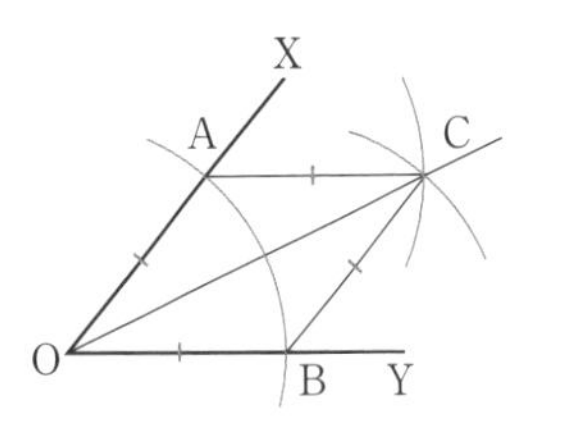

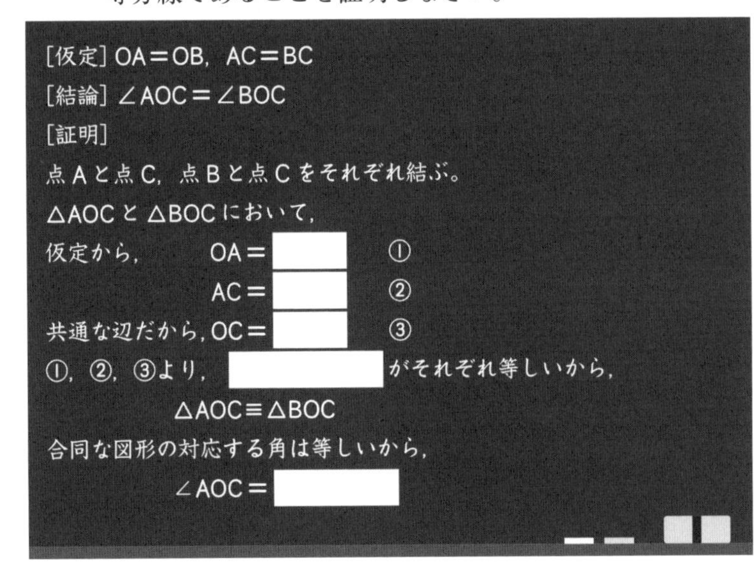

答え

□の上から順に，OB，BC，OC，3組の辺，∠BOC

教科書 P.134

問 6 大和(やまと)さんは，次の問題を下のように証明しました。この証明は正しいですか。誤りがあれば，正しく直しなさい。

右の図で，AO = DO，BO = CO ならば，AB // CD です。このことを証明しなさい。

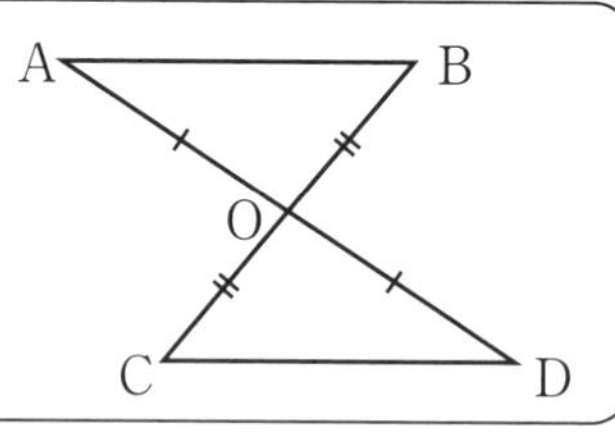

正しいかな？

△AOB と △DOC において，
仮定から，AO = DO　①
　　　　　BO = CO　②
　　　　　AB = DC　③
①，②，③より，3 組の辺がそれぞれ等しいから，△AOB ≡ △DOC
合同な図形の対応する角は等しいから，∠ABO = ∠DCO
錯角が等しいから，AB // CD

ガイド 根拠なしに使っていることがらはないか，仮定の条件を正しく使っているか，合同条件を正しく使っているか，などを調べます。

答え **正しくない。**(AB = DC は仮定にない)

△AOB と△DOC において，
仮定から，AO = DO　①
　　　　　BO = CO　②
対頂角は等しいから，∠AOB = ∠DOC　③
①，②，③より，2 組の辺とその間の角がそれぞれ等しいから，
△AOB ≡△DOC
合同な図形の対応する角は等しいから，　∠ABO = ∠DCO
錯角が等しいから，AB // CD

教科書 P.135

問 7 次の図は，∠XOY と大きさの等しい角∠DAB の作図の方法を示しています。はじめに半直線 AB を引き，①～⑤の手順で作図することができます。下の問いに答えなさい。

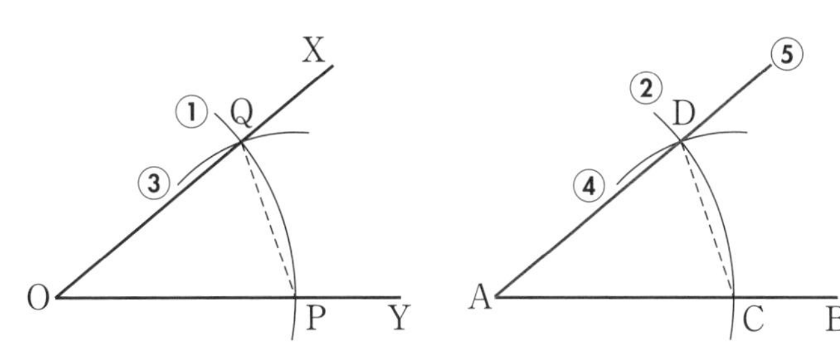

(1) 適当な大きさの角∠XOY をかき，それと大きさの等しい角∠DAB を上の手順で作図しなさい。

(2) この作図の方法が正しいことを証明しようと思います。次の問いに答えなさい。

(Ⅰ) 仮定と結論をいい，図に必要な印を記入しなさい。

(Ⅱ) 仮定から結論をいうためには，何がいえればよいですか。

(Ⅲ) このことを証明しなさい。

ガイド

「合同な図形の対応する角の大きさは等しい」ことを利用します。∠XOY をふくむ三角形と合同な三角形をかくことを考えます。
半直線 OY，OX 上に点 P，Q をとって△OPQ をつくり，3 つの辺を使ってこれと合同な△ACD をかきます。
したがって，合同の証明は，「3 組の辺がそれぞれ等しい」という条件を使います。

答え

(1) ① 点 O を中心に適当な半径の円をかき，半直線 OY，OX との交点をそれぞれ P，Q とする。(**図 1**)

② 点 A を中心に①と同じ半径の円をかき，半直線 AB との交点を C とする。(**図 2**)

③ PQ の長さをコンパスで測りとる。(**図 1**)

④ 点 C を中心に半径が PQ の長さの円をかき，②の円との交点を D とする。(**図 3**)

⑤ 半直線 AD を引く。(**図 4**)

∠DAB が∠XOY と等しい角になる。

図1

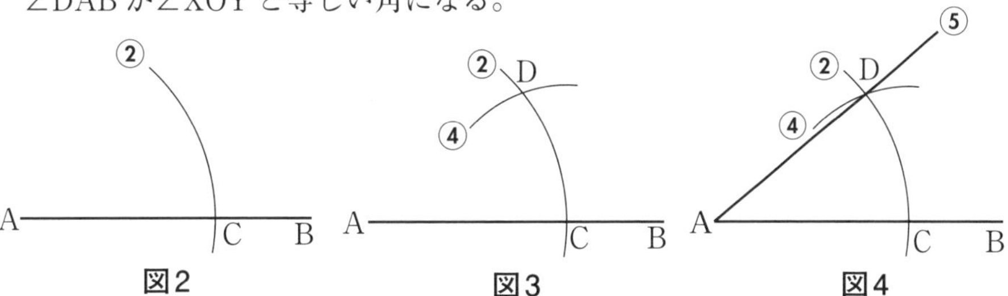

図2　図3　図4

(2) (Ⅰ) **仮定**…OP = OQ = AC = AD, PQ = CD
結論…∠XOY = ∠DAB

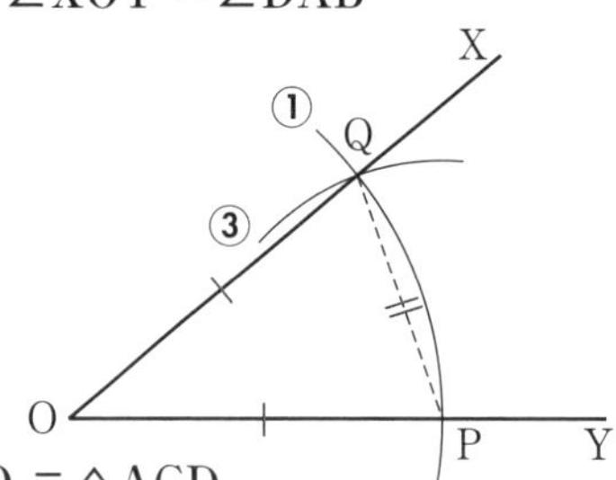

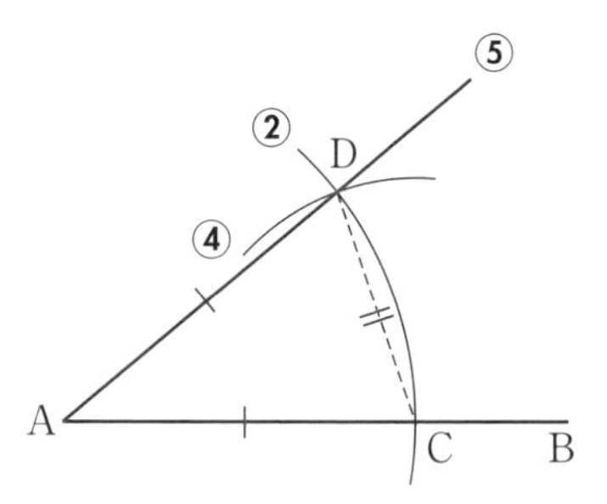

(Ⅱ) △OPQ ≡ △ACD

(Ⅲ) △OPQ と△ACD において，
仮定から，　OP = AC　㋐
　　　　　　OQ = AD　㋑
　　　　　　PQ = CD　㋒
㋐，㋑，㋒より，3 組の辺がそれぞれ等しいから，
　　△OPQ ≡ △ACD
合同な図形の対応する角は等しいから，
　　∠QOP = ∠DAC
すなわち，∠XOY = ∠DAB

注 ここでは OP = OQ の三角形をうつしましたが，はじめに点 P，Q を適当にとって△OPQ をうつす方法もあります。

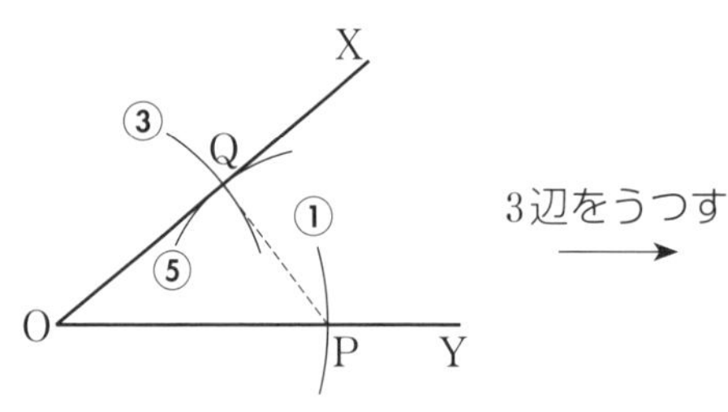

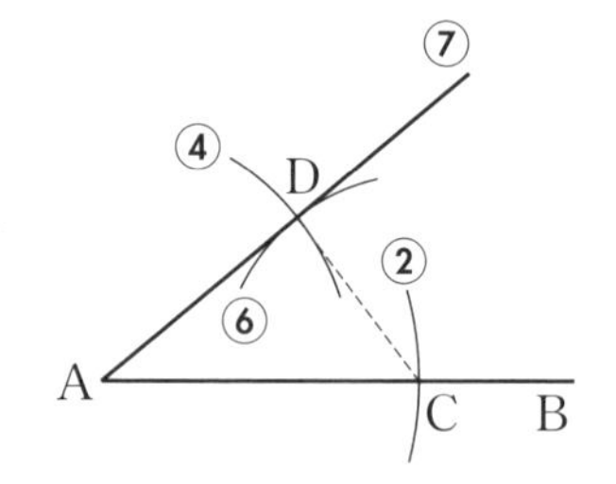

教科書 P.135

次(右)の図は，「直線 ℓ 上にない点 P を通る ℓ の平行線」の作図の方法を示しています。作図の手順①～⑤を説明してみよう。
また，三角形の合同を使って，この作図の方法が正しいことを証明してみよう。

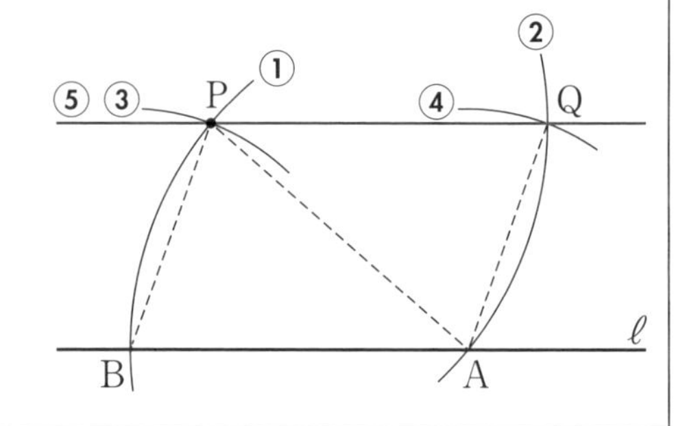

答え

(作図の手順)はじめに，直線 ℓ 上に適当な点 A をとる。
① 点 A を中心に半径 AP の円をかき，直線 ℓ との交点を B とする。
② 点 P を中心に①と同じ半径の円をかく。
③ BP の長さをコンパスで測りとる。
④ 点 A を中心に半径 BP の円をかき，②の円との交点を Q とする。

⑤　直線 PQ を引く。この直線が点 P を通る ℓ の平行線になる。

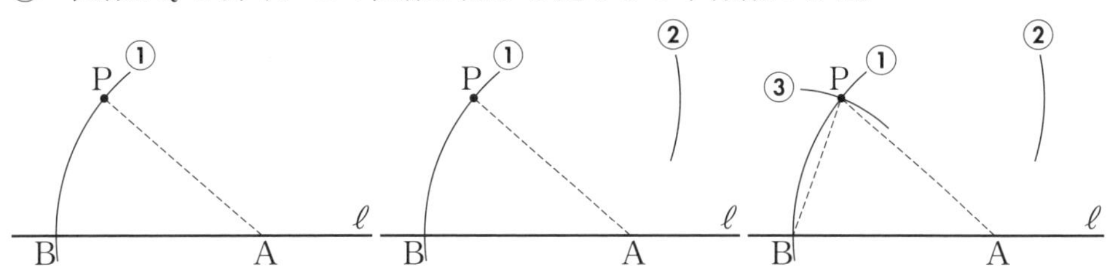

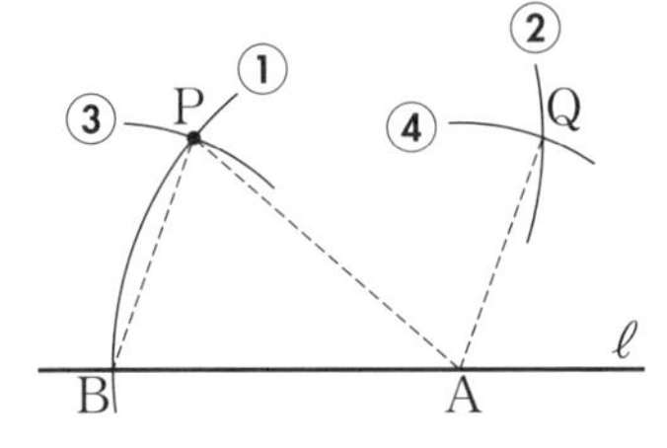

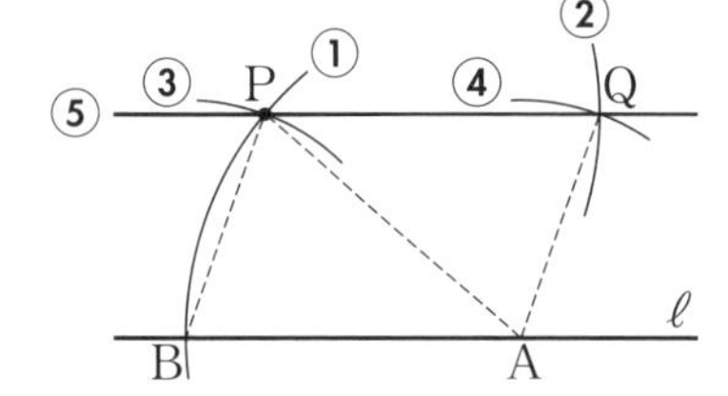

〔**証明**〕　△PBA と△AQP において，

仮定から，　　AB ＝ PQ　　㋐

　　　　　　　BP ＝ QA　　㋑

共通な辺だから，AP ＝ PA　　㋒

㋐，㋑，㋒より，3 組の辺がそれぞれ等しいから，

　　　△PBA ≡△AQP

合同な図形の対応する角は等しいから，

　　　∠BAP ＝∠QPA

錯角が等しいから，　BA // PQ

すなわち，　　　　ℓ // PQ

逆

教科書 P.136

次の(1)，(2)のことがらについて，仮定と結論をそれぞれいいましょう。また，(1)，(2)のことがらは正しいといえるでしょうか。

(1)　2 つの三角形が合同ならば，3 つの角はそれぞれ等しい。

(2)　2 つの三角形の 3 つの角がそれぞれ等しいならば，合同である。

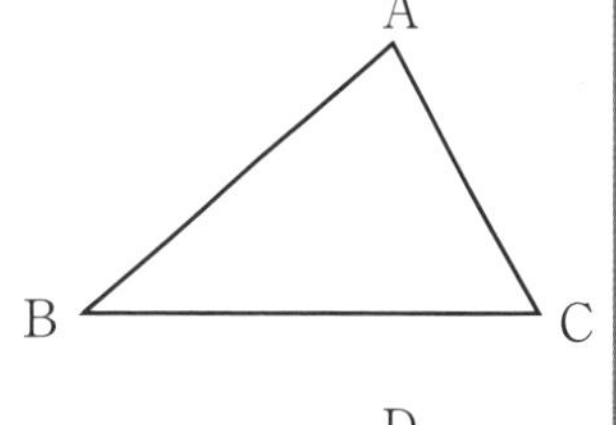

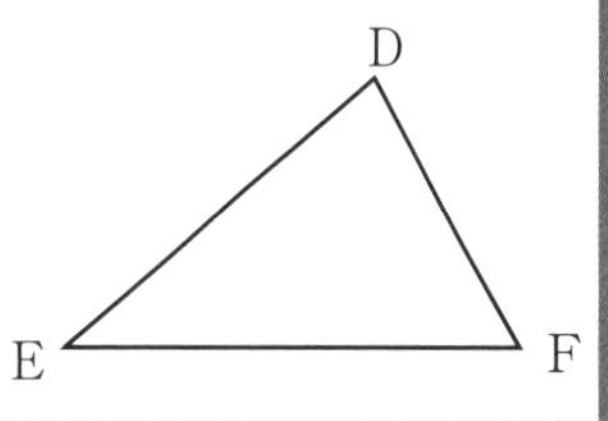

答え

(1)　仮定…2 つの三角形が合同　　　結論…3 つの角はそれぞれ等しい

　　正しい。

(2)　仮定…2 つの三角形の 3 つの角がそれぞれ等しい

　　結論…2 つの三角形は合同

　　正しくない。(3つの角がそれぞれ等しくても，辺の長さが違う三角形がある。)

教科書 P.137

問 8 次のことがらの逆をいいなさい。また，それが正しいかどうかを調べなさい。正しくない場合は，反例をあげて示しなさい。

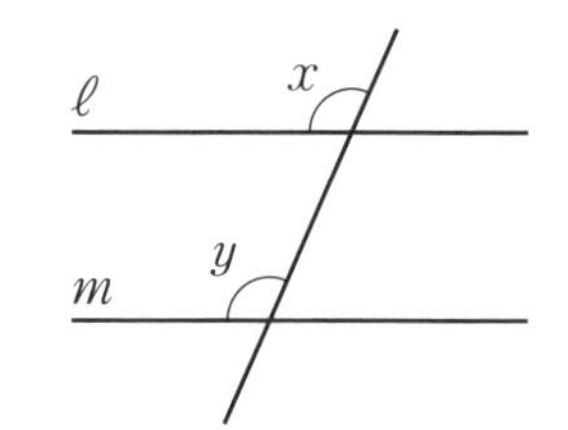

(1) 2直線 ℓ，m が平行ならば，同位角 $\angle x$ と $\angle y$ は等しい。

(2) $\triangle ABC \equiv \triangle DEF$ ならば，$\triangle ABC$ と $\triangle DEF$ の面積は等しい。

(3) $\triangle ABC$ で，$\angle A = 90°$ ならば，$\angle B + \angle C = 90°$ である。

(4) $a > 0$，$b > 0$ ならば，$ab > 0$ である。

ガイド

「ならば」の前と後を入れかえます。正しいかどうかは，反例があるかどうかで判断します。

答え

(1) 逆…同位角 $\angle x$ と $\angle y$ が等しければ，2直線 ℓ，m は平行である。

正しい。

(2) 逆…$\triangle ABC$ と $\triangle DEF$ の面積が等しければ，$\triangle ABC \equiv \triangle DEF$ である。

正しくない。

反例…直角をはさむ2辺の長さが 4 cm，3 cm の直角三角形と底辺の長さが 4 cm，高さが 3 cm の二等辺三角形など。

(3) 逆…$\triangle ABC$ で，$\angle B + \angle C = 90°$ ならば，$\angle A = 90°$ である。

正しい。

(4) 逆…$ab > 0$ ならば，$a > 0$，$b > 0$ である。

正しくない。

反例…$a = -2$，$b = -3$ のとき，$ab = (-2) \times (-3) = 6 > 0$ である。

図形の性質のまとめ

教科書 P.139

次の図のようなブーメラン形の図形で，$\angle x$ の大きさをいろいろな方法で求めてみよう。

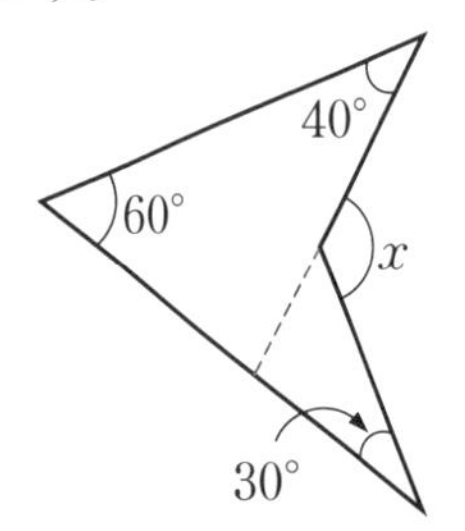

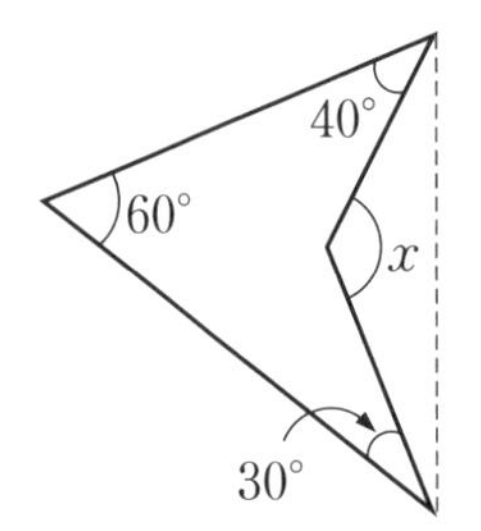

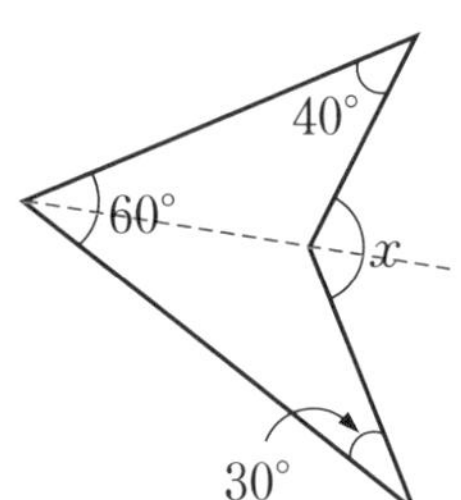

答え

(1) 図1のように補助線を引くと，

$\triangle ADC$ の外角から，$\angle CDB = 60° + 40°$

$\triangle BED$ の外角から，$\angle x = \underline{(60° + 40°) + 30°} = \mathbf{130°}$

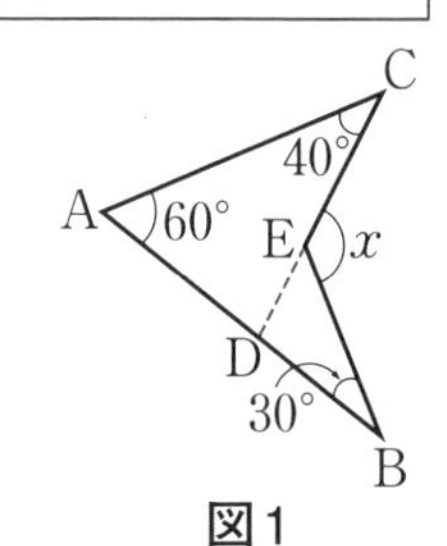

図1

(2) 図2のように補助線を引き，$\angle ECB = \angle a$,
$\angle EBC = \angle b$ とすると，
$\triangle EBC$ の内角の和から，
$\angle x = 180° - (\angle a + \angle b)$ ①
$\triangle ABC$ の内角の和から，
$60° + 30° + 40° + \angle a + \angle b = 180°$
$\angle a + \angle b = 180° - (60° + 30° + 40°)$ ②
②を①に代入すると，
$\angle x = 180° - \{180° - (60° + 30° + 40°)\}$
$= 180° - 180° + (60° + 30° + 40°)$
$= \underline{60° + 30° + 40°} = \mathbf{130°}$

図2

(3) 図3のように補助線を引き，図のように，$\angle a$，$\angle b$，$\angle c$，$\angle d$ とすると，
$\angle a + \angle b = 60°$
$\triangle AEC$ の外角から，$\angle c = \angle a + 40°$
$\triangle ABE$ の外角から，$\angle d = \angle b + 30°$
したがって，$\angle x = \angle c + \angle d$
$= (\angle a + 40°) + (\angle b + 30°)$
$= \angle a + \angle b + 40° + 30°$
$= \underline{60° + 40° + 30°} = \mathbf{130°}$

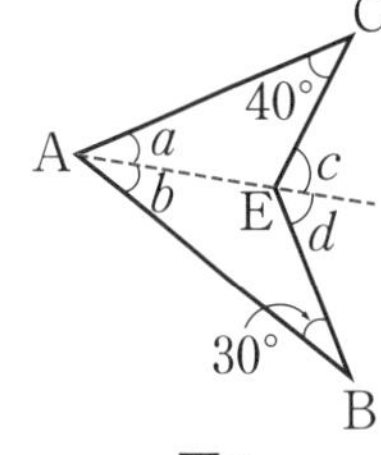

図3

コメント！ 途中で計算せずに式で表したのは，下線をつけた式を示すためです。
どの方法で求めても，60°，40°，30° の3つの角の和になることがわかります。

2 図形の合同

確かめよう

教科書 P.140

1 次の(1)～(3)に，それぞれどんな条件を1つ加えれば，$\triangle ABC$ と $\triangle DEF$ は合同になりますか。
(1) $BC = EF$，$CA = FD$
(2) $BC = EF$，$\angle B = \angle E$
(3) $\angle A = \angle D$，$\angle B = \angle E$

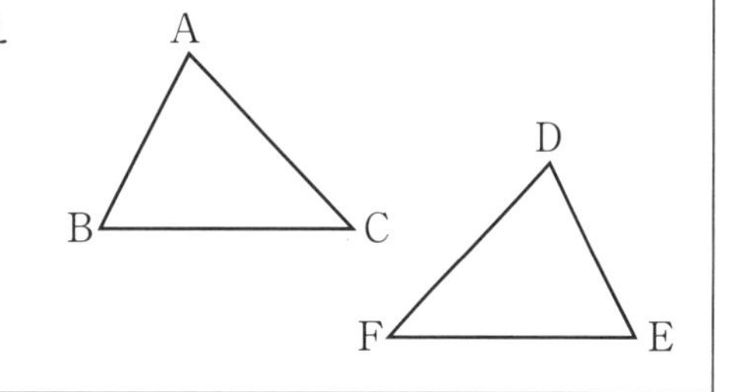

ガイド
(2) $\angle A = \angle D$ という条件でも，三角形の内角の和が180° であることから，$\angle C = \angle F$ を導くことができます。
(3) 三角形の内角の和は 180° なので，
$\angle A = \angle D$，$\angle B = \angle E$ より，$\angle C = \angle F$ になります。

答え
(1) **$AB = DE$**(3組の辺がそれぞれ等しくなる。)
または，**$\angle C = \angle F$**(2組の辺とその間の角がそれぞれ等しくなる。)
(2) **$AB = DE$**(2組の辺とその間の角がそれぞれ等しくなる。)
または，**$\angle C = \angle F$**(または，**$\angle A = \angle D$**)
(1組の辺とその両端の角がそれぞれ等しくなる。)

4章 図形の性質の調べ方

(3) AB = DE(または BC = EF または AC = DF)
(1 組の辺とその両端の角がそれぞれ等しくなる。)

2 平行で長さの等しい線分 AB と線分 CD があります。点 A と点 D，点 B と点 C をそれぞれ結び，その交点を O とすると，AO = DO です。次の問いに答えなさい。

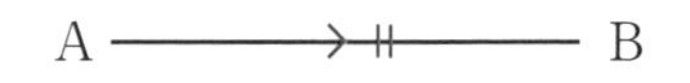

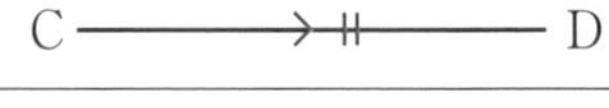

(1) 上(右)の図を完成させなさい。
(2) 仮定と結論をいいなさい。
(3) このことの証明を，次(右)のような手順ですすめようとするとき，①～⑤の根拠となることがらをいいなさい。

> △AOB と△DOC において，
> AB = DC ……………………①
> ∠BAO = ∠CDO ………………②
> ∠ABO = ∠DCO ………………③
> これより，△AOB ≡ △DOC ………④
> したがって，AO = DO …………⑤

ガイド (3) 仮定のほかに，よく使われる証明の根拠には，次のようなことがらがあります。
・対頂角の性質　・平行線の性質　・三角形の合同条件
・合同な図形の性質

答え
(1) 右の図
(2) 仮定…AB // CD，AB = CD
結論…AO = DO
(3) ① 仮定

② 平行線の錯角は等しい
③ 平行線の錯角は等しい
④ 1 組の辺とその両端の角がそれぞれ等しい三角形は合同である
⑤ 合同な図形の対応する辺は等しい

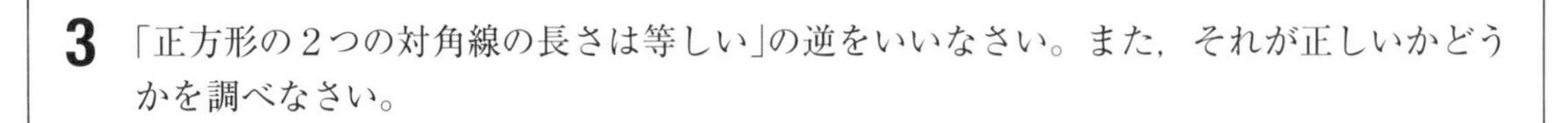

3 「正方形の 2 つの対角線の長さは等しい」の逆をいいなさい。また，それが正しいかどうかを調べなさい。

ガイド 「ならば」を使っていいかえると，「(図形が)正方形ならば，2 つの対角線の長さは等しい」となります。対角線の交わり方を考えてみましょう。

答え
逆…2 つの対角線の長さが等しい四角形は，正方形である。
正しくない。

反例

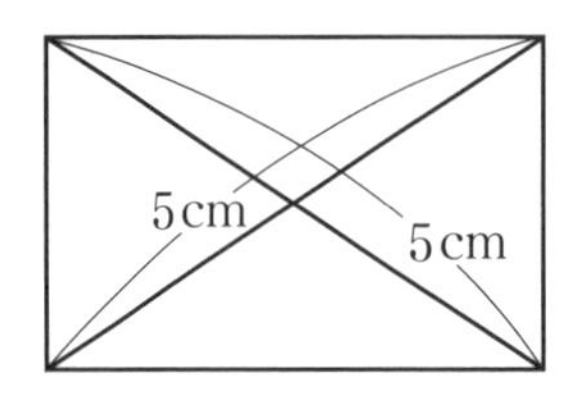

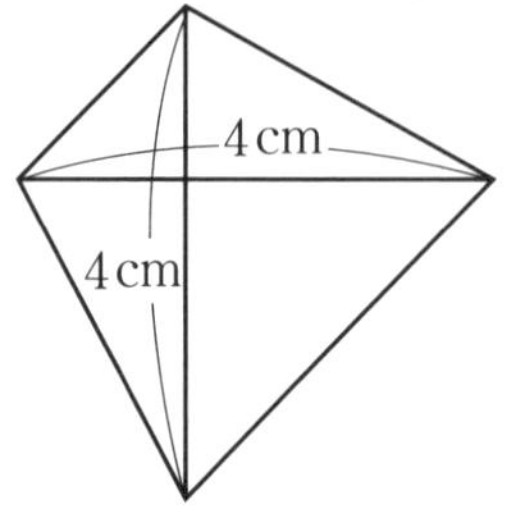

など

4 章のまとめの問題

基本

1 次の図で，$\ell /\!/ m$ のとき，$\angle x$，$\angle y$ の大きさを求めなさい。

(1)
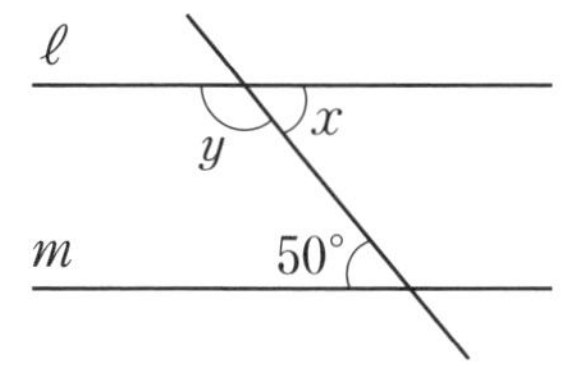

(2)
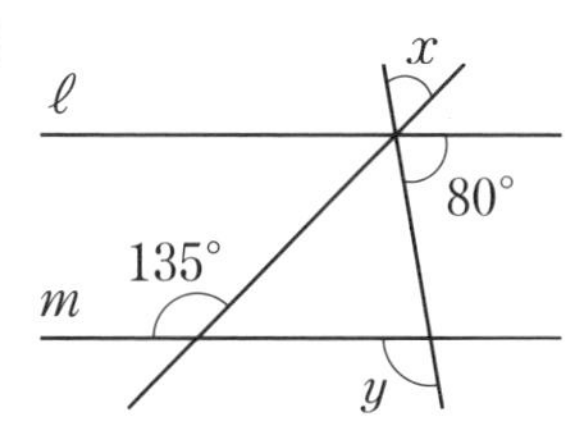

(3)
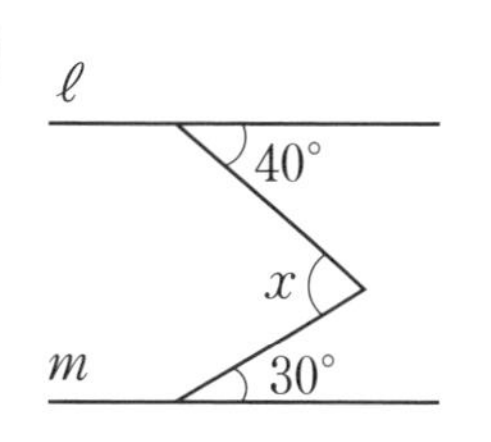

ガイド 等しくなる同位角や錯角を見つけましょう。

答え

(1) $\ell /\!/ m$ より，錯角が等しいから，$\angle x = 50°$

$\angle y = 180° - 50° = 130°$

答　$\angle x = 50°$，$\angle y = 130°$

(2) 右の図で，$\ell /\!/ m$ より，同位角が等しいから，

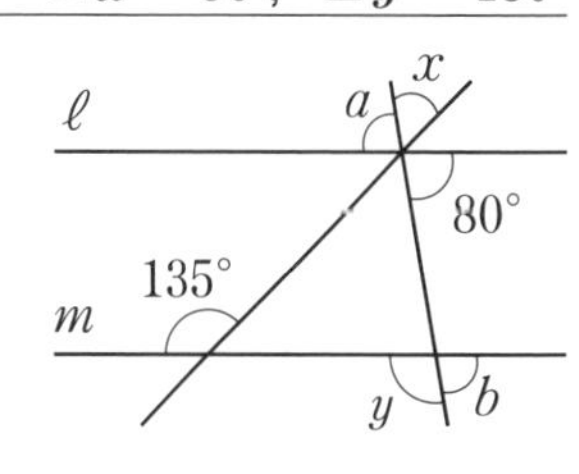

$\angle a + \angle x = 135°$

$\angle a$ は $80°$ の角の対頂角なので，$\angle a = 80°$

したがって，$\angle x = 135° - 80° = 55°$

同位角が等しいので，図の $\angle b = 80°$

したがって，$\angle y = 180° - 80° = 100°$

答　$\angle x = 55°$，$\angle y = 100°$

(3) 右の図のように，ℓ と m に平行な直線 n を引くと，

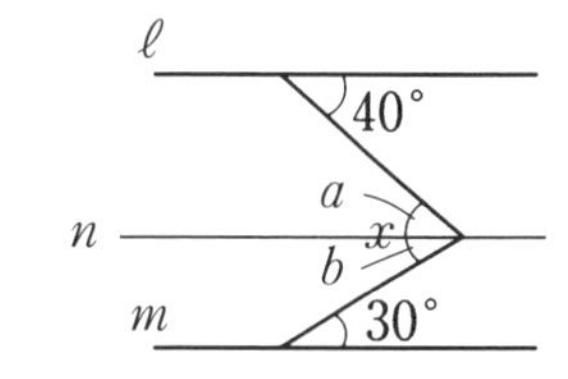

$\ell /\!/ m$ より，錯角が等しいから，$\angle a = 40°$

$n /\!/ m$ より，錯角が等しいから，$\angle b = 30°$

したがって，$\angle x = 40° + 30° = 70°$

答　$\angle x = 70°$

2 次の図で，$\angle x$ の大きさを求めなさい。

(1)
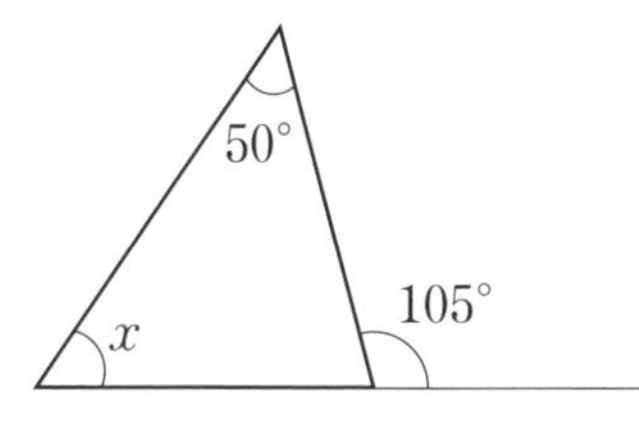

(2)
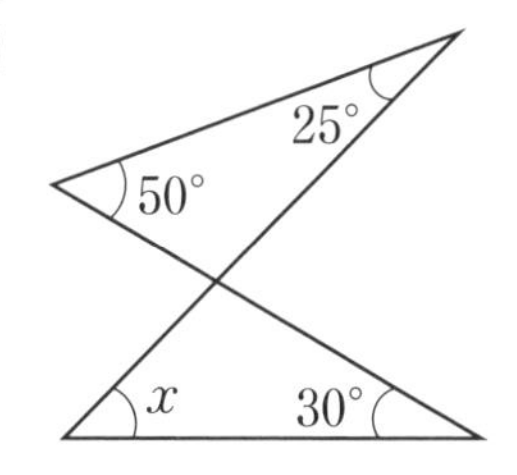

(3)
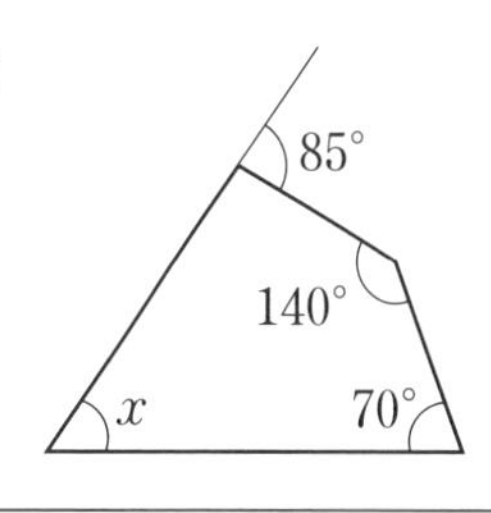

ガイド

(1) 三角形の外角の性質を使いましょう。

(2) 三角形の内角の性質または外角の性質を使いましょう。

(3) 四角形の内角の和から求めましょう。

答え

(1) 三角形の外角から，

$\angle x = 105° - 50° = 55°$

答　$\angle x = 55°$

(2) 右の図で，$\angle a$ は上の三角形と下の三角形の両方の外角になるので，

$50° + 25° = \angle x + 30°$

$\angle x = 50° + 25° - 30° = 45°$

答　$\angle x = 45°$

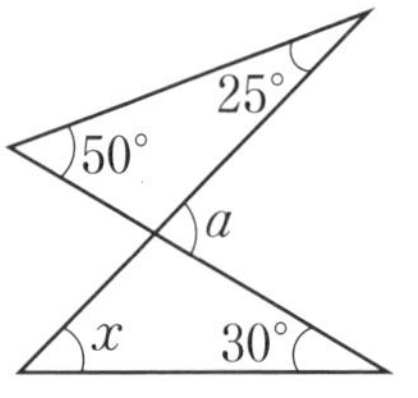

(3) 右の図で，$\angle a = 180° - 85° = 95°$

四角形の内角の和は 360° なので，

$\angle x = 360° - (70° + 140° + 95°)$

$= 360° - 305°$

$= 55°$

答　$\angle x = 55°$

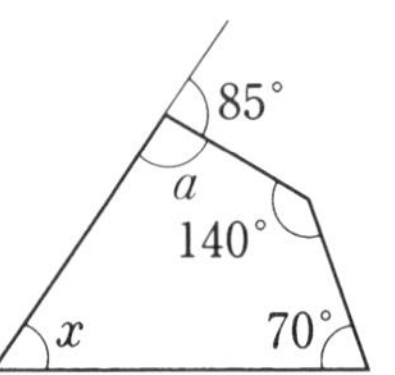

3 次の問いに答えなさい。

(1) 正六角形の１つの内角の大きさを求めなさい。

(2) 正十角形の１つの外角の大きさを求めなさい。

(3) 内角の和が 900° の多角形は何角形ですか。

ガイド

n 角形の内角の和は，$180° \times (n - 2)$，外角の和は 360° です。

(3) 求める多角形を n 角形として，方程式をつくります。

答え

(1) 正六角形の内角の和は，$180° \times (6 - 2) = 720°$

１つの内角の大きさは，$720° \div 6 = 120°$

答　120°

（別解）正六角形の１つの外角は，$360° \div 6 = 60°$

したがって，１つの内角は，$180° - 60° = 120°$

(2) 正十角形の 10 個の外角はすべて等しく，外角の和は 360° だから，

$360° \div 10 = 36°$

答　36°

(3) n 角形とすると，$180 \times (n - 2) = 900$

$n - 2 = 5$

$n = 7$

答　七角形

4 右の図で，AB = AD，∠ABC = ∠ADE ならば，BC = DE です。次の問いに答えなさい。

(1) 仮定と結論をいいなさい。

(2) 仮定から結論を導くには，どの三角形とどの三角形の合同をいえばよいですか。

(3) このことを証明しなさい。

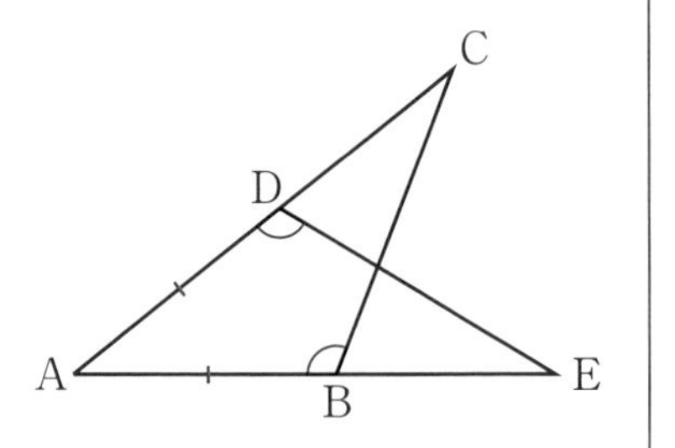

ガイド

(2) 仮定で示された辺と角をふくむ三角形を考えます。

(3) 仮定と∠A が共通なことから，三角形の合同条件のどれを使うか決定できます。

答え

(1) **仮定**…AB = AD，∠ABC = ∠ADE
　結論…BC = DE

(2) △ABC と△ADE

(3) △ABC と△ADE において，

仮定から，　AB = AD　①

∠ABC = ∠ADE　②

共通な角だから，∠CAB = ∠EAD　③

①，②，③より，1 組の辺とその両端の角がそれぞれ等しいから，

△ABC ≡ △ADE

合同な図形の対応する辺は等しいから，

BC = DE

応用

1 次の図で，∠x の大きさを求めなさい。ただし，$\ell /\!/ m$ で，同じ印をつけた角は等しいとします。

(1)

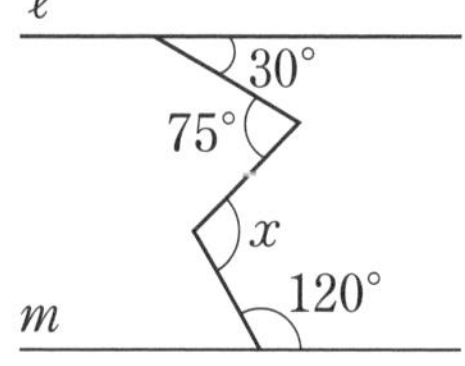

(2)

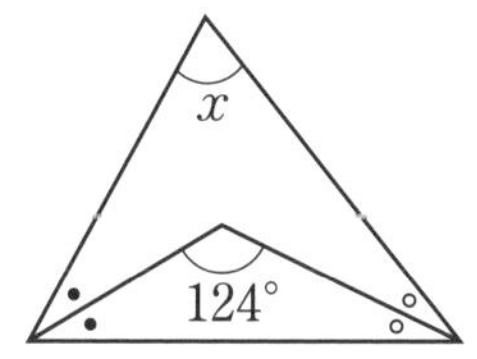

(3)

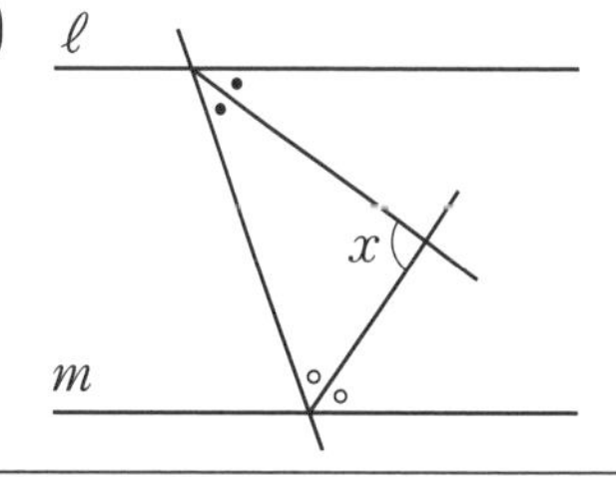

ガイド

(2) 三角形の内角の和から，∠•と∠◦の和を考えます。

∠• + ∠◦ + 124° = 180°

(∠•が 2 つ) + (∠◦が 2 つ) + ∠x = 180°

(3) 平行線の錯角から，2 つの∠•と 2 つの∠◦の和が 180° になります。このことから，∠• + ∠◦の大きさがわかります。

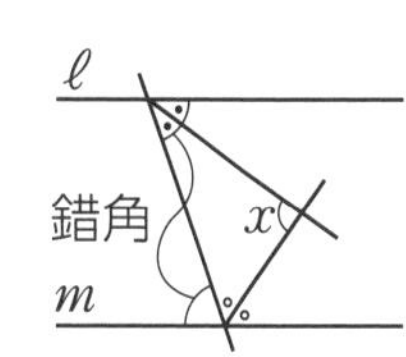

答え

(1) 右の図のように，ℓ，m に平行な直線 n，o を引く。

∠a = 30°(錯角)　よって，∠b = 75° − 30° = 45°

∠b = ∠c(錯角)　よって，∠c = 45°

120° のとなりの角は 60° だから，∠d = 60°(錯角)

したがって，∠x = ∠c + ∠d = 45° + 60° = **105°**

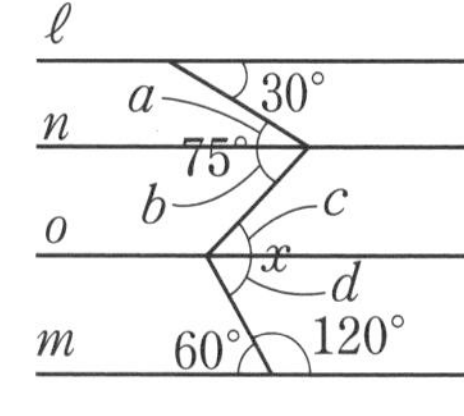

(2) •印の角を∠a，◦印の角を∠b とする。

右の図で，△DBC の内角の和から，

∠a + ∠b + 124° = 180°

よって，∠a + ∠b = 180° − 124° = 56°

△ABC の内角の和から，

∠x = 180° − (2∠a + 2∠b)

　= 180° − 2(∠a + ∠b)

　= 180° − 2 × 56°

　= **68°**

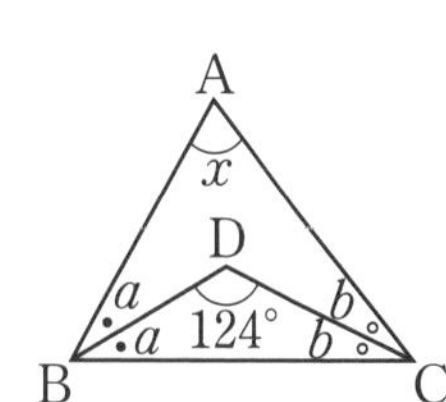

(3)　•印の角を$\angle a$，◦印の角を$\angle b$とする。
右の図で，$\angle c = 2\angle a$(錯角)
よって，$2\angle a + 2\angle b = 2(\angle a + \angle b) = 180^\circ$
$\angle a + \angle b = 180^\circ \div 2 = 90^\circ$
$\angle x$をふくむ三角形の内角の和から，
$\angle x = 180^\circ - (\angle a + \angle b) = 180^\circ - 90^\circ =$ **90°**

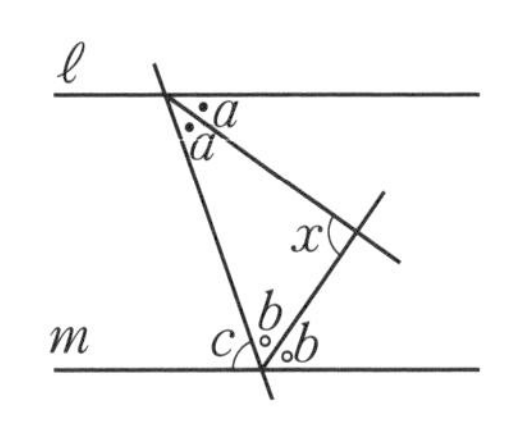

2 次(右)の図で，正五角形 ABCDE の頂点 A，C は，それぞれ平行な 2 直線 ℓ，m 上にあります。このとき，$\angle x$ の大きさを求めなさい。

ガイド　まず，正五角形の 1 つの内角を求めましょう。点 B を通り ℓ，m に平行な直線を引くと，平行線の錯角から，$\angle x$ にたどりつけます。

答え　ℓ，m に平行な直線を引く。
正五角形の 1 つの内角は，
$180^\circ \times (5-2) \div 5 = 108^\circ$
右の図で，$\angle a = 180^\circ - (108^\circ + 20^\circ) = 52^\circ$
$\angle a$ と $\angle b$ は錯角で等しいので，$\angle b = 52^\circ$
よって，$\angle c = 108^\circ - 52^\circ = 56^\circ$
$\angle c$ と $\angle x$ は錯角で等しいので，$\angle x = 56^\circ$

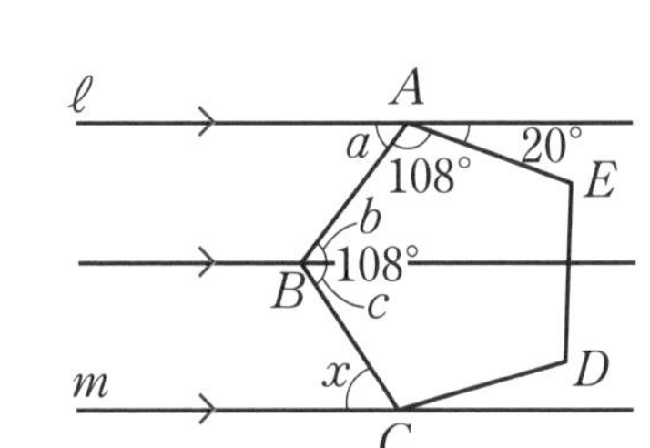

3 次のことがらを，(教科書)132 ページの手順❶〜❸にしたがって，証明しなさい。

> 線分 AB の垂直二等分線 ℓ を引き，AB と ℓ との交点を M とする。
> このとき，ℓ 上に点 P をとると，PA = PB である。

ガイド　❶ 図をかく。　❷ 仮定と結論をはっきりさせる。　❸ 証明する。
仮定は，垂直二等分線から，「垂直」と「二等分」の意味を表す式をそれぞれ考えましょう。

答え
❶ **右の図**
❷ **仮定…AM = BM，$\ell \perp$ AB**
結論…PA = PB
❸ △PAM と△PBM において，
仮定から，　AM = BM　①
∠PMA = ∠PMB = 90°　②
共通な辺だから，PM = PM　③
①，②，③より，2 組の辺とその間の角がそれぞれ等しいから，
△PAM ≡ △PBM
合同な図形の対応する辺は等しいから，
PA = PB

4 AD∥BC の台形 ABCD で，辺 CD の中点を E とし，A と E を結びます。AE の延長と BC の延長との交点を F とするとき，AE = FE であることを証明しなさい。

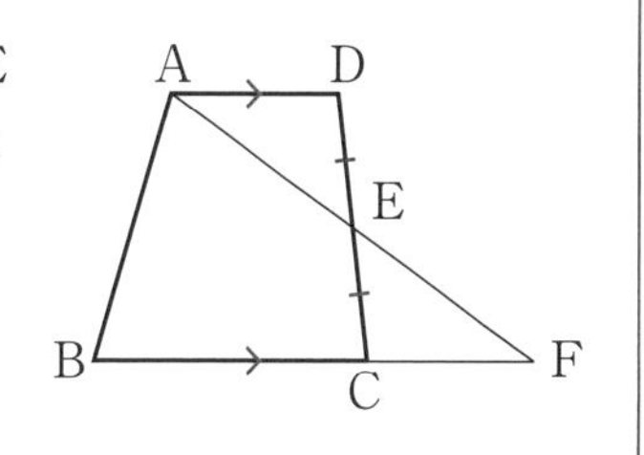

ガイド AE = FE を導くために，△AED と△FEC の合同を考えます。

答え

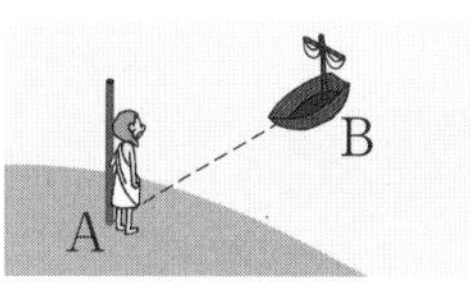

△AED と△FEC において，
仮定から，　　　　　DE = CE　　①
平行線の錯角は等しいから，
AD∥CF より，　　∠ADE = ∠FCE　②
対頂角は等しいから，∠AED = ∠FEC　③
①，②，③より，1 組の辺とその両端の角がそれぞれ等しいから，
△AED ≡ △FEC
合同な図形の対応する辺は等しいから，
AE = FE

活用

紀元前 6 世紀頃（ごろ）の古代ギリシャの数学者ターレスは，次のように，陸上から直接測ることができない船までの距離（きょり）を求めたといわれています。

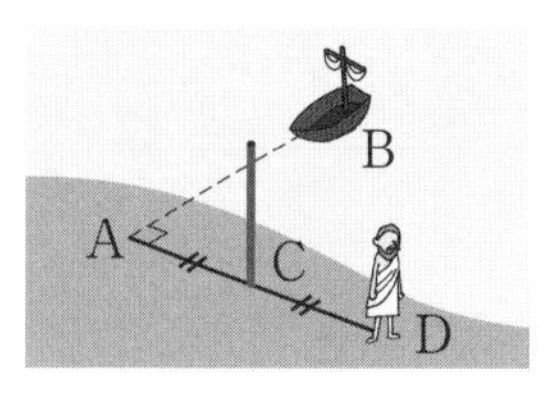

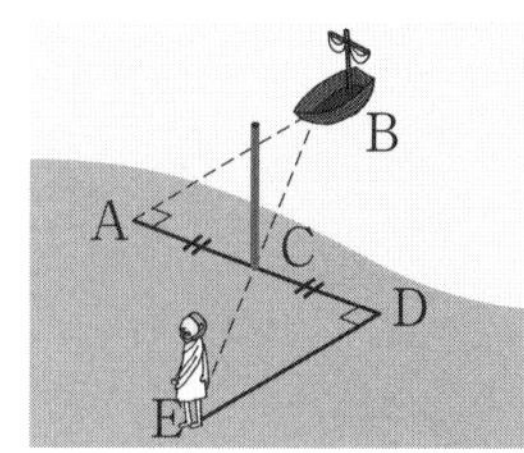

ターレスの方法

① 陸上の点Aから船Bを見る。
② 点Aで体の向きを 90° 変え，距離を決めてまっすぐ歩いて棒を立て，その点をCとする。さらに同じ方向に点Aから点Cまでの距離と同じだけまっすぐ歩いて立ち止まり，その点をDとする。
③ 点Dで点Cの方を向き，船Bとは反対側に体の向きを 90° 変える。そこからまっすぐ歩き，点Cに立てた棒と船Bが重なって見える点をEとする。
④ 点Dから点Eまでの距離を測る。

1 次の問いに答えなさい。

(1) ターレスの方法では，右の図で，AB = DE となることを使って船までの距離を求めました。AB = DE となることを証明しなさい。

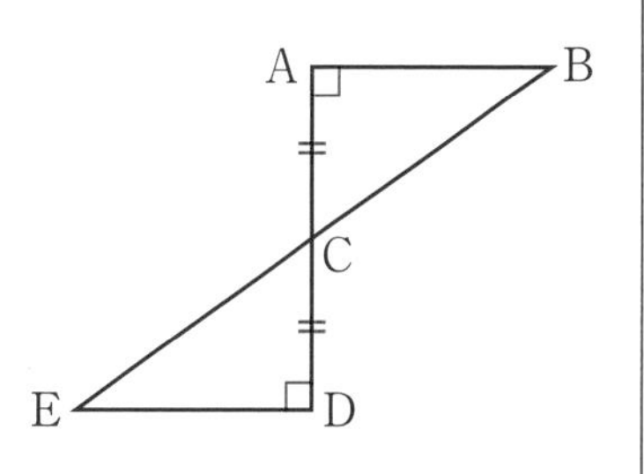

4章 図形の性質の調べ方

答え

△ABC と△DEC において，
仮定から，　　AC ＝ DC　　①
　　　　　　∠A ＝∠D ＝ 90°　　②
対頂角は等しいから，∠ACB ＝∠DCE　　③
①，②，③より，1組の辺とその両端の角がそれぞれ等しいから，
　　　　　　△ABC ≡△DEC
合同な図形の対応する辺は等しいから，AB ＝ DE

(2) ターレスの方法では，∠BAC と∠EDC の大きさを 90° にしています。次の㋐〜㋓は，この∠BAC と∠EDC の大きさについて述べたものです。正しいものを1つ選びなさい。

㋐ ∠BAC と∠EDC がどちらも 90° のときだけ，△ABC ≡△DEC を利用して船までの距離を求めることができる。
㋑ ∠BAC ＝∠EDC であれば，90° にしなくても，△ABC ≡△DEC を利用して船までの距離を求めることができる。
㋒ ∠BAC を 90° にすれば，∠EDC を何度にしても，△ABC ≡△DEC を利用して船までの距離を求めることができる。
㋓ ∠BAC と∠EDC の大きさを等しくしなくても，△ABC ≡△DEC を利用して船までの距離を求めることができる。

ガイド

△ABC ≡△DEC を利用するためには，∠BAC ＝∠EDC である必要があります。このとき，∠BAC と∠EDC の大きさは 90° である必要はありません。

答え

㋑

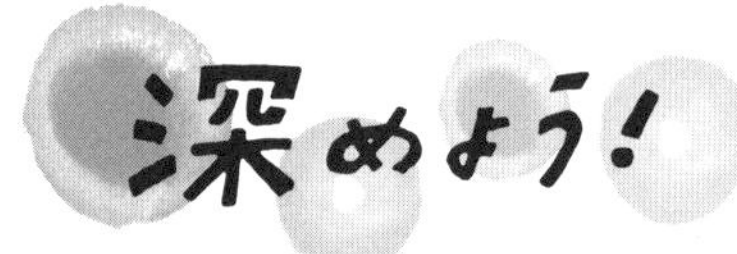

補助線の引き方を考えよう

教科書 P.145

1 右の図で，$\ell \parallel m$ のとき，$\angle x$ の大きさを，次の2つの方法で求めてみましょう。また，別の方法も考えてみましょう。

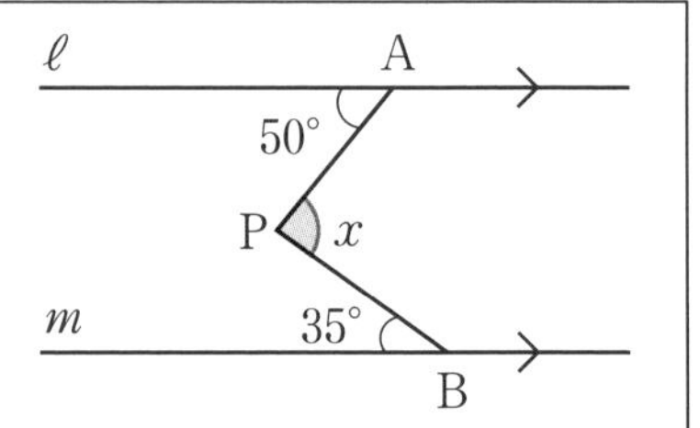

❶ 点Pを通り ℓ，m に平行な直線 n を引く。

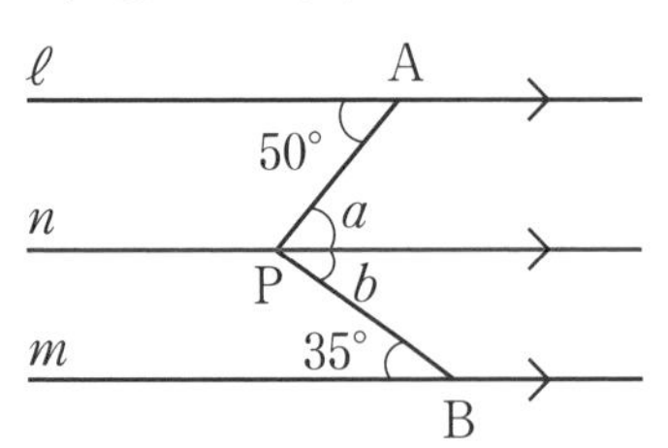

❷ 線分 AP を延長し，m との交点を C とする。

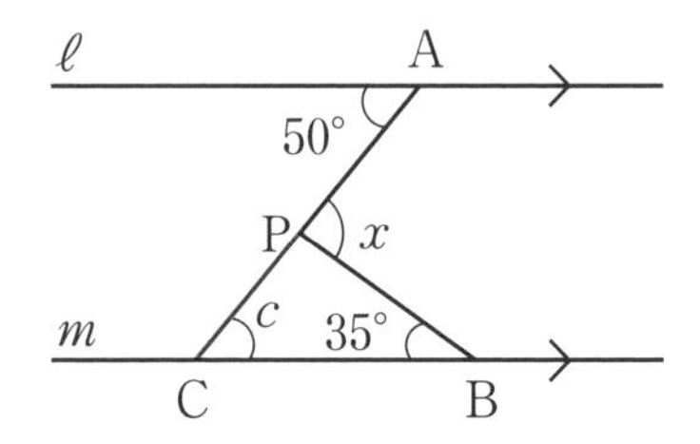

ガイド

❶ 平行線の錯角の性質を使います。
❷ 平行線の錯角の性質と，三角形の外角の性質を使って考えましょう。

答え

❶ 点Pを通り ℓ，m に平行な直線 n を引くと，平行線の錯角は等しいから，
$\angle a = 50^\circ$，$\angle b = 35^\circ$
$\angle x = \angle a + \angle b$ だから，
$\angle x = 50^\circ + 35^\circ = \mathbf{85^\circ}$

❷ 線分APを延長し，m との交点をCとすると，平行線の錯角は等しいから，
$\angle c = 50^\circ$
三角形の外角は，これととなり合わない2つの内角の和に等しいから，
$\angle x = \angle c + 35^\circ = 50^\circ + 35^\circ = \mathbf{85^\circ}$

2 1の問題の図で，右のような補助線を引いたとき，$\angle x$ の大きさを求めることができるか調べてみましょう。

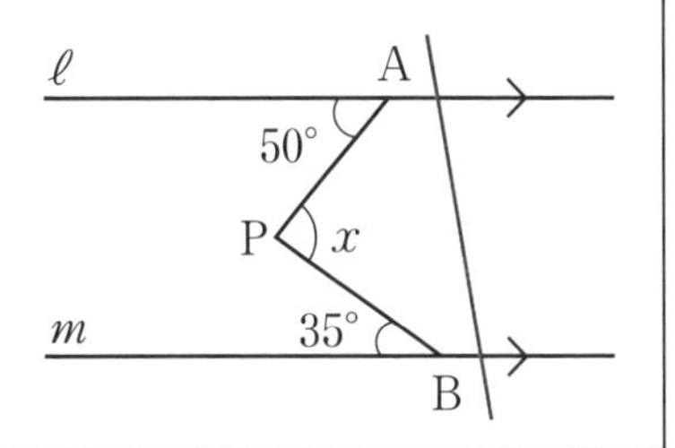

ガイド

補助線が直線 ℓ，m と交わる2つの点と点A，P，Bの5つの点でできる五角形に注目します。この五角形の内角の和，内角と外角の関係を考えてみましょう。

答え

右の図のように，補助線が直線 ℓ，m と交わる2つの点をD，Cとすると，$\ell /\!/ m$ より，
$\angle c = \angle e$
これと，$\angle e + \angle d = 180^\circ$ より，
$\angle c + \angle d = 180^\circ$ ①
また，$\angle a = 180^\circ - 50^\circ = 130^\circ$ ②
$\angle b = 180^\circ - 35^\circ = 145^\circ$ ③

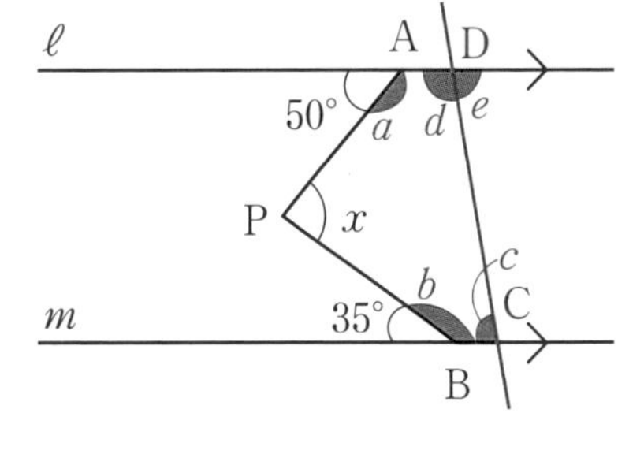

五角形APBDEの内角の和は，$180^\circ \times (5-2) = 540^\circ$ だから，①，②，③より，
$\angle a + \angle x + \angle b + \angle c + \angle d = 540^\circ$
$\angle x = 540^\circ - (\angle a + \angle b + \angle c + \angle d) = 540^\circ - (130^\circ + 145^\circ + 180^\circ) = \mathbf{85^\circ}$

3 1の問題をもとにして，条件を少し変えると，次のような問題をつくることができます。それぞれの図で，$\angle x$ の大きさを求めてみましょう。

❶ 点Pを m の下に動かす。

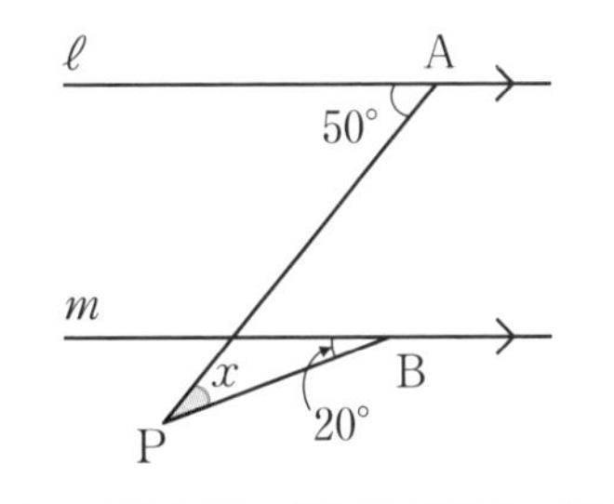

❷ ℓ，m の間に点Qを加える。

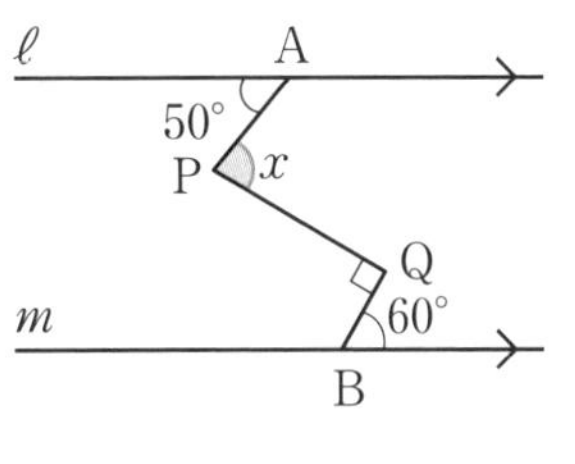

❸ ℓ，m が交わるようにする。

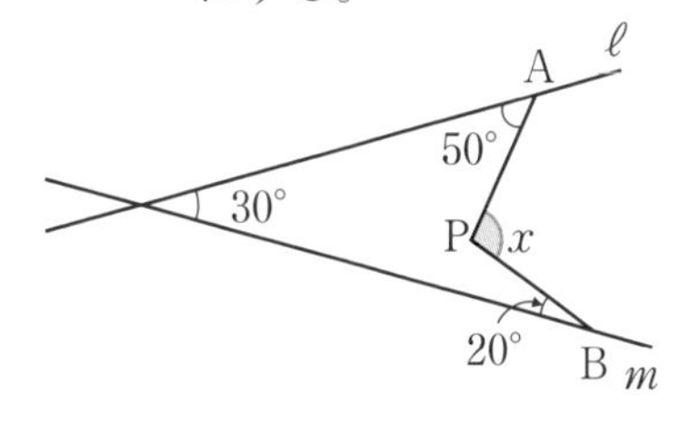

4章 図形の性質の調べ方

ガイド

❶ 平行線の性質と，三角形の外角の性質を使って考えてみましょう。

❷ 点P，Qを通り，ℓ，mに平行な直線を補助線として引いてみる考え方，PQを延長してℓまたはm上に1辺をもつ三角形を使って求める考え方など，いろいろな解き方があります。

❸ APまたはBPを延長して求める考え方と，点AとBを直線で結んで求める考え方があります。

答え

❶ 右の図で，$\ell \parallel m$より，同位角が等しいから，

$\angle a = 50°$

三角形の外角の性質から，

$\angle x + 20° = \angle a$

$\angle x = \angle a - 20° = 50° - 20° = \mathbf{30°}$

❷ 右の図のように，点P，Qを通り，それぞれ直線ℓ，mに平行な直線n，oを引く。

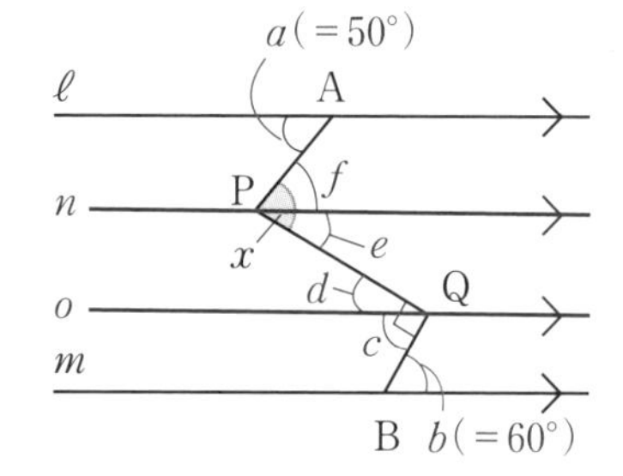

$o \parallel m$より，錯角が等しいから，

$\angle c = \angle b = 60°$

$\angle c + \angle d = 90°$より，

$\angle d = 90° - \angle c = 90° - 60° = 30°$

$o \parallel n$より，錯角が等しいから，

$\angle e = \angle d = 30°$

$\ell \parallel n$より，錯角が等しいから，

$\angle f = \angle a = 50°$

$\angle x = \angle e + \angle f = 30° + 50° = \mathbf{80°}$

❸ 図**ア**のように，線分APの延長と直線mの交点をCとする。

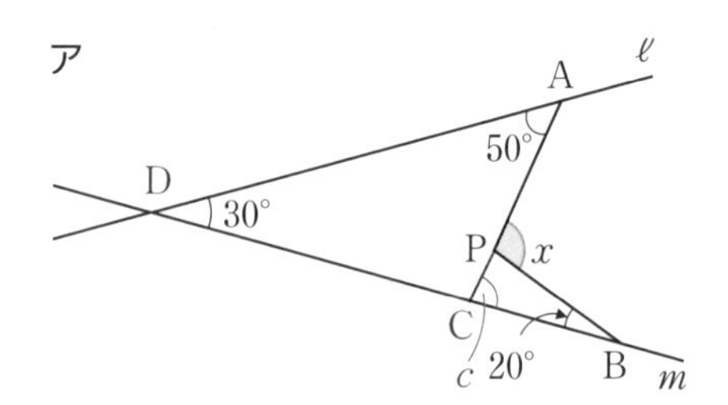

△ADCについて，外角の性質から，

$\angle c = \angle \mathrm{A} + \angle \mathrm{D}$

$= 50° + 30° = 80°$

△PCBについて，外角の性質から，

$\angle x = \angle c + \angle \mathrm{B} = 80° + 20° = \mathbf{100°}$

(注) 線分APのかわりに，線分BPを延長して求めることもできる。

別解

図**イ**のように，点AとBを直線で結ぶと，△CBAについて，

$30° + 20° + \angle b + \angle a + 50° = 180°$

よって，

$\angle a + \angle b = 180° - (30° + 20° + 50°)$

$= 80°$

△PBAについて，

$\angle x + \angle b + \angle a = 180°$

したがって，$\angle x = 180° - (\angle a + \angle b) = 180° - 80° = \mathbf{100°}$

5章 三角形・四角形

教科書 P.146

1 クラスの友だちと公園に行きました。遊具を見てみると，いろいろ図形が隠れていることに気づきました。どんな図形が隠れているでしょうか。

答え　**次の図**
ほかにもいろいろあるので，探してみよう。

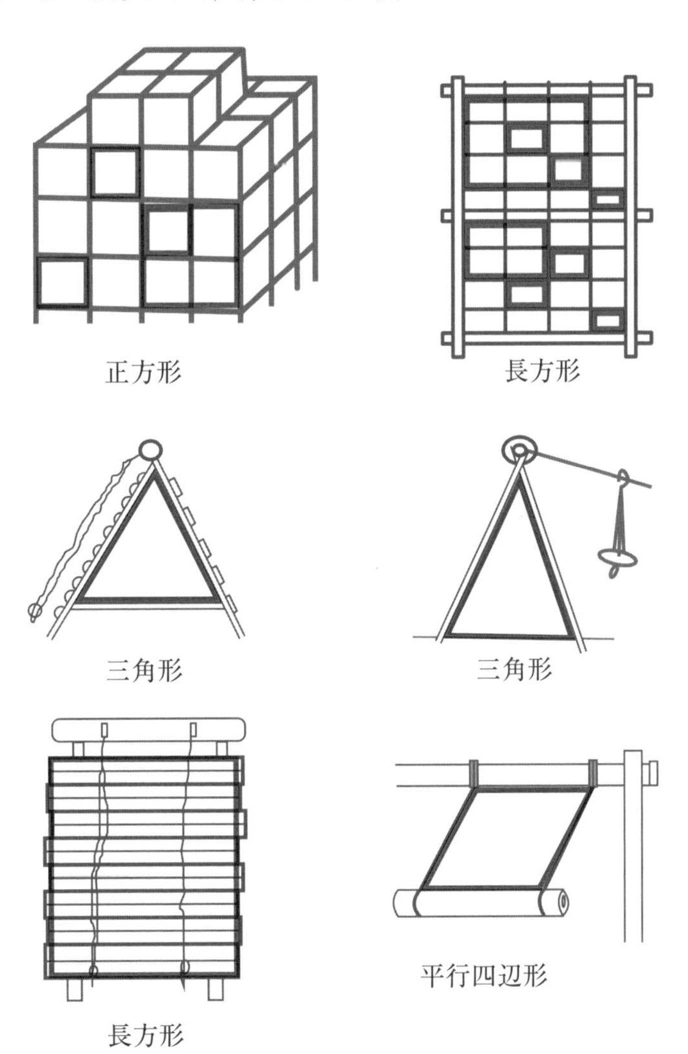

正方形　長方形

三角形　三角形

長方形　平行四辺形

1 三角形

教科書のまとめ テスト前にチェック✓

✓◎ 定義

用語の意味をはっきり述べたものを，その用語の**定義**という。

注 定義も証明の根拠として使われる。

✓◎ 定理

正しいことが証明されたことがらのうち，証明の根拠として，特によく利用されるものを**定理**という。

✓◎ 二等辺三角形の定義

二等辺三角形の定義は，「**2つの辺が等しい三角形**」である。

✓◎ 二等辺三角形の用語

二等辺三角形で，長さの等しい2つの辺がつくる角を**頂角**，頂角に対する辺を**底辺**，底辺の両端の角を**底角**という。

覚

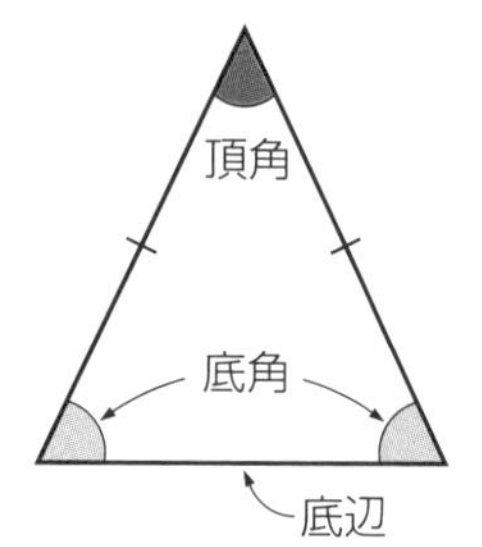

✓◎ 二等辺三角形の性質

定理 二等辺三角形の2つの底角は等しい。

✓◎ 二等辺三角形の頂角の二等分線

定理 二等辺三角形の頂角の二等分線は，底辺を垂直に2等分する。

覚

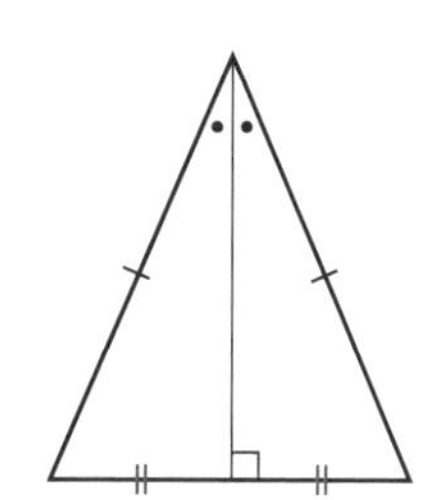

✓◎ 正三角形の定義

正三角形の定義は，「**3つの辺が等しい三角形**」である。

✓◎ 2つの角が等しい三角形

定理 2つの角が等しい三角形は，二等辺三角形である。

✓◎ 直角三角形の合同条件

直角三角形の直角に対する辺を**斜辺**という。

定理 2つの直角三角形は，次のどちらか1つが成り立てば合同である。

① **斜辺と1つの鋭角がそれぞれ等しい。**

② **斜辺と他の1辺がそれぞれ等しい。**

覚

①

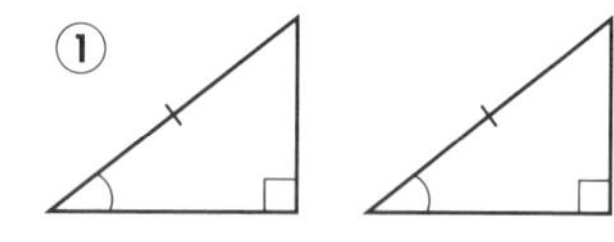

②

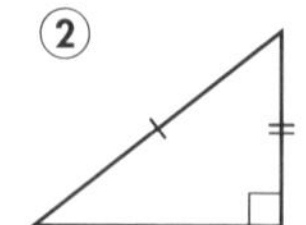
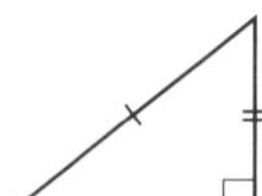

1 二等辺三角形

二等辺三角形の性質

教科書 P.148

二等辺三角形とは，どんな三角形といえばよいでしょうか。また，二等辺三角形の 2 つの角はいつでも等しいといえるでしょうか。

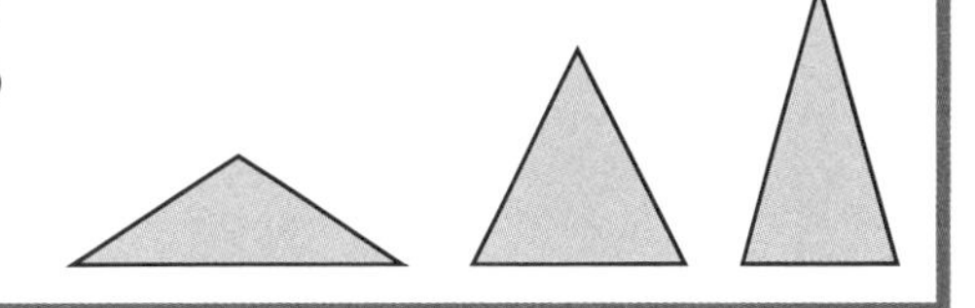

答え　2 つの辺が等しい三角形
2 つの角はいつでも等しいといえる。

教科書 P.150

問 1　次の図で，$\angle x$，$\angle y$ の大きさを求めなさい。

(1)　BA = BC

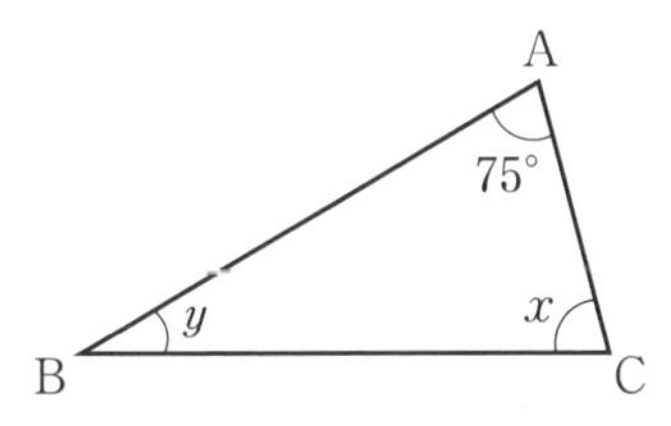

(2)　CB = CA，BA = BD

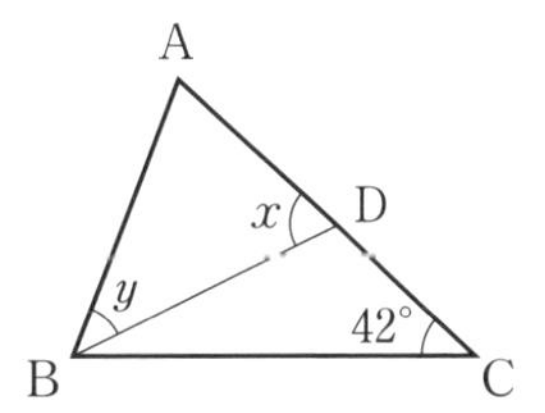

ガイド　二等辺三角形の頂角，底角がどこになるかを考えましょう。

答え

(1)　BA = BC より，$\angle A = \angle C$　したがって，$\boldsymbol{\angle x = 75^\circ}$

$\boldsymbol{\angle y} = 180^\circ - 75^\circ \times 2 \boldsymbol{= 30^\circ}$

(2)　CB = CA より，$\angle A = \angle ABC = (180^\circ - 42^\circ) \div 2 = 138^\circ \div 2 = 69^\circ$

BA = BD より，$\angle A = \angle x$　したがって，$\boldsymbol{\angle x = 69^\circ}$

また，△BDA の内角の和より，$\boldsymbol{\angle y} = 180^\circ - 69^\circ \times 2 \boldsymbol{= 42^\circ}$

教科書 P.150

問 2　前ページ(教科書 P.149)の例 1 の証明の中で示された△ABD ≡△ACD を使うと，

BD = CD，AD ⊥ BC

も証明することができます。次の□をうめて，証明を完成させなさい。

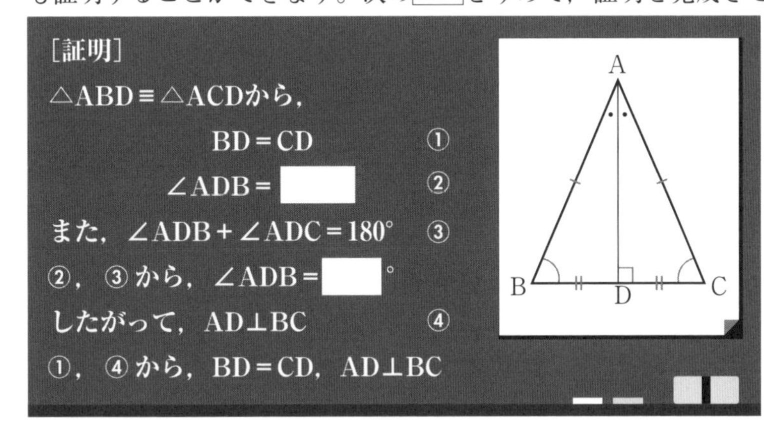

5章 三角形・四角形

ガイド 合同な図形では対応する辺や対応する角は等しくなります。

答え 上から順に，∠ADC，**90**

教科書 P.151

問 3 AB = AD，BC = DC である四角形 ABCD で，対角線 AC，BD の交点を O とするとき，次の(1)，(2)を，順に証明しなさい。

(1) ∠BAC = ∠DAC

(2) AC は線分 BD の垂直二等分線である。

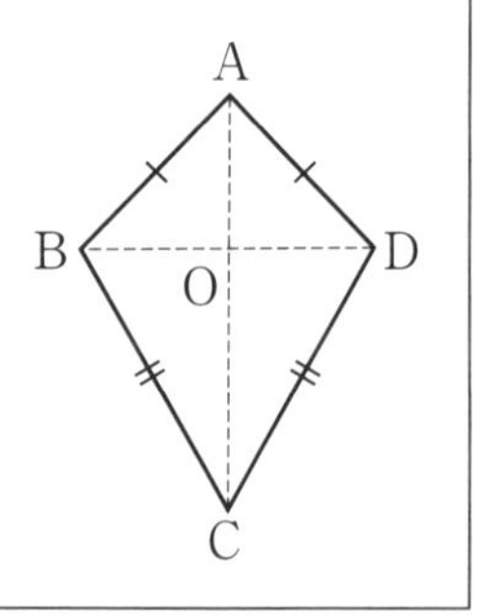

ガイド (2) 二等辺三角形の頂角の二等分線は，底辺を垂直に 2 等分します。

答え (1) △ABC と△ADC において，

仮定から，　AB = AD　①

　　　　　　BC = DC　②

共通な辺だから，AC = AC　③

①，②，③より，3 組の辺がそれぞれ等しいから，

　　△ABC ≡ △ADC

したがって，∠BAC = ∠DAC

(2) (1)より，∠BAC = ∠DAC

また，△ABD は AB = AD の二等辺三角形であるから，

AC は二等辺三角形 ABD の頂角∠A の二等分線である。

したがって，AC は BD を垂直に 2 等分する。

すなわち，AC は線分 BD の垂直二等分線である。

教科書 P.151

問 4 二等辺三角形の 2 つの底角が等しいことを，右の図のように，二等辺三角形 ABC の頂点 A と底辺 BC の中点 M を結ぶ線分 AM を引いて証明しなさい。

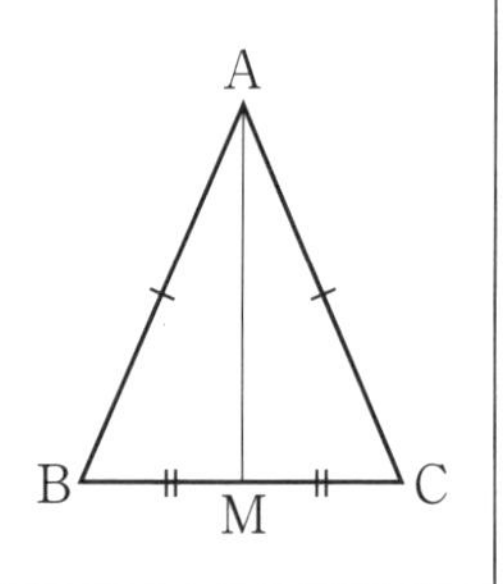

ガイド 仮定は，AB = AC，BM = CM，結論は，∠B = ∠C です。

答え △ABM と△ACM において，

仮定から，　AB = AC　①

　　　　　　BM = CM　②

共通な辺だから，AM = AM　③

①，②，③より，3 組の辺がそれぞれ等しいから，

　　△ABM ≡ △ACM

したがって，　∠B = ∠C

2つの角が等しい三角形

教科書 P.152

Q **2つの角が等しい三角形をいくつかかいて，二等辺三角形になるかどうか確かめましょう。また，反例が見つかるかどうか話し合ってみましょう。**

ガイド 分度器を使って2つの角が等しい三角形をかき，2つの辺の長さが等しくなるかどうかを調べてみましょう。

答え **反例はない。**

〔証明〕

線分 BC を引き，∠ABC = ∠ACB となるような点 A をとる。△ ABC の∠A の二等分線を引き，辺 BC との交点を D とする。

△ABD と△ACD において，

仮定から，　　∠B = ∠C　　①

AD は∠ A の二等分線であるから，

　　∠BAD = ∠CAD　　②

三角形の内角の和は 180° であるから

①，②より，　∠ADB = ∠ADC　　③

また，　　AD は共通　　④ 

②，③，④より，1組の辺とその両端の角がそれぞれ等しいから，

　　△ABD ≡ △ACD

したがって，　　AB = AC

教科書 P.153

問 5　二等辺三角形 ABC で，底角∠B，∠C の二等分線 BE，CD をそれぞれ引き，その交点を P とします。このとき，△PBC が二等辺三角形になることを証明しなさい。

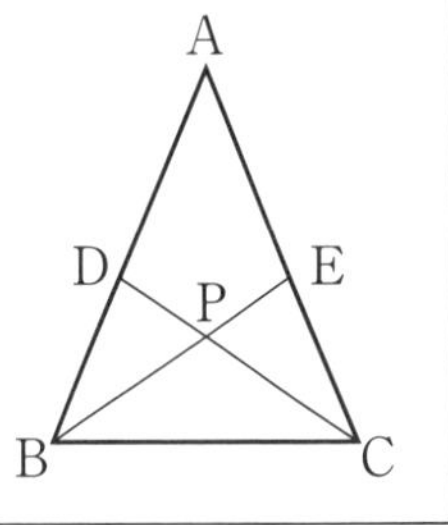

ガイド ある三角形が二等辺三角形になることを証明するには，2つの辺が等しいこと，または，2つの角が等しいことをいいます。

答え 二等辺三角形の2つの底角は等しいから，AB = AC より，

　　∠ABC = ∠ACB　　①

線分 BE は∠B の二等分線であるから，

　　$\angle EBC = \frac{1}{2}\angle ABC$　　②

線分 CD は∠C の二等分線であるから，

　　$\angle DCB = \frac{1}{2}\angle ACB$　　③

①，②，③から，

　　∠EBC = ∠DCB

2つの角が等しいから，△PBC は二等辺三角形である。

5章 三角形・四角形

教科書 P.153

問 6 紙テープを右の図のように折ったとき，重なった部分の三角形はどんな三角形になりますか。また，そのことを説明しなさい。

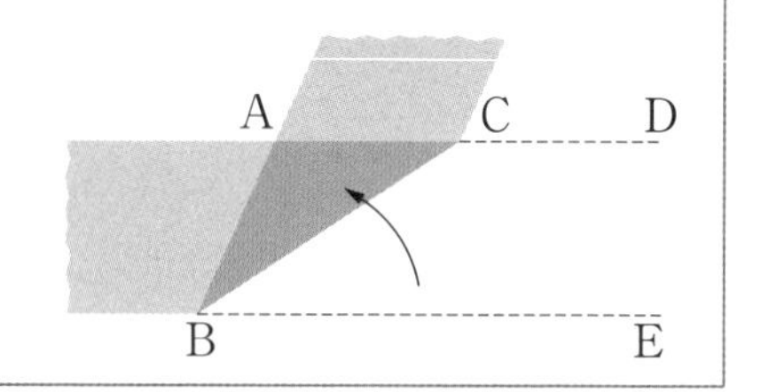

ガイド 紙テープや長方形の紙を折り返すとき，次のことがポイントになります。

・折り返した部分の角は等しい。
・紙テープや長方形の両側の線は平行線になり，錯角が等しくなる。

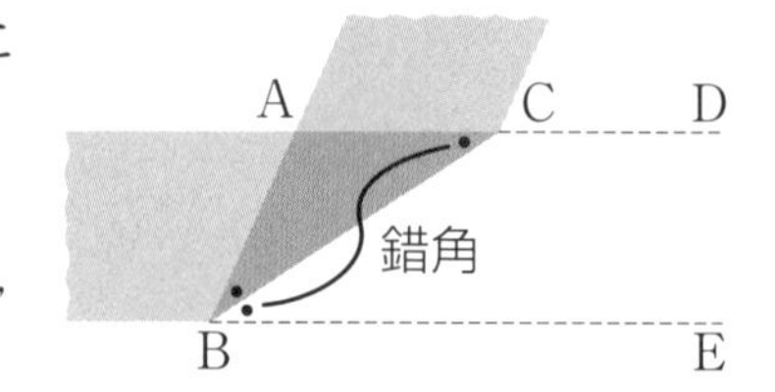

答え **AB = AC の二等辺三角形になる。**

（説明）

折り返した角だから，∠ABC = ∠EBC　①
平行線の錯角は等しいから，
AD // BE より，　∠ACB = ∠EBC　②
①，②から，　∠ABC = ∠ACB
2つの角が等しいから，△ABC は二等辺三角形である。

正三角形の性質

教科書 P.153

（教科書）148 ページの二等辺三角形の定義と，上（教科書 P.153）**の正三角形の定義から，二等辺三角形と正三角形の間にはどんな関係があるといえるでしょうか。**

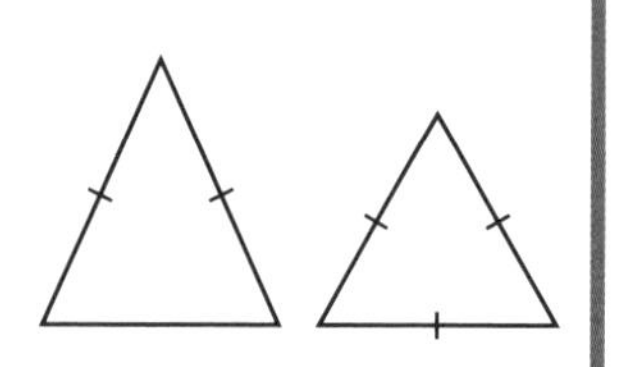

答え **（例）**正三角形は二等辺三角形の特別な場合とみることができる。

教科書 P.154

問 7 △ABC において，AB = BC = CA ならば，∠A = ∠B = ∠C であることを証明します。次の□をうめて，証明を完成させなさい。

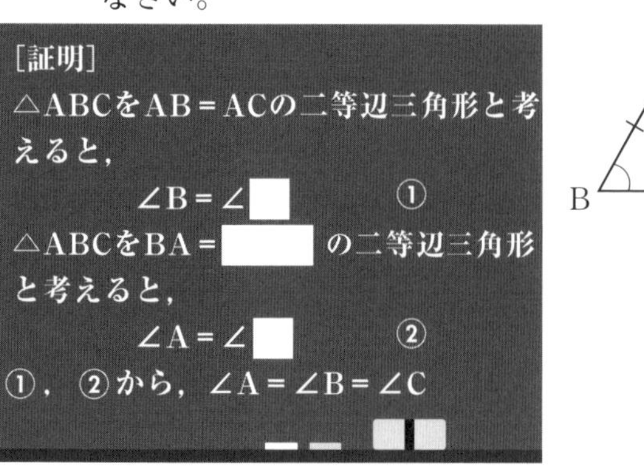

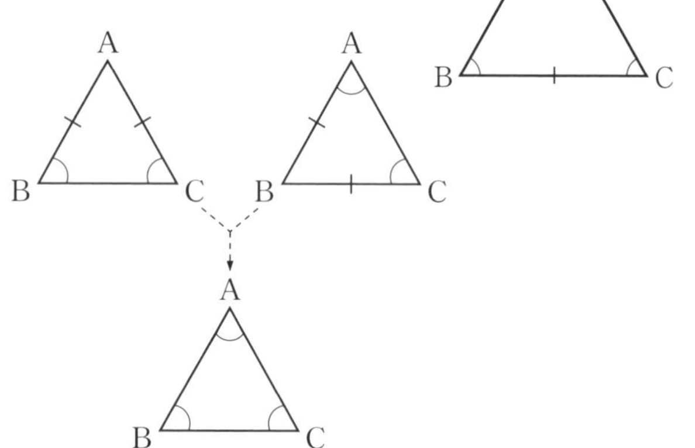

答え 上から，C，BC，C

教科書 P.154

問 8 △ABC において，∠A ＝∠B ＝∠C ならば，AB ＝ BC ＝ CA であることを証明しなさい。

ガイド 2つの角が等しい三角形は二等辺三角形になることを利用します。

答え △ABC を∠B ＝∠C の二等辺三角形と考えると，

AB ＝ AC ①

△ABC を∠A ＝∠C の二等辺三角形と考えると，

BA ＝ BC ②

①，②から，AB ＝ BC ＝ CA

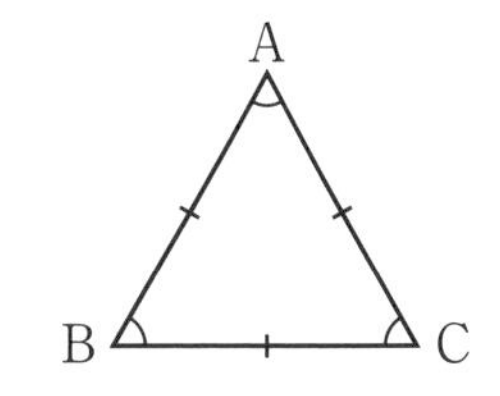

教科書 P.154

問 9 右の図のように線分AB 上に点C をとり，AC，BC をそれぞれ1 辺とする正三角形ACP，CBQ をつくるとき，次の問いに答えなさい。

(1) AQ ＝PB であることを証明しなさい。

(2) AQ とPB の交点をO とするとき，∠AOP の大きさを求めなさい。

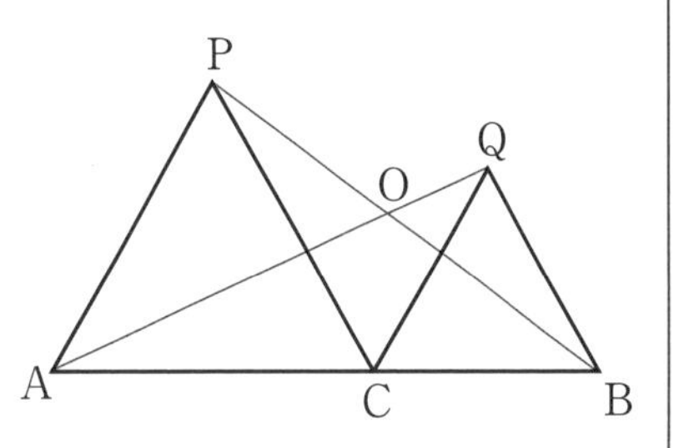

ガイド (1) AQ，PB が対応する 1 組の辺となる三角形を見つけます。その 2 つの三角形が合同であることがいえれば，AQ ＝ PB がいえます。

(2) △PAO の内角の和を考えましょう。(1)の結果を利用すると，∠PAO ＝∠OPA ＝ 120° であることがいえます。

答え (1) △ACQ と△PCB において，

△PAC は正三角形だから，

AC ＝ PC ①

△QCB は正三角形だから，

CQ ＝ CB ②

また，∠ACQ ＝∠ACP ＋∠PCQ，∠PCB ＝∠PCQ ＋∠QCB で，

∠ACP ＝∠QCB ＝ 60° だから，

∠ACQ ＝∠PCB ③

①，②，③より，2 組の辺とその間の角がそれぞれ等しいから，

△ACQ ≡△PCB

したがって，AQ ＝ PB

(2) △ACQ ≡△PCB より，∠QAC ＝∠BPC

ここで，∠QAC ＝∠BPC ＝∠a とおくと

△PAO において，

∠PAO ＋∠OPA ＝ (60° －∠a) ＋ (60° ＋∠a)

＝ 120°

したがって，∠AOP ＝ 180° － 120° ＝ 60°

答 60°

2 直角三角形の合同

教科書 P.155

△ ABC と△ DEF で，

$$\begin{cases} \angle C = \angle F = 90^\circ \\ AB = DE \\ \angle B = \angle E \end{cases}$$

ならば，△ABC ≡△DEF といえるでしょうか。
また，その理由を説明してみましょう。

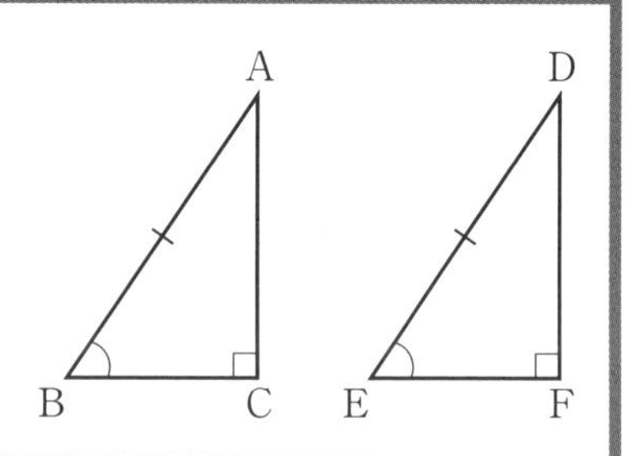

ガイド ∠A と∠D が等しければ，1 組の辺とその両端の角がそれぞれ等しくなり，2 つの三角形は合同になります。
2 つの三角形で，2 組の角が等しいとき，残りの 1 組の角も等しくなります。

答え **△ABC ≡△DEF といえる。**

理由：(例) 三角形の内角の和は 180° だから，△ABC と△DEF において，
∠C ＝∠F，∠B ＝∠E より，∠A ＝∠D もいえる。
したがって，1 組の辺とその両端の角がそれぞれ等しいから，
△ABC ≡△DEF といえる。

教科書 P.156

問 1 前ページ(教科書 P.155)の図で，右のように，△DEF を裏返して，等しい辺 AC と DF を重ね合わせると，∠C ＝∠F ＝ 90° であるから，3 点 B，C(F)，E は一直線上に並び，△ABE ができる。この図について，次の問いに答えなさい。

(1) △ABE で，∠B ＝∠E となる理由をいいなさい。

(2) (1)を使って，△ABC ≡△AEC を証明しなさい。

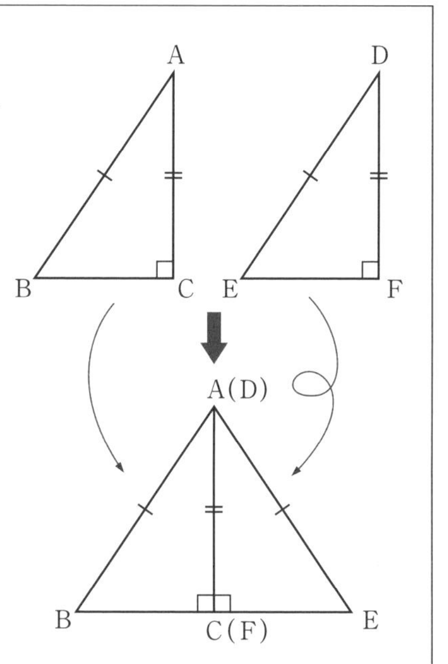

ガイド **(2)** 教科書 155 ページの「2 つの直角三角形は，斜辺と 1 つの鋭角(えいかく)がそれぞれ等しければ合同である。」を使います。

答え **(1)** AB ＝ AE より，△ABE は二等辺三角形であるから，2 つの底角は等しくなる。

(2) △ABC と△AEC において，
仮定から，∠ACB ＝∠ACE ＝ 90°　①
AB ＝ AE　②
(1)から，∠B ＝∠E　③
①，②，③より，直角三角形の斜辺と 1 つの鋭角がそれぞれ等しいから，
△ABC ≡△AEC

教科書 P.156

問 2 次の図で，合同な三角形はどれとどれですか。記号≡を使って表しなさい。また，そのときの合同条件をいいなさい。

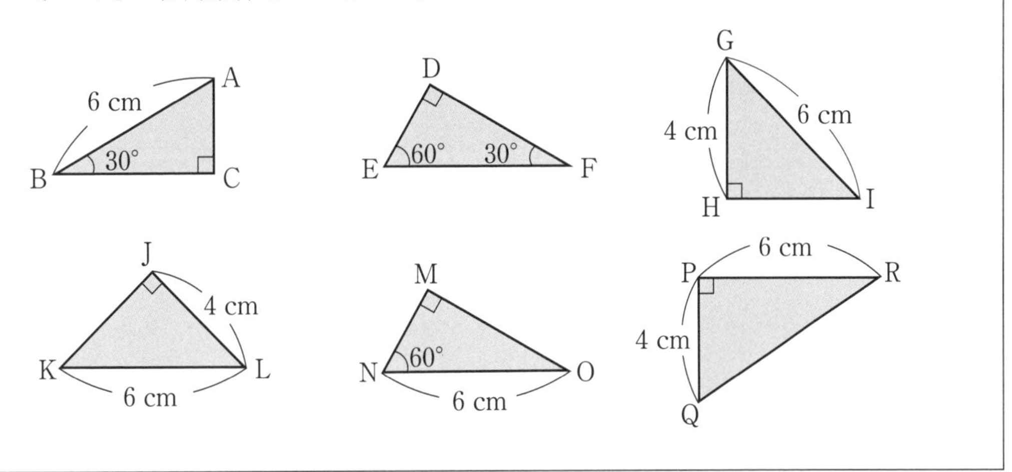

ガイド

直角三角形の合同条件は2つあり，ともに斜辺が関係します。斜辺がどこかに注意しましょう。

△ABCや△NOMは残りの角を考えます。

記号≡を使って表すときは，対応する点の順序をそろえることに注意しましょう。

答え

△ABC ≡△NOM　直角三角形の斜辺と1つの鋭角がそれぞれ等しい。

△GHI ≡△LJK　直角三角形の斜辺と他の1辺がそれぞれ等しい。

注　△ABCと△NOMは右の図のように，6 cmの辺の両端の角が30°と60°で等しくなるので，三角形の合同条件「1組の辺とその両端の角がそれぞれ等しい」も使えます。

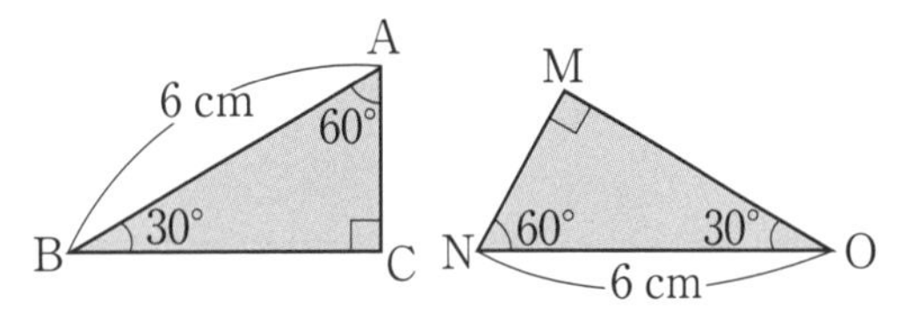

教科書 P.157

問 3 例1(教科書P.157)の証明から，角の二等分線にはどんな性質があるといえますか。ことばで説明しなさい。

ガイド

PA = PBは，点Pから2辺OX，OYに引いたそれぞれの垂線の長さが等しいということです。

「点から直線に引いた垂線の長さ」は何を表しているかを考えましょう。

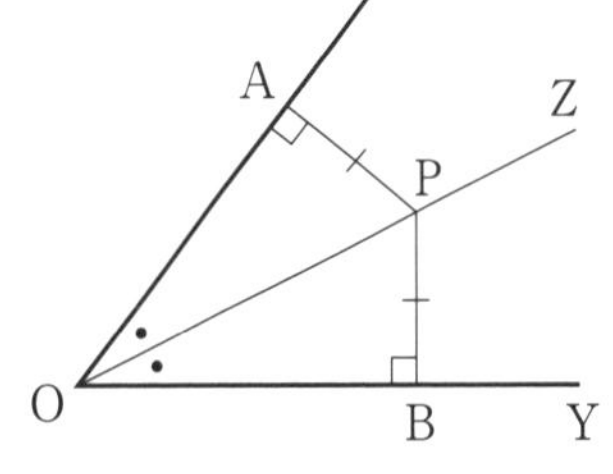

答え

角の二等分線上の点は，角の2辺から等しい距離(きょり)にある。

コメント！

で示したことがらの逆「角の2辺から等しい距離にある点は，角の二等分線上にある」も成り立ちます。

5章 三角形・四角形

教科書 P.157

問 4 $\angle B = 90^\circ$ の直角三角形 ABC の斜辺 AC 上に，AB = AD となるように点 D をとり，D を通る AC の垂線と辺 BC との交点を E とします。このとき，BE = DE であることを証明しなさい。

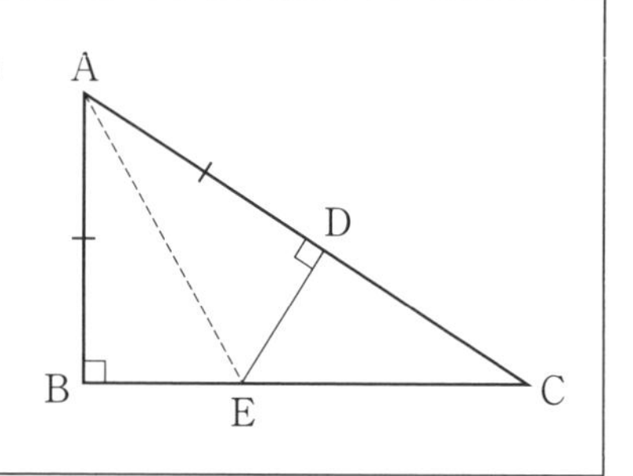

ガイド 三角形の合同から BE = DE を導きます。△ABE と△ADE は直角三角形で斜辺 AE が共通です。直角三角形の合同条件を使うときは，$\angle ABE = \angle ADE = 90^\circ$ のように，2 つの三角形が直角三角形であることを示しておくことが必要です。

答え △ABE と△ADE において，

仮定から，　AB = AD　①

$\angle ABE = \angle ADE = 90^\circ$　②

また，　AE は共通　③

①，②，③より，直角三角形の斜辺と他の 1 辺がそれぞれ等しいから，

△ABE ≡ △ADE

したがって，　BE = DE

1 三角形

確かめよう

教科書 P.158

1 二等辺三角形と正三角形の定義を，それぞれいいなさい。

ガイド 定義と定理はよく似た言葉なので，きちんと区別しましょう。

定義…用語の意味をはっきり述べたもの。

定理…正しいと証明されたことがらのうち，よく利用されるもの。

答え **二等辺三角形…2 つの辺が等しい三角形**

正三角形…3 つの辺が等しい三角形

2 二等辺三角形 ABC の等しい辺 AB，AC 上に BD = CE となるようにそれぞれ点 D，E をとり，B と E，C と D を結びます。次の問いに答えなさい。

(1) △DBC ≡ △ECB であることを証明しなさい。

(2) BE と CD の交点を P とするとき，△PBC はどんな三角形ですか。また，その理由を説明しなさい。

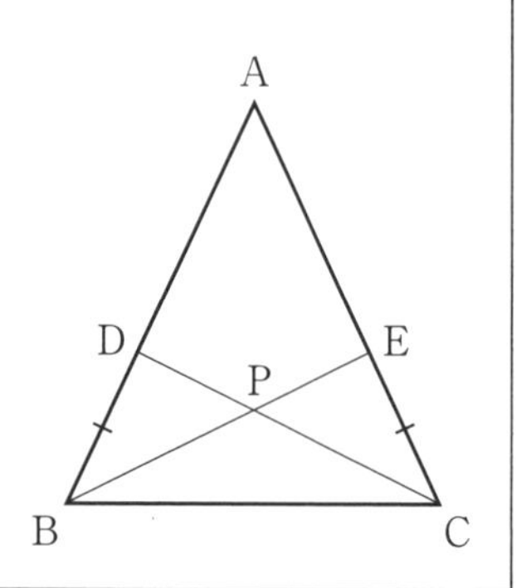

ガイド

(1) 二等辺三角形 ABC の 2 つの底角が等しいことを利用します。また，辺 BC は共通です。

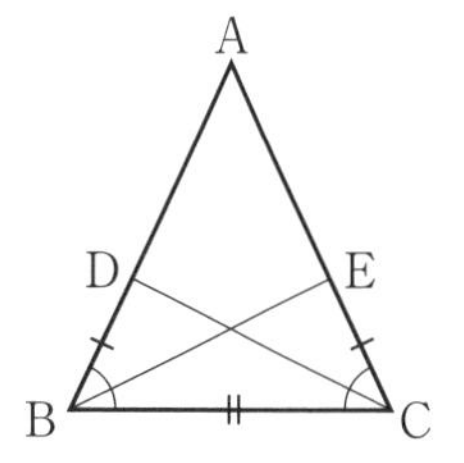

答え

(1) △DBC と△ECB において，
仮定から，　BD = CE　①
二等辺三角形の 2 つの底角は等しいから，AB = AC より，
∠DBC = ∠ECB　②
また，　BC は共通　③
①，②，③より，2 組の辺とその間の角がそれぞれ等しいから，
△DBC ≡ △ECB

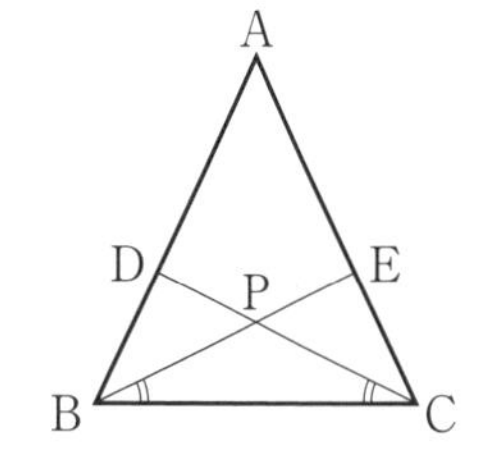

(2) **PB = PC の二等辺三角形**
理由：(1)より，△DBC ≡ △ECB
したがって，∠DCB = ∠EBC
2 つの角が等しいから，
△PBC は二等辺三角形である。

3 直角三角形の合同条件について，次の□にあてはまることばを書き入れなさい。

① 斜辺と 1 つの□がそれぞれ等しい。
② 斜辺と他の□がそれぞれ等しい。

答え

① **鋭角**
② **1 辺**

4 右の図の四角形 ABCD で，AB = AD，∠B = ∠D = 90° ならば，BC = DC であることを証明しなさい。

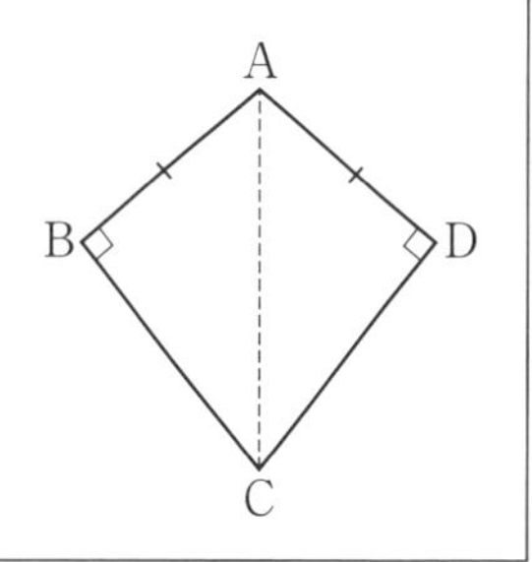

ガイド

直角三角形の合同条件を使います。

答え

△ABC と△ADC において，
仮定から，　AB = AD　①
∠B = ∠D = 90°　②
また，　AC は共通　③
①，②，③より，直角三角形の斜辺と他の 1 辺がそれぞれ等しいから，
△ABC ≡ △ADC
したがって，　BC = DC

2 四角形

教科書のまとめ テスト前にチェック☑

☑ ◎ 対辺・対角

四角形の向かい合う辺を**対辺**(たいへん)，向かい合う角を**対角**(たいかく)という。

☑ ◎ 平行四辺形の定義

平行四辺形の定義は，「**2組の対辺がそれぞれ平行な四角形**」である。

☑ ◎ 平行四辺形の性質

定理 ① 2組の対辺はそれぞれ等しい。
② 2組の対角はそれぞれ等しい。
③ 2つの対角線はそれぞれの中点で交わる。

☑ ◎ 平行四辺形になるための条件

定理 四角形は，次のどれか1つが成り立てば，平行四辺形である。
① 2組の対辺がそれぞれ平行である。 (定義)
② 2組の対辺がそれぞれ等しい。
③ 2組の対角がそれぞれ等しい。
④ 2つの対角線がそれぞれの中点で交わる。
⑤ 1組の対辺が平行で等しい。
(②〜⑤ 定理)

☑ ◎ 特別な平行四辺形

いろいろな四角形の定義は次のようになる。

長方形…4つの角が等しい四角形
ひし形…4つの辺が等しい四角形
正方形…4つの角が等しく，4つの辺が等しい四角形

覚 平行四辺形ABCDを，記号▱を使って，▱ABCDと表し，「平行四辺形ABCD」と読む。

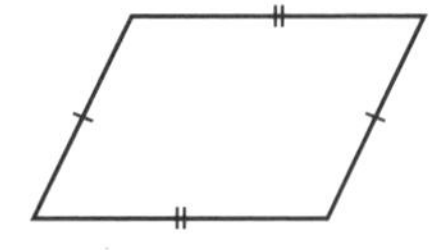
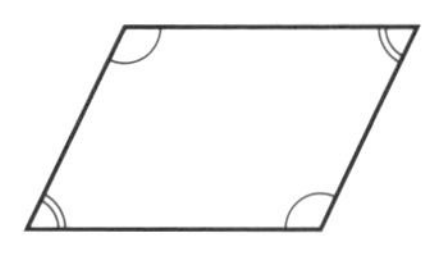
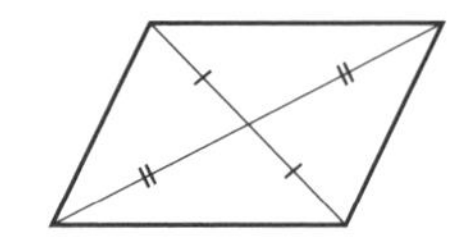
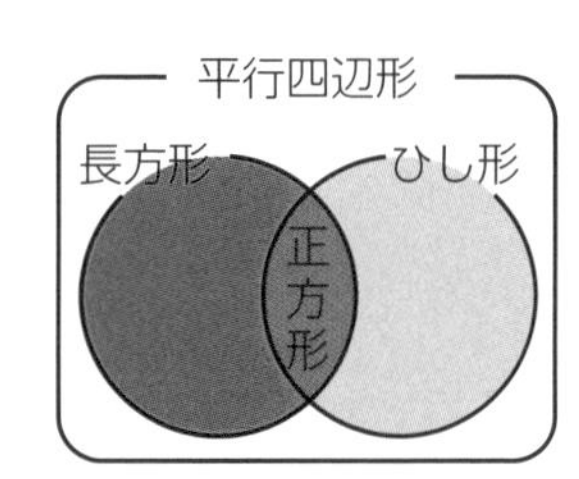

教科書 P.159〜169

1 平行四辺形の性質

教科書 P.159

平行四辺形 ABCD を，対角線の交点 O を回転の中心として点対称(てんたいしょう)移動します。次の(1)，(2)について，巻末③の図を切り取って右の図に重ね，確かめてみましょう。

(1) △ABD は，もとのどの三角形とぴったり重なるでしょうか。

(2) このほかに，ぴったりと重なる三角形はどれとどれでしょうか。

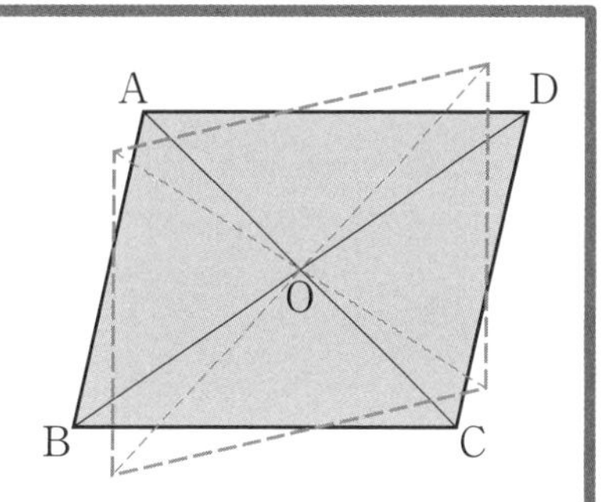

ガイド 右の図が，点 O を回転の中心として点対称移動(180°回転)した図です。
2 つの平行四辺形はぴったりと重なります。

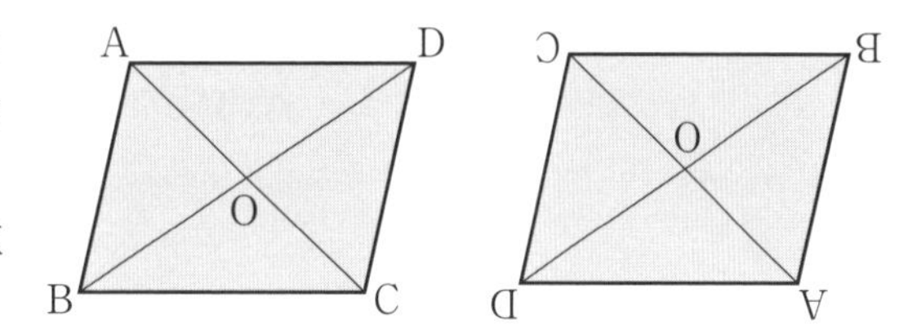

答え

(1) △CDB

(2) △ABC と△CDA，△ABO と△CDO，△ADO と△CBO

教科書 P.160

問 1 前ページ(教科書 P.159)の Q から，平行四辺形の辺や角，対角線には，それぞれどんな性質があるといえますか。

ガイド △ABD ≡△CDB と△ABC ≡△CDA から，平行四辺形の対辺と対角について，また，△ABO ≡△CDO から，平行四辺形の対角線についてわかります。

答え (例)・平行四辺形の 2 組の対辺はそれぞれ等しい。
・平行四辺形の 2 組の対角はそれぞれ等しい。
・平行四辺形の 2 つの対角線はそれぞれの中点で交わる。

教科書 P.160

問 2 上の▱ABCD(図は 答え 欄)で，AB = DC，AD = BC であることを証明するには，どの三角形とどの三角形が合同であることを示せばよいですか。必要な補助線を図にかき入れて考えなさい。

ガイド 対角線を 1 本引いて 2 つの三角形に分けると，平行線の錯角が利用できます。

答え △ABD と△CDB
(または，対角線 AC を引いて，△ABC と△CDA)

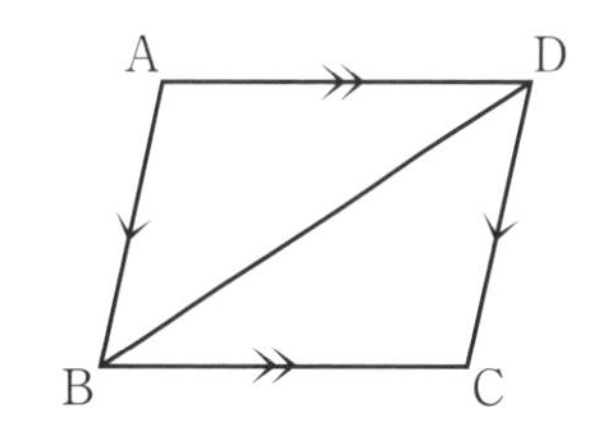

教科書 P.160

問 3 例 1(教科書 P.160)の▱ABCD で，∠ABC = ∠CDA であることを証明しなさい。

ガイド 例 1 の証明の中で，△ABD ≡ △CDB が示されています。このことを利用して証明します。
$a = b$，$c = d$ ならば，$a + c = b + d$ です。

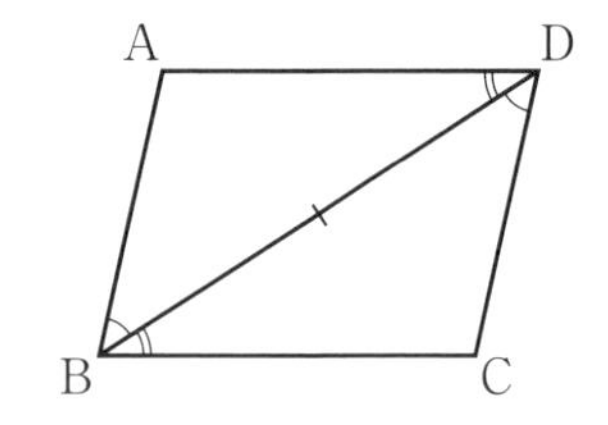

答え 例 1 の証明より，△ABD ≡ △CDB
よって，　∠ABD = ∠CDB　①
　　　　　∠ADB = ∠CBD　②
①，②より，∠ABD + ∠CBD = ∠CDB + ∠ADB
したがって，∠ABC = ∠CDA

教科書 P.161

問 4 ▱ABCD で，2 つの対角線の交点を O とするとき，
AO = CO，BO = DO であることを証明しなさい。

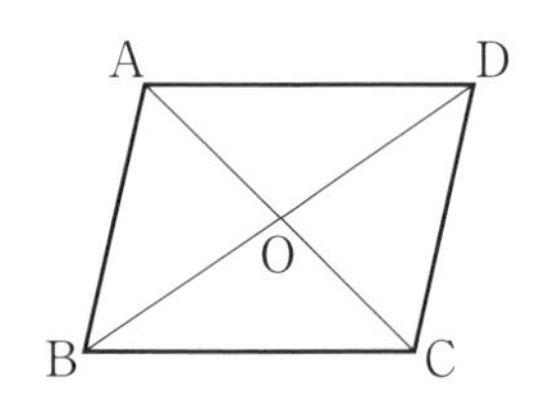

ガイド ここでは，例 1 で証明した AB = DC，AD = BC を使ってよいことになります。
AO，CO，BO，DO を辺にもつ三角形の合同を考えます。

答え △ABO と△CDO において，
平行四辺形の対辺は等しいから，
　　AB = CD　①
平行線の錯角は等しいから，
AB // DC より，∠OAB = ∠OCD　②
　　　　　　∠OBA = ∠ODC　③
①，②，③より，1 組の辺とその両端の角がそれぞれ等しいから，
　　△ABO ≡ △CDO
したがって，AO = CO，BO = DO

注 △ADO と△CBO を使って証明することもできます。

教科書 P.161

問 5 次(右)の図の▱ABCD で，x，y の値を求めなさい。

(1)

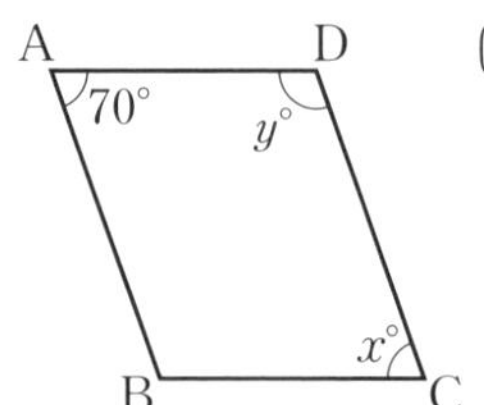

(2)

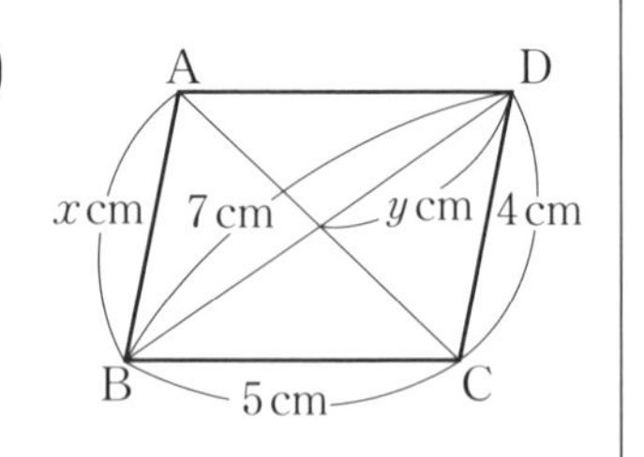

ガイド

平行四辺形の対辺や対角，対角線の性質から求めましょう。(1)の y は右の図のように，70° の角の同位角を考えると求められます。

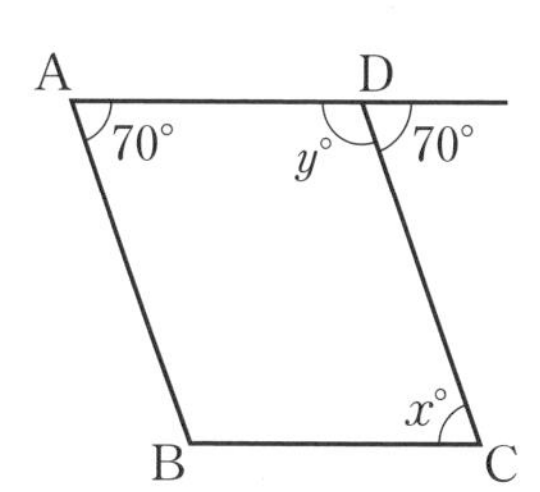

答え

(1) 平行四辺形の対角は等しいから，$x = 70$
右の図から，$y = 180 - 70 = 110$

答　$x = 70,\ y = 110$

(2) 平行四辺形の対辺は等しいから，$x = 4$
2つの対角線はそれぞれの中点で交わるから，
$y = 7 \div 2 = 3.5$

答　$x = 4,\ y = 3.5$

コメント!

右の図で，$\ell \parallel m$ のとき，$\angle a$ の同位角を考えると，
$\angle a + \angle b = 180°$ になります。
平行四辺形では，同じ側にある内角の和は 180° になります。
右の図で，
$\angle A + \angle B = 180°$
$\angle A + \angle D = 180°$
このことは，対角が等しいことと，内角の和が 360° であることからもわかります。

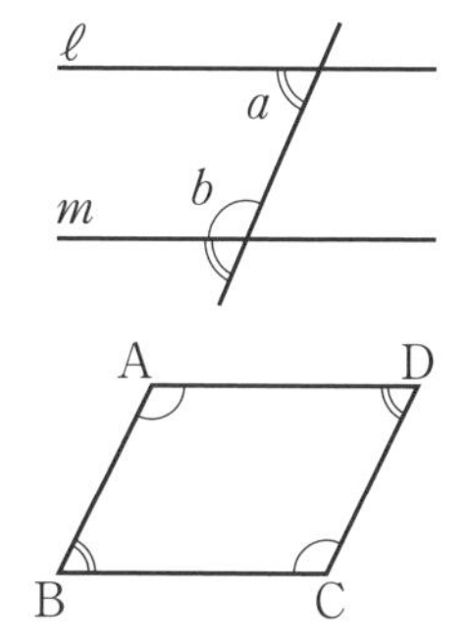

教科書 P.162

問 6 例 2（教科書 P.162 ページ）で証明した△ABE ≡△CDF から，BE = DF のほかにどんなことがわかりますか。また，その理由を説明しなさい。

ガイド

対応する角が等しくなります。
また，等しい角から BE と DF についてわかることがあります。

答え

∠ABE =∠CDF，∠AEB =∠CFD
理由：合同な図形の対応する角は等しいから。

EB∥DF
理由：△ABE ≡△CDF より，
∠AEB =∠CFD　①
また，∠BEF = 180° −∠AEB　②
∠DFE = 180° −∠CFD　③
①，②，③より，∠BEF =∠DFE
錯角が等しいから，EB∥DF

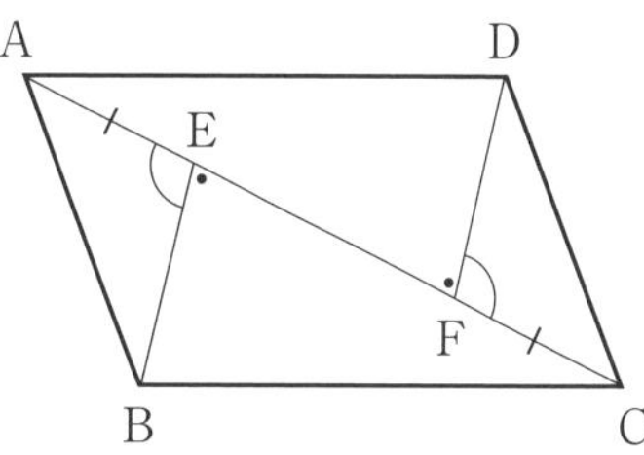

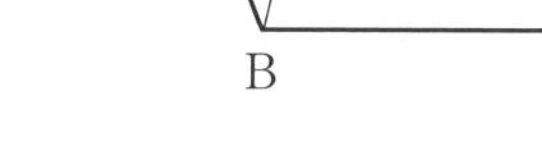

教科書 P.162

問 7 ▱ABCD の 2 つの対角線の交点 O を通る直線を引き，AD，BC との交点をそれぞれ P，Q とします。次の問いに答えなさい。

(1) 図をかきなさい。
(2) 線分 PO と長さの等しい線分はどれですか。
(3) (2)で調べたことがらを証明しなさい。

ガイド

(1) 平行四辺形 ABCD をかき，対角線を引きます。
対角線の交点 O を通る直線 PQ を引くとき，辺 AD，BC と交わるように引きましょう。AD と交わる点が P，BC と交わる点が Q です。

(2) 図をきちんとかくとわかります。

(3) 線分 PO と(2)で調べた線分をふくむ三角形の合同を考えます。

答え

(1) (例)

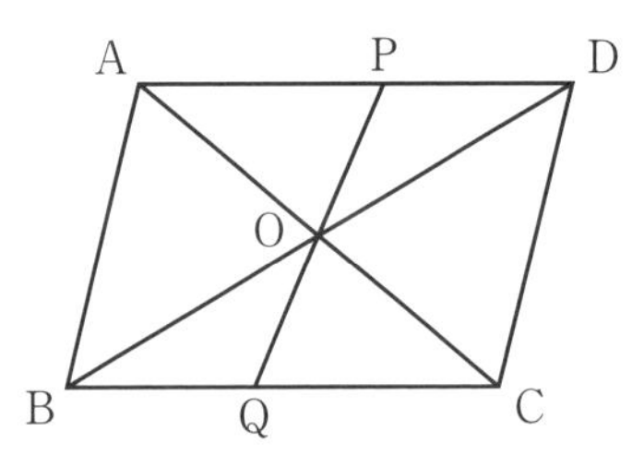

(2) **線分 QO**

(3) △AOP と△COQ において，
平行四辺形の対角線はそれぞれの中点で交わるから，　AO = CO　①
平行線の錯角は等しいから，AD // BC より，
∠OAP = ∠OCQ　②
対頂角は等しいから，
∠AOP = ∠COQ　③
①，②，③より，1 組の辺とその両端の角がそれぞれ等しいから，
△AOP ≡ △COQ
したがって，PO = QO

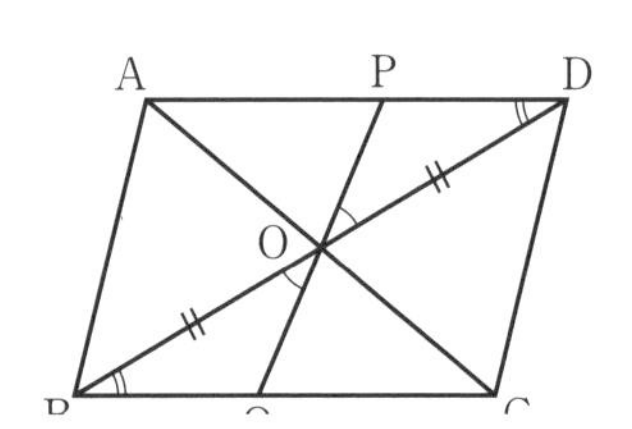

注 △BOQ と△DOP の合同からも証明できます。
右のような図になります。

2 平行四辺形になるための条件

教科書 P.163

(教科書)147 ページのような遊具では，支えている丸太と乗っている丸太がいつでも平行になるといえるでしょうか。また，そのことを証明することができるでしょうか。

ガイド

くさりと上下の丸太でできる四角形に注目しましょう。くさりの長さと間隔が決まっていることから考えます。

答え 上下の丸太とくさりでできる四角形を考えると，次の図のように，乗っている丸太の位置によって，３通りの場合がある。

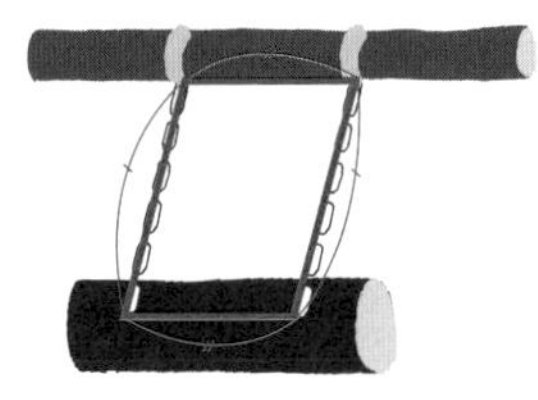
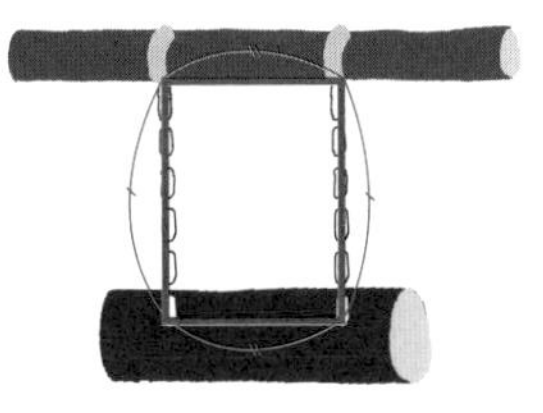
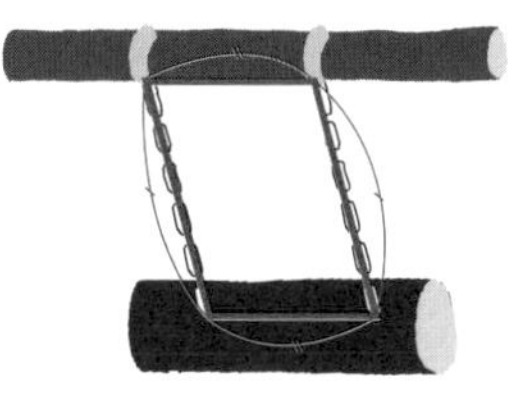

くさりの丸太上の位置は変わらないから，２本のくさりの間の距離は変わらない。また，左右のくさりの長さは等しいので，どの場合も２組の対辺の長さが等しいから，上下の丸太とくさりでできる四角形は平行四辺形といえる。このことから，２本の丸太はいつでも平行になる。

教科書 P.163

問 1 四角形 ABCD において，次のことがらの仮定と結論をいいなさい。
「2 組の対辺がそれぞれ等しい四角形は，平行四辺形である」

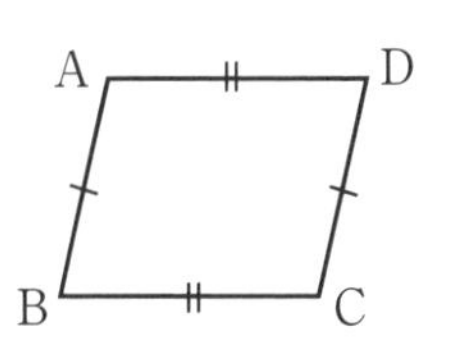

ガイド 仮定は「2 組の対辺がそれぞれ等しい」で，結論は平行四辺形の定義から「2 組の対辺が平行」と考えましょう。

答え
仮定…（四角形 ABCDで）AB ＝ DC，AD ＝ BC
結論…AB // DC，AD // BC

教科書 P.164

問 2 四角形 ABCD で，∠A ＝∠C，∠B ＝∠D ならば，AB // DC，AD // BC であることを，次の①〜④を順に示し，証明しなさい。

① ∠A ＋∠B ＝ 180°
② BA を延長して BE とするとき，∠EAD ＝∠B
③ AD // BC
④ AB // DC

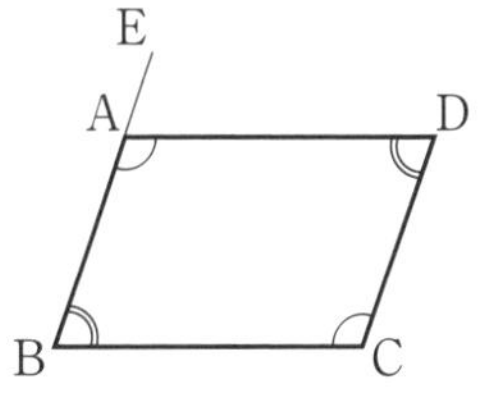

ガイド
① 四角形の内角の和は 360° であることから考えます。
② ∠A ＋∠EAD ＝ 180° です。
③ 同位角が等しければ 2 直線は平行です。
④ ②と∠B ＝∠D を使って，錯角が等しいことをいいましょう。

答え
① 仮定から，∠A ＝∠ C，∠B ＝∠D ㋐
四角形の内角の和は 360° であるから，∠A ＋∠B ＋∠C ＋∠D ＝ 360° ㋑
㋐より，∠A ＋∠B ＝∠C ＋∠D ㋒
㋑，㋒から，∠A ＋∠B ＝ 180°

② ①より，$\angle A + \angle B = 180^\circ$
BA を延長して BE とすると，$\angle A + \angle EAD = 180^\circ$
したがって，$\angle EAD = \angle B$
③ $\angle EAD = \angle B$ より，同位角が等しいから，
$AD \parallel BC$
④ ②より，$\angle B = \angle EAD$　仮定から，$\angle B = \angle D$
したがって，$\angle EAD = \angle D$
錯角が等しいから，$AB \parallel DC$

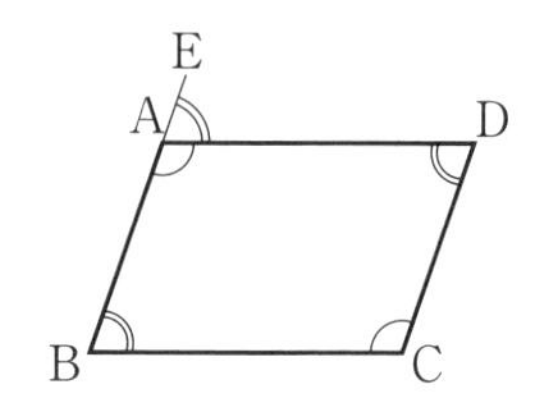

教科書 P.165

問 3 四角形 ABCD の 2 つの対角線の交点を O とするとき，$AO = CO$，$BO = DO$ ならば，$AB \parallel DC$，$AD \parallel BC$ であることを証明しなさい。

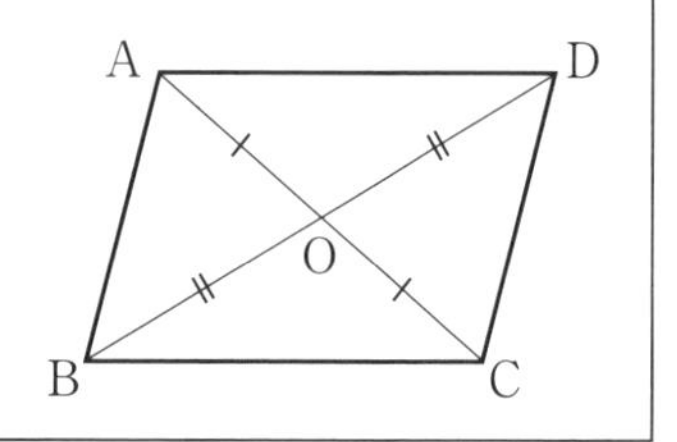

ガイド

錯角が等しくなることから，平行であることを導きます。
そのために，錯角になる角をふくむ三角形の合同を証明します。
2 組の三角形の合同を示す必要がありますが，2 組目の三角形の合同は，1 組目と同じ手順で証明できるので，「同様にして」と書き，証明を省略することができます。

答え

$\triangle AOB$ と $\triangle COD$ において，
仮定から，　$AO = CO$　①
　　　　　　$BO = DO$　②
対頂角は等しいから，$\angle AOB = \angle COD$　③
①，②，③より，
2 組の辺とその間の角がそれぞれ等しいから，
$\triangle AOB \equiv \triangle COD$
したがって，　$\angle OAB = \angle OCD$
錯角が等しいから，$AB \parallel DC$　④
同様にして，　$\triangle AOD \equiv \triangle COB$
したがって，　$\angle OAD = \angle OCB$
錯角が等しいから，$AD \parallel BC$　⑤
④，⑤から，$AB \parallel DC$，$AD \parallel BC$

教科書 P.165

問 4 四角形 ABCD で，$AD \parallel BC$，$AD = BC$ ならば，四角形 ABCD は平行四辺形であることを証明しなさい。

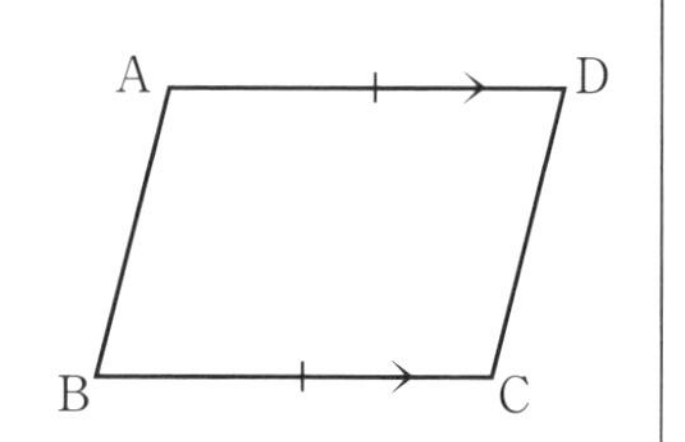

ガイド

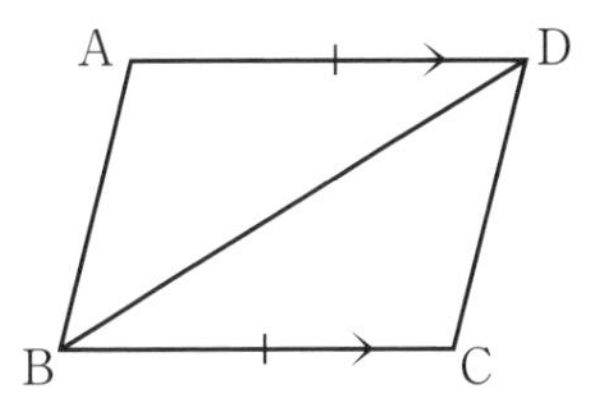

AD // BC(仮定)ですから，AB // DC になれば，平行四辺形といえます。
対角線 BD を引くと，∠ABD と ∠CDB が錯角になります。∠ABD = ∠CDB を示すために，△ABD と△CDB の合同を証明します。

答え

対角線 BD を引く。
△ABD と△CDB において，
仮定から，　AD // BC　①
　　　　　　AD = CB　②
①より，平行線の錯角は等しいから，
　　　∠ADB = ∠CBD　③
また，　BD は共通　④
②，③，④より，2 組の辺とその間の角がそれぞれ等しいから，
　　　△ABD ≡ △CDB
したがって，　∠ABD = ∠CDB
錯角が等しいから，AB // DC　⑤
①，⑤より，2 組の対辺がそれぞれ平行だから，四角形 ABCD は平行四辺形である。

注　対角線 AC を引き，△ABC と△CDA を使って証明することもできます。

教科書 P.165

問 5　四角形 ABCD で，AD // BC，AB = DC ならば，四角形 ABCD は平行四辺形であるといえますか。

ガイド

AD // BC，AD = BC ならば，問 4 (教科書 P.165)の証明で平行四辺形になりますが，それとは違います。図をかいてみましょう。
「いえない」ときは，反例を図で示しましょう。

答え

いえない。
右の図のような台形になる場合がある。

教科書 P.166

問 6　例 2 (教科書 P.166)を，前ページ(教科書 P.165)の「平行四辺形になるための条件」の❷を使って証明しなさい。

ガイド

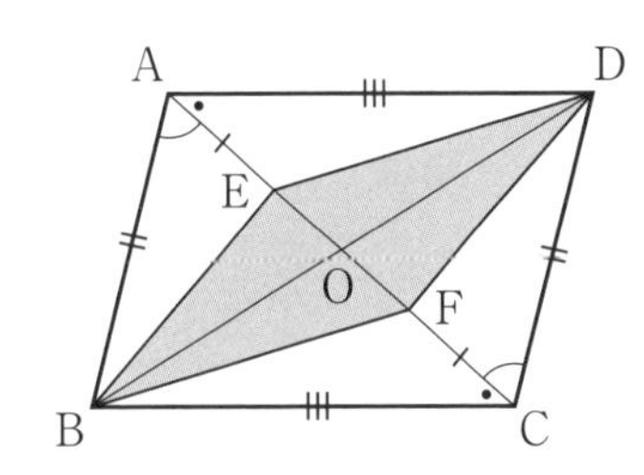

「平行四辺形になるための条件」の❷は「2 組の対辺がそれぞれ等しい」なので，BE = DF，DE = BF になることを証明します。
そのために，2 組の三角形の合同を考えます。
平行四辺形の対辺が等しいこと，平行線の錯角が等しいことから，等しい辺や角の印を例 2 の図にかき入れましょう。

答え

$\triangle$ABE と$\triangle$CDF において,
仮定から,　AE = CF　　①
平行四辺形の対辺は等しいから,
　　　　AB = CD　　②
平行線の錯角は等しいから，AB // DC より，
　　　$\angle$BAE = $\angle$DCF　③
①, ②, ③より，2 組の辺とその間の角がそれぞれ等しいから,
　　　$\triangle$ABE ≡ $\triangle$CDF
したがって，BE = DF　　④
同様にして，$\triangle$ADE ≡ $\triangle$CBF
したがって，ED = FB　　⑤
④, ⑤より，2 組の対辺がそれぞれ等しいから，四角形 EBFD は平行四辺形である。

コメント!

証明の中にある「同様にして」は，「前に述べたことと同じ手順」のときにだけ使えるものです。注意しましょう。

教科書 P.166

問 7 ▱ABCD の対辺 AB，DC の中点をそれぞれ M，N とするとき，四角形 MBND は平行四辺形であることを証明しなさい。

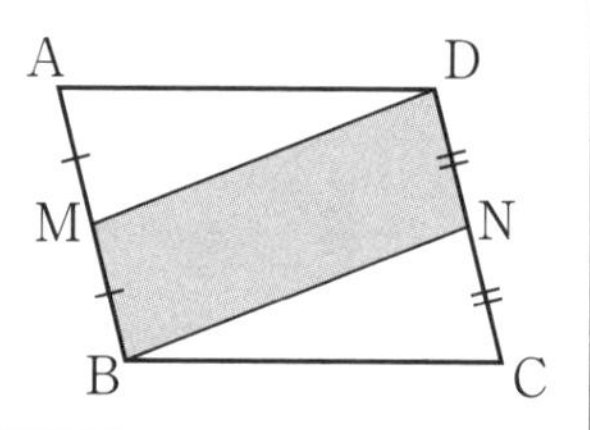

ガイド

AB // DC から，MB // DN になります。
MB // DN を利用することを考えると，「2 組の対辺が平行である」か「1 組の対辺が平行で等しい」のどちらかの条件にしぼられます。

答え

AB // DC より，MB // DN　　①
平行四辺形の対辺は等しいから,
　　　　AB = DC　　②
M，N はそれぞれ辺 AB，DC の中点だから,
　$\mathrm{MB} = \frac{1}{2}\mathrm{AB}$,　$\mathrm{DN} = \frac{1}{2}\mathrm{DC}$　③
②, ③から,　　MB = DN　　④
①, ④より，1 組の対辺が平行で等しいから，四角形 MBND は平行四辺形である。

❸ 特別な平行四辺形

教科書 P.167

Q 次の表の四角形で，左側にあげた性質をつねにもつものには○，そうでないものには×を書き入れてみましょう。また，この表から，気づいたことを話し合ってみましょう。

	平行四辺形	長方形	ひし形	正方形
2組の対辺がそれぞれ平行である	○			
4つの辺が等しい	×			
4つの角が等しい	×			

答え

	平行四辺形	長方形	ひし形	正方形
2組の対辺がそれぞれ平行である	○	○	○	○
4つの辺が等しい	×	×	○	○
4つの角が等しい	×	○	×	○

平行四辺形にいろいろ条件を加えていくと，平行四辺形→長方形→正方形，平行四辺形→ひし形→正方形とかわっていく。
正方形は，長方形やひし形の特別な場合といえる。また，長方形とひし形は，どちらも平行四辺形の特別な場合といえる。

教科書 P.167

問 1 ひし形は平行四辺形といえますか。また，その理由を説明しなさい。

ガイド ひし形の定義は「4つの辺が等しい四角形」です。

答え **いえる。**
理由：(例) ひし形の定義「4つの辺が等しい」が，平行四辺形になるための条件「2組の対辺がそれぞれ等しい」を満たしているから。

教科書 P.168

問 2 ひし形 ABCD で，2つの対角線 AC と BD は垂直に交わることを証明しなさい。ただし，AC と BD の交点を O とします。

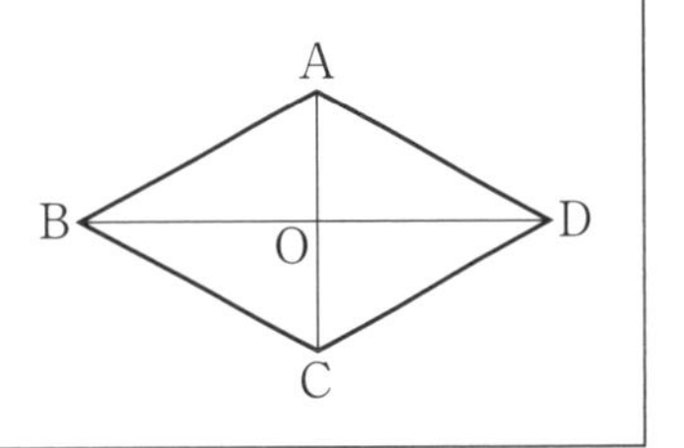

ガイド △ABO と△ADO が合同であることを証明して，∠AOB = 90° であることを導きましょう。(△CBO と△CDO の合同を証明してもよいです。)

5章 三角形・四角形

答え

$\triangle ABO$ と $\triangle ADO$ において，

仮定から，　　　　$AB = AD$　①

ひし形の 2 つの対角線は，それぞれの中点で交わるから，　$BO = DO$　②

また，AO は共通　　　　③

①，②，③より，3 組の辺がそれぞれ等しいから，

$$\triangle ABO \equiv \triangle ADO$$

したがって，　$\angle AOB = \angle AOD$

ここで，$\angle AOB + \angle AOD = 180^\circ$ だから，

$$\angle AOB = \angle AOD = 90^\circ$$

したがって，　$AC \perp BD$

教科書 P.169

平行四辺形にどんな条件を加えれば，長方形，ひし形，正方形になるかを考えてみましょう。

答え

・1 つの角が 90° である。→長方形

・となり合う辺の長さが等しい。→ひし形

・1 つの角が 90° で，となり合う辺の長さが等しい。→正方形

とかわっていく。

教科書 P.169

▱ABCD に，次の㋐や㋑の条件を加えると，それぞれどんな四角形になるでしょうか。

㋐　$AB = BC$

㋑　$\angle A = 90^\circ$

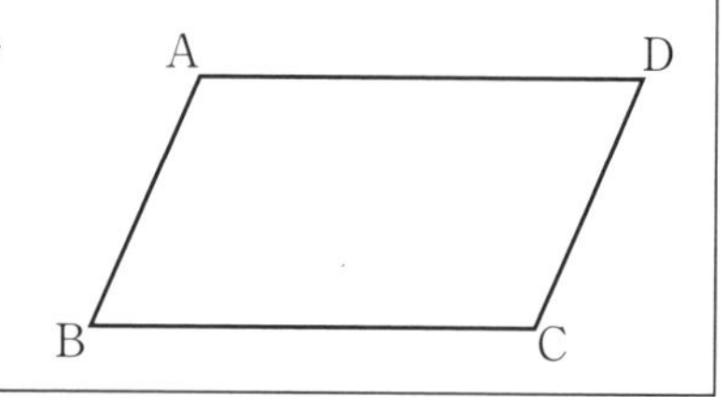

答え

㋐　**ひし形**　　　㋑　**長方形**

教科書 P.169

美月(みつき)さんは，①㋐について，この四角形はひし形になると考え，次のように説明しました。

平行四辺形の対辺は等しいから，AB＝DC，AD＝BCである。
これに，AB＝BC，つまり，となり合う辺が等しいという条件を加えると，4つの辺がすべて等しくなる。
したがって，▱ABCDはひし形になる。

①㋑について，この四角形が長方形になることを説明してみましょう。

ガイド

平行四辺形の対角が等しいこと，四角形の内角の和が 360° であることから，$\angle A$ を 90° にすると他の 3 つの角の大きさがどうなるかを考えてみましょう。

答え

平行四辺形は対角が等しいから，
　$\angle A = \angle C$，$\angle B = \angle D$ である。
これに，$\angle A = 90^\circ$ という条件を加えると，
　$\angle A = \angle C = 90^\circ$ となる。
四角形の内角の和は 360° だから，
　$\angle B + \angle D = 360^\circ - 90^\circ \times 2 = 180^\circ$ より，
$\angle B = \angle D = 90^\circ$ となる。
4つの角がすべて等しいから，▱ABCD は長方形になる。

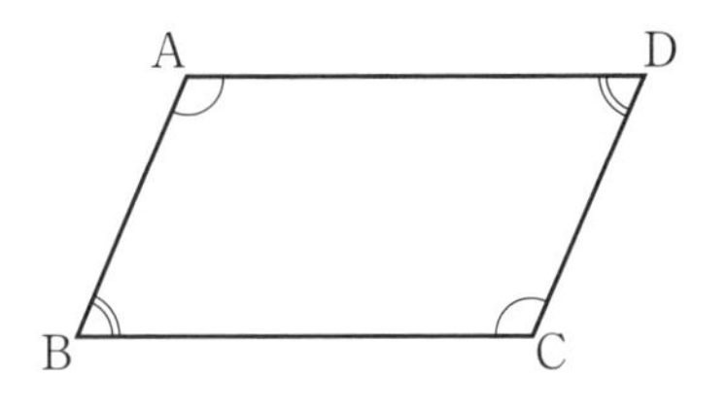

教科書 P.169

平行四辺形が長方形やひし形になるためには，ほかにどんな条件があるでしょうか。また，正方形になるためには，さらにどんな条件を加えればよいでしょうか。条件を考え，その理由をそれぞれ説明してみましょう。

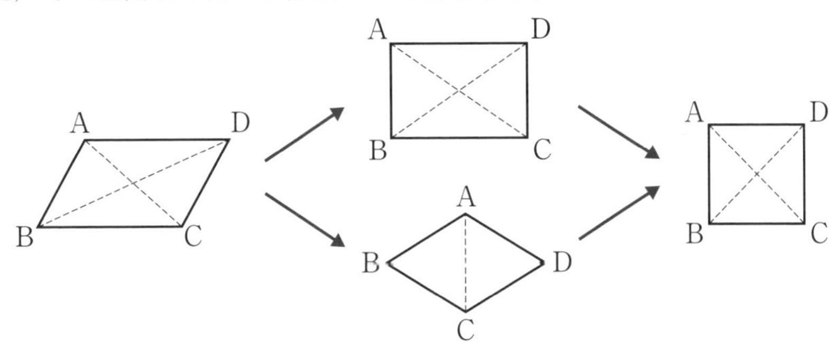

ガイド

平行四辺形が長方形になる条件として「1つの内角が 90°」，ひし形になる条件として「となり合う辺が等しい」があります。ここでは，ほかの条件として，対角線についての条件を考えます。
長方形やひし形が正方形になる条件は，正方形は長方形とひし形の両方の性質をもつことから考えましょう。

答え

・平行四辺形が長方形になるためのほかの条件
　2つの対角線の長さが等しい。(AC = BD)
理由：長方形は，2つの対角線の長さが等しい平行四辺形だから。(くわしい説明は，補足説明㋐にあります。)
・平行四辺形がひし形になるためのほかの条件
　2つの対角線が垂直に交わる。($AC \perp BD$)
理由：ひし形は，2つの対角線が垂直に交わる平行四辺形だから。(くわしい説明は，補足説明㋑にあります。)
・長方形が正方形になるために加える条件
　2つの対角線が垂直に交わる。($AC \perp BD$)
　(または，となり合う辺が等しい。)
理由：正方形は長方形とひし形の両方の性質をもつから，長方形にひし形の性質を加えると正方形になる。
・ひし形が正方形になるために加える条件
　2つの対角線の長さが等しい。(AC = BD)
　(または，1つの内角が 90° である。)

理由：正方形は長方形とひし形の両方の性質をもつから，ひし形に長方形の性質を加えると正方形になる。

(補足説明)

㋐ (平行四辺形で2つの対角線の長さが等しいとき，長方形になる証明)

▱ABCDで2つの対角線の長さが等しいとき，

△ABCと△DCBにおいて，

平行四辺形の対辺は等しいから，

AB = DC ①

仮定から，AC = DB ②

また， BCは共通 ③

①，②，③より，3組の辺がそれぞれ等しいから，

△ABC ≡ △DCB

したがって，∠ABC(∠B) = ∠DCB(∠C)

平行四辺形の対角は等しいことから，∠B = ∠D， ∠C = ∠A

したがって，∠A = ∠B = ∠C = ∠D

4つの角が等しいから，▱ABCDは長方形になる。

㋑ (平行四辺形で2つの対角線が垂直に交わるとき，ひし形になる証明)

▱ABCDで対角線が垂直に交わるとき，

2つの対角線はそれぞれの中点で交わるから，

AO = CO ①

BO = DO ②

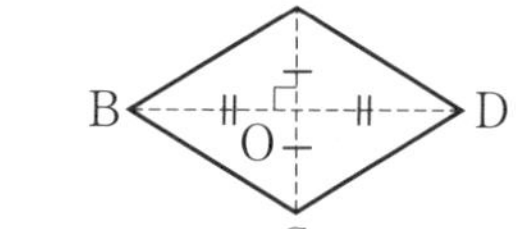

仮定から，

∠AOB = ∠COB = ∠COD = ∠AOD = 90° ③

①，②，③より，2組の辺とその間の角がそれぞれ等しいから，

△AOB，△COB，△COD，△AODはすべて合同である。

したがって，AB = CB = CD = AD

4つの辺が等しいから，▱ABCDはひし形になる。

2 四角形

確かめよう

教科書 P.170

1 平行四辺形の定義をいいなさい。

答え 2組の対辺がそれぞれ平行な四角形

2 ▱ABCDの辺AD，BC上に，AE = CFとなるようにそれぞれ点E，Fをとるとき，BE = DFであることを証明しなさい。

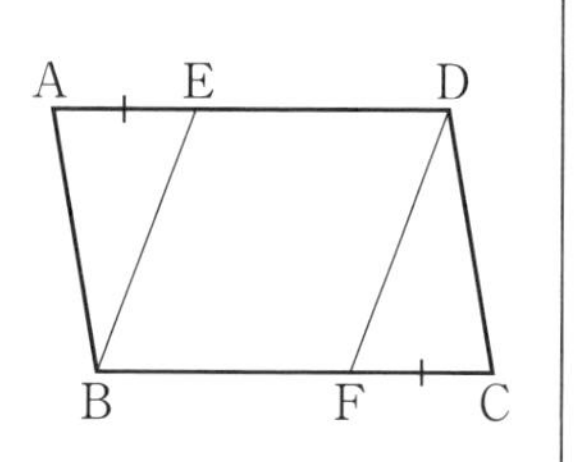

ガイド

△ABE と△CDF の合同を考えます。平行四辺形の対辺が等しいこと，対角が等しいことから，図の中の等しい辺や角に印を書き入れましょう。
四角形 EBFD から考える証明もあります。

答え

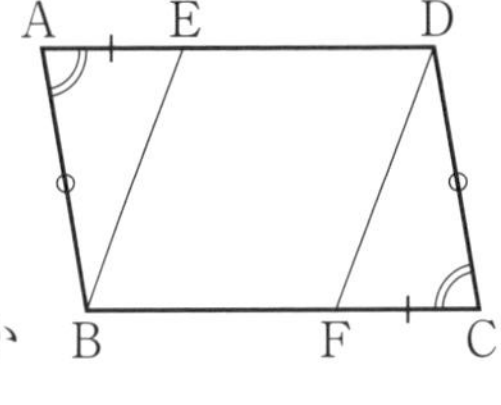

△ABE と△CDF において，

仮定から，　AE = CF　①

平行四辺形の対辺は等しいから，　AB = CD　②

平行四辺形の対角は等しいから，　∠A = ∠C　③

①，②，③より，2 組の辺とその間の角がそれぞれ等しいから，

△ABE ≡ △CDF

したがって，　BE = DF

別解

AD // BC より，ED // BF　①

仮定から，　AE = CF　②

平行四辺形の対辺は等しいから，　AD = BC　③

②，③から，AD − AE = BC − CF

したがって，　ED = BF　④

①，④より，1 組の対辺が平行で等しいから，四角形 EBFD は平行四辺形である。平行四辺形の対辺は等しいから，BE = DF

3 次の㋐～㋓のうち，四角形 ABCD が必ず平行四辺形になるのはどの場合ですか。

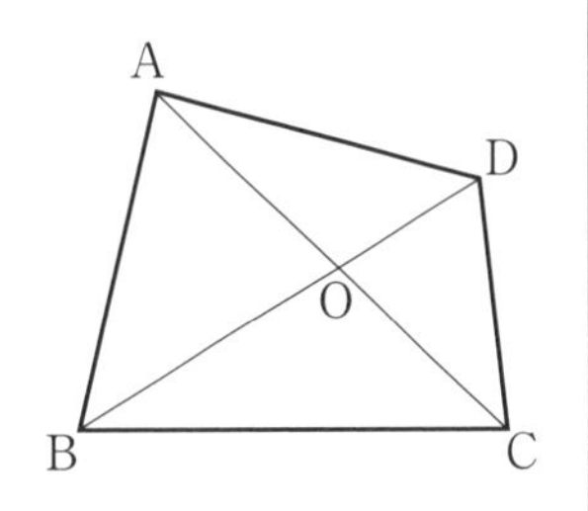

㋐　AD // BC，AB = DC

㋑　AB // DC，AB = DC

㋒　AO = CO，BO = DO

㋓　AO = BO，CO = DO

ガイド

平行四辺形になるための条件にあてはまるものはそのまま答えになります。そうでないものは，平行四辺形になるか図をかいて調べましょう。

答え

㋑，㋒

㋑は「1 組の対辺が平行で等しい」，㋒は「2 つの対角線がそれぞれの中点で交わる」を式で表したもの。

㋐，㋓の反例は右の図。

㋐ A D B C

㋓

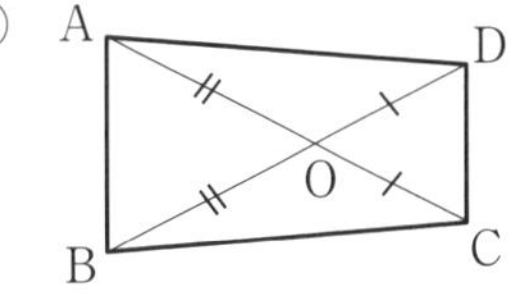

4 △ABC の辺 AB，AC の中点をそれぞれ D，E とし，DE の延長上に DE = EF となるように点 F をとります。
このとき，次の問いに答えなさい。

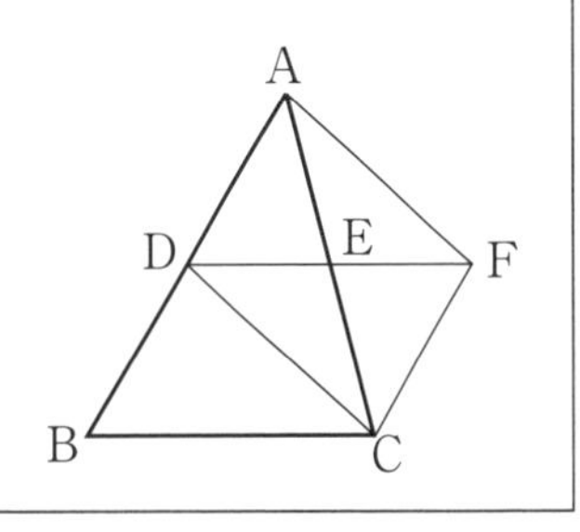

(1) 四角形 ADCF は平行四辺形であることを証明しなさい。

(2) DF = BC であることを証明しなさい。

ガイド 平行四辺形になるための条件を考えましょう。

答え

(1) 四角形 ADCF において,
点 E は辺 AC の中点だから,
AE = EC ①
仮定から, DE = EF ②
①, ②より, 2つの対角線がそれぞれの中点で交わるから,
四角形 ADCF は平行四辺形である。

(2) 四角形 DBCF において,
(1)から, AD // FC
よって, DB // FC ①
また, (1)から, AD = FC
点 D は辺 AB の中点だから,
AD = DB
よって, DB = FC ②
①, ②より, 1組の対辺が平行で等しいから,
四角形 DBCF は平行四辺形である。
したがって, DF = BC である。

5 正方形の対角線にはどんな性質がありますか。右の図を使って表しなさい。

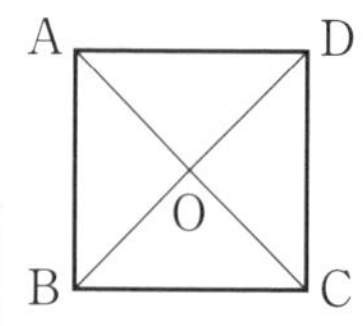
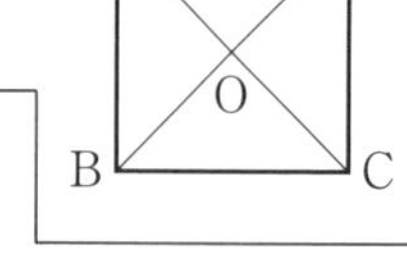

ガイド 対角線の長さと, 交わり方について式で表します。正方形は平行四辺形であり, 長方形やひし形でもあるので, それらの対角線の性質を使うことができます。

答え AO = CO = BO = DO, AC ⊥ BD

注 AO = CO = BO = DO で, 2つの対角線がそれぞれの中点で交わることと, 2つの対角線の長さが等しいこと, AC = BD (AO + CO = BO + DO)を表しています。

5章のまとめの問題

教科書 P.171 ～ 173

基本

1 次の□にあてはまることばをいいなさい。

(1) 二等辺三角形の□の二等分線は, 底辺を垂直に2等分する。
(2) 2つの直角三角形は, 斜辺と□, または, 斜辺と□がそれぞれ等しければ, 合同である。
(3) 平行四辺形の2つの対角線は, それぞれの□で交わる。
(4) 長方形は, □と定義される。

ガイド

(1) 右の図のようになります。

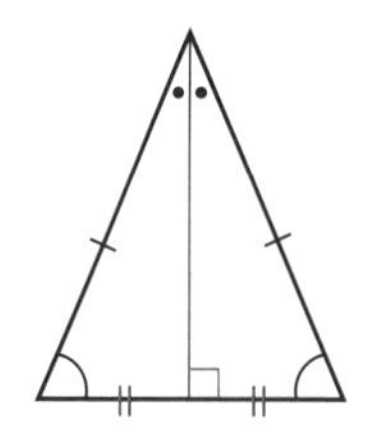

答え

(1) **頂角**

(2) **1つの鋭角，他の1辺(または，他の1辺，1つの鋭角)**

(3) **中点**

(4) **4つの角が等しい四角形**

2 頂角∠A = 36°の二等辺三角形ABCで，∠Bの二等分線を引き，辺ACとの交点をDとするとき，次の問いに答えなさい。

(1) ∠BDCの大きさを求めなさい。

(2) △BCDはどんな三角形ですか。また，その理由を説明しなさい。

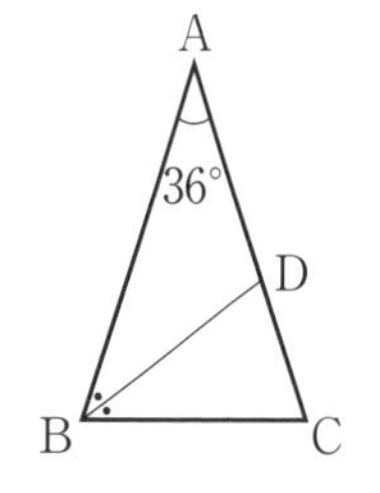

答え

(1) 二等辺三角形ABCの底角を求めると，

∠ABC = ∠ACB = (180° − 36°) ÷ 2 = 72° ①

よって，∠ABD = $\frac{1}{2}$∠ABC = $\frac{1}{2}$ × 72° = 36°

△ABDの外角より，∠BDC = ∠DAB + ∠ABD = 36° + 36° = **72°** ②

(2) (1)の①，②より，∠BCD = ∠BDC = 72°

2つの角が等しいから，△BCDは**二等辺三角形**である。

3 ▱ABCDの頂点A，Cから対角線BDに垂線AE，CFをそれぞれ引くとき，次の問いに答えなさい。

(1) △ABE ≡ △CDFであることを証明しなさい。

(2) 四角形AECFは平行四辺形であることを次のように証明しました。□をうめて，証明を完成させなさい。

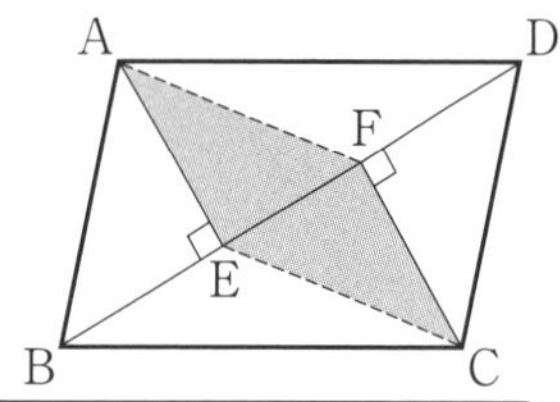

[証明] △ABE ≡ △CDFから，AE = □ ①

仮定から，　∠AEF = ∠CFE

□が等しいから，　AE // □ ②

①，②より，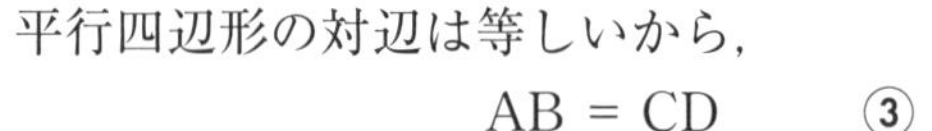から，

四角形AECFは平行四辺形である。

ガイド

(1) 平行四辺形の対辺は等しいこと，平行線の錯角は等しいことを考えましょう。

答え

(1) △ABEと△CDFにおいて，

仮定から，∠AEB = ∠CFD = 90° ①

平行線の錯角は等しいから，

AB // DCより，∠ABE = ∠CDF ②

平行四辺形の対辺は等しいから，

AB = CD ③

①，②，③より，直角三角形の斜辺と1つの鋭角がそれぞれ等しいから，

△ABE ≡ △CDF

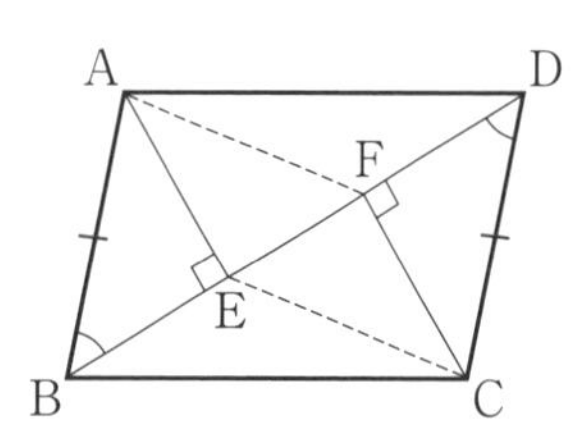

(2) 上から順に，**CF**，**錯角**，**FC**，**1組の対辺が平行で等しい**

4 右の図のように，△ABC の辺 BC の中点 M から，辺 AB，AC へそれぞれ垂線 MD，ME を引きます。このとき，MD = ME ならば，△ABC はどんな三角形ですか。また，そのことを証明しなさい。

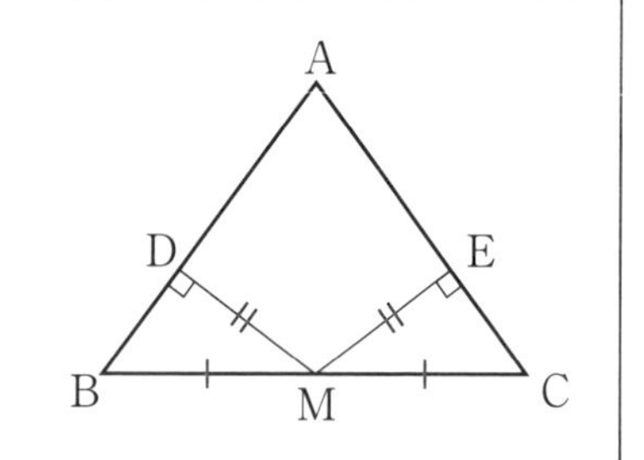

ガイド 直角三角形の合同を使って証明します。∠B, ∠C をそれぞれ 1 つの角にもつ直角三角形を見つけましょう。すると，斜辺 (MB と MC) と他の 1 辺 (MD と ME) がそれぞれ等しいことがわかります。斜辺と 2 つの角が等しい直角三角形は合同になります。

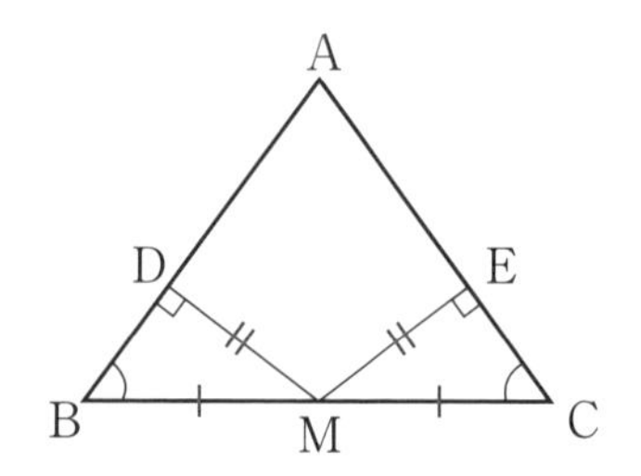

答え **△ABC は二等辺三角形である。**

〔証明〕

△MDB と△MEC において，

仮定から，MB = MC　　①

　　　　　MD = ME　　②

MD，ME はそれぞれ辺 AB，AC の垂線だから，

　　∠MDB = ∠MEC = 90°　　③

①，②，③より，直角三角形の斜辺と他の 1 辺がそれぞれ等しいから，

　　△MDB ≡ △MEC

よって，　∠B = ∠C

2 つの角が等しいから，△ABC は二等辺三角形である。

応用

1 右の図のように，▱ABCD の 4 つの角∠A，∠B，∠C，∠D の二等分線でできる四角形 EFGH はどんな四角形ですか。また，▱ABCD が長方形のとき，四角形 EFGH はどんな四角形ですか。

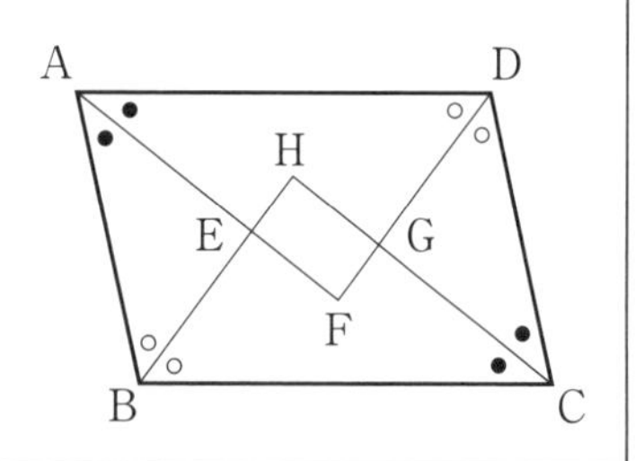

ガイド 角に注目しましょう。△AFD，△ABE，△CHB，△CDG はすべて，• 印の角と ◦ 印の角をもっていることから，四角形 EFGH の内角がどうなるか考えましょう。

▱ABCD が長方形のとき，• 印の角も ◦ 印の角も 45° になります。図をかいてみましょう。

答え

① ▱ABCD のとき…長方形

② ▱ABCD が長方形のとき…正方形

①の証明

• 印の角を$\angle a$，∘印の角を$\angle b$とする。

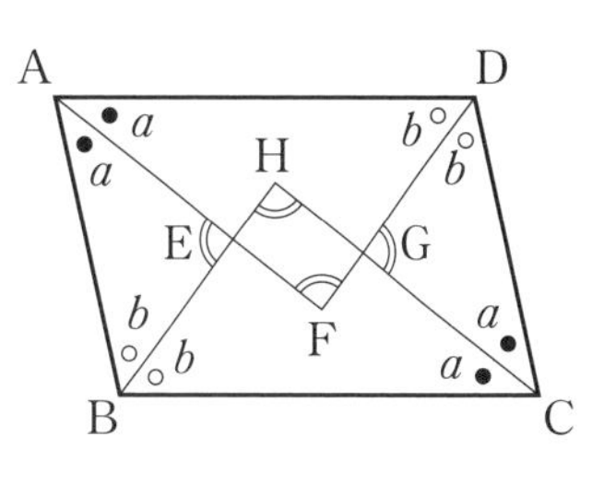

△AFD の内角の和より，

$\angle F = 180^\circ - (\angle a + \angle b)$

△CHB の内角の和より，

$\angle H = 180^\circ - (\angle a + \angle b)$

また，△ABE の内角の和より，

$\angle AEB = 180^\circ - (\angle a + \angle b)$

対頂角より，$\angle HEF = 180^\circ - (\angle a + \angle b)$

△CDG の内角の和と対頂角より，

$\angle FGH = 180^\circ - (\angle a + \angle b)$

したがって，4 つの角が等しいから，四角形 EFGH は長方形である。

②の証明

長方形の内角を 2 等分すると，45° になるから，△AFD，△ABE，△BCH，△CDG はすべて直角二等辺三角形になる。

よって，　　AE = BE　　㋐

また，AD = BC より，1 組の辺とその両端の角(45°)がそれぞれ等しいから，

△AFD ≡ △BHC　よって，AF = BH　㋑

HE = BH − BE

FE = AF − AE

㋐，㋑より，HE = FE

長方形で，となり合う辺が等しいから，四角形 EFGH は正方形である。

コメント！

①で，四角形の内角の和から，$4(\angle a + \angle b) = 360^\circ$

$\angle a + \angle b = 90^\circ$

よって，$180^\circ - (\angle a + \angle b) = 90^\circ$ になります。

2 ▱ABCD で BC = 2AB のとき，CD を延長し，CD = CE = DF となるように点 E，F をとります。AE と BC の交点を G，BF と AD の交点を H とすると，四角形 ABGH はひし形であることを証明しなさい。

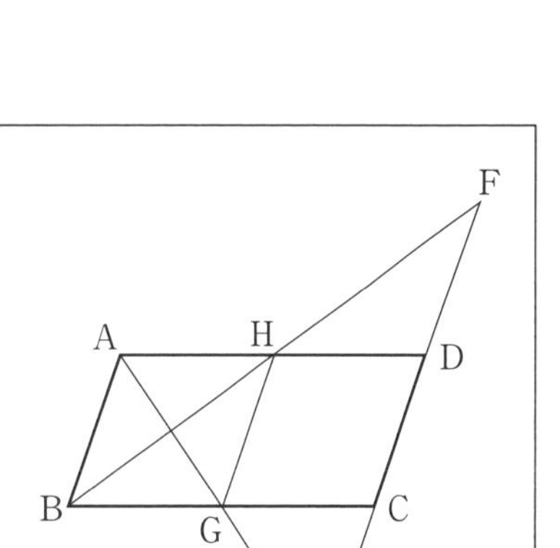

ガイド

三角形の合同と四角形が平行四辺形になるための条件，平行四辺形がひし形になるための条件を考えます。

まず，△ABG ≡ △ECG より BG = CG となること，BC = 2AB から AB = BG となることを証明します。

5章 三角形・四角形

同様にして，AB = AH を証明すれば，1 組の辺が等しく平行であることから，四角形 ABGH が平行四辺形であること，さらに，となり合う 2 辺が等しいことから，四角形 ABGH がひし形になることがいえます。

答え

△ABG と△ECG において，▱ABCD の対辺は等しいので，AB = CD，仮定から，CD = CE

よって，　AB = EC　　①

平行線の錯角は等しいから，AB // DE より，

　　∠ABG = ∠ECG　　②

　　∠BAG = ∠CEG　　③

①，②，③より，1 組の辺とその両端の角がそれぞれ等しいから，

　　△ABG ≡ △ECG　　よって，BG = CG

これと，BC = 2AB から，AB = BG　④

同様にして，△ABH ≡ △DFH より AH = DH だから，AB = AH　⑤

④，⑤より，AH = BG

また，AH // BG であるから，1 組の対辺が平行で等しく，四角形 ABGH は平行四辺形となる。

これと，④より，▱ABGH でとなり合う辺が等しいから，四角形 ABGH はひし形である。

3　二等辺三角形 ABC の底辺 BC 上の点 P から，辺 AB，AC に平行な直線を引き，辺 AC，AB との交点をそれぞれ Q，R とします。このとき，PQ + PR = AB であることを証明しなさい。

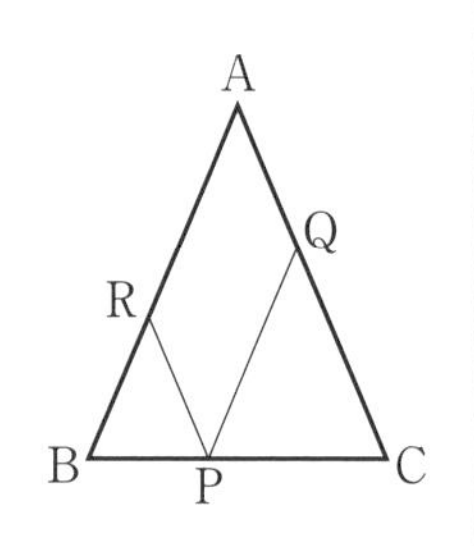

ガイド

四角形 ARPQ は平行四辺形になることから，PQ = RA であることがいえます。したがって，BR = PR になることがいえれば，PQ + PR = RA + BR = AB がいえます。

答え

仮定より，AR // QP，AQ // RP だから，

四角形 ARPQ は平行四辺形である。

平行四辺形の対辺は等しいから，

　　PQ = RA　①

平行線の同位角は等しいから，

PR // CA より，∠BPR = ∠C　②

また，△ABC は二等辺三角形であるから，

　　∠B = ∠C　③

②，③から，　∠B = ∠BPR

△RBP において，2 つの角が等しいから，

　　BR = PR　④

①，④から，PQ + PR = RA + BR = AB

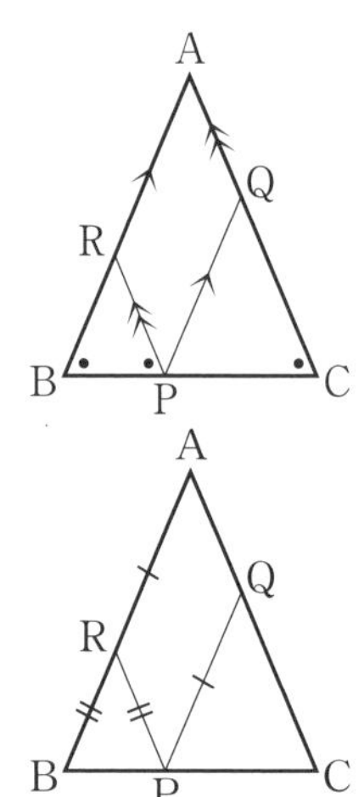

活用

1　次の問題は，下のように証明できます。

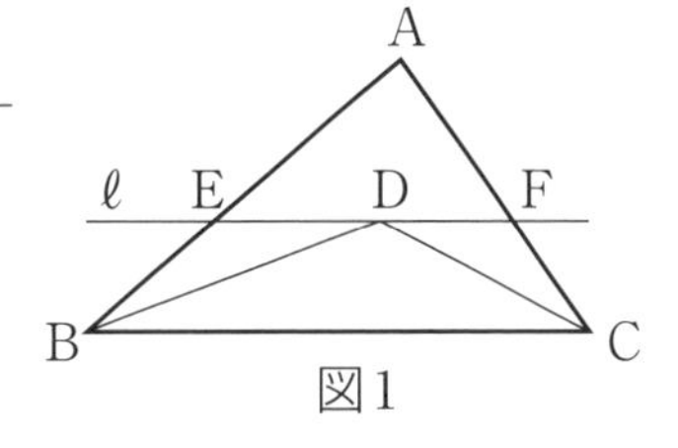

図1

［問題］　図1のように，△ABC において，∠ABC の二等分線と∠ACB の二等分線を引き，それらの交点を D とします。D を通り，辺 BC に平行な直線 ℓ を引き，ℓ と辺 AB，AC との交点をそれぞれ E，F とします。このとき，EB = ED となることを証明しなさい。

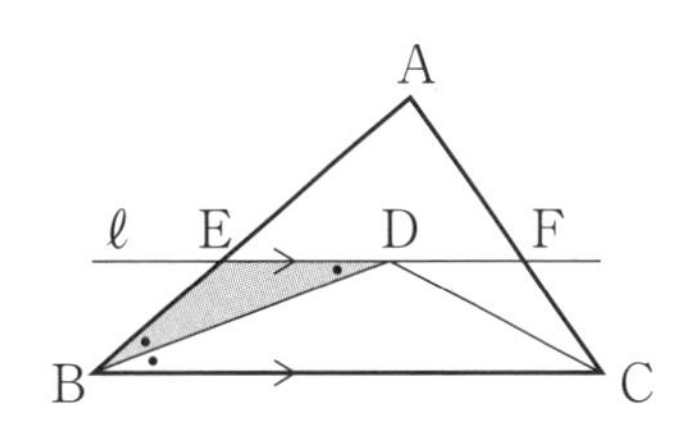

［証明］　△EBD において，
仮定から，　　∠DBC = ∠EBD　①
平行線の錯角は等しいから，
ED∥BC より，∠DBC = ∠EDB　②
①，②から，　∠EBD = ∠EDB
2つの角が等しいから，△EBD は二等辺三角形である。
したがって，　　EB = ED

次の(1)～(3)の問いに答えなさい。

(1)　上の証明の下線部「仮定から」の仮定を，次の㋐～㋓の中から1つ選びなさい。
㋐　BD は∠ABC の二等分線である。
㋑　CD は∠ACB の二等分線である。
㋒　直線 ℓ は点 D を通り，辺 BC に平行な直線である。
㋓　EB = ED である。

(2)　図1で，FC = FD であることを証明しなさい。

(3)　△EBD と△FCD が二等辺三角形であることから，図1において，△AEF の周の長さと等しいものがあることがわかります。次の㋐～㋔の中から1つ選びなさい。
㋐　AE + AF　　㋑　AE + AC　　㋒　AB + AF
㋓　AB + AC　　㋔　DB + DC

答え

(1)　㋐

(2)　△FDC において，
仮定から，　　∠DCB = ∠DCF　①
平行線の錯角は等しいから，
DF∥BC より，∠DCB = ∠FDC　②
①，②から，　∠DCF = ∠FDC
2つの角が等しいから，△FDC は二等辺三角形である。
したがって，　　FC = FD

(3)　㋓

条件を変えて考えよう

教科書 P.175 ～ 176

(教科書)154 ページの問 9 で，次のことを証明しました。

線分 AB 上に点 C をとり，AC，BC をそれぞれ 1 辺とする正三角形 ACP，CBQ をつくると，AQ = PB である。

1 △CBQ を点 C を回転の中心として回転移動したとき，AQ = PB が成り立つかどうかを調べてみましょう。

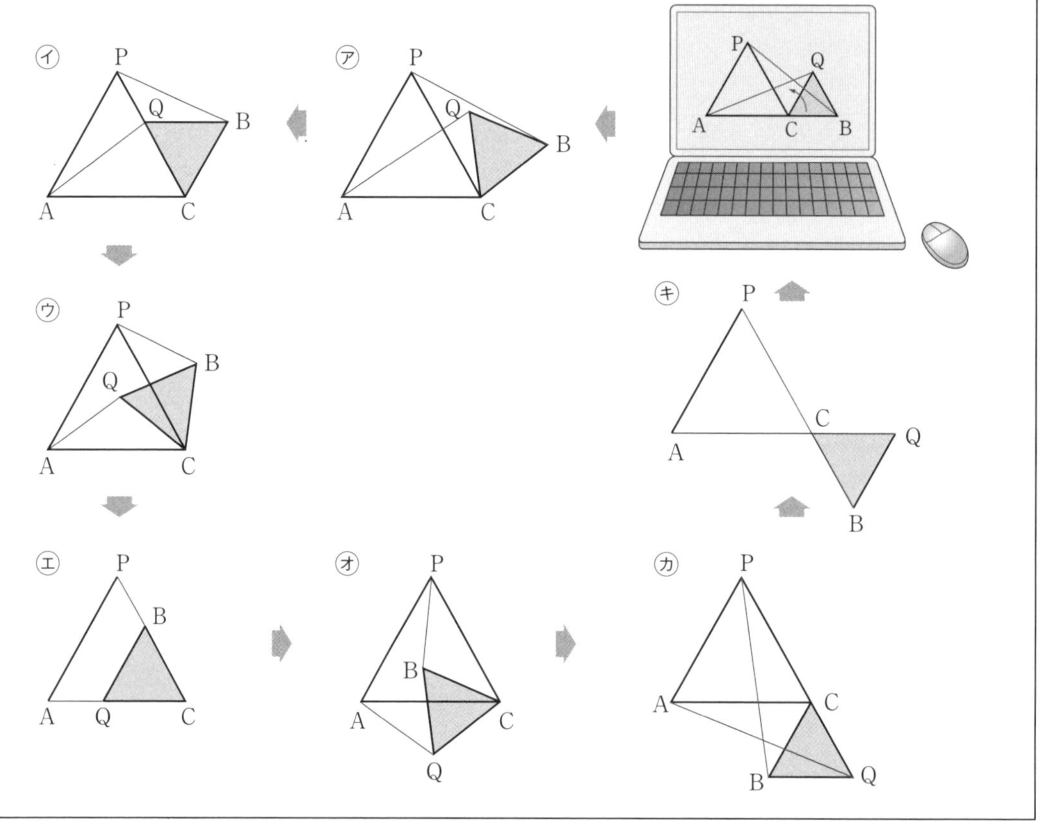

ガイド 例えば㋐の図で，△ACQ を点 C を中心として時計回りの方向に 60° 回転させてみましょう。
AC は PC に，CQ は CB に重なることになるから，△ACQ は△PCB と重なり，AQ = PB となります。
△ACQ ができない㋓と㋖の図については，大きい正三角形の辺と小さい正三角形の辺の長さの差や和になることから，AQ = PB となることがわかります。

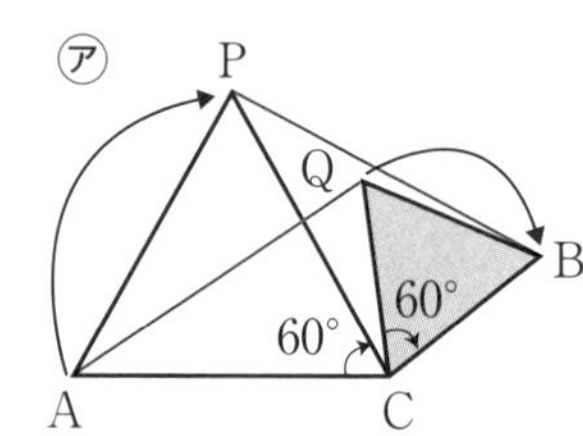

答え 図のどの場合でも，AQ = PB が成り立つ。

2 前ページ(教科書 P.175)の **1** で調べたことを証明してみましょう。
たとえば，ⓤの場合に AQ = PB が成り立つことは，次のように証明することができます。

［**証明**］

$\triangle$QAC と$\triangle$BPC において，

仮定から，　AC = PC　①

　　　　　　QC = BC　②

また，　$\angle$ACQ = $\angle$ACP − $\angle$QCP

　　　　　　= 60° − $\angle$QCP

　　　$\angle$PCB = $\angle$QCB − $\angle$QCP

　　　　　　= 60° − $\angle$QCP

よって，　$\angle$ACQ = $\angle$PCB　③

①，②，③より，2組の辺とその間の角がそれぞれ等しいから，

　　$\triangle$QAC ≡ $\triangle$BPC

したがって，AQ = PB

このほかの場合についても，AQ = PB が成り立つことを証明してみましょう。

ガイド　ⓔとⓚを除くⓐ，ⓘ，ⓞ，ⓚaは上の証明と同じように$\triangle$QAC と$\triangle$BPC の合同から証明します。AC = PC，QC = BCであることは変わらないので，$\angle$ACQ = $\angle$PCB を示す部分のみが上の証明と異なります。**答え**は，ⓐ，ⓘ，ⓞ，ⓚaについては，$\angle$ACQ = $\angle$PCB を示す部分のみをとりあげています。

答え

ⓐ　**($\angle$ACQ = $\angle$PCB を示す部分)**

$\angle$ACQ = $\angle$ACP + $\angle$PCQ = 60° + $\angle$PCQ

$\angle$PCB = $\angle$PCQ + $\angle$QCB = $\angle$PCQ + 60°

よって，$\angle$ACQ = $\angle$PCB

ⓘ　**($\angle$ACQ = $\angle$ PCB を示す部分)**

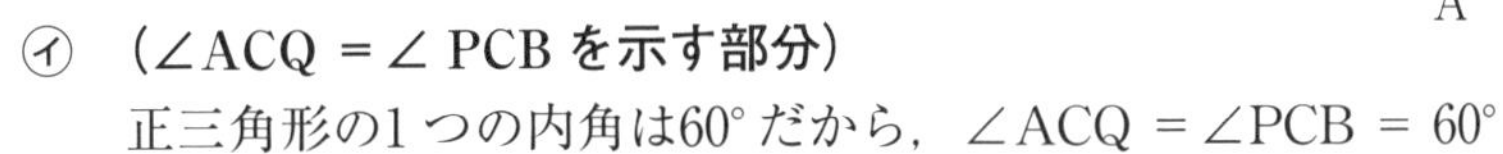
正三角形の1つの内角は60°だから，$\angle$ACQ = $\angle$PCB = 60°

ⓔ　$\triangle$ACP，$\triangle$CBQ は正三角形だから，

PC = AC，BC = QC

AQ = AC − QC，PB = PC − BC

よって，AQ = PB

ⓞ　**($\angle$ACQ = $\angle$PCB を示す部分)**

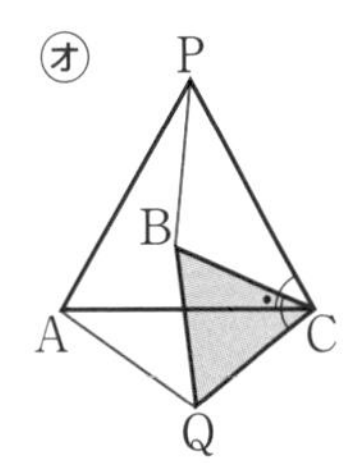

$\angle$ACQ = $\angle$BCQ − $\angle$BCA = 60° − $\angle$BCA

$\angle$PCB = $\angle$PCA − $\angle$BCA = 60° − $\angle$BCA

よって，$\angle$ACQ = $\angle$PCB

ⓚa　**($\angle$ACQ = $\angle$PCB を示す部分)**

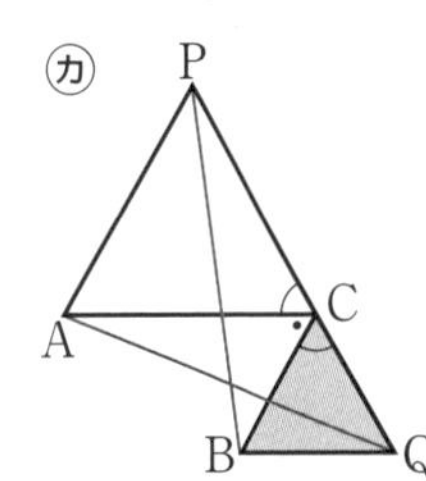

$\angle$ACQ = $\angle$ACB + $\angle$BCQ = $\angle$ACB + 60°

$\angle$PCB = $\angle$PCA + $\angle$ACB = 60° + $\angle$ACB

よって，$\angle$ACQ = $\angle$PCB

㋖　△ACP，△CBQ は正三角形だから，
PC ＝ AC，CB ＝ CQ
AQ ＝ AC ＋ CQ，PB ＝ PC ＋ CB
よって，AQ ＝ PB

3　次のように，条件の一部分を変えたとき，どんなことが成り立つかを調べてみましょう。
また，そのことを証明してみましょう。

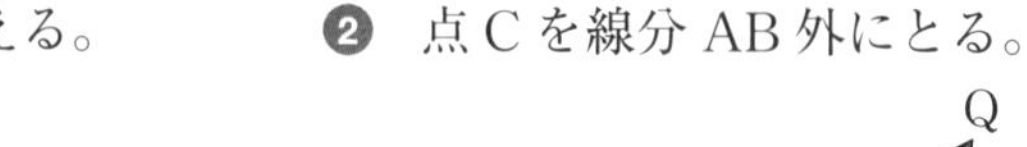

❶　正三角形を正方形に変える。　　❷　点 C を線分 AB 外にとる。

P　Q　R　S　A　C　B

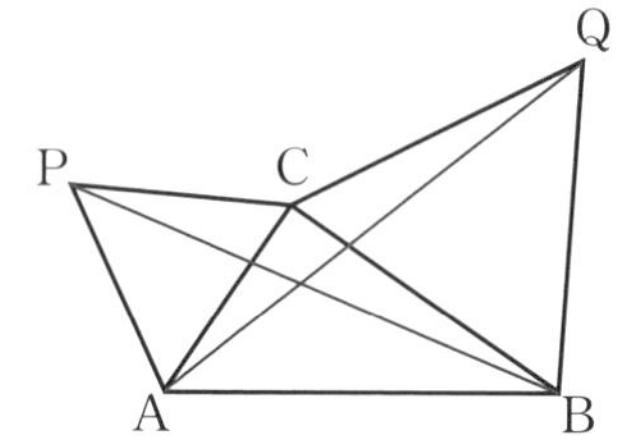

ガイド　❷　これまでの証明と同じように，AQ ＝ PB となります。

答え　❶　**AR ＝ QB が成り立つ。**

△ACR と△QCB において，
仮定から，　AC ＝ QC　①
　　　　　　CR ＝ CB　②
　　　　$\angle$ACR ＝ $\angle$QCB　③
①，②，③より，
2 組の辺とその間の角がそれぞれ等しいから，
　　　△ACR ≡ △QCB
したがって，AR ＝ QB

P　Q　R　S　A　C　B

❷　**AQ ＝ PB が成り立つ。**

△CAQ と△CPB において，
仮定から，　AC ＝ PC　①
　　　　　　QC ＝ BC　②
また，$\angle$ACQ ＝ $\angle$ACB ＋ $\angle$BCQ
　　　　　　＝ $\angle$ACB ＋ 60°
　　$\angle$PCB ＝ $\angle$PCA ＋ $\angle$ACB
　　　　　　＝ 60° ＋ $\angle$ACB
よって，　$\angle$ACQ ＝ $\angle$PCB　③
①，②，③より，2 組の辺とその間の角がそれぞれ等しいから，
　　　△CAQ ≡ △CPB
したがって，AQ ＝ PB

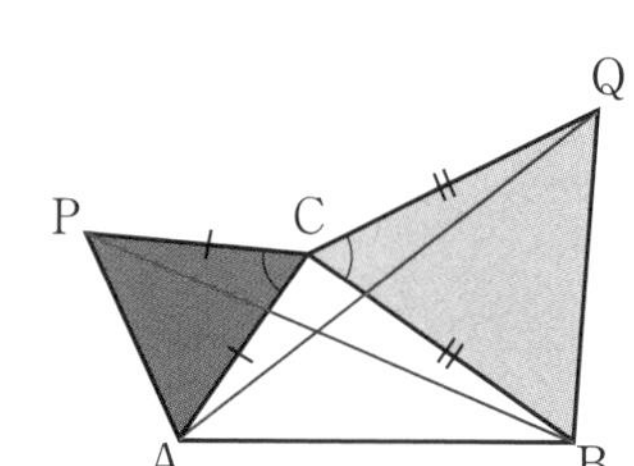

6章 確率

教科書 P.179

前ページ(教科書 P.178)のさいころを２つ同時に投げたとき，「１等」と「はずれ」は次の㋐～㋕のうちのどれにすればよいでしょうか。それぞれ予想してみましょう。

㋐ A A　㋑ A B　㋒ A C

㋓ B B　㋔ B C　㋕ C C

ガイド このさいころでは，Ａの面が３つ，Ｂの面が２つ，Ｃの面は１つしかないので，Ａの面が出る場合がいちばん多く，次がＢの面で，Ｃの面はいちばん出にくいと考えられます。
このさいころを２個投げると，直感的にはＡとＡの組み合わせがいちばん出やすく，ＣとＣの組み合わせがいちばん出にくいと思われます。実験をしたり，組み合わせの表をつくるなどして予想が正しいかどうかを確かめてみましょう。

答え ２つのさいころ①，②を投げた場合の出方は次の表のようになる。

①＼②	A	A	A	B	B	C
A	AA	AA	AA	AB	AB	AC
A	AA	AA	AA	AB	AB	AC
A	AA	AA	AA	AB	AB	AC
B	AB	AB	AB	BB	BB	BC
B	AB	AB	AB	BB	BB	BC
C	AC	AC	AC	BC	BC	CC

表より，「１等」は CC，「はずれ」は AB とするとよい。
よって，「１等」は㋕，「はずれ」は㋑とする。

教科書 P.179

１つのさいころで，６つの面がそれぞれ同じ確率で出ると仮定してよいでしょうか。また，そのように仮定した場合，「１等」と「はずれ」は決められるか，話し合ってみましょう。

ガイド さいころのどの面も出やすさは，同じと考えられます。ふつうのさいころで，投げる回数を多くして実験してみるとわかります。

答え ６つの面がそれぞれ同じ確率で出ると仮定できる。

1 確率

教科書のまとめ テスト前にチェック

◎ 同様に確からしい

正しくつくられたさいころを投げるとき，1から6までのどの目が出ることも，同じ程度に期待される。このようなとき，1から6までのどの目が出ることも**同様に確からしい**という。

覚 正しくつくられたさいころを投げるとき，どの目が出る確率もすべて等しく，それぞれ$\frac{1}{6}$となる。

◎ 確率の求め方

起こり得る場合が全部でn通りあり，そのどれが起こることも同様に確からしいとする。そのうち，あることがらの起こる場合がa通りあるとき，そのことがらの起こる確率pは次のようになる。

$$p=\frac{a}{n}$$

◎ 確率の範囲(はんい)

あることがらの起こる確率をpとすると，pの範囲(はんい)は次のようになる。

$$0 \leqq p \leqq 1$$

また，$p=0$のとき，そのことがらは決して起こらない。
$p=1$のとき，そのことがらは必ず起こる。

◎ あることがらが起こらない確率

あることがらAの起こる確率がpであるとき，Aの起こらない確率は，$1-p$である。

◎ 樹形図

ことがらの起こる場合の数を求めるのにかく右のような図を，**樹形図**(じゅけいず)という。

例 A，B，Cの3つの文字の並べ方は，下の樹形図のように6通りある。

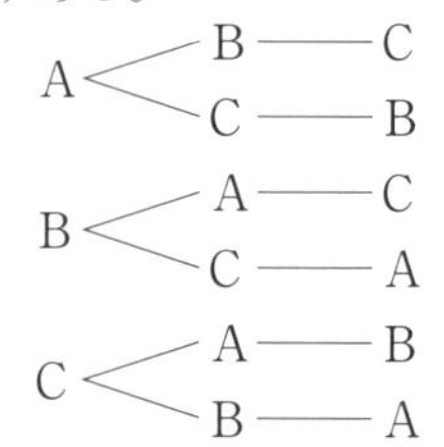

1 確率の求め方

教科書 P.180

さいころを投げたとき，それぞれの目が出る確率はすべて等しくなると考えてもよいでしょうか。また，その理由を話し合ってみましょう。

答え **それぞれの目が出る確率は，すべて等しいと考えてよい。**

(理由)　さいころは立方体の形をしており，6つの面のうち，どの面が上になることも，同じ程度に期待されるから。

教科書 P.181

問 1　さいころを6回投げたとき，1の目は必ず1回出るといってよいですか。

ガイド 1の目が出る確率は$\frac{1}{6}$ですが，これは多数回の実験をしたときに1の目が出る相対度数に基づいています。したがって，さいころを6回投げたとき，1の目が必ず1回出るとは限りません。1回も出ないことも，2回以上出ることもあります。

答え **必ず1回出るとはいえない。**

教科書 P.181

問 2　次のことがらについて，同様に確からしいといえるものを選びなさい。

㋐　右の写真のようなさいころを投げたとき，1から6のそれぞれの目が出ること。

㋑　10円硬貨(こうか)を投げたとき，表と裏が出ること。

㋒　ペットボトルのキャップを投げたとき，表と裏が出ること。

ガイド 何も書いていない立方体を投げてみると，上になる面が異なっていても見分けがつきません。このようなとき，それぞれ面が同じ程度に上になると考えられます。

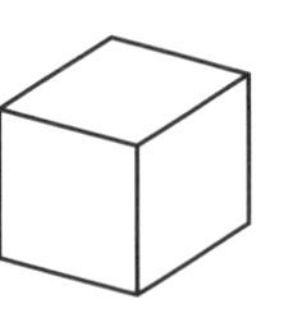

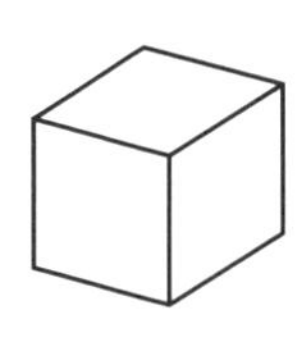

問題の図のさいころは，面によって形が異なるから，1から6のどの目が出ることも同じ程度には期待できず，同様に確からしいとはいえません。

また，ペットボトルのキャップは表と裏の形が異なるから，表と裏のどちらが出ることも同様に確からしいとはいえません。

答え ㋑

コメント！ 立方体でも，重心がどちらかの面にかたよっているときは，重心がかたよっている面が下になりやすくなると考えられます。正しくつくられたさいころは，重心にかたよりがありません。

教科書 P.181

問 3 身のまわりのことがらの中で，同様に確からしいといえる例をあげなさい。

答え

(例)・硬貨を投げるとき，表が出ることと裏が出ること。
・くじ引きで，どれか1本のくじを引くこと。

教科書 P.182

問 4 ジョーカーを除く52枚のトランプを裏返しにしてよく混ぜ，その中から1枚を引くとき，次の確率を求めなさい。

(1) カードのマークが◆
(2) カードの数が8
(3) カードが絵札
(4) カードのマークが♥または◆

ガイド

トランプには4種類のマークがあり，各マーク13枚ずつで，どのカードを引くことも同様に確からしいので，(1)〜(4)のカードがそれぞれ何枚あるかを調べます。
トランプの絵札は，各マークJ，Q，Kの3種類です。

答え

(1) ◆のマークのカードは13枚あるから，求める確率は，$\frac{13}{52}=\frac{1}{4}$

(2) 8のカードは4枚あるから，求める確率は，$\frac{4}{52}=\frac{1}{13}$

(3) 絵札のカードは，J，Q，Kがそれぞれ4枚ずつ，合計で，$3\times 4=12$(枚)あるから，求める確率は，$\frac{12}{52}=\frac{3}{13}$

(4) ♥または◆のマークのカードは，それぞれ13枚ずつ，合計で，$13\times 2=26$(枚)あるから，求める確率は，$\frac{26}{52}=\frac{1}{2}$

教科書 P.182

問 5 1から5までの番号が1つずつ書かれた同じ大きさの玉が，袋(ふくろ)の中に入っています。この袋の中から1個の玉を取り出すとき，その番号が偶数である確率と奇数(きすう)である確率を，それぞれ求めなさい。

ガイド

どの玉を取り出すことも同様に確からしいので，起こり得る場合は全部で5通りあります。

答え

玉の番号が偶数なのは2と4の2通りだから，偶数である確率は，$\frac{2}{5}$

玉の番号が奇数なのは1と3と5の3通りだから，奇数である確率は，$\frac{3}{5}$

教科書 P.183

右の図のように，A～Eのどの袋にも，赤玉や白玉が合わせて4個入っています。袋の中から1個の玉を取り出すとき，白玉の出る確率を，それぞれ求めてみましょう。

ガイド 袋の中から1個の玉を取り出すとき，起こり得る場合は全部で4通りあり，どの玉を取り出すことも同様に確からしいと考えられます。それぞれの袋で，白玉の出る場合は何通りあるか考えましょう。

答え
Aの袋 … 白玉が出る場合は0通りだから，求める確率は，$\frac{0}{4}=0$

Bの袋 … 白玉が出る場合は1通りだから，求める確率は，$\frac{1}{4}$

Cの袋 … 白玉が出る場合は2通りだから，求める確率は，$\frac{2}{4}=\frac{1}{2}$

Dの袋 … 白玉が出る場合は3通りだから，求める確率は，$\frac{3}{4}$

Eの袋 … 白玉が出る場合は4通りだから，求める確率は，$\frac{4}{4}=1$

コメント！ 確率pを求める式$p=\frac{a}{n}$で，aのとり得る値の範囲は$0 \leqq a \leqq n$となります。$a=0$のとき，$\frac{0}{n}=0$，$a=n$のとき，$\frac{n}{n}=1$だから，確率pの範囲は，$0 \leqq p \leqq 1$となります。

教科書 P.183

問6 確率が0，1になることがらの例を，それぞれあげなさい。

ガイド 決して起こらないことがらの確率は0，必ず起こることがらの確率は1です。

答え
(例)・確率0 … さいころを投げるとき，7の目が出る。
・確率1 … さいころを投げるとき，6以下の目が出る。

教科書 P.183

さいころを投げるとき，次の確率を求めてみましょう。また，その結果から，どのようなことがわかるか話し合ってみましょう。

(1) 6の目が出る確率

(2) 6の目が出ない確率

答え
(1) 6の目は1通りだから，6の目が出る確率は$\frac{1}{6}$

(2) 6の目が出ないのは，1～5の目の5通りだから，6の目が出ない確率は$\frac{5}{6}$

(別解) (6の目が出ない確率) = 1 −(6の目が出る確率)

$$= 1-\frac{1}{6}=\frac{5}{6}$$

教科書 P.184

問 7 あるくじを1本引くとき，当たる確率は$\frac{3}{20}$です。このくじを1本引くとき，はずれる確率を求めなさい。

ガイド　あることがらAの起こる確率がpであるとき，Aの起こらない確率は，$1-p$であることを使います。

答え　「当たる」ということがらが起こらないとき，必ず「はずれ」になります。
はずれる確率は，「当たる」ということがらが起こらない確率と等しいから，
$1-\frac{3}{20}=\mathbf{\frac{17}{20}}$

教科書 P.184

問 8 1から50までの整数を1つずつ書いた50枚のカードの中から1枚を取り出すとき，カードの数が素数である確率と素数でない確率を，それぞれ求めなさい。

ガイド　2，3，5，7，…のように，1とその数自身のほかに約数をもたない自然数が素数です。1は素数ではないことに注意します。
素数を小さい数から順に書き出して50までにいくつあるか調べましょう。
素数でない確率は，1－(素数である確率)から求めることができます。

答え　50までの素数は{2，3，5，7，11，13，17，19，23，29，31，37，41，43，47}の15個だから，素数である確率は，$\frac{15}{50}=\mathbf{\frac{3}{10}}$
素数でない確率は，$1-\frac{3}{10}=\mathbf{\frac{7}{10}}$

教科書 P.184

拓真(たくま)さんは，美月(みつき)さんとじゃんけんをするとき，次のようにいいました。
「じゃんけんは，グー，チョキ，パーの3通りだから，美月さんは$\frac{1}{3}$の確率でグーを出す。」
この考え方は正しいといえるかどうか説明してみよう。

答え　じゃんけんの出し方は人によってかたよりがある場合があるので，美月さんがグーを出す確率が必ずしも$\frac{1}{3}$となるとはいえない。

2 いろいろな確率

教科書 P.185

2枚の硬貨A，Bを同時に投げるとき，1枚が表でもう1枚が裏になる確率はいくらでしょうか。

表

裏

ガイド 見かけ上の出方は「表と表」,「表と裏」,「裏と裏」の3通りですが,「Aが表でBが裏」と「Bが表でAが裏」は異なる場合として考えなくてはならないことに注意しましょう。
硬貨Aの出方は,表と裏の2通りあり,そのそれぞれの場合について,硬貨Bの出方は,表と裏の2通りがあり,全部で4通りになります。これをまとめると,教科書185ページの図や表のようになります。

答え 2枚の硬貨の出方は,表(図)のようになり(表や図は,教科書P.185参照),全部で4通りの場合がある。このうち,1枚が表でもう1枚が裏になるのは2通りあるので,求める確率は,

$$\frac{2}{4}=\frac{1}{2}$$

教科書 P.185

問1 2枚の硬貨A,Bを同時に投げるとき,次の確率を求めなさい。

(1) 2枚とも表になる確率

(2) 2枚とも裏になる確率

ガイド 樹形図をかいてみましょう。

答え

(1) 右の樹形図より,全部で4通りあり,2枚とも表になるのは(○,○)の1通りだから,求める確率は,$\frac{1}{4}$

(2) 右の樹形図より,2枚とも裏になるのは(×,×)の1通りだから,求める確率は,$\frac{1}{4}$

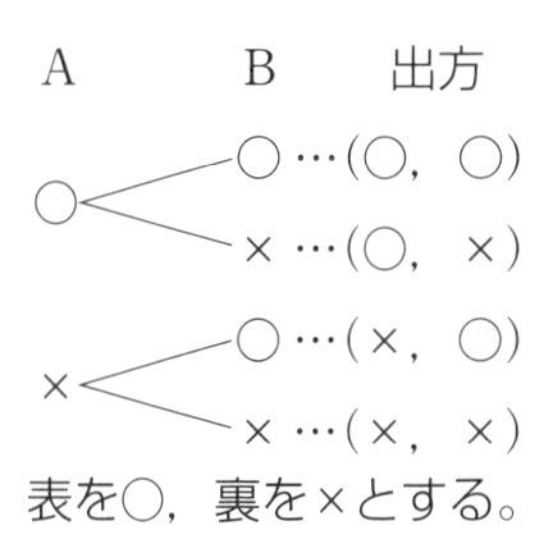

表を○,裏を×とする。

教科書 P.186

問2 3枚の硬貨A,B,Cを同時に投げるとき,2枚が表で1枚が裏になる確率を,樹形図をかいて求めなさい。

ガイド 3枚の硬貨のときは,場合の数が2枚のときの2倍の8通りになります。

答え 表,裏の出方は,樹形図より全部で8通りあり,それらのどの出方も同様に確からしいと考えられる。そのうち,表が2枚,裏が1枚出る場合は,★印の3通りある。

求める確率は,$\frac{3}{8}$

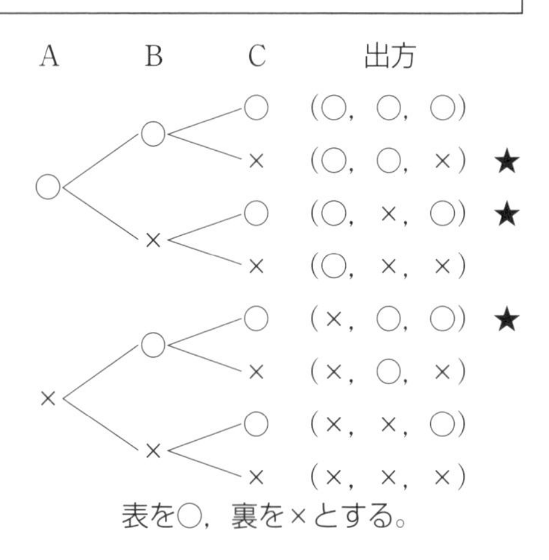

表を○,裏を×とする。

教科書 P.186

問 3 それぞれのカードにグー，チョキ，パーが書かれたカード3枚を1セットとします。A，Bの2人がそれぞれこのカードを1セットずつ，裏返しにしてよく混ぜ，その中から1枚を引いてじゃんけんを1回するとき，あいこ(引き分け)になる確率を，樹形図をかいて求めなさい。

ガイド トランプのカードを1枚引くときと同じなので，この場合のじゃんけんは，グー，チョキ，パーのどれが出ることも同様に確からしいと考えることができます。

答え 右の樹形図より，出方は全部で9通りあり，あいこになる場合は3通りある。

求める確率は，$\frac{3}{9}=\frac{1}{3}$

答 $\frac{1}{3}$

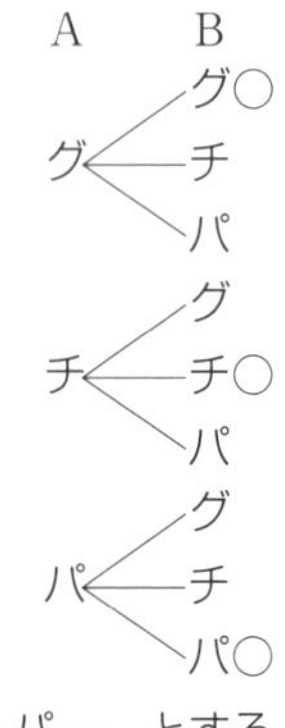

グ…グー，チ…チョキ，パ…パー　とする。

教科書 P.187

問 4 大小2つのさいころを同時に投げるとき，次の問いに答えなさい。

(1) 出る目の和が4になる確率を求めなさい。

(2) 出る目の和が10以上になる確率を求めなさい。

(3) 出る目の和がいくらのとき，確率がもっとも大きくなりますか。

ガイド 2つのさいころの問題では，表をかくとわかりやすくなります。表をかいて，2つのさいころの目の和を書き込みましょう。

答え 2つのさいころを投げるとき，目の出方は，(6 × 6 =)36通りある。

2つのさいころの目の和は右の表のようになる。

小＼大	⚀	⚁	⚂	⚃	⚄	⚅
⚀	2	3	4	5	6	7
⚁	3	4	5	6	7	8
⚂	4	5	6	7	8	9
⚃	5	6	7	8	9	10
⚄	6	7	8	9	10	11
⚅	7	8	9	10	11	12

(1) 表より，出る目の和が4になるのは3通りなので，求める確率は，$\frac{3}{36}=\frac{1}{12}$

(2) 表より，出る目の和が10以上になるのは6通りなので，求める確率は，$\frac{6}{36}=\frac{1}{6}$

(3) 表より，和が7になる場合は6通りあり，確率は$\frac{6}{36}=\frac{1}{6}$でもっとも大きい。したがって，**出る目の和が7になるとき。**

教科書 P.187

問 5 （教科書）178 ページ，179 ページの問題で，㋐〜㋕の確率をそれぞれ求め，「１等」と「はずれ」を決めなさい。

	A	
C	B	A
	B	
	A	

㋐ A A　㋑ A B　㋒ A C

㋓ B B　㋔ B C　㋕ C C

ガイド 右の表より，{C，C} の組み合わせがもっとも出にくく，{A，B} の組み合わせがもっとも出やすいといえます。

＼	A	A	A	B	B	C
A	AA	AA	AA	AB	AB	AC
A	AA	AA	AA	AB	AB	AC
A	AA	AA	AA	AB	AB	AC
B	AB	AB	AB	BB	BB	BC
B	AB	AB	AB	BB	BB	BC
C	AC	AC	AC	BC	BC	CC

答え
1 等… ㋕
はずれ… ㋑

Tea Break

ダランベールの誤り

教科書 P.187

フランスの数学者であり物理学者でもあるダランベール(1717 ～ 1783)は，１枚の硬貨を２回投げるとき，起こり得るすべての場合を，

① ２回とも表　② １回が表で１回が裏　③ ２回とも裏

と考え，それぞれが $\frac{1}{3}$ の確率で起こると考えました。

この考えは，「ダランベールの誤り」といわれています。

ダランベールの考えのどこに誤りがあるのでしょうか。

ガイド 当たりが１本，はずれが３本入っているくじを引くとき，「当たる」か「はずれる」かの２通りだから，当たる確率は $\frac{1}{2}$ になる。これは正しいでしょうか。正しくありませんね。
当たりが１本，はずれが３本のくじでは，「当たる」場合と「はずれる」場合の２通りは，“同様に確からしい”とはいえないのです。「当たる」場合が１通り，「はずれる」場合が３通りとして，全部で４通りとすれば，その４通りはそれぞれ“同様に確からしい”といえます。
ダランベールは，「１回が表で１回が裏」を１通りと考えています。

答え **(例)**「１回が表で１回が裏」には，「１回目は表で２回目は裏」と「１回目は裏で２回目は表」の２通りの場合があることを考えていない。

教科書 P.188～189

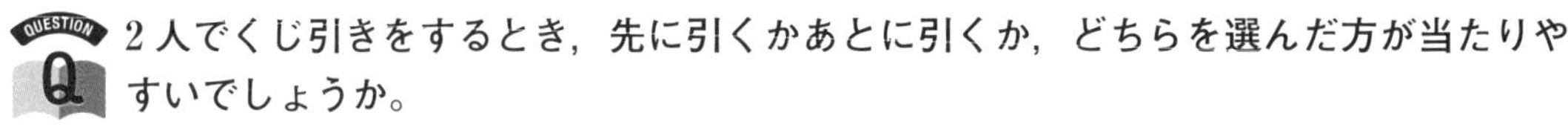

2人でくじ引きをするとき，先に引くかあとに引くか，どちらを選んだ方が当たりやすいでしょうか。

当たりが2本，はずれが3本入っているくじがあります。このくじを，Aが先に1本引き，次にBが1本引きます。このとき，A，Bが当たる確率をそれぞれ求めなさい。ただし，引いたくじは，もとにもどさないものとします。

(1) くじに番号をつけ，当たりを①，②とし，はずれを3，4，5として考えてみましょう。

(2) 次の2人の考えを説明しましょう。(図と表は 答 え 欄)

(3) これまでのことから，くじを引くとき，先に引くかあとに引くか，どちらを選んだほうがよいと考えられるでしょうか。

当たりの本数やはずれの本数をいろいろと変えて，くじを引く順番と当たる確率について調べてみましょう。

自分で求めた結果や，友だちが求めた結果をもとにして，くじ引きでは，引く順番と当たる確率にどんな関係があるか話し合ってみましょう。

答 え

① ㋐ 拓真さんの考え

Aが，まず何番のくじを引くかで，5通りの場合を考える。次に5つのそれぞれの場合について，Bが残った4つのくじのどれを引くかを考えて樹形図をかいてみると，次のようになる。

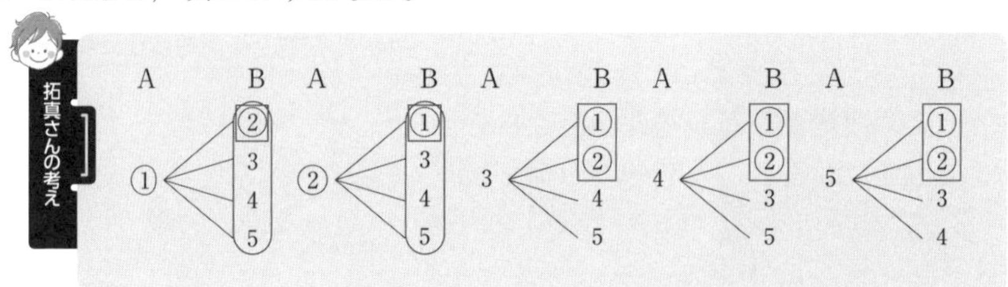

図から，Aが先にくじを引くとして，2人がくじを引く場合の数は，全部で $5 \times 4 = 20$ 通りあり，そのうちAが当たりくじ①か②を引く場合の数(図の赤丸で囲んだ部分)は $4 + 4 = 8$ で8通りあるので，Aが当たる確率は，

$$\frac{8}{20} = \frac{2}{5}$$

また，Bが①か②を引く場合の数(図の赤四角で囲んだ部分)は $1 + 1 + 2 + 2 + 2 = 8$ で8通りあるので，Bが当たる確率は，

$$\frac{8}{20} = \frac{2}{5}$$

㋑ 美月さんの考え

左端の欄にAの引くくじの番号をかき，そのそれぞれの場合について，Bが引くくじの番号を横にかいた表にまとめると次のようになる。

A＼B	①	②	3	4	5
①		(①, ②)	(①, 3)	(①, 4)	(①, 5)
②	(②, ①)		(②, 3)	(②, 4)	(②, 5)
3	(3, ①)	(3, ②)		(3, 4)	(3, 5)
4	(4, ①)	(4, ②)	(4, 3)		(4, 5)
5	(5, ①)	(5, ②)	(5, 3)	(5, 4)	

(AとBが同じ番号を引くことはできないから，対角線上の欄は空欄になる。)
左端のAが引く番号が①か②の場合の数(赤色をつけた部分)は $4+1+3=8$ で8通りあり，全部の場合の数は20通りなので，求める確率は，

$\frac{8}{20}=\mathbf{\frac{2}{5}}$

また，Bが①か②を引く場合の数(図の赤丸で囲んだ部分)は $4+1+3=8$ で8通りあるので，Bが当たる確率は，

$\frac{8}{20}=\mathbf{\frac{2}{5}}$

以上より，
くじを先に引いてもあとに引いても当たる確率は等しいといえるので，どちらでもよい。

②③ 省略

教科書 P.189

問6 3枚のカードの中に1枚だけ当たりのカードがあります。この3枚のカードを，A，B，Cの3人が順に1枚ずつ引くとき，カードを引く順番と当たりやすさには関係があるか，確率をもとに説明しなさい。ただし，引いたカードは，もとにもどさないものとします。

答え 当たりを❶，はずれを2，3として樹形図をかくと下のようになる。

A	B	C
❶	2	3
	3	2
2	❶	3
	3	❶
3	❶	2
	2	❶

カードの引き方は全部で6通りあり，Aが当たるのは2通り，B，Cが当たるのもそれぞれ2通りなので，3人が当たる確率は等しく，それぞれ $\frac{2}{6}=\frac{1}{3}$ になる。
したがって，この3枚のカードを，A，B，Cの3人が順に1枚ずつ引くとき，**カードを引く順番と当たりやすさには関係がない。**

教科書 P.190

問 7 例 2(教科書 P.190)で，生徒 D が選ばれる確率を求めなさい。

ガイド

組み合わせの数から確率を求める問題です。組み合わせでは順番は関係しないので，{A，B}と{B，A}は同じになることに注意しましょう。
例 2 で示されているように，2 人の組み合わせは，全部で{A，B}，{A，C}，{A，D}，{B，C}，{B，D}，{C，D}の 6 通りです。

答え

2 人の選ばれ方は，{A，B}，{A，C}，{A，D}，{B，C}，{B，D}，{C，D}の 6 通りあり，D が選ばれるのは{A，D}，{B，D}，{C，D}の 3 通りあるから，求める確率は，$\frac{3}{6}=\frac{1}{2}$

注

• 組み合わせの書き出し方

右の図のように矢印の方向だけ考えます。{A，B}と{B, A}は同じなので，B から A へもどる必要はないからです。

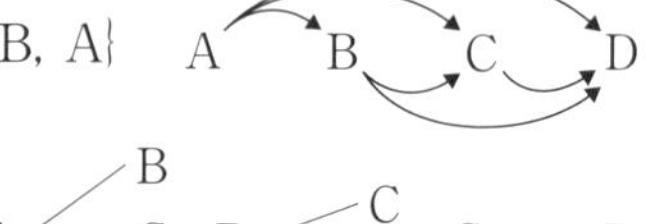

A —B, C, D　B —C, D　C — D

{A，B}，{A，C}，{A，D}，
{B，C}，{B，D}，
{C，D}となります。

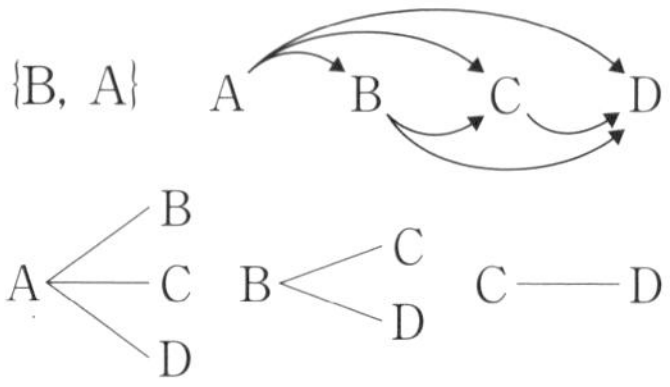

樹形図をかくときも同じように考えます(右上の図)。

また，表をかく方法もあります。組み合わせでは，右のように，表の半分だけ使うことに注意します。

	A	B	C	D
A		A，B	A，C	A，D
B			B，C	B，D
C				C，D
D				

教科書 P.190

問 8 A, B, C, D, E の 5 つのサッカーチームの中から，2 つのチームをくじで選ぶとき，次の確率を求めなさい。

(1) A と E の 2 チームが選ばれる確率

(2) C が選ばれる確率

ガイド

くじを引く順番は関係しないので，組み合わせの数を考えます。

答え

次のような樹形図になる。組み合わせは全部で，10 通り。

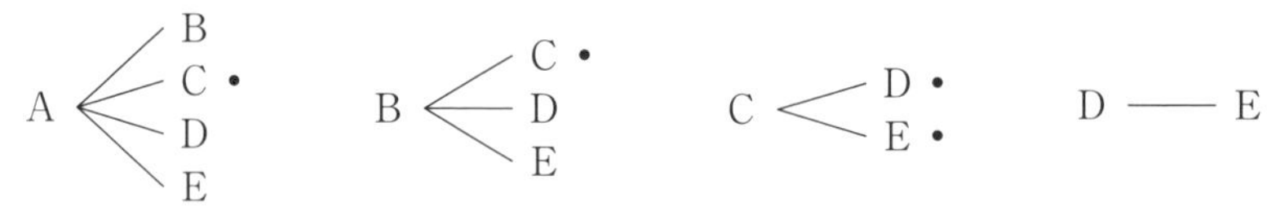

(1) A と E の 2 チームが選ばれるのは 1 通りだから，求める確率は，$\frac{1}{10}$

(2) C が選ばれるのは，上の図の • 印の 4 通りだから，求める確率は，$\frac{4}{10}=\frac{2}{5}$

確かめよう

教科書 P.191

1 次の確率を求めなさい。

(1) 1つのさいころを投げるとき，奇数の目が出る確率

(2) 赤玉が3個，白玉が2個，青玉が7個入っている袋の中から1個の玉を取り出すとき，それぞれの色の玉が出る確率

(3) 右の写真のような，各面に1～20の数が1つずつ書かれた正二十面体のさいころを投げるとき，3の倍数の目が出ない確率

ガイド

(2) 全部で12個の玉があります。

(3) (3の倍数が出ない確率) = 1 −(3の倍数が出る確率)

答え

(1) さいころの目の出方は全部で6通りあり，奇数の目は1，3，5の3通りだから，求める確率は，$\frac{3}{6}=\mathbf{\frac{1}{2}}$

(2) 玉の数は，(3 + 2 + 7 =)12個だから，1個の玉の取り出し方は全部で12通り。赤玉の取り出し方は3通りあるから，赤玉の出る確率は，$\frac{3}{12}=\mathbf{\frac{1}{4}}$

同様に，白玉の出る確率は，$\frac{2}{12}=\mathbf{\frac{1}{6}}$，青玉の出る確率は，$\mathbf{\frac{7}{12}}$

(3) 出る目は1～20の20通りあり，3の倍数は{3，6，9，12，15，18}の6通りだから，3の倍数の目が出る確率は，$\frac{6}{20}=\frac{3}{10}$

したがって，3の倍数の目が出ない確率は，$1-\frac{3}{10}=\mathbf{\frac{7}{10}}$

2 次の確率を求めなさい。

(1) 1枚の硬貨を2回続けて投げるとき，少なくとも1回は表が出る確率

(2) 2つのさいころを同時に投げるとき，同じ目が出る確率

ガイド

(1) 「少なくとも1回は表」は1回だけ表のときと2回とも表のときです。したがって，2回とも裏ではないときと考えることができるから，
(少なくとも1回は表が出る確率) = 1 −(2回とも裏が出る確率)で，求めることができます。

答え

(1) 表，裏の出方は全部で2 × 2 = 4(通り)，2回とも裏になるのは1通りだから，2回とも裏になる確率は，$\frac{1}{4}$

よって，少なくとも1回は表が出る確率は，$1-\frac{1}{4}=\mathbf{\frac{3}{4}}$

1回目　2回目

○ ＜ ○ / ×

× ＜ ○ / ×

表を○，裏を×とする。

(2) 2つのさいころの目の出方は36通りあり，同じ目が出るのは，(1，1)，(2，2)，(3，3)，(4，4)，(5，5)，(6，6)の6通りあるから，同じ目が出る確率は，$\frac{6}{36}=\mathbf{\frac{1}{6}}$

コメント！

(1)は，少なくとも1回は表になるのが3通りあるから，確率$\frac{3}{4}$と求めてもよいです。ここでは，「少なくとも」の意味を理解しましょう。

6章のまとめの問題

教科書 P.192 ～ 194

基本

1 次のことがらは正しいですか。

(1) 1つのさいころを投げるとき，1から6までのどの目が出ることも同様に確からしい。

(2) 1つのさいころを60回投げるとき，4の目は必ず10回出る。

(3) 1枚の硬貨を3回続けて投げる実験をしたところ，1回目，2回目と続けて表が出たから，3回目は表の出る確率より裏の出る確率の方が大きい。

(4) 2枚の硬貨を同時に投げるとき，2枚とも表になる確率と，1枚が表でもう1枚が裏になる確率は等しい。

ガイド

(1) どのことがらが起こることも同じ程度に期待されるとき，どのことがらが起こることも「同様に確からしい」といいます。

(2) 確率$\frac{1}{6}$とは，実験を多数回行ったときに，そのことがらの起こる相対度数が$\frac{1}{6}$に近づくということです。

(3) 硬貨の表と裏の出る確率はそれまでの結果に影響されません。

(4) 「1枚が表でもう1枚が裏」は2通りの場合があります。

答え

(1) 正しい　**(2) 正しくない**　**(3) 正しくない**　**(4) 正しくない**

2 1から30までの整数を1つずつ書いた30枚のカードの中から1枚を取り出すとき，次の確率を求めなさい。

(1) 4の倍数である確率

(2) 5の倍数か7の倍数である確率

(3) 3の倍数でない確率

(4) 4の倍数か6の倍数である確率

ガイド

(3) 1－(3の倍数である確率)で求めます。

(4) 4の倍数，6の倍数には，12，24のように重複する数(12の倍数)があるので，場合の数を求めるときには注意が必要です。

答え

(1) 1から30までの整数の中に，4の倍数は4，8，12，16，20，24，28の7個あるから，求める確率は，$\frac{7}{30}$

(2) 1から30までの整数の中に，5の倍数は，5，10，15，20，25，30の6個，7の倍数は，7，14，21，28の4個で，合わせて10個あるから，求める確率は，$\frac{10}{30}=\frac{1}{3}$

(3) 1から30までの整数の中に，3の倍数は，3，6，9，12，15，18，21，24，27，30の10個あるので，取り出した数が3の倍数である確率は，$\frac{10}{30}=\frac{1}{3}$
よって，取り出した数が3の倍数でない確率は，$1-\frac{1}{3}=\frac{2}{3}$

(4)　1から30までの整数の中に，4の倍数は，(1)より7個，6の倍数は，6, 12, 18, 24, 30の5個あるが，このうち，4の倍数でもあり6の倍数でもある整数は12, 24の2個あるので，取り出した数が4の倍数か6の倍数である場合は，

$7+5-2=10$より，10通りある。

よって，求める確率は，$\frac{10}{30}=\frac{1}{3}$

3　次の確率を求めなさい。

(1)　20本のうち，当たりが4本入っているくじを1回引くとき，当たる確率

(2)　1つのさいころを2回投げるとき，目の和が6になる確率

(3)　2つのさいころを同時に投げるとき，目の和が奇数になる確率

(4)　1枚の硬貨を3回投げるとき，3回続けて裏が出る確率

ガイド

(3)　和が奇数になるのは，(奇数)＋(偶数)か(偶数)＋(奇数)のときです。

(4)　硬貨を3回投げるとき，表，裏の出方は，全部で$2\times2\times2=8$(通り)になります。

答え

(1)　$\frac{4}{20}=\frac{1}{5}$

(2)　さいころを2回投げるとき，目の出方は36通りあり，出る目の和が6になるのは，右の表の○印の5通り。

よって，和が6になる確率は，$\frac{5}{36}$

(3)　目の和が奇数になるのは，右の表の•印の18通り。

よって，和が奇数になる確率は，$\frac{18}{36}=\frac{1}{2}$

A＼B	1	2	3	4	5	6
1		•		•	○	•
2	•		•	○	•	
3		•	○	•		•
4	•	○	•		•	
5	○	•		•		•
6	•		•		•	

(4)　硬貨を3回投げるとき，表，裏の出方は，全部で8通り。

3回続けて裏が出るのは(裏，裏，裏)の1通りだから，その確率は，$\frac{1}{8}$

4　男子3人，女子2人の5人の班で，2人の当番をくじで選ぶとき，男子，女子がそれぞれ1人ずつ選ばれる確率を求めなさい。

ガイド

組み合わせの数から確率を求める問題です。5人をA～Eなどとして，2人の組み合わせが全部で何通りあるか，樹形図や表をかいて考えましょう。

答え

男子3人をA，B，C，女子2人をⒹ，Ⓔとすると，次の樹形図になる。

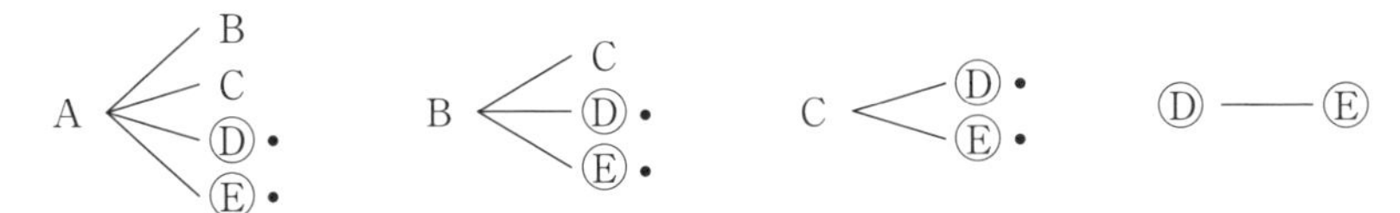

2人の組み合わせは全部で10通り。男子，女子がそれぞれ1人ずつになるのは上の図の•印の6通り。よって，求める確率は，$\frac{6}{10}=\frac{3}{5}$

応用

1 A，B，C，Dの4人でリレーのチームを組むとき，走る順番は全部で何通りありますか。また，Aが第3走者になる場合は何通りありますか。

ガイド 走る順番を決めるので，並べ方になります。

答え Aが第1走者のときの樹形図は右のようになり，6通りある。B，C，Dが第1走者のときも同様にそれぞれ6通りになるので，走る順番の決め方は全部で，

$6 \times 4 = 24$(通り)　　　**答　全部で24通り**

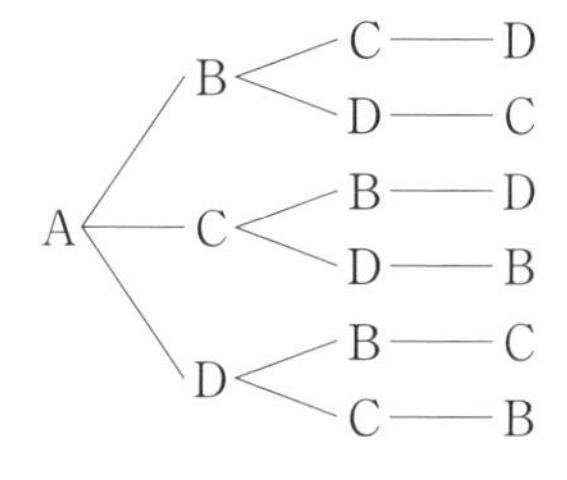

Aが第3走者のとき，残りの3人が第1，第2，第4走者になればよいから，3人の並べ方になる。

右の図のように6通りになる。

B < C — D, D — C　　C < B — D, D — B　　D < B — C, C — B

答　Aが第3走者になる場合は6通り

2 赤玉が2個，白玉が3個入っている袋の中から1個ずつ順に玉を取り出すとき，次の確率を求めなさい。ただし，取り出した玉は，もとにもどさないものとします。

(1) 2個の玉を取り出すとき，赤玉，白玉の順に出る確率

(2) 3個の玉を取り出すとき，赤玉，白玉，赤玉の順に出る確率

ガイド 赤玉も白玉も1個ずつ区別して，取り出し方が何通りあるかを考えます。

答え

(1) 赤玉2個を，R_1，R_2，白玉3個をW_1，W_2，W_3として樹形図をかくと右の**図1**のようになり，取り出し方は全部で20通り。

赤玉，白玉の順になるのは★印の6通りだから，求める確率は，$\frac{6}{20} = \frac{3}{10}$

(2) 3個の玉を取り出すときの取り出し方のうち，1個目がR_1の場合は，右の**図2**のように12通りある。1個目が，R_2，W_1，W_2，W_3の場合も同様だから，全部で$12 \times 5 = 60$(通り)となる。

図2で，赤玉，白玉，赤玉の順に出るのは，右の☆印の3通りで，1個目がR_2の場合も同様に3通りあるから，合計で6通りある。したがって，求める確率は，$\frac{6}{60} = \frac{1}{10}$

R_1 — R_2 — W_1, W_2, W_3
R_1 — W_1 — R_2 ☆, W_2, W_3
R_1 — W_2 — R_2 ☆, W_1, W_3
R_1 — W_3 — R_2 ☆, W_1, W_2

図2

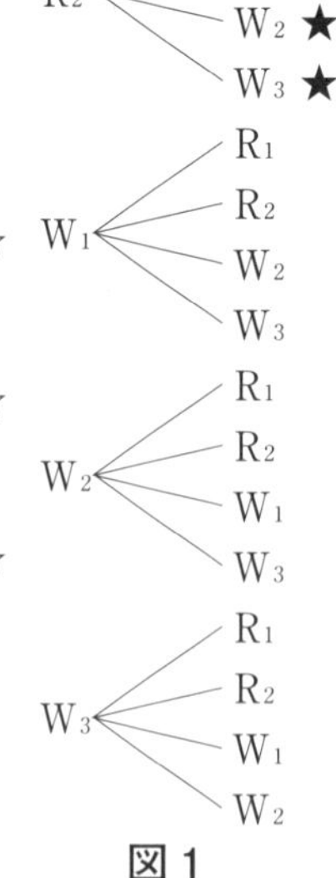

図1

コメント！ (2) 全部で何通りあるかは，樹形図をかいて考えると，1個目が5通り，そのそれぞれが2個目の4通りに分かれ，さらに3個目の3通りに分かれる図になることから，全部で，$5 \times 4 \times 3 = 60$(通り)という計算になります。

3 A, B, C の3人で(教科書)186ページの問3のカードを1セットずつ使って1回だけじゃんけんをするとき，次の問いに答えなさい。

(1) 3人のグー，チョキ，パーの出方は，全部で何通りありますか。

(2) 3人があいこ(引き分け)になる確率を求めなさい。

(3) Bが1人だけ勝つ確率を求めなさい。

ガイド

(1) 3人それぞれが，3通りの手の出し方があることから考えます。

(2) あいこは，3人とも同じ手を出すときと，3人が3つの手に分かれるときがあることに注意しましょう。

(3) Bだけが勝つのはどんな手のときか考えます。

答え

(1) (樹形図は右)

$3 \times 3 \times 3 = 27$

答 27通り

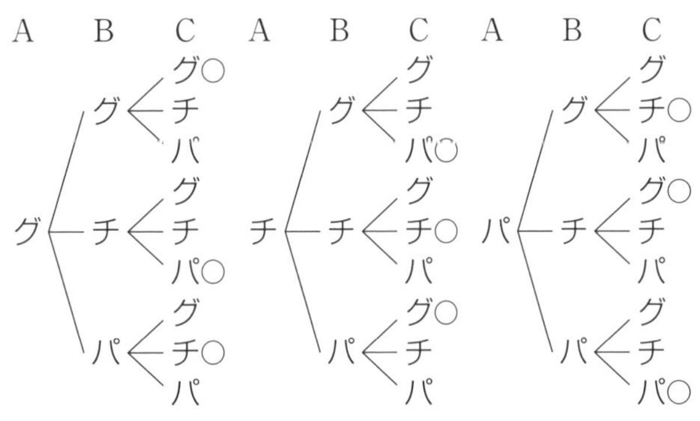

グーをグ，チョキをチ，パーをパとする。

(2) あいこになるのは3人とも同じ手のときと，3人がそれぞれグー，チョキ，パーに分かれるときで，樹形図の○印の9通り。

したがって，あいこになる確率は，$\frac{9}{27}=\frac{1}{3}$

(3) Bが1人だけ勝つのは，グー(A，Cはチョキ)，チョキ(A，Cはパー)，パー(A，Cはグー)の3通りだから，Bだけ勝つ確率は，$\frac{3}{27}=\frac{1}{9}$

4 右の図のように，正五角形ABCDEの頂点Aに碁石(ごいし)を置き，さいころを2回投げて，次の㋐，㋑の規則にしたがって頂点から頂点へ碁石を動かします。このとき，下の問いに答えなさい。

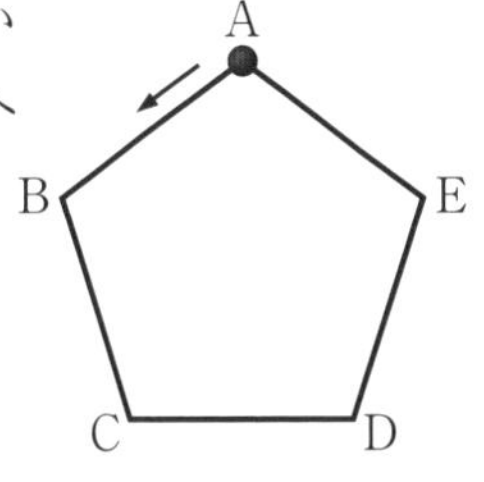

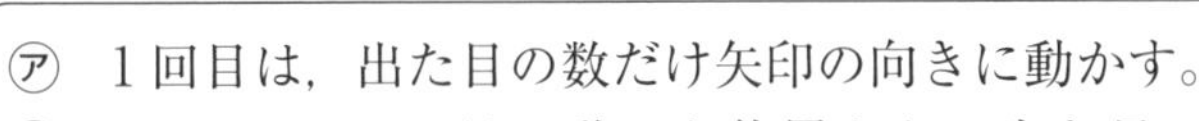

㋐ 1回目は，出た目の数だけ矢印の向きに動かす。

㋑ 2回目は，1回目に動いた位置から，出た目の数だけ矢印と反対の向きに動かす。

(1) 碁石が1回目に動いたとき，頂点Bにある確率を求めなさい。

(2) 碁石が2回目に動いたとき，頂点Bにある確率を求めなさい。

ガイド 頂点Bにくるには頂点をいくつ動けばよいかを考えます。正五角形の頂点を1周してからBにくるときもあるので注意しましょう。

答え

(1) 頂点Bにくるのは，さいころの目が1か6のときの2通りだから，$\frac{2}{6}=\frac{1}{3}$

(2) 1回目のさいころの目と碁石の位置(かっこ内が碁石の位置)は，
1(B)，2(C)，3(D)，4(E)，5(A)，6(B)
この位置から，2回目の移動(逆回り)で頂点Bにくるためには，Bから5，Cからは1か6，Dから2，Eから3，Aから4，それぞれ移動すればよいから，頂点Bにくる目の出方は，(1，5)，(2，1)，(2，6)，(3，2)，(4，3)，(5，4)，(6，5)の7通りになる。また，2回のさいころの目の出方は36通り。
したがって，求める確率は，$\frac{7}{36}$
(参考)右の表のようになります。

1回目＼2回目	1	2	3	4	5	6
1(B)	A	E	D	C	Ⓑ	A
2(C)	Ⓑ	A	E	D	C	Ⓑ
3(D)	C	Ⓑ	A	E	D	C
4(E)	D	C	Ⓑ	A	E	D
5(A)	E	D	C	Ⓑ	A	E
6(B)	A	E	D	C	Ⓑ	A

活用

1 美月さんは，テレビで賞品当てゲームを見ています。このゲームは，司会者と挑戦者(ちょうせんしゃ)(賞品を当てる人)で，次のように進められます。

賞品当てゲーム
挑戦者の前に3つの箱が置かれており，そのうちの1つは当たりの箱です。司会者はどれが当たりの箱であるか知っています。
[進め方]
① 挑戦者は，最初に箱を1つ選びます。
② 司会者は，残った2つの箱のうち，はずれの箱を1つ開けて見せます。
③ 挑戦者は，最初に選んだ箱を「変更(へんこう)する」か「変更しない」のいずれかを選択(せんたく)します。

このゲームについて，次の問いに答えなさい

(1) 最初から「箱を変更しない」と決めて挑戦すると，上の進め方の①で当たるかどうかが決まることになります。3つの箱から1つの箱を選ぶとき，それが当たりの箱である確率を求めなさい。

ガイド どの箱が選ばれることも，同様に確からしい。

答え $\frac{1}{3}$

(2) 美月さんは，最初から「箱を変更する」と決めてゲームを行う場合について，次のように考えました。[ ]に，あてはまることばを入れて，説明を完成させなさい。

- 最初に選んだ箱が当たりだとすると，
  残りの 2つの箱ははずれだから，司会者がどちらの箱を開けても，
  残った箱は必ずはずれである。
  したがって，箱を変更すると必ずはずれる。
- 最初に選んだ箱がはずれだとすると，
  [ ]
  したがって，箱を変更すると必ず当たる。

答え (例)残りの2つの箱のうち1つは当たりだから，司会者がはずれの箱を開けると，残った箱は必ず当たりである。

(3) 最初から「箱を変更する」と決めてゲームを行う方が当たりやすくなります。このことを実験で確かめる方法を考えなさい。

ガイド 確率を実験結果から予想するときは，実験を多数回行う必要があります。

答え (例)「箱を変更する」と「箱を変更しない」でそれぞれ100回ずつ行ったときの結果を比較する。

コメント! 挑戦者が最初に箱を1つ選んだ段階では，どの箱が当たる確率も$\frac{1}{3}$です。しかし，司会者がはずれの箱を1つ示した段階で，最初に選んだ箱が当たる確率は$\frac{1}{3}$，残りの1つの箱が当たる確率は$\frac{2}{3}$になります。

どちらにかける？

教科書 P.197

1　多くの人たちは，3つのさいころの目の和が9になる場合は6通り，10になる場合も6通りあるので，どちらにかけても有利，不利はないと考えていました。9になる場合，10になる場合の目の出方をすべてあげてみましょう。

目の和が9になる例

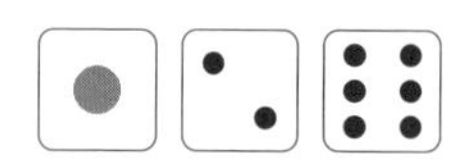

目の和が10になる例

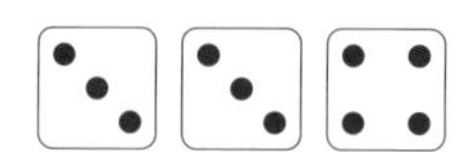

答え　目の和が9 …{1, 2, 6}，{1, 3, 5}，{1, 4, 4}，{2, 2, 5}，{2, 3, 4}，{3, 3, 3}
目の和が10…{1, 3, 6}，{1, 4, 5}，{2, 2, 6}，{2, 3, 5}，{2, 4, 4}，{3, 3, 4}

2　かけ事をする人たちは，一方で，経験的に目の和が9よりも10になることの方が少し多いと感じていました。この疑問に答えを与(あた)えたのが，イタリアの科学者ガリレオ・ガリレイです。ガリレオは確率の考え方を使って，目の和が10にかける方が有利であることを示しました。ガリレオになったつもりで，この問題を説明してみましょう。

ガイド　さいころの目の出方を考えるときは，3つのさいころを区別して考えなければなりません。例えば，{1，2，6}のように3つの数が異なる組み合わせでは，さいころをA，B，Cとすると，右の樹形図のように3つの数の並べ方になり，6通りになります。
{1，4，4}のように，1つだけ異なる数のときはその異なる数の位置をずらして考え，(1，4，4)，(4，1，4)，(4，4，1)のように，3通りになります。
{3，3，3}のように，3つの数が同じときは1通りです。

A	B	C
1	2	6
	6	2
2	1	6
	6	1
6	1	2
	2	1

答え　3個のさいころの目の出方は，$6^3 = 216$(通り)ある。
1より，目の和が9の組み合わせは，①{1，2，6}，②{1，3，5}，③{1，4，4}，④{2，2，5}，⑤{2，3，4}，⑥{3，3，3}
3つの数が異なる①，②，⑤はそれぞれ6通りの並べ方があるので，
　$6 \times 3 = 18$(通り)
1つの数が異なる③，④はそれぞれ3通りの並べ方があるので，$3 \times 2 = 6$(通り)
⑥は3つとも同じ数なので，1通り。
合わせて，$18 + 6 + 1 = 25$(通り)
したがって，**目の和が9になる確率は$\frac{25}{216}$**
同様に，目の和が10の組み合わせは，{1，3，6}，{1，4，5}，{2，2，6}，{2，3，5}，{2，4，4}，{3，3，4}で，3つの数が異なる組み合わせは3組だから，$6 \times 3 = 18$(通り)，1つの数が異なる組み合わせは3組だから，$3 \times 3 = 9$(通り)，合計27通り。したがって，**目の和が10になる確率は$\frac{27}{216}$**$\left(=\frac{1}{8}\right)$
よって，**目の和が10にかける方が有理である。**

7章 データの分布

教科書 P.199

1 前ページ(教科書 P.198)の表をもとに，度数折れ線で表すと，次のようになりました。このグラフから，どんなことがわかるでしょうか。

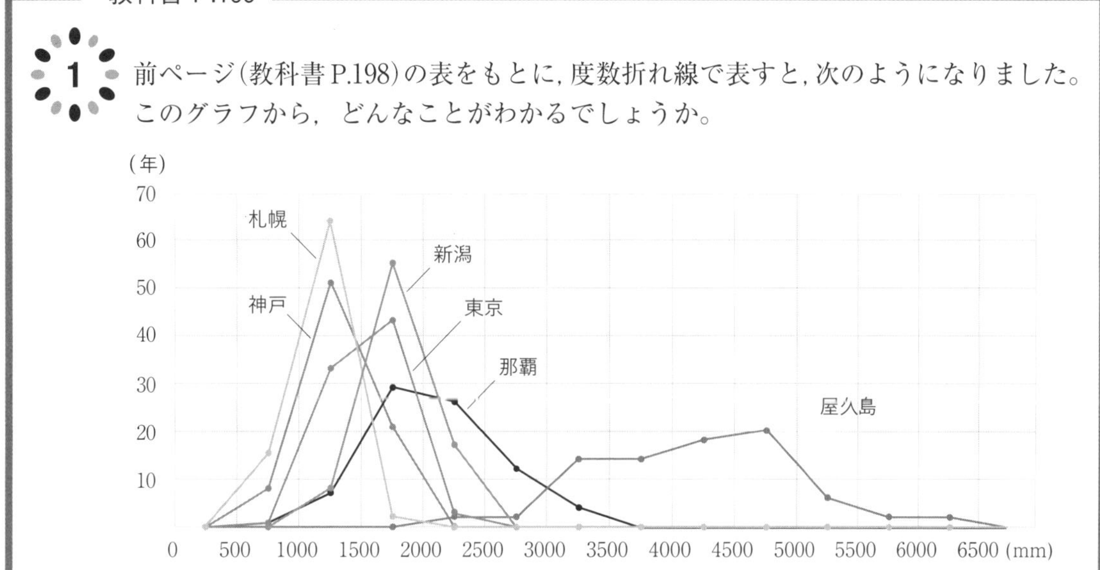

図1　年間降水量

ガイド　折れ線の山の高さ，広がりなどに注目します。

答え　(例) 札幌，新潟，東京，神戸は，折れ線の山の幅がせまいことから，年間の降水量がほぼ一定で，年によって大きく変わることが少ない。
これに対して，那覇はこれらの地域より降水量が多く，また，年による変動も大きい。屋久島は，降水量が他の地域よりもずっと多く，また，年による変動も大きい。

教科書 P.199

2 降水量について調べると，次のような図(教科書 P.199 下の図)を見つけました。この図がどのように表されているかについて，話し合ってみましょう。

ガイド　このような図を，**箱ひげ図**といいます。
箱の中央の縦の線の位置が，資料全体の中央値(「第２四分位数」)を表します。箱の左側の線の位置は，中央値より小さい値の資料の中央値(「第１四分位数」)，右側の線の位置は，中央値より大きい値の資料の中央値(「第３四分位数」)を表します。
箱からのびた線を「ひげ」といい，ひげの左側の端の縦の線が，資料の「最小値」，右側の端の縦の線が，資料の「最大値」を表します。

1 データの分布

教科書のまとめ テスト前にチェック

☑ ◎ 箱ひげ図

右のようなグラフを**箱ひげ図**（はこひげず）という。

☑ ◎ 四分位数

あるデータを小さい順に並べたとき，そのデータを4等分したときの3つの区切りの値を小さい方から順に，**第1四分位数**（だいしぶんいすう），**第2四分位数**(中央値)，**第3四分位数**といい，これらをまとめて**四分位数**という。

☑ ◎ 四分位範囲

第3四分位数と第1四分位数の差を，**四分位範囲**（しぶんいはんい）という。

例

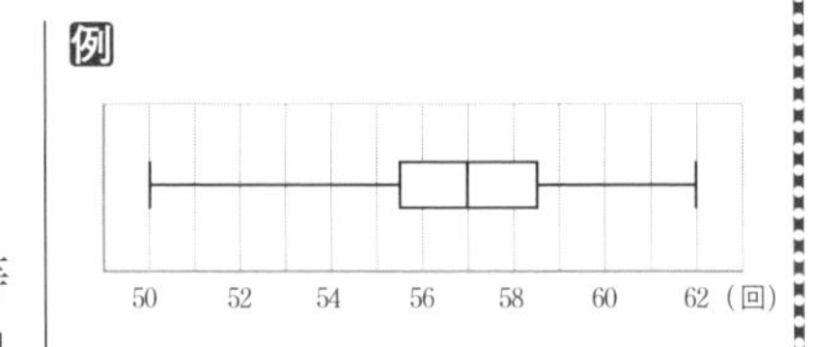

1 箱ひげ図

教科書 P.200

あるクラスの17人の反復横とびのデータを少ない順に並べると，次のようになりました。また，このデータを前ページ(教科書 P.199)の図2のように表すと，図3になります。このことから，どんなことがわかるか話し合ってみましょう。

（単位：回）

50	51	52	55	56	56
56	57	57	57	57	58
58	59	60	62	62	

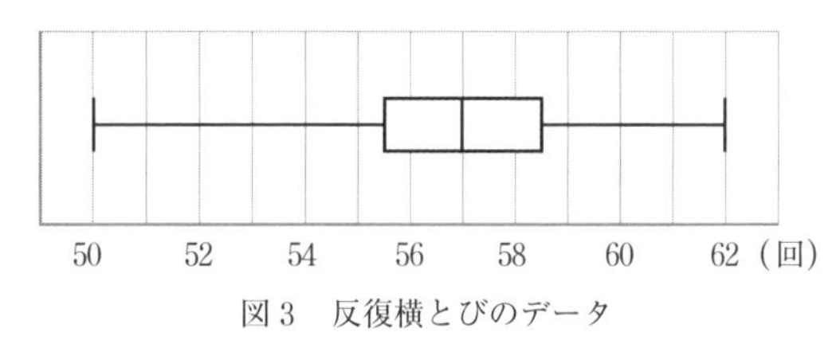

図3　反復横とびのデータ

ガイド

箱ひげ図は右の図のようになっています。第2四分位数が全体の中央値，第1四分位数が中央値より小さいデータの中央値，第3四分位数が中央値より大きいデータの中央値を表しています。箱の中に，全体の約50%のデータがふくまれています。

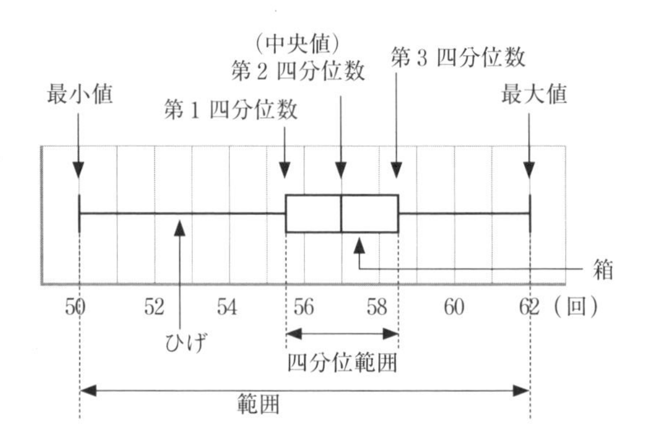

答え

(例) 中央値は57回

範囲は12回(62－50 ＝ 12)

教科書 P.201

問 1　10 人でルーラーキャッチを行ったデータを調べたところ，右のようになりました。このデータについて，次の図(図は 答 え 欄)に箱ひげ図で表しなさい。

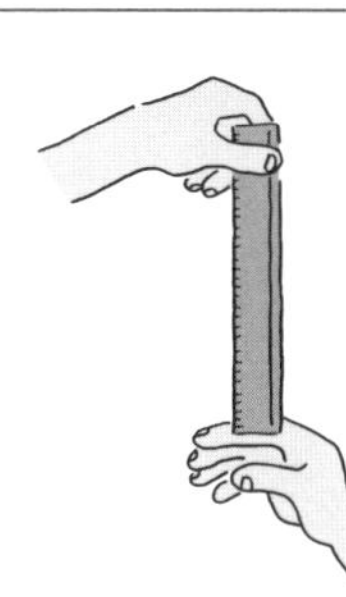

(単位：cm)

12.3	14.5	17.2	20.8	21.1
22.5	23.0	24.2	26.1	28.2

ガイド　データ数が 10 個(偶数)なので，第 2 四分位数は小さい順に並べたときの 5 番目と 6 番目のデータの平均値になります。また，第 1 四分位数は 3 番目のデータ，第 3 四分位数は 8 番目のデータの値になります。

答 え

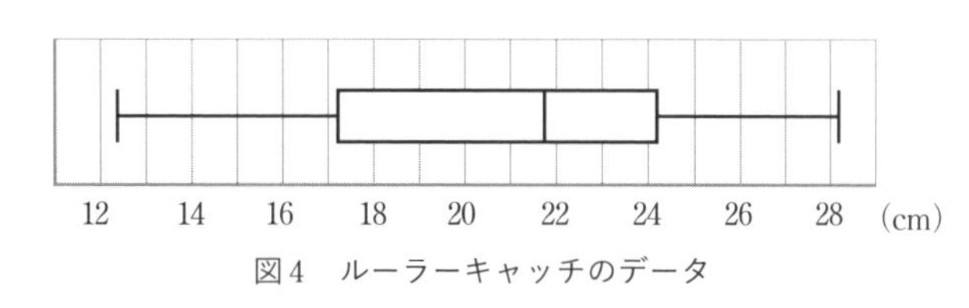

図 4　ルーラーキャッチのデータ

第 2 四分位数は，$\frac{(21.1+22.5)}{2}=21.8$ (cm)，第 1 四分位数は 17.2 (cm)，第 3 四分位数は 24.2 (cm)

2 データの傾向の読み取り方

教科書 P.202

次のデータは，バスケットボールの最近 20 試合での大和さんの得点のデータを，少ない順に並べかえたものです。このデータを箱ひげ図に表すと，下のようになりました。これらのデータから，どんなことがわかるか話し合ってみましょう。

(単位：点)

15	21	21	22	22	23	23	23	24	24
24	25	25	25	25	26	26	26	27	28

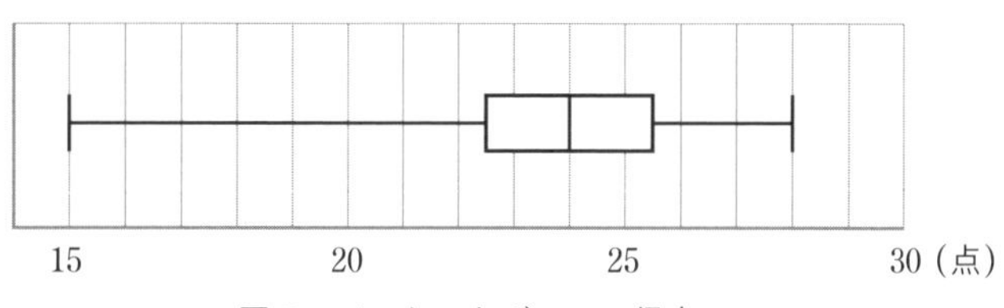

図 5　バスケットボールの得点

答え　(例)・全試合の半分以上の試合の得点が中央値に近い22点から26点の間にある。
・中央値は24点である。
・15点しか得点できなかった試合が1試合あり，他の試合の得点とかけ離れている。
・得点の範囲が13点と広い。

教科書 P.203

問1　拓真(たくま)さんは，前ページ(教科書 P.202)の  の箱ひげ図の左のひげの長さから，15点以上22点未満の範囲に，全体の半分ぐらいのデータがふくまれていると考えました。この考えは正しいですか。誤りの場合はその理由を説明しなさい。

ガイド　箱ひげ図のひげの部分が何を表しているかを考えましょう。

答え　誤り
箱ひげ図の左のひげの右端(箱の左端)は，第1四分位数を表し，ひげの左端は最小値を表しているので，左のひげの部分には，全体の約25%のデータがふくまれている。

コメント!　ひげや箱の長さは，データの数とは関係ありません。

教科書 P.203

QUESTION Q　次(右)の箱ひげ図は，バスケットボールの試合を15回行ったときの拓真さん，美月(みつき)さん，健太(けんた)さんの3人の得点を表したものです。次の試合の選手を1人選ぶとすると，誰(だれ)を選べばよいか話し合ってみましょう。

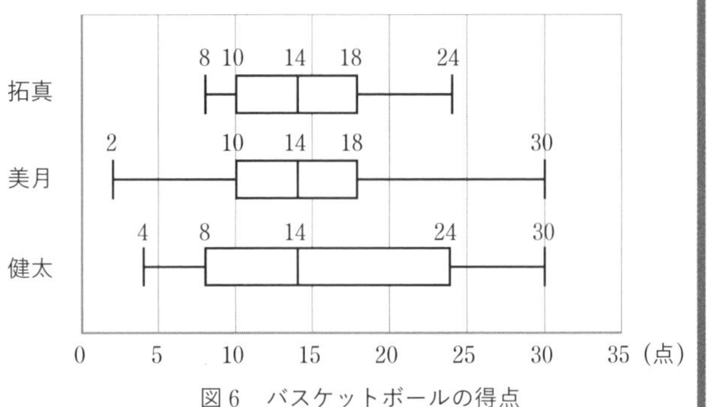

図6　バスケットボールの得点

ガイド　3人の箱ひげ図の箱とひげの長さ，ひげの端の値を調べます。

答え　(例)拓真さん：
四分位範囲が10点から18点までの8点とそれほど広くはなく，最小値が8点，最大値が24点と，3人の中でもっとも安定しており，確実に点を取りたい試合に適している。
美月さん：
四分位範囲は拓真さんと同じだが，最小値が2点，最大値が30点と資料の範囲が大きく，安定感に欠けると考えられる。
健太さん：
四分位範囲が8点から24点までの16点と他の2人より広いが，第3四分位数が24点と高く，最大値も30点なので，他の2人より高得点を期待できる可能性が高い。
これらのことから，着実に点を取りたい試合なら拓真さん，より高得点をねらいたい試合なら健太さんを選ぶのがよいと考えられる。

教科書 P.204

問 2 前ページ(教科書 P.203)の Q の3人の記録について，度数分布表で表すと，右のようになりました。前ページの箱ひげ図や，右の度数分布表から，次の試合の選手に誰を選べばよいか話し合いなさい。

表2 バスケットボールの得点

階級(点)	度数(回)		
	拓真	美月	健太
以上 未満 0 ～ 3	0	1	0
3 ～ 6	0	0	1
6 ～ 9	2	1	3
9 ～ 12	3	4	1
12 ～ 15	4	2	4
15 ～ 18	2	1	0
18 ～ 21	1	3	1
21 ～ 24	1	0	1
24 ～ 27	2	1	3
27 ～ 30	0	1	0
30 ～ 33	0	1	1
計	15	15	15

答え

(例) 箱ひげ図からは，ひげの部分が短く，箱の長さも短いことから，着実に点を取りたい試合には，拓真さんを選ぶのがよいと考えられた。同じことが，度数分布表からもいえる。
また，度数分布表から，低い得点の試合もあるが，高い得点の試合もあるのは，美月さんと健太さんで，これは高い得点をねらえる可能性があることを示している。分布をよく見ると，最低の得点の階級が美月さんは0～3，健太さんは3～6であること，最頻値の階級が美月さんは9～12，健太さんは12～15であること，24点以上の試合が美月さんは3回，健太さんは4回であることなどがわかる。これらのことから，低い得点で終わってしまうリスクもあるが，高得点をねらいたい場合は，健太さんを選ぶ方がよいと考えられる。

教科書 P.204

これまでに学んだことをもとにして，(教科書)199ページの年間降水量の箱ひげ図(図は 答え 欄)から，どんなことがわかるか話し合ってみましょう。

ガイド

資料の範囲(ひげをふくめた全体の長さ)，ひげや箱の長さ，位置などに注目します。

答え

(例)
・札幌，新潟，東京，神戸は，ひげの長さも箱の長さも短い，つまり，降水量の変動が小さい。
・札幌，新潟，東京，神戸の中では，新潟の降水量が多く，札幌と神戸の降水量が少ない。
・屋久島は，札幌，新潟，東京，神戸と比べて，とびぬけて降水量が多く，最小値でも東京の最大値より多い。
・屋久島は，札幌，新潟，東京，神戸と比べて降水量の変動が大きい。
・屋久島ほどではないが，那覇も降水量が多く，その変動が大きい。

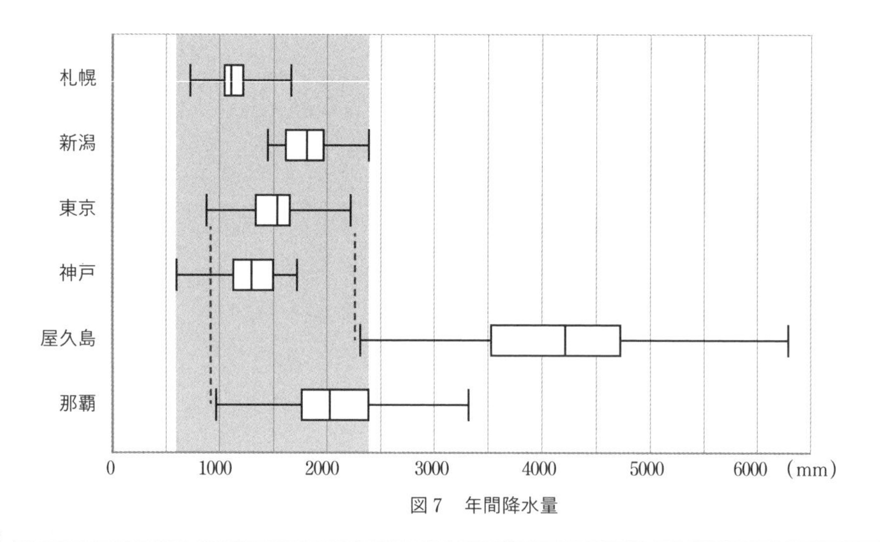

図7　年間降水量

教科書 P.205

問3 前ページ(教科書 P.204)の Q から，ほかにどんなことを調べたいか話し合い，実際に調べなさい。

ガイド　降水量が多いのは何月か，他国の降水量と比べるとどうなっているかなど，いろいろ調べてみましょう。

3 データの活用

教科書 P.206 ～ 208

1月から3月の間にメルボルンに行く場合，どんな服を準備すればよいか調べるために，5年間の日ごとの最高気温のデータから月ごとの平均値を求めグラフに表すと，次の(図は 答え 欄)ようになりました。このグラフから，どんなことがわかりますか。

ガイド　メルボルンの1月から3月の気温は東京の何月の気温に近いのかということを，グラフから読み取ります。

答え　**(例)** 東京の気温が低い月はメルボルンの気温は高く，東京の気温が高い月はメルボルンの気温は低い。つまり，東京とメルボルンは夏と冬が逆になっていることがわかる。また，メルボルンの1月から3月の最高気温は，東京の7月や8月ほど高くはなく，5月，6月，9月の最高気温に近い。したがって，1月から3月の間にメルボルンに行く場合，比較的に暖かい季節の服を準備すればよいと考えられる。

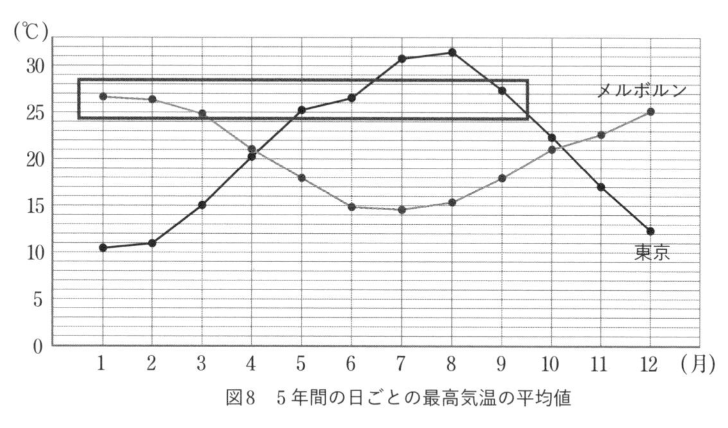

図8　5年間の日ごとの最高気温の平均値

教科書 P.207

メルボルンと東京の5年間の日ごとの最高気温のデータを月ごとに集めて箱ひげ図をつくると，次のようになりました。このグラフから，どんな服を準備すればよいか話し合ってみましょう。

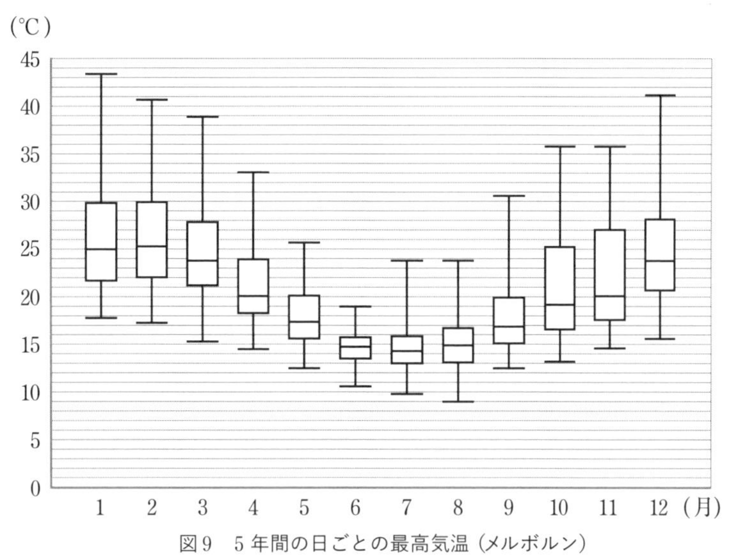

図9　5年間の日ごとの最高気温（メルボルン）

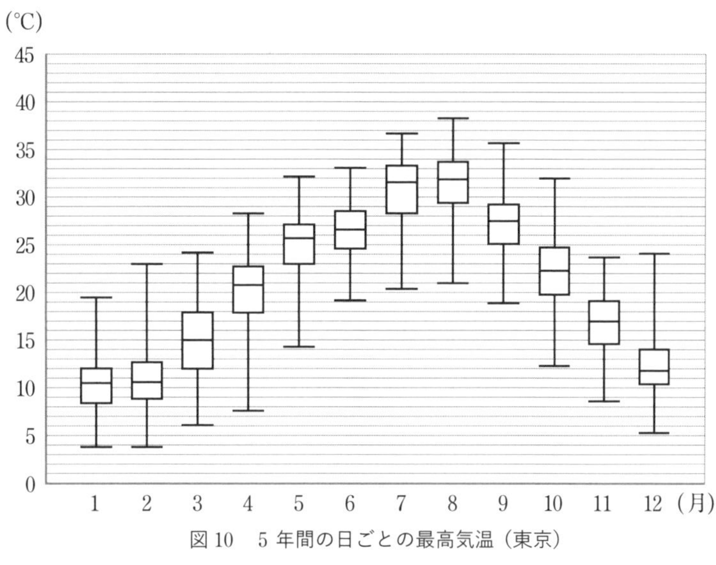

図10　5年間の日ごとの最高気温（東京）

ガイド　データの範囲や四分位範囲に注目します。

答え　**(例)** メルボルンの1月の日ごとの最高気温の範囲は27℃，四分位範囲は約8℃であり，中央値が近い東京の5月や6月と比べると，分布にばらつきがある。また，上側のひげが長く，最高気温が極端に高い日があったことがわかる。2月，3月についても同様のことがいえる。したがって，1月～3月の間にメルボルンに行く場合，東京で春や夏に着るような服を幅広く準備すればよいと考えられる。

教科書 P.208

メルボルンの5年間の1月から3月の日ごとの最高気温を，次のような度数分布表(表は 答え 欄参照)に整理しました。累積(るいせき)度数や相対度数，累積相対度数を求めて，どんな服を用意すればよいか話し合ってみましょう。

答え

度数分布表を整理すると，次のようになる。

階級(℃)	度数(日)	相対度数	累積度数(日)	累積相対度数
以上 未満 15 ～ 20	48	0.11	48	0.11
20 ～ 25	187	0.41	235	0.52
25 ～ 30	115	0.25	350	0.77
30 ～ 35	66	0.15	416	0.92
35 ～ 40	25	0.06	441	0.98
40 ～ 45	10	0.02	451	1.00
計	451	1.00		

(例) 表より，20℃以上25℃未満の日が最も多く，その相対度数は0.41である。また，累積相対度数から，15℃以上30℃未満の日が，全体の0.77，すなわち77%を占める。一方，40℃を超える日が10日ある。したがって，春の服が中心ではあるが，夏の服も準備しておいた方がよいと考えられる。

1 データの分布

確かめよう

教科書 P.208

1 男子17人のハンドボール投げの記録を調べたところ，次のようになりました。これらのデータについて，次の問いに答えなさい。

(単位：m)

11.8　13.9　17.6　18.5　19.3　19.9　20.4　21.0　22.0
22.3　23.4　23.5　23.5　23.7　24.1　30.1　35.6

(1) 四分位数，四分位範囲をそれぞれ求めなさい。

(2) 次の図(図は 答え 欄)に，箱ひげ図で表しなさい。

ガイド

(1) データが奇数個(17個)なので，第2四分位数(中央値)は小さい方から9番目のデータの値になります。また，第1四分位数は小さい方から4番目と5番目のデータの平均値，第3四分位数は小さい方から13番目と14番目のデータの平均値になります。

答え
(1) データが17個なので，第2四分位数は小さい方から9番目のデータの値で，
22.0 m
第1四分位数は，小さい方から4番目と5番目のデータの平均値で
(18.5 + 19.3) ÷ 2 = **18.9**(m)
第3四分位数は，小さい方から13番目と14番目のデータの平均値で，
(23.5 + 23.7) ÷ 2 = **23.6**(m)
したがって，四分位範囲は，23.6 − 18.9 = **4.7**(m)
(2) (1)より，箱ひげ図は次のようになる。

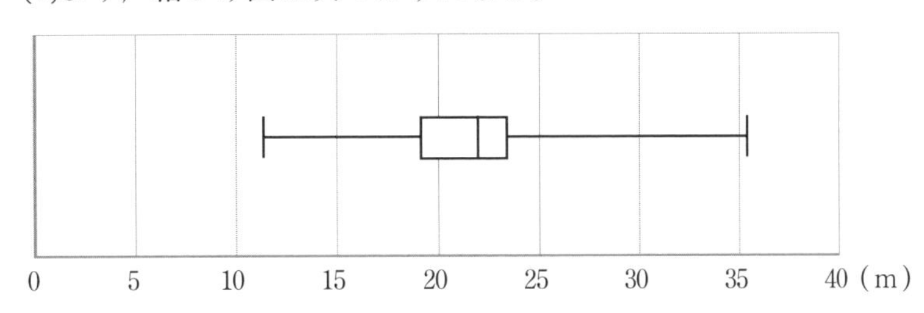

7章のまとめの問題

教科書 P.209 ～ 210

基本

1 次の表は，拓真さんと美月さんの漢字テストの結果です。テストの結果について，四分位数と四分位範囲をそれぞれ求めなさい。また，拓真さんと美月さんのデータを箱ひげ図で表し，どちらの方が広く分布しているかいいなさい。ただし，×はデータがないところです。

拓真さん(点)	8	6	7	7	5	8	6	7	6	6
美月さん(点)	5	7	6	9	×	10	4	7	8	6

ガイド
2人のデータを小さい順に並べかえます。
また，拓真さんのデータは10個(偶数)，美月さんのデータは9個(奇数)であることに注意しましょう。

答え
2人のデータを小さい順に並べかえると，次のようになる。

拓真さん(点)	5	6	6	6	6	7	7	7	8	8
美月さん(点)	4	5	6	6	7	7	8	9	10	

表より，拓真さんの第2四分位数は，(6 + 7) ÷ 2 = 6.5(点)，第1四分位数は6点，第3四分位数は7点，したがって，四分位範囲は，7 − 6 = 1(点)
美月さんの第2四分位数は7点，第1四分位数は(5 + 6) ÷ 2 = 5.5(点)，第3四分位数は(8 + 9) ÷ 2 = 8.5(点)，したがって，四分位範囲は，8.5 − 5.5 = 3(点)
これより，2人のデータを箱ひげ図で表すと，次のようになる。

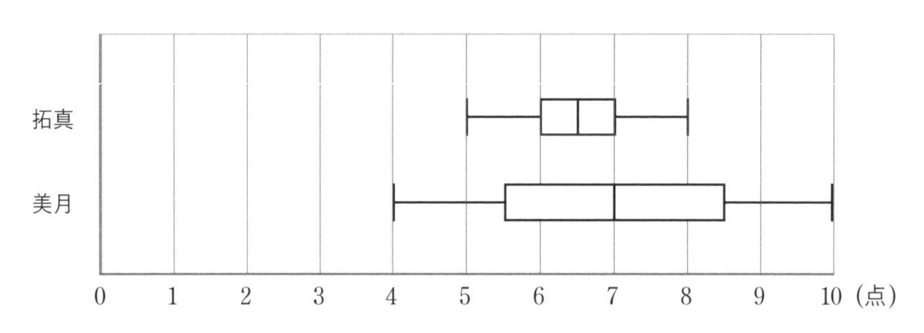

美月さんの方が広く分布している。

応用

1 A組とB組の女子それぞれ15人ずつの握力(あくりょく)のデータについて箱ひげ図に表すと，次のようになりました。この箱ひげ図について，下の問いに答えなさい。

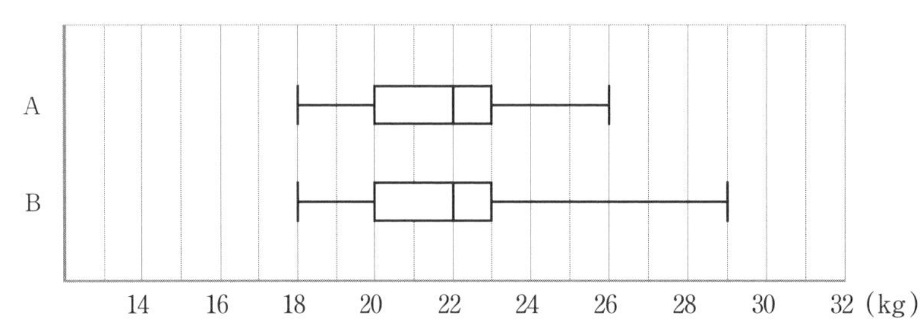

(1) A組とB組それぞれの中央値，四分位範囲，範囲を求めなさい。

(2) B組15人のうち，23 kg以上の生徒は半分以上いるといえますか。また，その理由を説明しなさい。

ガイド

(2)　　8番目　　12番目
……… ㉒ ○ ○ ○ ㉓ ○ ○ ○

答え

(1) A組
　中央値：**22 kg**，四分位範囲：**3 kg**，範囲：**8 kg**
B組
　中央値：**22 kg**，四分位範囲：**3 kg**，範囲：**11 kg**

(2) 23 kg以上の生徒が半分以上いるとは**いえない**。
理由：中央値は小さい方から8番目の生徒の値で22kgであり，23kg以上の生徒は多くても7人であるから。

活用

1 あなたはプロ野球チームのコーチです。相手チームのある投手に対しての練習をするために，昨年の試合でその投手が投げた投球の球種と球速について，つぎのような箱ひげ図に表しました。また，下の円グラフは，それぞれの球がどのような割合で投げられたかを表したものです。

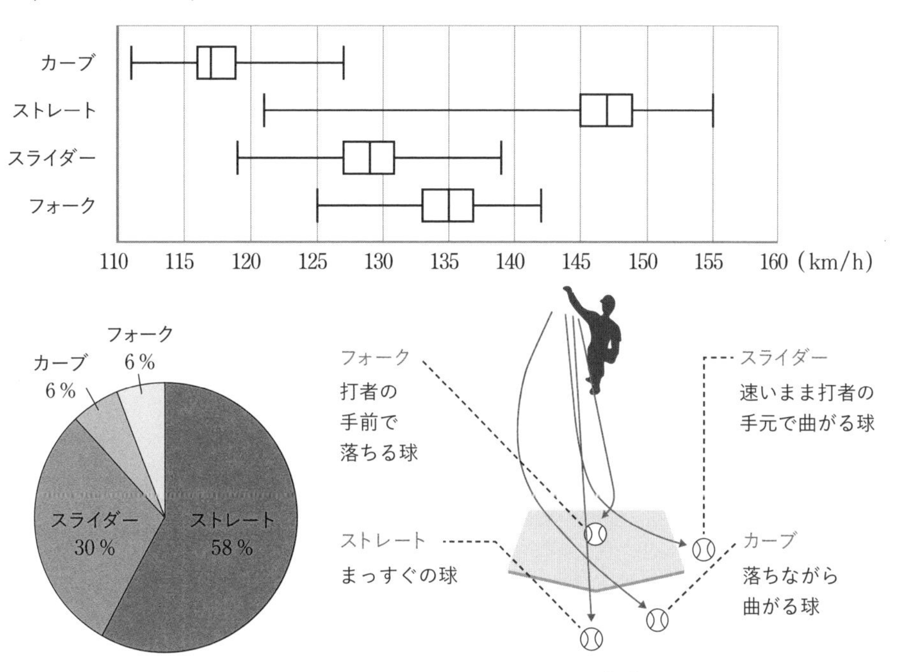

この投手と対戦するときの練習方法について，200 球の打撃（だげき）練習をする場合，適切だと思われるものを，次の㋐～㋓の中から 1 つ選びなさい。また，選んだ理由も説明しなさい。

㋐　時速 147 km 付近のストレートだけを 200 球練習をする。

㋑　4 種類の球を 50 球ずつ練習する。

㋒　それぞれの中央値付近の速度のボールで，ストレートとスライダーを 100 球ずつ練習する。

㋓　それぞれの中央値付近の速度のボールで，ストレートを 100 球，スライダーを 60 球，カーブとフォークを 20 球ずつ練習する。

ガイド　円グラフから，4 つの球種の割合を調べます。また，箱ひげ図から，各球種のスピードの範囲と四分位範囲を調べます。

答え

適切な練習方法：㋓

理由：(例) 円グラフから球種による割合を見ると，ストレートが約 60％，スライダーが 30％で，カーブとフォークは各 6％と非常に少ない。したがって，ストレートをいちばん多く，次にスライダーを練習し，カーブとフォークはそれより少な目に練習しておくのが適切と考えられる。

疑問を考えよう

時計の針が重なるのは何時？

教科書 P.224 ～ 225

1 3時と4時の間で長針と短針が重なる時刻を，次の順に考えてみましょう。

1. 時計の長針，短針は，1分間にそれぞれ何度回転しますか。
2. 針が12の位置を指しているときを基準0°とし，3時からx分後の針の位置をy°とすると，短針の動きは，右の図の直線①で表すことができます。長針の動きを，右の図にかき入れてみましょう(それを，直線②とします)。

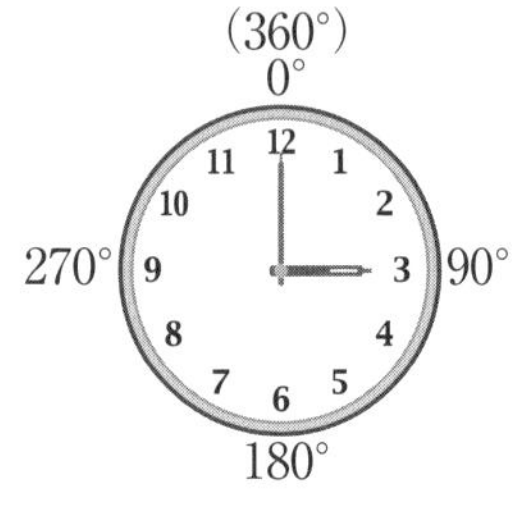

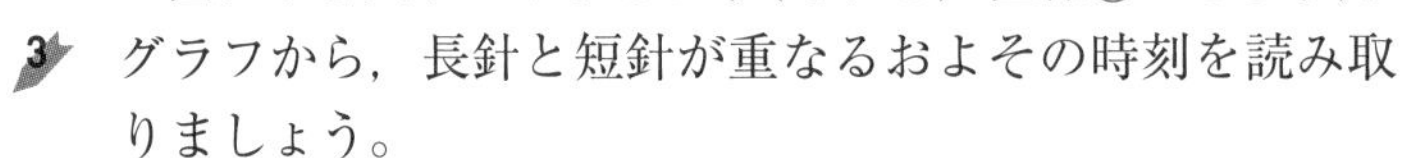

3. グラフから，長針と短針が重なるおよその時刻を読み取りましょう。
4. 直線①，②をそれぞれ式に表し，長針と短針が重なる時刻を計算で求めてみましょう。

ガイド

1. 長針は60分で360°，短針は60分で30°回転します。
2. 長針の動く角度は，0分のとき0°，60分のとき360°です。
4. ①のグラフの傾きは$\frac{30}{60}$，切片は90です。

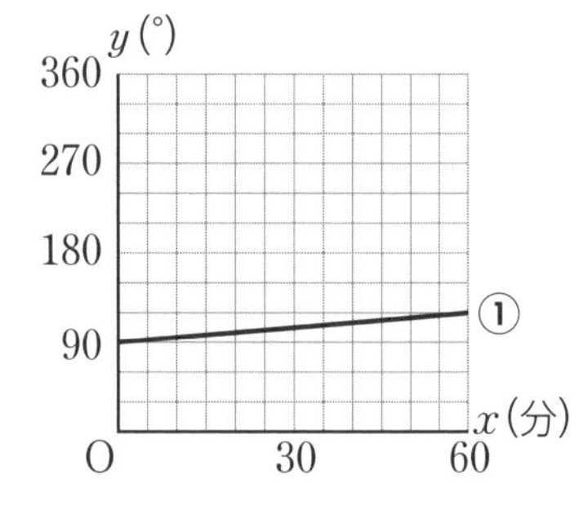

答え

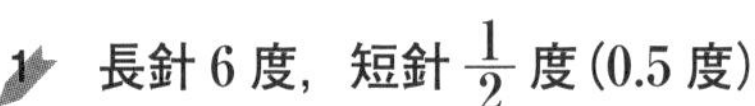

1. **長針6度，短針$\frac{1}{2}$度(0.5度)**
2. **右の図**
3. **およそ3時16分**
4. ①の式は，$y = \frac{1}{2}x + 90$

   ②の式は，$y = 6x$

   ①を②に代入すると，$\frac{1}{2}x + 90 = 6x$

   両辺を2倍すると，$x + 180 = 12x$

   $x = \frac{180}{11}(= 16.36\cdots)$

答　3時$\frac{180}{11}$分

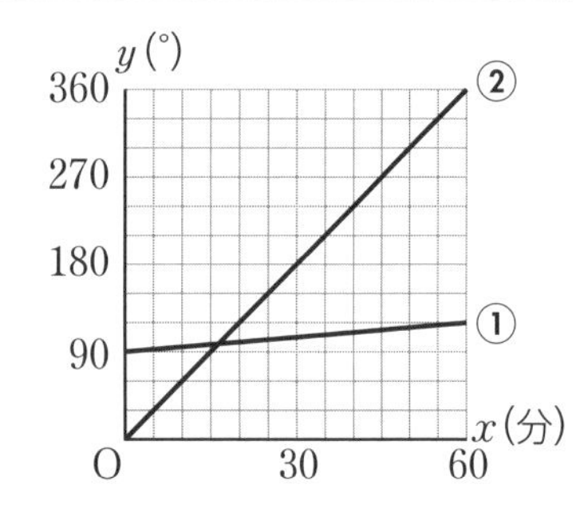

2 長針と短針は12時に重なります。このあと，最初に重なる時刻は何時何分でしょうか。前ページ(教科書P.224)の 1 と同じようにして，求めてみましょう。

ガイド 1時までの間には重ならないので，1時からx分後の針の位置をy°としましょう。

答え

1時から x 分後の針の位置を $y°$ とすると，短針の動きは，右の図の直線①で，長針の動きは，直線②で表される。それぞれを式で表すと，

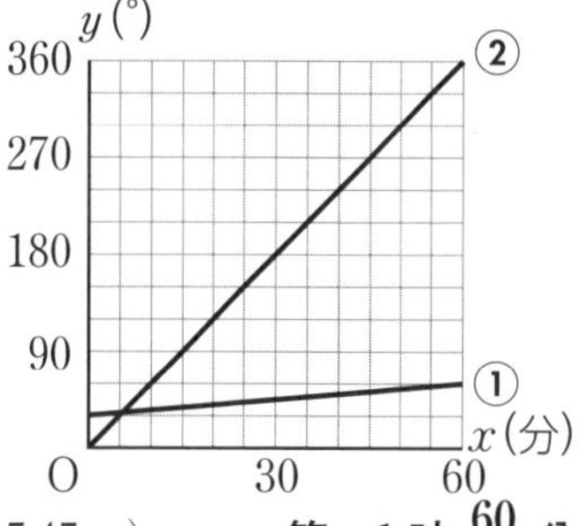

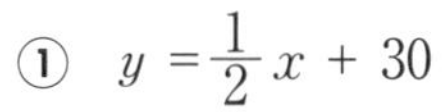

① $y=\frac{1}{2}x+30$

② $y=6x$

①を②に代入すると，$\frac{1}{2}x+30=6x$

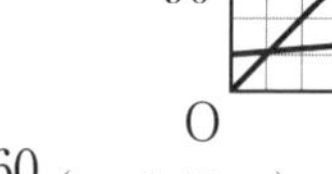

両辺を2倍すると，$x+60=12x$　　$x=\frac{60}{11}(=5.45\cdots)$　　**答　1時 $\frac{60}{11}$ 分**

3 長針が短針を追い越(こ)すたびに，2つの針は重なります。2つの針は，1日に何回重なるでしょうか。また，2つの針が重なる時刻をすべて求めてみましょう。

ガイド

2から，12時に重なったあと，1時 $\frac{60}{11}$ 分に重なります。このことと，針の動く速さは変わらないことから，1時間 $\frac{60}{11}$ 分ごとに針が重なることがわかります。

また，11時台は重ならないことに注意しましょう。

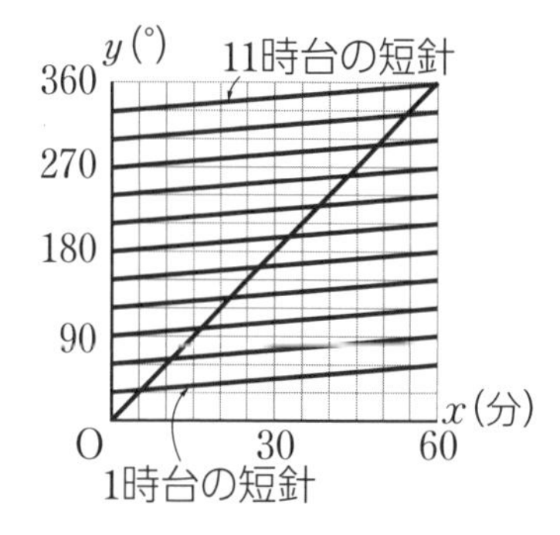

答え

午前，午後の11時台は重ならないから，

$11\times2=22$　　**答　1日に22回重なる。**

重なる時刻は，午前，午後，それぞれ，

12時，1時 $\frac{60}{11}$ 分，2時 $\frac{120}{11}$ 分，3時 $\frac{180}{11}$ 分，4時 $\frac{240}{11}$ 分，5時 $\frac{300}{11}$ 分，

6時 $\frac{360}{11}$ 分，7時 $\frac{420}{11}$ 分，8時 $\frac{480}{11}$ 分，9時 $\frac{540}{11}$ 分，10時 $\frac{600}{11}$ 分

4 3時と4時の間で，長針と短針が一直線になるのは何時何分でしょうか。前ページ(教科書 P.224)のグラフから，およその時刻を読み取りましょう。また，計算で求めてみましょう。

ガイド

直線①と②の間が180°(y 軸の目もり6つ分)だけあいているところを見つけます。

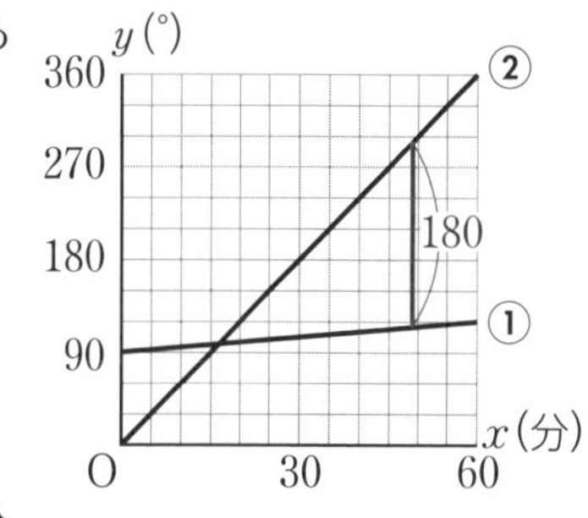

答え

右の図より，**およそ3時49分**

① $y=\frac{1}{2}x+90$　② $y=6x$

(②の y の値) − (①の y の値) = 180 より，

$6x-\left(\frac{1}{2}x+90\right)=180$

これを解くと, $x=\frac{540}{11}(=49.09\cdots)$　**答　3時 $\frac{540}{11}$ 分**

5 省略

さらなる数学へ

気温は上がっている？

図１は，1898 年から 2018 年までの日本の年平均気温の平年差(平年値との差)の変化を示したグラフです。気温にはさまざまな条件が関連するため，年によって上下動はあるものの，全体としては右上がりの直線㋐にそって変化していること，すなわち，温暖化の傾向にあることがわかります。

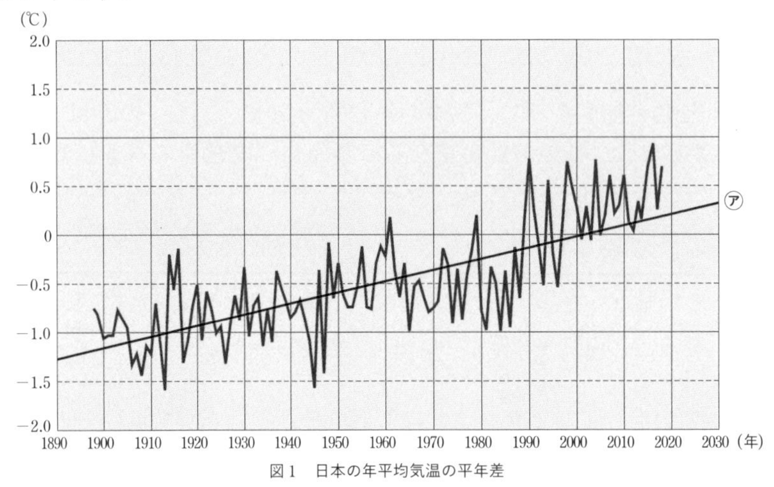

図１　日本の年平均気温の平年差

注意　日本の年平均気温の平年値との差は，1898 年以降観測を継続している全国 15 地点の観測データをもとに算出される。ここでは，1981 年から 2010 年までの 30 年間の平均値を，平年値として用いている。

1　図１から，1900 年から 2000 年までの 100 年間に，日本の年平均気温は約何℃上昇したことが読み取れるでしょうか。

答え　グラフから，1900 年…約 − 1.2℃，2000 年…約 0℃
その差は，0 −（− 1.2）= 1.2（℃）

答　約 1.2℃

2　図１から，ほかに読み取れることを話し合ってみましょう。

ガイド　図１で，「1981 年から 2010 年までの 30 年間の平均値を，平年値として用いている」とありますから，グラフの 0℃は，この 1981 年から 2010 年までの 30 年間の平均値を基準としたものです。
直線㋐を見ると，2020 年以降の気温を予測することができます。

答え　(例)・2030 年の年平均気温の平年値との差は，約 0.3℃になると予測できる。
・㋐の直線は，1910 年が約 − 1℃，2000 年が約 0℃になっていることから，この直線の傾きは $\frac{1}{90}$ で，90 年に 1℃の割合で上昇していることがわかる。

図2は，1898年から2018年までの東京(千代田区大手町)の年平均気温の変化を示したグラフです。東京などの都市部では，気温が周辺地域より高くなるヒートアイランド現象が起きています。その原因として，人口が集中してエネルギー使用量が増加し，熱の排出量が増加していること，コンクリートやアスファルトは熱が蓄積されやすいことなどがあげられます。

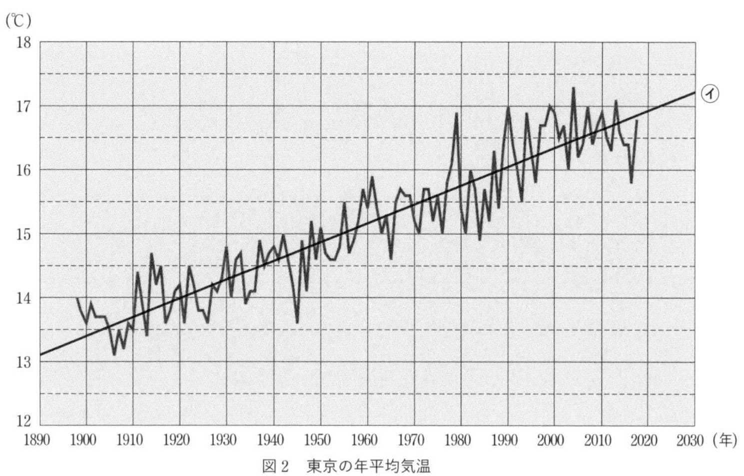

図2　東京の年平均気温

3 図2をもとに，次のことを調べてみましょう。

1. 1900年と2000年の年平均気温を読み取りましょう。
2. 年平均気温の変化のグラフを直線㋑とみなすとき，1900年からx年後の年平均気温をy℃として，yをxの式で表してみましょう。
3. 年平均気温の変化を2で考えた1次関数と仮定すると，2050年には，東京の年平均気温は何℃になると予想できるでしょうか。

ガイド

2 「1900年からx年後」に注意しましょう。1920年だと$x = 20$になります。直線上の2点を読み取って式をつくります。

3 2050年だから，$x = 150$のときになります。

答え

1 **1900年…約13.6℃　　2000年…約16.9℃**

2 直線㋑では，1900年が約13.4℃，2000年が約16.3℃だから，100年で約2.9℃上昇するので，この直線の傾きは$\frac{2.9}{100} = 0.029$

また，基準とする1900年をy軸とみると，切片は1900年の気温を示す13.4

したがって，$\boldsymbol{y = 0.029x + 13.4}$

3 2050年は1900年から150年後だから，

$y = 0.029x + 13.4$に$x = 150$を代入すると，$y = 17.75$　　**答　約17.8℃**

コメント！

2で0.029を0.03として，$y = 0.03x + 13.4$としてもよいでしょう。この場合，3は$y = 17.9$になります。

4 略

点字のしくみは？

6つの点の組み合わせで，何通りの文字が表現できるでしょうか。

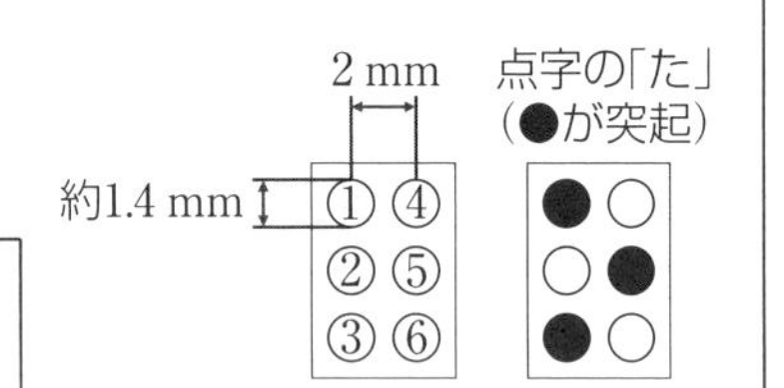

ガイド 6つの点に突起(とっき)があるかないかで樹形図をかくと，それぞれ2通りに枝分かれしていきます。

答え $2^6 = 64$

このうち突起がまったくないものは点字にならないので，$64 - 1 = 63$

答　63通り

次(右)の図は，0～9の数字を点字で表したものです。数字の表し方について，気づいたことをいいましょう。

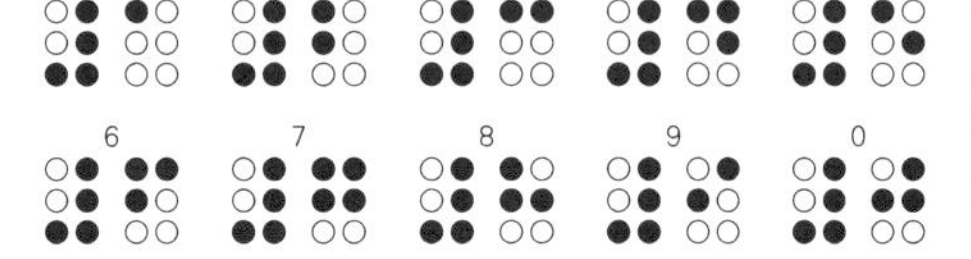

答え **(例)**・2つの点字を組み合わせて表している。

・左側の点字は，どの数も同じである。

・右側の点字は，すべて①②④⑤の4つの点が使われている。

点字は，一定の規則のもとにつくられています。上の例(教科書 P.229)を手がかりにして，点字の五十音表を完成させましょう。

ガイド ア段，イ段などの段を表す部分と，ア行，カ行などの行を表す部分の組み合わせになっています。下のようにして，共通な部分を手がかりにして，段，行を表す部分を見つけていきましょう。

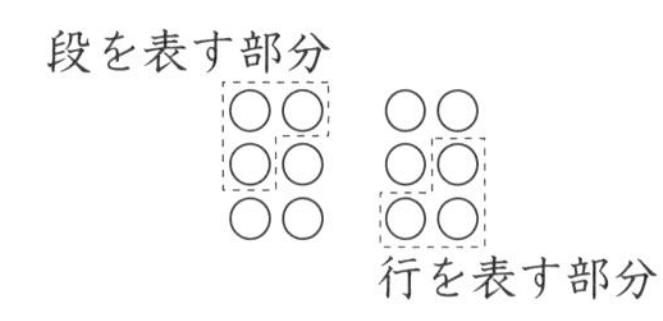

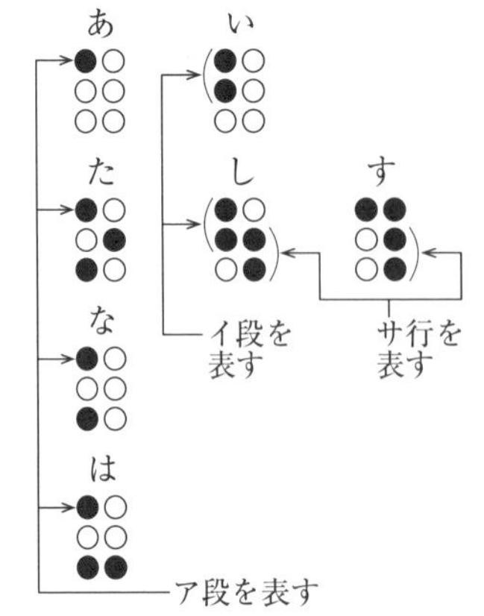

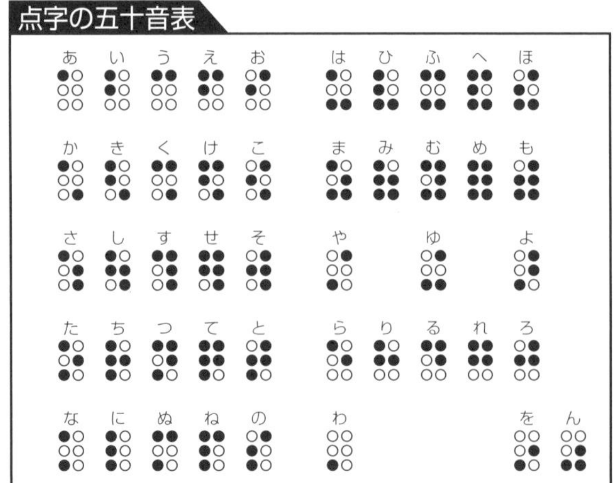

答え **右の表**

4 点字の規則性について，気づいたことをまとめてみましょう。

答え

(例)・点字は，6 個の点の中のどの点が突起になっているかによって，決まった文字を表している。

・や行，わ行以外は，6 個の点を 3 個ずつ(①②④と③⑤⑥)に分けて，「段」と「行」の位置を示すことで 1 つ 1 つの文字を表せるようにしている。

どちらが有利？

教科書 P.230 ～ 231

ある町の商店 A では福引き券を 500 枚，商店 B では福引き券を 1000 枚つくり，景品はそれぞれ次の表(商店 A，B の表は教科書 P.230)のようにしました。同じ条件で福引きができるとするとき，どちらの福引き券の方が有利であると考えられるでしょうか。

1 商店 B の福引き券の 1 枚当たりの平均の賞金額を求め，商店 A の福引き券の平均の賞金額 270 円と比べてみましょう。

ガイド 商店 A の福引き券の賞金額の例を参考にして計算しましょう。

答え 商店 B の福引き券の賞金の総額は，

$5000 \times 20 + 1000 \times 70 + 100 \times 910 = 261000$(円)

1 枚当たりの平均の賞金額は，

$261000 \div 1000 = 261$(円)

答　商店 B の 1 枚当たりの平均の賞金額は 261 円，商店 A の 270 円より少ない。

2 1 つのさいころを投げて，出た目の数だけ点数がもらえるとします。このとき，1 から 6 までの目が出る確率はそれぞれ$\frac{1}{6}$なので，さいころを 1 回投げるときの得点の期待値は，次の式で求めることができます。

$$1 \times \frac{1}{6} + 2 \times \frac{1}{6} + 3 \times \frac{1}{6} + 4 \times \frac{1}{6} + 5 \times \frac{1}{6} + 6 \times \frac{1}{6}$$

この式を計算し，得点の期待値を求めてみましょう。

ガイド (期待値)＝(得点)×(その確率)で求めます。

答え

$$1 \times \frac{1}{6} + 2 \times \frac{1}{6} + 3 \times \frac{1}{6} + 4 \times \frac{1}{6} + 5 \times \frac{1}{6} + 6 \times \frac{1}{6} = \frac{21}{6} = \frac{7}{2} (= 3.5)$$

3 ある年の年末ジャンボ宝くじの当せん金額と，2千万本当たりの当せん本数は，次の表(表は **答え** 欄)のようになっています。この宝くじの当せん金額の期待値を求めてみましょう。

ガイド まず，それぞれの等級の当たる確率を求め，当せん金額とその確率の積をすべて加えて期待値を求めます。

答え

等級	当せん金額	当せん本数	確率
1等	700,000,000円	1本	$\frac{1}{20000000}$
1等の前後賞	150,000,000円	2本	$\frac{2}{20000000}=\frac{1}{10000000}$
1等の組ちがい賞	100,000円	199本	$\frac{199}{20000000}$
2等	10,000,000円	3本	$\frac{3}{20000000}$
3等	1,000,000円	100本	$\frac{100}{20000000}=\frac{1}{200000}$
4等	100,000円	4,000本	$\frac{4000}{20000000}=\frac{1}{5000}$
5等	10,000円	20,000本	$\frac{20000}{20000000}=\frac{1}{1000}$
6等	3,000円	200,000本	$\frac{200000}{20000000}=\frac{1}{100}$
7等	300円	2,000,000本	$\frac{2000000}{20000000}=\frac{1}{10}$

各等級の確率は，上の表のいちばん右の欄のようになるので，期待値は，

$$700000000\times\frac{1}{20000000}+150000000\times\frac{1}{10000000}+100000\times\frac{199}{20000000}$$

$$+10000000\times\frac{3}{20000000}+1000000\times\frac{1}{200000}+100000\times\frac{1}{5000}+10000\times\frac{1}{1000}+$$

$$3000\times\frac{1}{100}+300\times\frac{1}{10}=147.495(\text{円})$$

答　約147.5円

面積は求められる？

教科書 P.232 ～ 234

1 右の図のような，方眼上にかかれた，Ⓐ，Ⓑの図形の面積はともに $3\,\text{cm}^2$ です。それぞれの図で，共通していることは何でしょうか。

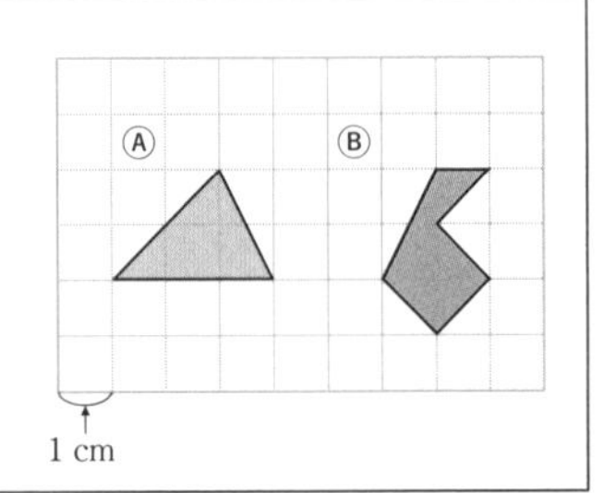

ガイド　格子点(方眼の縦線と横線の交わっている点)の数に注目します。

答え　周上の格子点の数が，どちらも 6 個である。
図形内部にある格子点の数が，どちらも 1 個である。

2 内部の格子点が 1 個の図形
1 ㋐～㋔の周上の格子点の数と面積をそれぞれ求め，表にまとめてみましょう。
2 周上の格子点の数が x 個のときの面積を y cm^2 として，y を x の式で表してみましょう。

答え
1
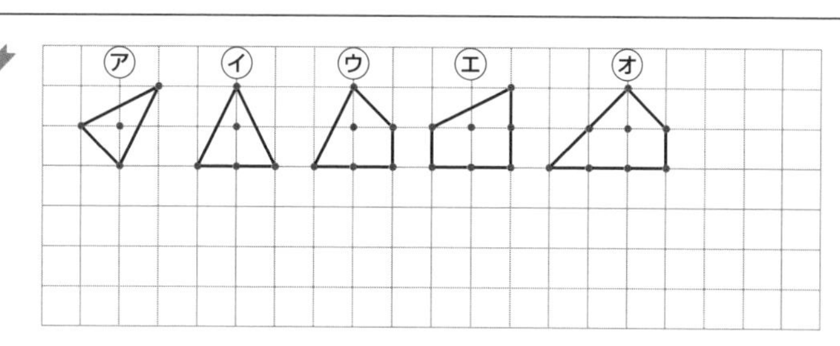

	㋐	㋑	㋒	㋓	㋔
周上の格子点の数　x(個)	3	4	5	6	7
面積　y(cm^2)	1.5	2	2.5	3	3.5

2 $y=\frac{1}{2}x$

3 内部の格子点が 2 個の図形
1 ㋕～㋗の周上の格子点の数と面積をそれぞれ求め，表にまとめてみましょう。
2 内部の格子点が 2 個の図形㋘，㋙をかき，同じことを調べてみましょう。
3 y を x の式で表してみましょう。

答え

1
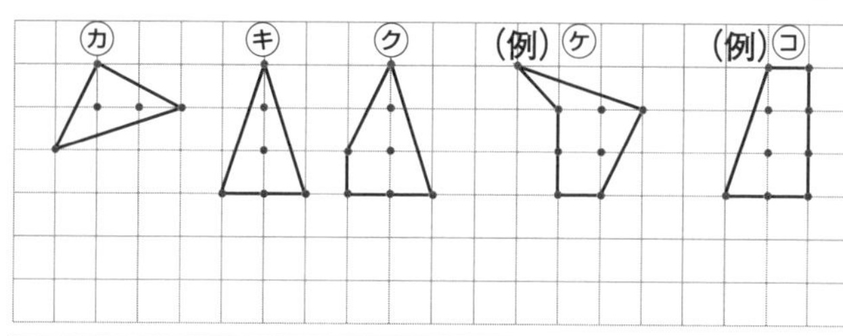

	㋕	㋖	㋗	㋘	㋙
周上の格子点の数　x(個)	3	4	5	6	7
面積　y(cm^2)	2.5	3	3.5	4	4.5

2 (例) ㋘，㋙の図
3 $y=\frac{1}{2}x+1$

4 内部の格子点が 3 個の図形
3 と同じことを調べ，y を x の式で表してみましょう。

答え

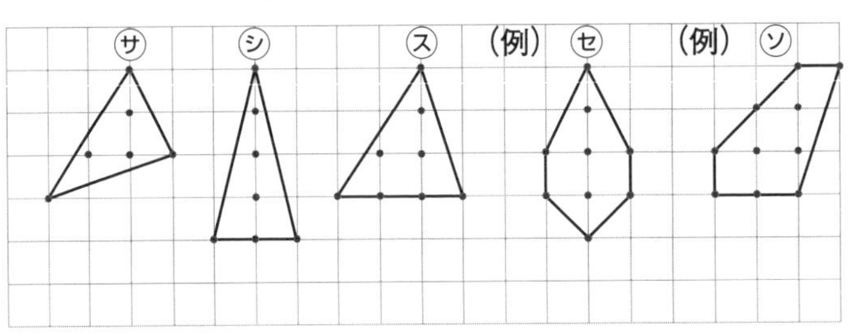

	㋚	㋛	㋜	㋝	㋞
周上の格子点の数　x(個)	3	4	5	6	7
面積　$y(\mathrm{cm}^2)$	3.5	4	4.5	5	5.5

式：$y=\frac{1}{2}x+2$

5 内部の格子点がない図形

前ページ(教科書 P.233)の3，4と同じことを調べ，y を x の式で表してみましょう。

答え

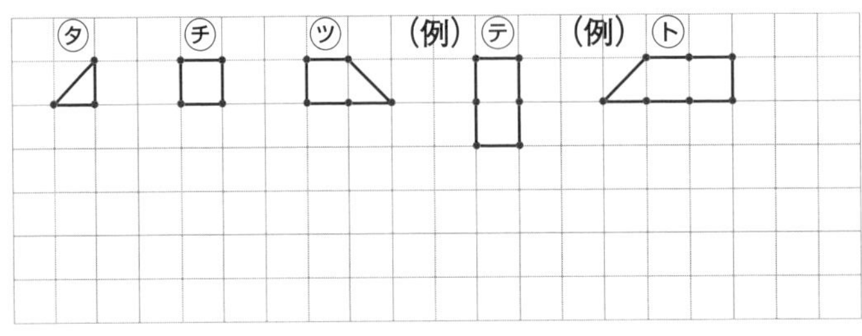

	㋟	㋠	㋡	㋢	㋣
周上の格子点の数　x(個)	3	4	5	6	7
面積　$y(\mathrm{cm}^2)$	0.5	1	1.5	2	2.5

式：$y=\frac{1}{2}x-1$

6 これまで調べたことを右の表にまとめ，内部の格子点の数を4個，5個，…と増やしたとき，x と y の間にどんな関係が成り立つか予想してみましょう。
また，内部の格子点の数を n 個として，y を x と n を使った式で表してみましょう。

内部の格子点の数	式
0	$y=\frac{1}{2}x-1$
1	$y=\frac{1}{2}x$
2	$y=\frac{1}{2}x+1$
3	$y=\frac{1}{2}x+2$
⋮	⋮
n	$y=\frac{1}{2}x+(n-1)$

ガイド

内部の格子点の数と $y=\frac{1}{2}x+b$ の b の値の関係を見つけましょう。

答え

右の表

$y=\frac{1}{2}x+b$ の b の値は，内部の格子点の数より1小さい。したがって，内部の格子点の数を n 個とすると，$y=\frac{1}{2}x+(n-1)$ と表される。

7 6 でつくった式が正しいかどうかを，いろいろな図形をかいて確かめてみましょう。

答え

(例)

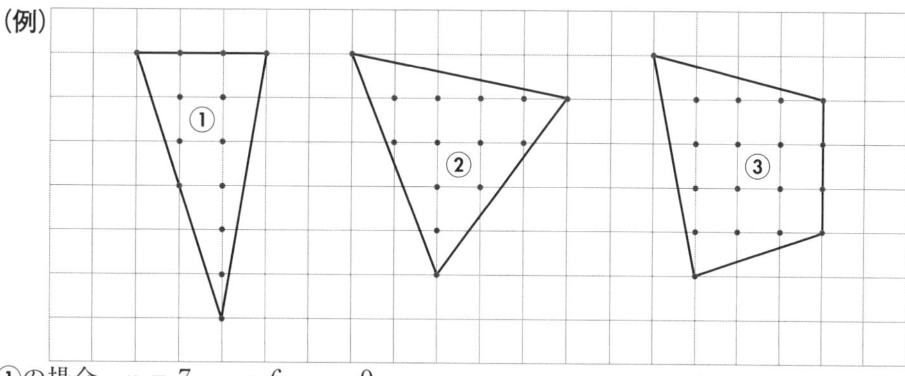

①の場合，$n = 7$，$x = 6$，$y = 9$

②の場合，$n = 11$，$x = 3$，$y = 11.5$

③の場合，$n = 12$，$x = 6$，$y = 14$

これらを，$y = \frac{1}{2}x + (n - 1)$ に代入すると，いずれも等式が成り立つことがわかる。

数学の歴史の話

鶴亀算

教科書 P.235

雉（きじ）と兎（うさぎ）が同じ籠（かご）にいる。頭が 35，足が 94 のとき，雉と兎の数はそれぞれいくらか。

1 この問題を，雉の数を x，兎の数を y として，連立方程式をつくって解いてみましょう。

ガイド 雉と兎の頭の数の合計を表す方程式と，雉と兎の足の数の合計を表す方程式をつくります。雉の足は 2 本あるので，足の数は全部で $2x$(本)，兎の足は 4 本あるので，足の数は全部で $4y$(本)です。

答え

$$\begin{cases} x + y = 35 & ① \\ 2x + 4y = 94 & ② \end{cases}$$

$$\begin{array}{lrl} ①\times 2 & 2x + 2y = & 70 \\ ② & -)\ 2x + 4y = & 94 \\ \hline & -2y = & -24 \\ & y = & 12 \end{array}$$

$y = 12$ を①に代入すると，

$x + 12 = 35$

$x = 23$

答 $\begin{cases} \text{雉} & 23\text{羽} \\ \text{兎} & 12\text{羽} \end{cases}$

パスカルとフェルマーになってみよう  教科書 P.237

1 パスカルとフェルマーは，手紙のやり取りの中で，（教科書 P.191 の）A，B の 2 人がこのあと勝利する確率をそれぞれ求めて，その確率どおりにかけ金を分配すればよいという結論になりました。勝負は 3 回まで終わっており，A が 2 勝，B が 1 勝しています。どちらかの勝利が決まっても，5 回目まで勝負を続けるとしたとき，A が勝利する場合は何通りあるでしょうか。次の樹形図（樹形図は 答え 欄）の続きをかいて，求めてみましょう。

ガイド A の勝ちを○，負けを×として樹形図の続きをかきます。

答え 右のような樹形図になる。

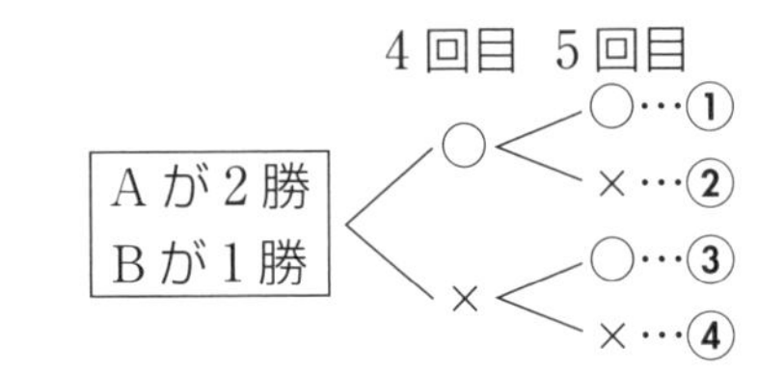

①は，A が 4 勝 1 敗
②は，A が 3 勝 2 敗
③は，A が 3 勝 2 敗
④は，A が 2 勝 3 敗
したがって，A が勝利する場合は，①，②，③の **3 通り**。

2 1 でつくった樹形図をもとにして，A, B が勝利する確率をそれぞれ求めてみましょう。

ガイド 1 でわかったように，A と B の勝ち負けの決まり方は全部で 4 通りです。

答え 起こり得る場合は全部で 4 通りあり，どの場合も同様に確からしい。
このうち，A が勝利する場合は 3 通り，B が勝利する場合は 1 通り

答 A が勝利する確率…$\frac{3}{4}$，B が勝利する確率…$\frac{1}{4}$

3 真央（まお）さんは，メレの質問に対して，次のような樹形図をつくって A，B が勝利する確率をそれぞれ求めました。真央さんの考え方を説明してみましょう。

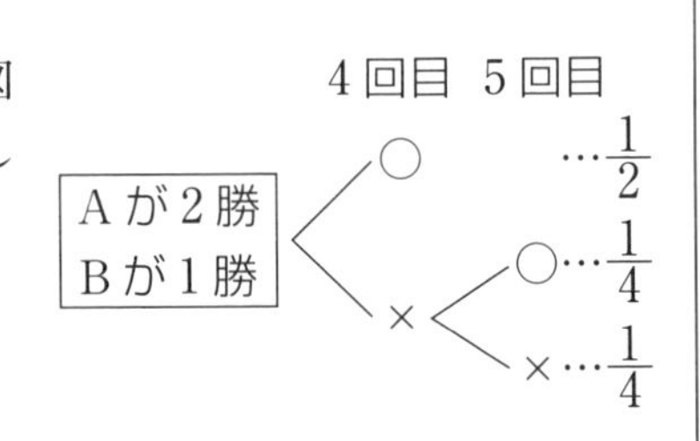

ガイド Aがあと1回勝てばAの勝利が決まります。

答え 右の樹形図で，4回目にAが勝って勝負が終了する確率は$\frac{1}{2}$である。

一方，Aが負けて5回目の勝負に進む確率も$\frac{1}{2}$で，5回目にAが勝つ確率は，そのまた$\frac{1}{2}$だから$\frac{1}{4}$である。

4回目　5回目

Aが2勝
Bが1勝

○ …$\frac{1}{2}$

× ○ …$\frac{1}{4}$

× × …$\frac{1}{4}$

同様にして，5回目にAが負ける確率も$\frac{1}{4}$である。

したがって，Aがこの勝負に勝つ確率は$\frac{1}{2}+\frac{1}{4}=\frac{3}{4}$，Bが勝つ確率は$\frac{1}{4}$である。

4 メレの質問と同じように，先に3回勝った方が勝ちとするとき，Aが2回勝った時点で勝負を中止したら，かけ金はAとBの間でどのように分けると公平になるでしょうか。

ガイド 3 の真央さんのかいた樹形図を参考にして樹形図をつくり，それぞれの確率を考えます。

答え 右の樹形図のように，3回目にAが勝って勝負が終了する確率は$\frac{1}{2}$である。

一方，3回目にAが負けて4回目に進む確率も$\frac{1}{2}$で，4回目にAが勝って勝負が終了する確率は，そのまた$\frac{1}{2}$だから$\frac{1}{4}$である。

3回目 4回目 5回目

Aが2勝

○ …$\frac{1}{2}$

× ○ …$\frac{1}{4}$

× × ○ …$\frac{1}{8}$

× × × …$\frac{1}{8}$

同様にして，4回目にAが負け，5回目に進む確率も$\frac{1}{4}$で，5回目にAが勝つ確率は，そのまた$\frac{1}{2}$だから$\frac{1}{8}$である。同じく，5回目にAが負ける確率も$\frac{1}{8}$である。

したがって，

Aがこの勝負に勝つ確率は$\frac{1}{2}+\frac{1}{4}+\frac{1}{8}=\frac{7}{8}$，

Bが勝つ確率は$\frac{1}{8}$である。

答　Aが$\frac{7}{8}$，Bが$\frac{1}{8}$の割合で分ける

1年の計算

教科書 P.238

1

(1) $(-8)+(+10)$
$=\mathbf{2}$

(2) $(-4)+(-7)$
$=\mathbf{-11}$

(3) $(+5)-(-3)$
$=5+3=\mathbf{8}$

(4) $(-1.7)-(+0.8)$
$=-1.7-0.8$
$=\mathbf{-2.5}$

(5) $\left(-\frac{3}{4}\right)+\left(+\frac{1}{3}\right)$
$=-\frac{9}{12}+\frac{4}{12}=\mathbf{-\frac{5}{12}}$

(6) $\left(-\frac{1}{5}\right)-\left(-\frac{1}{2}\right)$
$=-\frac{2}{10}+\frac{5}{10}=\mathbf{\frac{3}{10}}$

(7) $5-12=\mathbf{-7}$

(8) $-4+9-1=\mathbf{4}$

(9) $-\frac{5}{7}-\frac{2}{7}=\mathbf{-1}$

(10) $3-(-7)+(-9)$
$=3+7-9=\mathbf{1}$

(11) $-5+(-2)-6-(-8)$
$=-5-2-6+8=\mathbf{-5}$

2

(1) $(-3)\times(+7)=\mathbf{-21}$

(2) $(-5)\times(-9)=\mathbf{45}$

(3) $(-2)\times 0=\mathbf{0}$

(4) $\left(-\frac{5}{3}\right)\times 6=\mathbf{-10}$

(5) $(-8)^2=\mathbf{64}$

(6) $-8^2=\mathbf{-64}$

(7) $(-42)\div(-6)=\mathbf{7}$

(8) $0\div(-5)=\mathbf{0}$

(9) $\left(-\frac{3}{5}\right)\div 6=\mathbf{-\frac{1}{10}}$

(10) $\frac{4}{9}\div\left(-\frac{2}{3}\right)$
$=-\left(\frac{4}{9}\times\frac{3}{2}\right)$
$=\mathbf{-\frac{2}{3}}$

(11) $(-12)\div(-4)\times 5$
$=(-12)\times\left(-\frac{1}{4}\right)\times 5$
$=\frac{12\times 1\times 5}{4}=\mathbf{15}$

(12) $\frac{5}{8}\div\left(-\frac{1}{4}\right)\times\frac{3}{10}$
$=-\left(\frac{5}{8}\times\frac{4}{1}\times\frac{3}{10}\right)$
$=\mathbf{-\frac{3}{4}}$

(13) $8+24\div(-6)$
$=8-4=\mathbf{4}$

(14) $-7\times(-8-1)-30$
$=-7\times(-9)-30$
$=63-30=\mathbf{33}$

(15) $48\div(-4)^2$
$=48\div 16=\mathbf{3}$

3

(1) $5x+x$
$=\mathbf{6x}$

(2) $3x-8x$
$=\mathbf{-5x}$

(3) $-4a-2+5a-7$
$=\mathbf{a-9}$

(4) $(x+1)+(8x-4)$
$=\mathbf{9x-3}$

(5) $(6x+5)-(8x-2)$
$=6x+5-8x+2=\mathbf{-2x+7}$

(6) $(-4)\times 9x=\mathbf{-36x}$

(7) $\frac{2}{3}x\times 15=\mathbf{10x}$

(8) $18x\div(-6)=\mathbf{-3x}$

(9) $4(2a-4)$
$=\mathbf{8a-16}$

(10) $(x-5)\times(-6)$
$=\mathbf{-6x+30}$

(11) $(9x-15)\div 3$
$=\mathbf{3x-5}$

(12) $(4x-16)\div\frac{4}{5}$
$=(4x-16)\times\frac{5}{4}$
$=\mathbf{5x-20}$

(13) $3(2x-3)-5(x-2)$
$=6x-9-5x+10$
$=\mathbf{x+1}$

(14) $\frac{1}{4}(-x-6)+\frac{3}{8}(3x-12)$
$=-\frac{1}{4}x-\frac{3}{2}+\frac{9}{8}x-\frac{9}{2}$
$=-\frac{2}{8}x+\frac{9}{8}x-\frac{3}{2}-\frac{9}{2}$
$=\mathbf{\frac{7}{8}x-6}\ \left(\mathbf{\frac{7x-48}{8}}\right)$

4 (1) $x-6=-2$
$\boldsymbol{x=4}$

(2) $-6x=54$
$\boldsymbol{x=-9}$

(3) $\frac{8}{3}x=24$
$x=24\times\frac{3}{8}$ $\boldsymbol{x=9}$

(4) $9x+5=-4$
$9x=-9$
$\boldsymbol{x=-1}$

(5) $-2x=-14+5x$
$-7x=-14$
$\boldsymbol{x=2}$

(6) $7x-15=x$
$6x=15$
$\boldsymbol{x=\frac{5}{2}}$

(7) $8x-11=5x-2$
$3x=9$
$\boldsymbol{x=3}$

(8) $-7x-6=2x+12$
$-9x=18$
$\boldsymbol{x=-2}$

(9) $6(x+4)=4(x-3)$
$6x+24=4x-12$
$2x=-36$
$\boldsymbol{x=-18}$

(10) $0.5x+2=0.7x-1$
両辺×10 $5x+20=7x-10$
$-2x=-30$
$\boldsymbol{x=15}$

(11) $-\frac{2}{3}x-7=\frac{5}{6}x+2$
両辺×6 $-4x-42=5x+12$
$-9x=54$
$\boldsymbol{x=-6}$

(12) $\frac{x+3}{2}=\frac{4x-3}{5}$
両辺×10 $5(x+3)=2(4x-3)$
$5x+15=8x-6$
$-3x=-21$
$\boldsymbol{x=7}$

(13) $24:6=8:x$
$24x=48$
$\boldsymbol{x=2}$

(14) $2:5=(x-2):(x+7)$
$2(x+7)=5(x-2)$
$2x+14=5x-10$
$-3x=-24$
$\boldsymbol{x=8}$

2年の復習

教科書 P.239 ～ 245

1章 式の計算

1 (1) $7a-8b-3a+6b$
$=\boldsymbol{4a-2b}$

(2) $-2x+5y+8-6x-3y$
$=\boldsymbol{-8x+2y+8}$

(3) $(6a+4b)+(-8a+5b)$
$=6a+4b-8a+5b$
$=\boldsymbol{-2a+9b}$

(4) $(-5x^2+3x-8)-(2x^2-7x+1)$
$=-5x^2+3x-8-2x^2+7x-1$
$=\boldsymbol{-7x^2+10x-9}$

(5)
$$\begin{array}{rr} & -5x+3y-6 \\ +) & 6x+4y-3 \\ \hline & \boldsymbol{x+7y-9} \end{array}$$

(6)
$$\begin{array}{rr} & 3x^2+x-8 \\ -) & 9x^2\quad\ +8 \\ \hline & \boldsymbol{-6x^2+x-16} \end{array}$$

2 (1) $3(5x-7y+4)$
$=\boldsymbol{15x-21y+12}$

(2) $(8x-16y)\div(-4)$
$=(8x-16y)\times\left(-\frac{1}{4}\right)$
$=\boldsymbol{-2x+4y}$

(3) $7(-3a+2b)+2(8a-5b)$

$=-21a+14b+16a-10b$

$=\mathbf{-5a+4b}$

(4) $4(6x-9y)-5(2x-4y)$

$=24x-36y-10x+20y$

$=\mathbf{14x-16y}$

(5) $\frac{1}{3}(2x-4y)+\frac{3}{4}(-2x-y)$

$=\frac{2}{3}x-\frac{4}{3}y-\frac{3}{2}x-\frac{3}{4}y$

$=\frac{4}{6}x-\frac{9}{6}x-\frac{16}{12}y-\frac{9}{12}y$

$=\mathbf{-\frac{5}{6}x-\frac{25}{12}y}$ $\left(\mathbf{\frac{-10x-25y}{12}}\right)$

(6) $\frac{3a-4b}{2}-\frac{7a-3b}{5}$

$=\frac{5(3a-4b)-2(7a-3b)}{10}$

$=\frac{15a-20b-14a+6b}{10}$

$=\mathbf{\frac{a-14b}{10}}$ $\left(\mathbf{\frac{1}{10}a-\frac{7}{5}b}\right)$

3 (1) $7a\times(-2b)$

$=\mathbf{-14ab}$

(2) $6x^2\times3x$

$=\mathbf{18x^3}$

(3) $(-2a)^2\times4a$

$=4a^2\times4a$

$=\mathbf{16a^3}$

(4) $-\frac{3}{4}xy\times8x$

$=\mathbf{-6x^2y}$

(5) $12ab\div(-3b)$

$=-\frac{12ab}{3b}$

$=\mathbf{-4a}$

(6) $15x^2\div\frac{5}{4}x$

$=15x^2\times\frac{4}{5x}$

$=\mathbf{12x}$

(7) $3a^2\times4a\div6ab$

$=\frac{3a^2\times4a}{6ab}$

$=\mathbf{\frac{2a^2}{b}}$

(8) $9xy^2\div(-3xy)\times7x^2y$

$=-\frac{9xy^2\times7x^2y}{3xy}$

$=\mathbf{-21x^2y^2}$

(9) $(-2a)^2\div\frac{4}{3}a^2b^3\times3b^3$

$=\frac{4a^2\times3\times3b^3}{4a^2b^3}$

$=\mathbf{9}$

(10) $(-8x^5y^4)\div\left(-\frac{2}{3}x^3y\right)\div\left(-\frac{12}{5xy^3}\right)$

$=-\frac{8x^5y^4\times3\times5xy^3}{2x^3y\times12}$

$=\mathbf{-5x^3y^6}$

4 (1) $-4(x+3y)-2(2x-5y)$

$=-4x-12y-4x+10y$

$=-8x-2y$

$x=2,\ y=-3$ を代入すると，

$-8\times2-2\times(-3)$

$=-16+6$

$=\mathbf{-10}$

(2) $3a^2b\times ab\div(-4a^2)$

$=-\frac{3a^2b\times ab}{4a^2}=-\frac{3}{4}ab^2$

$a=-4,\ b=5$ を代入すると，

$-\frac{3}{4}\times(-4)\times5^2=\frac{3}{4}\times4\times25$

$=\mathbf{75}$

(3) $(-2a)^3\div a^4b\times(-6a^3b^2)=\frac{8a^3\times6a^3b^2}{a^4b}=48a^2b$

$a=\frac{1}{2},\ b=-\frac{1}{6}$ を代入すると，$48\times\left(\frac{1}{2}\right)^2\times\left(-\frac{1}{6}\right)=\mathbf{-2}$

5 連続する3つの偶数は，もっとも小さい数を $2n$ とすると，$2n,\ 2n+2,\ 2n+4$ と表される。この3つの偶数の和は，

$2n+(2n+2)+(2n+4)$

$=6n+6$

$=6(n+1)$

$n+1$ は整数だから，$6(n+1)$ は6の倍数である。

したがって，連続する3つの偶数の和は6の倍数になる。

6 $V=\frac{1}{3}a^2h$ → $\frac{1}{3}a^2h=V$ → $a^2h=3V$ → $\boldsymbol{h=\frac{3V}{a^2}}$

左辺と右辺を入れかえ　両辺×3　両辺÷a^2

2章 連立方程式

1 問題の上の式を①，下の式を②とする。

(1)
① $x+y=5$
② $-)\ x+2y=12$
$-y=-7$
$y=7$
$y=7$を①に代入すると，
$x+7=5$
$x=-2$
$\begin{cases}\boldsymbol{x=-2}\\ \boldsymbol{y=7}\end{cases}$

(2)
① $4x-3y=18$
②×3 $+)\ 9x+3y=21$
$13x=39$
$x=3$
$x=3$を②に代入すると，
$3\times3+y=7$
$y=-2$
$\begin{cases}\boldsymbol{x=3}\\ \boldsymbol{y=-2}\end{cases}$

(3)
①×3 $6x+9y=-15$
②×2 $+)\ -6x+10y=34$
$19y=19$
$y=1$
$y=1$を①に代入すると，
$2x+3\times1=-5$
$x=-4$
$\begin{cases}\boldsymbol{x=-4}\\ \boldsymbol{y=1}\end{cases}$

(4) ②を①に代入すると，
$3x+(-4x-6)=-3$
$-x=3$
$x=-3$
$x=-3$を②に代入すると，
$y=-4\times(-3)-6$
$=6$
$\begin{cases}\boldsymbol{x=-3}\\ \boldsymbol{y=6}\end{cases}$

(5) ①を②に代入すると，
$-2(2y-1)+7y=11$
$-4y+2+7y=11$
$3y=9$
$y=3$
$y=3$を①に代入すると，
$x=2\times3-1=5$
$\begin{cases}\boldsymbol{x=5}\\ \boldsymbol{y=3}\end{cases}$

(6) ②を①に代入すると，
$(3y+17)+5y=9$
$8y=-8$
$y=-1$
$y=-1$を②に代入すると，
$2x=3\times(-1)+17$
$2x=14$
$x=7$
$\begin{cases}\boldsymbol{x=7}\\ \boldsymbol{y=-1}\end{cases}$

2 (1)～(4)では，問題の上の式を①，下の式を②とする。

(1)
① $8x-4+3y=3$
$8x+3y=7$　③
② $-5x-9y-3=14$
$-5x-9y=17$　④
③×3 $24x+9y=21$
④ $+)\ -5x-9y=17$
$19x=38$
$x=2$
$x=2$を③に代入すると，
$8\times2+3y=7$
$y=-3$
$\begin{cases}\boldsymbol{x=2}\\ \boldsymbol{y=-3}\end{cases}$

(2)
①×10 $7x-3y=30$　③
③×2 $14x-6y=60$
② $+)\ -9x+6y=-30$
$5x=30$
$x=6$
$x=6$を③に代入すると，
$7\times6-3y=30$
$y=4$
$\begin{cases}\boldsymbol{x=6}\\ \boldsymbol{y=4}\end{cases}$

復習問題

(3) ①×12　$3x-8y=-72$

②×2　$+)\ 10x+8y=-32$

$13x=-104$

$x=-8$

$x=-8$ を②に代入すると，

$5\times(-8)+4y=-16$

$y=6$

$$\begin{cases} \boldsymbol{x=-8} \\ \boldsymbol{y=6} \end{cases}$$

(4) ①×4　$2(3x+y)-(x+3y)=-8$

$6x+2y-x-3y=-8$

$5x-y=-8$　③

③×3　$15x-3y=-24$

②　$-)\ 2x-3y=15$

$13x=-39$

$x=-3$

$x=-3$ を③に代入すると，

$5\times(-3)-y=-8$

$y=-7$

$$\begin{cases} \boldsymbol{x=-3} \\ \boldsymbol{y=-7} \end{cases}$$

(5) $7x-3y=5x+y=22$

$$\begin{cases} 7x-3y=22 & ① \\ 5x+y=22 & ② \end{cases}$$

①　$7x-3y=22$

②×3　$+)\ 15x+3y=66$

$22x=88$

$x=4$

$x=4$ を②に代入すると，

$5\times4+y=22$

$y=2$

$$\begin{cases} \boldsymbol{x=4} \\ \boldsymbol{y=2} \end{cases}$$

(6) $6x+y=5x-y=4x+9$

$$\begin{cases} 6x+y=4x+9 & ① \\ 5x-y=4x+9 & ② \end{cases}$$

①　$2x+y=9$　③

②　$x-y=9$　④

③+④　$3x=18$

$x=6$

$x=6$ を③に代入すると，

$2\times6+y=9$

$y=-3$

$$\begin{cases} \boldsymbol{x=6} \\ \boldsymbol{y=-3} \end{cases}$$

3 $\begin{cases} 2x+5y=-1 & ① \\ ax-by=-2 & ② \end{cases}$　$\begin{cases} 4x-y=9 & ③ \\ bx+ay=11 & ④ \end{cases}$　①と③の連立方程式の解を，②，④に代入して，a，b についての連立方程式を解く。

$$\begin{cases} 2x+5y=-1 & ① \\ 4x-y=9 & ③ \end{cases}$$

①×2　$4x+10y=-2$

③　$-)\ 4x-y=9$

$11y=-11$

$y=-1$

$y=-1$ を③に代入すると，

$4x-(-1)=9$

$x=2$

$$\begin{cases} ax-by=-2 & ② \\ bx+ay=11 & ④ \end{cases}$$

$x=2$，$y=-1$ を代入すると，

$$\begin{cases} 2a+b=-2 & ⑤ \\ 2b-a=11 & ⑥ \end{cases}$$

⑤より，$b=-2-2a$　⑦

⑦を⑥に代入すると，

$2(-2-2a)-a=11$

$a=-3$

これを⑦に代入すると，

$b=4$

答　$a=-3$，$b=4$

4 A管，B管から1分間に出る水の量を，それぞれ x L，y L とすると，

$$\begin{cases} 30x+60y=600 & ① \\ 60x+20y=600 & ② \end{cases}$$

①÷30　$x+2y=20$　③

②÷10　$6x+2y=60$　④

④−③　$5x=40$

$x=8$

$x=8$ を③に代入すると，

$8+2y=20$

$y=6$

A管8L，B管6Lは，問題に適している。

答　A管…8L，B管…6L

5 8%の食塩水を x g，15%の食塩水を y g 混ぜるとすると，

$$\begin{cases} x + y = 700 & ① \\ \frac{8}{100}x + \frac{15}{100}y = \frac{12}{100} \times 700 & ② \end{cases}$$

濃度	8%	15%	12%
食塩水(g)	x	y	700
食塩(g)	$x \times \frac{8}{100}$	$y \times \frac{15}{100}$	$700 \times \frac{12}{100}$

②× 100　　$8x + 15y = 8400$

①× 8　　$-)\ 8x + 8y = 5600$

$7y = 2800$

$y = 400$

8%の食塩水 300 g，15%の食塩水 400 g は，問題に適している。

$y = 400$ を①に代入すると，

$x + 400 = 700$

$x = 300$

答　**8%の食塩水…300 g，15%の食塩水…400 g**

6 A，B の速さを，それぞれ時速 x km，時速 y km とすると，

$$\begin{cases} 0.5x + 0.5y = 8 & ① \\ x - y = 8 & ② \end{cases}$$

①× 2　　$x + y = 16$

②　　$-)\ x - y = 8$

$2y = 8$

$y = 4$

A の時速 12 km，B の時速 4 km は，問題に適している。

$y = 4$ を②に代入すると，$x - 4 = 8$

$x = 12$　　答　**A の速さ…時速 12 km, B の速さ…時速 4 km**

3章　1次関数

1 $(-2) \times 5 = -10$　　答　**－ 10**

2

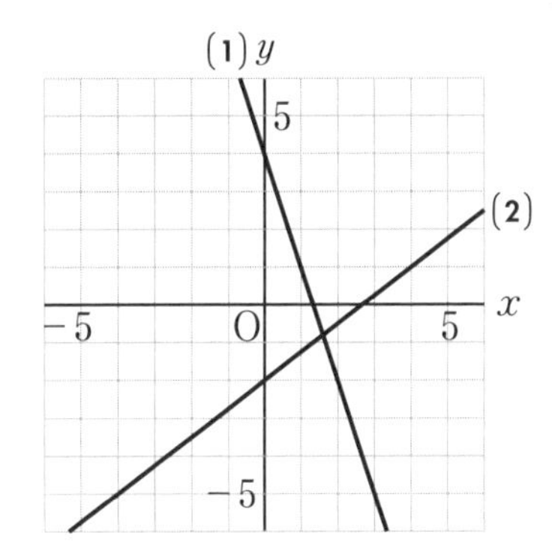

3 (1) 求める直線の式を $y = ax + b$ とする。傾きが $-\frac{1}{2}$ より，$a = -\frac{1}{2}$ となるから，

$y = -\frac{1}{2}x + b$　…①

この直線が点(4，5)を通るから，$x = 4$，$y = 5$ を①に代入すると，

$5 = -\frac{1}{2} \times 4 + b$　　$b = 7$　　したがって，求める直線の式は，$\boldsymbol{y = -\frac{1}{2}x + 7}$

復習問題

(2) 求める直線の式を $y = ax + b$ とする。この直線が2点 $(-4,\ 3)$，$(1,\ -2)$ を通るから，傾き a は，$a = \dfrac{(-2)-3}{1-(-4)} = \dfrac{-5}{5} = -1$

よって，$y = -x + b$ …①

$x = -4$，$y = 3$ を①に代入すると，

$3 = -(-4) + b$　　$b = -1$　　したがって，求める直線の式は，$\boldsymbol{y = -x - 1}$

(3) 直線 $y = 2x - 9$ に平行だから，求める直線の傾きも2である。

よって，$y = 2x + b$ …①

$x = 2$，$y = -6$ を①に代入すると，

$-6 = 2 \times 2 + b$　　$b = -10$　　したがって，求める直線の式は，$\boldsymbol{y = 2x - 10}$

4 **(1)** ℓ：グラフより，切片4

傾き $\dfrac{-4}{2} = -2$

したがって，$\boldsymbol{y = -2x + 4}$

m：グラフより，切片 -4

傾き $\dfrac{4}{6} = \dfrac{2}{3}$

したがって，$\boldsymbol{y = \dfrac{2}{3}x - 4}$

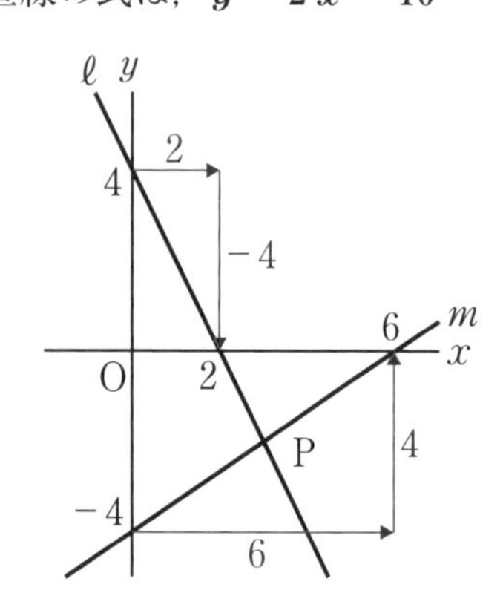

(2) $\begin{cases} y = -2x + 4 & ① \\ y = \dfrac{2}{3}x - 4 & ② \end{cases}$

①を②に代入すると，

$-2x + 4 = \dfrac{2}{3}x - 4$

$-6x + 12 = 2x - 12$

$-8x = -24$

$x = 3$

$x = 3$ を①に代入すると，

$y = -2 \times 3 + 4 = -2$

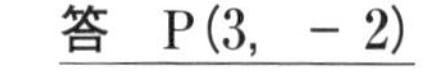

答　P(3, −2)

5 **(1)** $x = 6$ のとき，$2 \times 6 = 12$，$x = 9$ のとき，$2 \times 9 = 18$ だから，$6 \leqq x \leqq 9$ のとき，点Pが辺CD上を動いているときなので，

$\mathrm{DP} = 6 \times 3 - 2x = 18 - 2x$

したがって，$y = \dfrac{1}{2} \times 6 \times (18 - 2x) = -6x + 54$

答　$\boldsymbol{y = -6x + 54}$

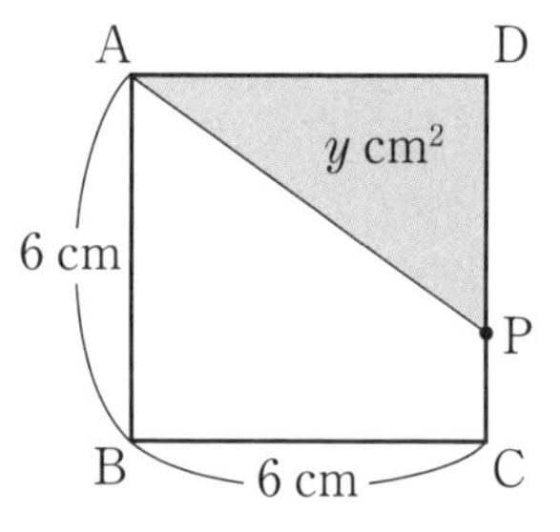

(2) (i)点Pが辺AB上を動いているとき

$\mathrm{AP} = 2x(\mathrm{cm})$ より，$y = \dfrac{1}{2} \times 6 \times 2x$

したがって，$y = 6x$

この式に，$y = 12$ を代入すると，

$12 = 6x$ より，$x = 2$

(ii)点Pが辺BC上を動いているとき

$y = \dfrac{1}{2} \times 6 \times 6 = 18(\mathrm{cm}^2)$ より，適さない。

(iii)点Pが辺CD上を動いているとき

(1)より，$y = -6x + 54$ に，$y = 12$ を代入すると，

$12 = -6x + 54$　　$x = 7$

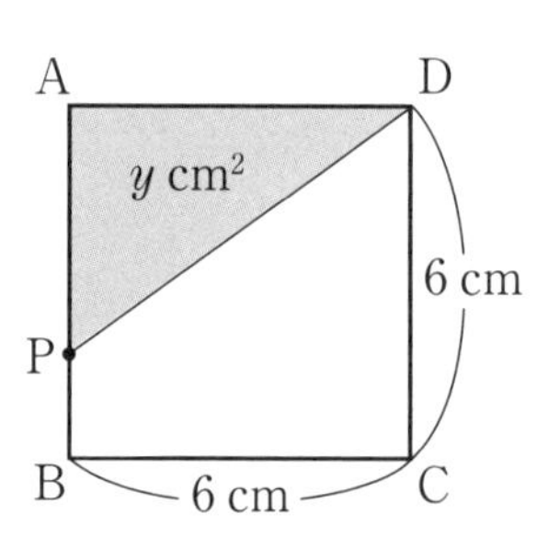

答　2秒後と7秒後

6 (1) **15 分後，3000 m**

(2) 自転車は最初の 15 分間であり，
2 点(0，0)，(15，3000)から，
15 分で 3000 m 進むので，
3000 ÷ 15 = 200　　分速 200 m
歩いたのは 15 分後から公園に着くまでであり，
2 点(15，3000)，(55，6000)から，
40 分で 3000 m 進むので，
3000 ÷ 40 = 75　　分速 75 m

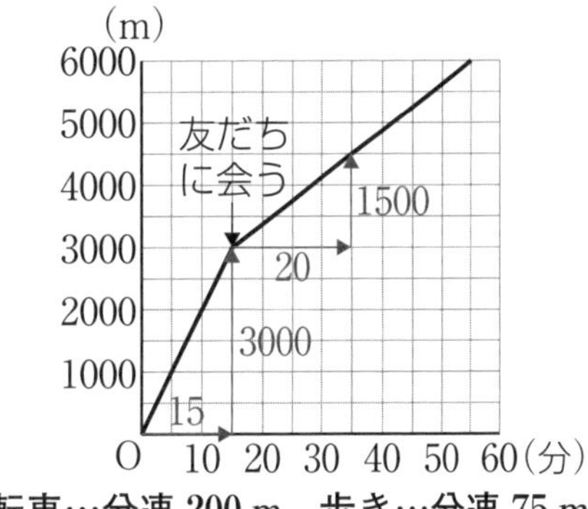

答　自転車…分速 200 m，歩き…分速 75 m

4章　図形の性質の調べ方

1 (1) 右の図で，錯角は等しいから，$\angle x = \angle a$
$\angle a = 180° - 130° = 50°$ より，$\boldsymbol{\angle x = 50°}$
同位角は等しいから，$\angle y = \angle b$
$\angle b = 180° - (\angle x + 60°) = 180° - (50° + 60°)$
$= 70°$
したがって，$\boldsymbol{\angle y = 70°}$

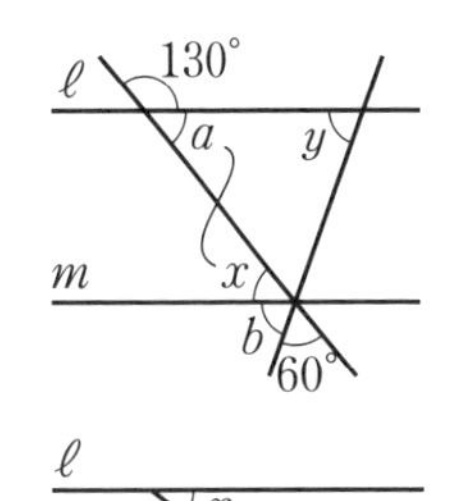

(2) 右の図のように，ℓ，m に平行な直線を引く。
錯角は等しいから，$\angle a = 40°$
したがって，$\angle b = 76° - 40° = 36°$
$\angle x$ と $\angle b$ は錯角で等しいから，$\boldsymbol{\angle x = 36°}$

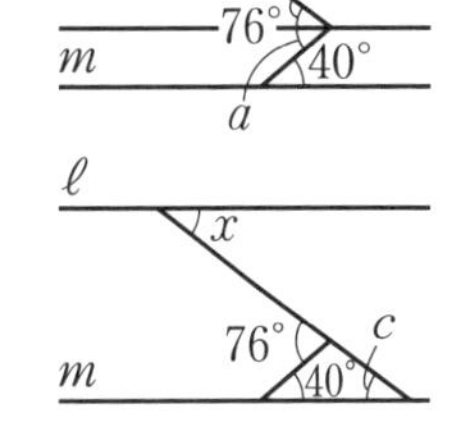

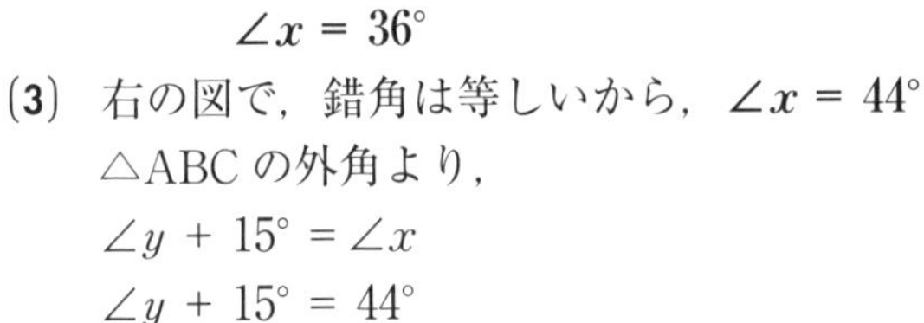

(別解)　右の図のように補助線を引くと，
三角形の外角から，
$\angle c = 76° - 40° = 36°$
$\angle x$ と $\angle c$ は錯角で等しいから，
$\boldsymbol{\angle x = 36°}$

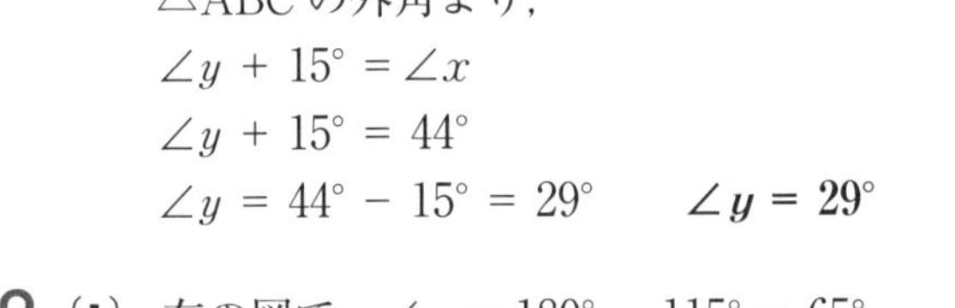

(3) 右の図で，錯角は等しいから，$\boldsymbol{\angle x = 44°}$
△ABC の外角より，
$\angle y + 15° = \angle x$
$\angle y + 15° = 44°$
$\angle y = 44° - 15° = 29°$　　$\boldsymbol{\angle y = 29°}$

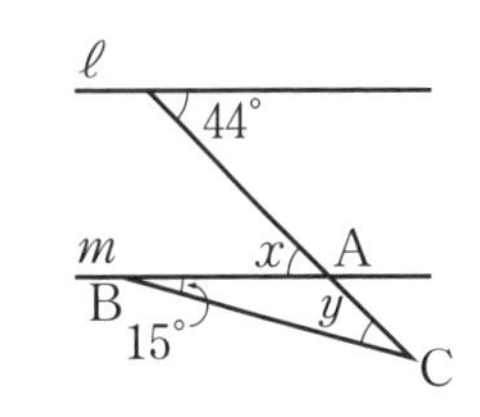

2 (1) 右の図で，$\angle a = 180° - 115° = 65°$
三角形の外角から，$\angle x + \angle a = 108°$
$\angle x = 108° - \angle a = 108° - 65° = 43°$　　$\boldsymbol{\angle x = 43°}$

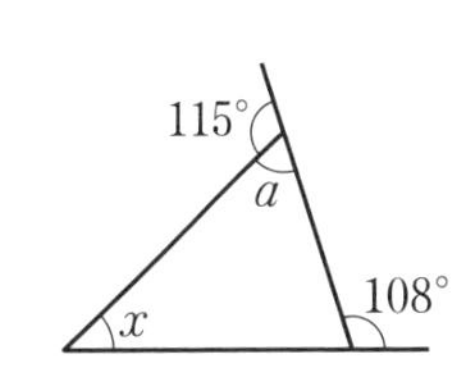

(2) 三角形の内角の和から，
$\angle x + 20° + 65° + 45° = 180°$
$\angle x = 180° - 130° = 50°$　　$\boldsymbol{\angle x = 50°}$

(3) 右の図で，△EBD の外角から，
$\angle x = 70° + 28° = 98°$　　$\boldsymbol{\angle x = 98°}$
△AEF の外角から，$\angle y = \angle x + 43°$
$= 98° + 43° = 141°$
$\boldsymbol{\angle y = 141°}$

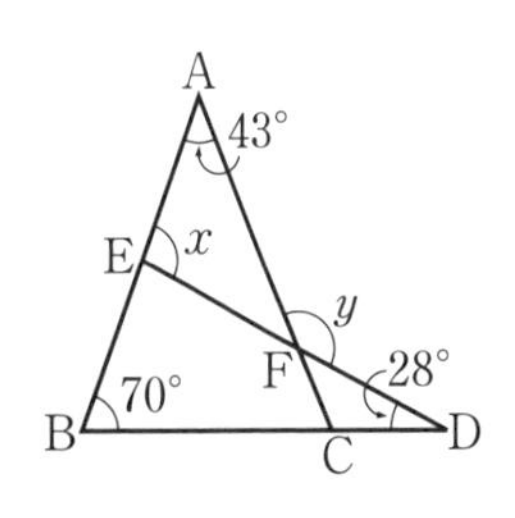

3 (1) n 角形とすると，$180° \times (n-2) = 1080°$

$n-2=6 \qquad n=8$　　　答　八角形

(2) 正九角形の１つの外角の大きさは，$360° \div 9 = 40°$

したがって，１つの内角の大きさは，$180° - 40° = 140°$　　　答　140°

(3) 多角形の外角の和 360° から，$360° \div 24° = 15$　　　答　正十五角形

4 (1) **仮定…AD // BC，AO = CO　結論…AE = CF**

(2) △AOE と△COF において，

仮定から，　　AO = CO　　①

対頂角は等しいから，∠AOE = ∠COF　　②

平行線の錯角は等しいから，

AD // BC より，　　∠EAO = ∠FCO　　③

①，②，③より，１組の辺とその両端の角がそれぞれ等しいから，

△AOE ≡ △COF

したがって，　　AE = CF

5章　三角形・四角形

1 (1) 二等辺三角形の底角より，∠ACB = (180° − 74°) ÷ 2 = 53°

したがって，∠x = 180° − 53° = 127°　　**∠x = 127°**

(2) △ABC の内角の和より，∠A = 180° − (90° + 50°) = 40°

△ABD は二等辺三角形なので，∠x = (180° − 40°) ÷ 2 = 70°　　**∠x = 70°**

(3) 右の図のように，66° の角の同位角から，

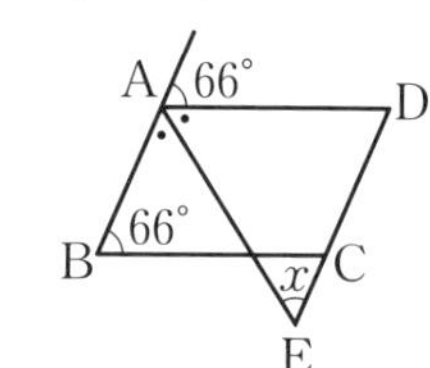

∠BAD = 180° − 66° = 114°

したがって，∠BAE = 114° ÷ 2 = 57°

平行線の錯角は等しいから，

AB // DC より，∠x = ∠BAE = 57°　　**∠x = 57°**

2 △DBM と△ECM において，

仮定から，∠BDM = ∠CEM = 90°　①

BM = CM　②

∠BMD = ∠CME　③

①，②，③より，直角三角形の斜辺と１つの鋭角がそれぞれ等しいから，

△DBM ≡ △ECM

したがって，　∠B = ∠C

２つの角が等しいから，△ABC は二等辺三角形である。

3 四角形 ABCD において，同様にして，

AB // DC，AB = DC　　①

四角形 ABEF は平行四辺形であるから，

AB // FE，AB = FE　　②

①，②から，FE // DC，FE = DC

１組の対辺が平行で等しいから，四角形 FECD は平行四辺形である。

4 (1) △ADC と△ABF において，

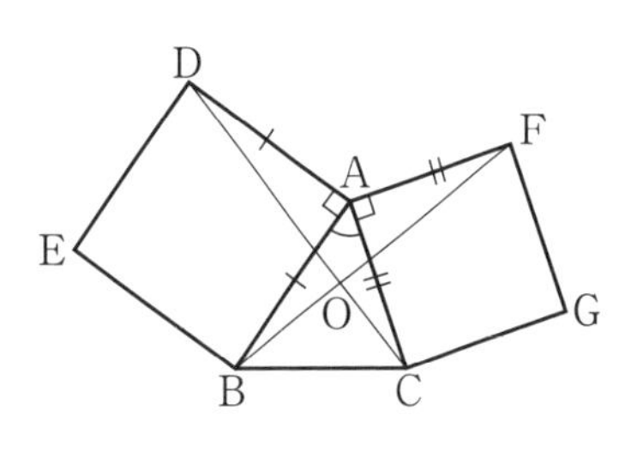

四角形 ABED，ACGF は正方形であるから，

AD = AB ①

AC = AF ②

また，∠DAC = 90° + ∠BAC

∠BAF = 90° + ∠BAC

よって，∠DAC = ∠BAF ③

①，②，③より，2 組の辺とその間の角がそれぞれ等しいから，

△ADC ≡ △ABF

したがって，DC = BF

(2) AC と BF の交点を P とする。

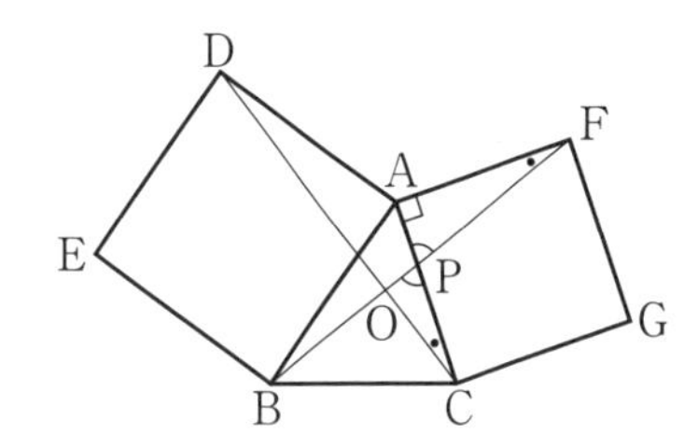

△APF と△OPC で，

△ADC ≡ △ABF より，∠AFP = ∠OCP

対頂角より，∠APF = ∠OPC

よって，三角形の内角の和より，

∠POC = ∠PAF = 90°

したがって，**∠BOC = 90°**

6章 確率

1 1 − 0.5 = **0.5**

2 (1) 3 の倍数は 3，6，9，12，15，18 の 6 枚。

したがって，求める確率は，$\frac{6}{20} = \mathbf{\frac{3}{10}}$

(2) 12 以上のカードは，20 − 11 = 9(枚)　したがって，求める確率は，$\mathbf{\frac{9}{20}}$

3 樹形図は下のようになり，全部で 20 通り。

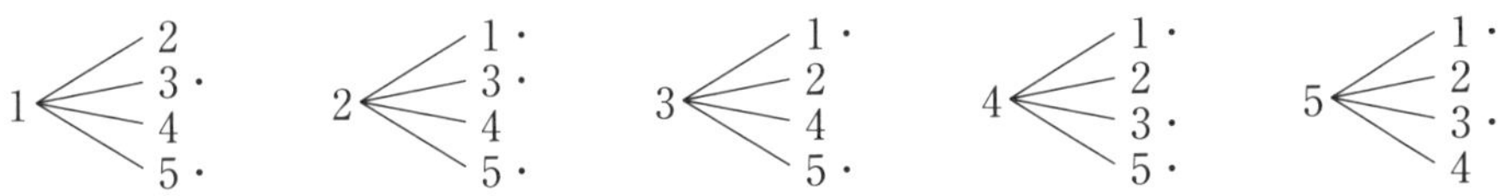
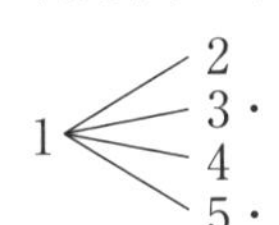
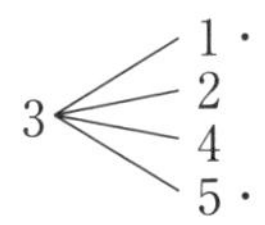
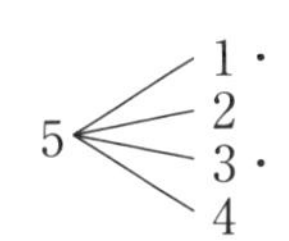

奇数になるのは，・印の 12 通りある。したがって，奇数になる確率は，$\frac{12}{20} = \mathbf{\frac{3}{5}}$

4 2 つのさいころを投げるとき，目の出方は全部で 36 通り。

(1) 表 1 の○印の 6 通り。

求める確率は，$\frac{6}{36} = \mathbf{\frac{1}{6}}$

(2) 積が奇数になるのは

(奇数) × (奇数) のときで

表 1 の•印の 9 通り。

求める確率は，$\frac{9}{36} = \mathbf{\frac{1}{4}}$

(3) $\frac{a}{b}$ が整数になるのは

a が b の倍数のときで

表 1

小＼大	1	2	3	4	5	6
1	◉		•		•	
2		○				
3	•		◉		•	
4				○		
5	•		•		◉	
6						○

表 2

b＼a	1	2	3	4	5	6
1	○	○	○	○	○	○
2		○		○		○
3			○			○
4				○		
5					○	
6						○

表 2 の○印の 14 通り。したがって，求める確率は，$\frac{14}{36} = \mathbf{\frac{7}{18}}$

5 赤玉3個をR_1，R_2，R_3，白玉2個をW_1，W_2，青玉をBとすると，下のような樹形図になる。玉の取り出し方は全部で，$5+4+3+2+1=15$(通り)。

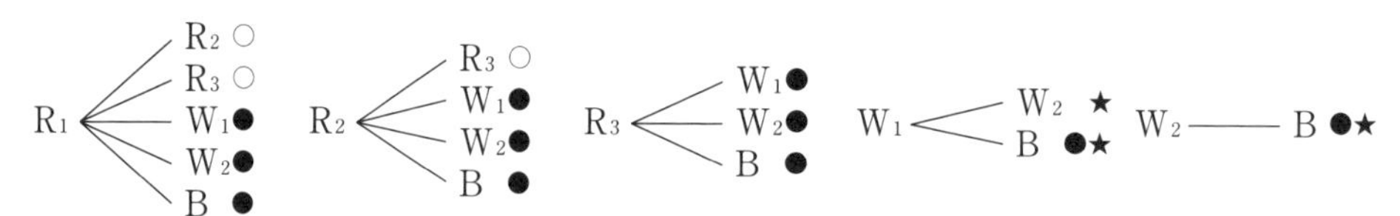

(1) 2個とも赤玉になるのは3通り(図の○印)だから，その確率は，$\frac{3}{15}=\mathbf{\frac{1}{5}}$

(2) ちがう色になるのは11通り(図の●印)だから，その確率は，$\mathbf{\frac{11}{15}}$

(3) 赤玉が1個も出ないのは3通り(図の★印)だから，その確率は，$\frac{3}{15}=\frac{1}{5}$

少なくとも1個は赤玉になるのは，$1-\frac{1}{5}=\mathbf{\frac{4}{5}}$

6 2人が引くカードの番号(＝すわるいすの番号)の樹形図は下の図になる。
すわるときの並び方は全部で20通りで，となりどうしになるのは図の･印の8通りだから，
となりどうしになる確率は，$\frac{8}{20}=\mathbf{\frac{2}{5}}$

美月　拓真　　美月　拓真　　美月　拓真　　美月　拓真　　美月　拓真

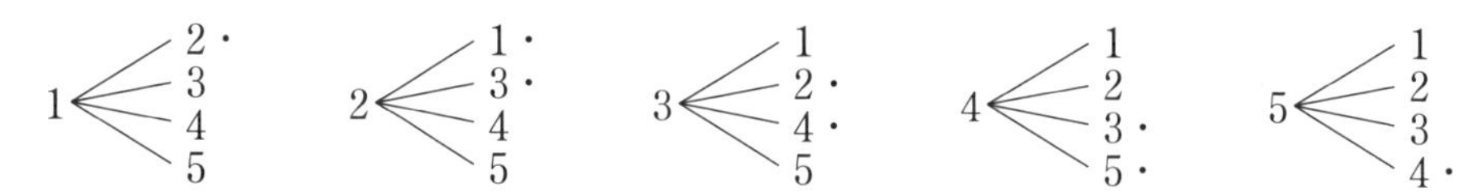

7章 データの分布

1 データを小さい順に並べると次のようになる。

6.5　7.1　7.2　7.2　7.2　7.3　7.6　7.6
7.7　7.7　7.7　7.8　8.0　8.1　9.0

(1) **最小値…6.5秒**　　**最大値…9.0秒**

(2) **第1四分位数…7.2秒**　　**第2四分位数…7.6秒**　　**第3四分位数…7.8秒**

(3) $7.8-7.2=$ **0.6(秒)**

(4)

6.0　7.0　8.0　9.0　10.0(秒)

2 (1) ㋑　(2) ㋒　(3) ㋐

メモ

メモ